Technikerhaltung

Europäische Hochschulschriften
Publications Universitaires Européennes
European University Studies

Reihe XX
Philosophie

Série XX   Series XX
Philosophie
Philosophy
Anthropology-Ethnology

Bd./Vol. 715

PETER LANG
Frankfurt am Main · Berlin · Bern · Bruxelles · New York · Oxford · Wien

Eberhard Simon

Technikerhaltung

Das technische Artefakt und seine Instandhaltung

Eine technikphilosophische Untersuchung

PETER LANG
Internationaler Verlag der Wissenschaften

Bibliografische Information der Deutschen Nationalbibliothek
Die Deutsche Nationalbibliothek verzeichnet diese Publikation
in der Deutschen Nationalbibliografie; detaillierte bibliografische
Daten sind im Internet über <http://www.d-nb.de> abrufbar.

ISSN 0721-3417
ISBN 978-3-631-57126-2

© Peter Lang GmbH
Internationaler Verlag der Wissenschaften
Frankfurt am Main 2008
Alle Rechte vorbehalten.

Das Werk einschließlich aller seiner Teile ist urheberrechtlich geschützt. Jede Verwertung außerhalb der engen Grenzen des Urheberrechtsgesetzes ist ohne Zustimmung des Verlages unzulässig und strafbar. Das gilt insbesondere für Vervielfältigungen, Übersetzungen, Mikroverfilmungen und die Einspeicherung und Verarbeitung in elektronischen Systemen.

www.peterlang.de

WARUM UND FÜR WEN DIESES BUCH GESCHRIEBEN WURDE

Dieses Buch enthält in leichter Überarbeitung das Material des philosophisch-systematischen Teils der an der Universität Stuttgart im Juli 2002 vorgelegten Dissertation des Verfassers, „Erhaltung von Technik durch Instandhaltung – Eine technikphilosophische Untersuchung". Behandelt werden darin der phänomenologische Aspekt, also die Grundlagen der Instandhaltung als technischer Institution, und der normative Aspekt, also Funktion und Wert der Instandhaltung in der Gesellschaft. Es ergänzt die im gleichen Verlag im Vorjahr erschienene Veröffentlichung des Verfassers, „Aristoteles und die Erhaltung der Mauern – Instandhaltung in Technikgeschichte, Mythos, Dichtung und Literatur". Diese stützt sich auf die Untersuchung des Beitrags seitens der geistesgeschichtlichen Tradition zum Thema der Dissertation.

Instandhaltung der Technik vermöge Instandhaltung einzelner Technischer Artefakte ist, neben deren Schaffung und Nutzung, die dritte grundlegende Form technischen Handelns. Sie gehört zur Technik, wenn der Vergleich erlaubt ist, wie die Atmung zur Lebenserhaltung von Organismen; denn sie bewahrt die vielfältigen und unermeßlichen, mittels technischer Verfahren erzeugten Werte vor vorzeitigem Verfall und Untergang.

Instandhaltung vollzieht sich nicht ohne Anteilnahme der Öffentlichkeit. Die im freien Weltall bewerkstelligte Reparatur an der Außenstruktur der Station ISS, die Abschaltung eines Kernkraftwerks für die Revision aller Teilsysteme, die Sperrung von Autobahnspuren wegen unaufschiebbarer Reparaturen – das sind in den Medien behandelte Vorgänge. Aber der Wiederaufbau eines durch Gasexplosion zerstörten Wohnhauses, die Wäschepflege in einem beliebigen Haushalt, die Reparatur eines mit Getriebeschaden liegengebliebenen Lastwagens irgendwo in Indien an Ort und Stelle, die Restaurierung des Hochaltars in der spätgotischen Pfarrkirche St. Wolfgang in Kefermarkt (Oberösterreich) unter der Aufsicht des Dichters Adalbert Stifter in seiner Eigenschaft als Schulrat – das betrifft nur vergleichsweise wenige Menschen und erregt kaum öffentliches Aufsehen. Und doch ist allen diesen Abläufen etwas gemeinsam: Sie sind Teile des unablässigen, allgegenwärtigen, unscheinbaren und daher in seiner Bedeutung vielfach verkannten Instandhaltungsgeschehens.

Es ist das Anliegen des Verfassers, einem viel größeren Kreis als den Lesern technikphilosophischer Dissertationen Struktur und Bedeutung dieses Geschehens vor Augen zu führen. Dieses Buch gehört daher allen, die sich das Nachdenken nicht nur **in der Technik**, sondern **über die Technik** zur Aufgabe gesetzt haben: Den unbekannten Lesern, die der Verfasser grüßt; den Technikdenkern der Vergangenheit, ohne deren Erkenntnisse Technikphilosophie nicht entstanden wäre; den Technikdenkern der Gegenwart, die sich der Fortführung der immerwährenden Aufgabe widmen, Raum und Rang der Technik als Teil der Kultur zu bestimmen.

Kelkheim am Taunus, im Oktober 2007

LEITWORTE - GELEITWORTE

INFORMATIONELLE BESTIMMHEIT DER ARTEFAKTE
Es ist der Geist, der sich den Körper baut.
FRIEDRICH SCHILLER

TECHNIK ALS KUNST
Ich wage zu sagen, daß auch Technik gemäß meiner Definition eine Kunst ist. Bereitstellung von Mitteln ist Schaffung einer Gestalt. Welche Gestalt wird dabei und dadurch wahrgenommen? Die Gestalt kausaler und mathematischer Zusammenhänge. Nicht die schimmernde Faszination blanker technischer Geräte macht die Technik zur Kunst; das ist nur ihre Politur. Ihr Erkenntnisgehalt macht sie zur Kunst, zum Wahrnehmenlernen. So wird die Naturwissenschaft zum harten Kern der Neuzeit.
CARL FRIEDRICH VON WEIZSÄCKER

ENTROPIE
Es ist leicht, stillzustehen und keine Spuren zu hinterlassen; aber es ist schwer zu gehen, ohne den Boden zu berühren
CHUANG - TZU

INSTANDHALTUNGSBEDÜRFTIGKEIT DER TECHNIK
Wartungsfrei ist nur die Erdachse.
UNBEKANNTER BETRIEBSLEITER DER FORD-WERKE AG, KÖLN

BEWAHRUNG, ERHALTUNG, NEUERUNG
Ich hatte nur zu bewahren und zu erhalten, und das ist ein stilles und unscheinbares Werk. Die Neuerung ist ein ruhmvolles Tun; doch ist sie uns in einer Zeit untersagt, in der wir von Neuerungen zu Boden gedrückt sind und kaum wissen, wie wir uns ihrer erwehren sollen.
MICHEL DE MONTAIGNE

QUELLENNACHWEIS FÜR LEITWORTE - GELEITWORTE

Informationelle Bestimmtheit der Artefakte:
Schillers Werke, vollständige Ausgabe in fünfzehn Teilen, hrsg. von Arthur Kutscher; Berlin, Leipzig, Wien, Stuttgart; Deutsches Verlagshaus Bong & Co., o.J.; Vierter Teil: Wallenstein; Wallensteins Tod, dreizehnter Auftritt, S. 194

Technik als Kunst
v. Weizsäcker, C.F.: Bewußtseinswandel. Carl Hanser Verlag, München,...; 1998; S. 138.

Entropie
Jantsch, E.: Die Selbstorganisation des Universums. Vom Urknall zum menschlichen Geist. Hanser Verlag, München Wien, 1992, S. 21

Instandhaltungsbedürftigkeit der Technik
Ford-Werke AG, Köln; Firmenschrift, als Manuskript vorliegend.

Bewahrung, Erhaltung, Neuerung
de Montaigne, Michel: Von der Freundschaft. Aus dem Französischen von Herbert Lüthy; mit einem Nachwort von Uwe Schultz. Verlag C.H. Beck oHG dtv, München, 2. Aufl. 2006; S. 117

INHALTSVERZEICHNIS

TEIL 1 BEGRÜNDUNG DES THEMAS UND GANG DER UNTERSUCHUNG 19

1.1	EINFÜHRUNG	19
1.1.1	Das Technische Artefakt in Lebenswelt und Geschichtlichkeit	19
1.1.2	Die technikphilosophische Ausgangslage	23
1.1.3	Instandhaltung im übertragenen Sinn in der öffentlichen Wahrnehmung	24
1.2	INSTANDHALTUNG IN PÄNOMENOLOGISCHER HINSICHT - DIE GRUNDLAGEN	25
1.2.1	Begriffsbestimmung der Technischen Artefakte und ihrer Ordnungsgliederung	25
1.2.2	Bereiche, Begriffe und Verfahren der Instandhaltung	26
1.2.3	Technische Identität und Individualität	26
1.2.4	Instandhaltung und Erhaltungsdauer	26
1.2.5	Begünstigung langer Erhaltungsdauer Technischer Artefakte	27
1.2.6	Sammlungen als Technische Artefakte – Aufbau und Unterhalt als Instandhaltungsleistung	27
1.2.7	Instandhaltung als Betätigungsfeld von Handwerk und Industrie	28
1.2.8	Gewinn und Erhaltung von Wissen durch und bei Instandhaltung	29
1.3	INSTANDHALTUNG IN NORMATIVER HINSICHT: INSTANDHALTUNG UND GESELLSCHAFT	29
1.3.1	Verantwortung in und durch Instandhaltung	29
1.3.2	Der institutionelle Aspekt der Instandhaltung	30
1.3.3	Instandhaltung und asketische Weltkultur	31
1.3.4	Instandhaltung und technische Sicherheit	32
1.3.5	Der Instandhalter im Sozialgefüge der Gesellschaft	33

TEIL 2 INSTANDHALTUNG IN PHÄNOMENOLOGISCHER HINSICHT: DIE GRUNDLAGEN 35

2.1	BEGRIFFSBESTIMMUNG DER TECHNISCHEN ARTEFAKTE UND IHRER ORDNUNGSGLIEDERUNG	35
2.1.1	Technikphilosophische Beiträge zum Begriff des Technischen Artefakts	35

2.1.1.1	Begriffsbestimmungen der Technik im Überblick	35
2.1.1.2	Der Ursprung der Technik im Bewußtsein des Technikers	38
2.1.2	**Das Technische Artefakt erster Ordnung – Technische Information**	38
2.1.2.	Technisches Wissen, kognitive Repräsentation, Modell und Homomorphie	38
2.1.2.2	Wissensvorrat, Technische Information und Informationsspeicher	40
2.1.2.3	Technische Information in Textform	42
2.1.2.4	Kultur als „objektivierter Informationsspeicher"	43
2.1.2.5	Begriffsbestimmung des Technischen Artefakts erster Ordnung: Beispiele	44
2.1.2.6	Weitere Argumente für das Verständnis der Technischen Information als Technisches Artefakt	53
2.1.2.7	Die Trennung der Einheit von Sachsystem und Technischer Struktur-Information	55
2.1.2.8	Die Verschränkung von Struktur- und Nutzungsinformation im „objektivierten" Informationsspeicher	56
2.1.2.	Die Technische Struktur-Information als Dokumentation des Sollzustands	59
2.1.2.10	Die institutionelle Bedeutung der Technischen Information	63
2.1.3	**Das Technische Artefakt zweiter Ordnung – das Sach-System**	64
2.1.3.1	Die Begriffsbestimmung des Technischen Artefakts zweiter Ordnung	64
2.1.3.2	Erläuterungen zur Begriffsbestimmung des Technischen Artefakts zweiter Ordnung	66
2.1.4	**Das Technische Artefakt dritter Ordnung – Technische Biografie**	69
2.1.5	**Das Wissenschaftliche Artefakt**	72
2.1.6	**Technisches und Künstlerisches Artefakt – Schönheit der Technik und Technik der Schönheit**	75
2.1.6.1	Einführung	75
2.1.6.2	Schönheit der Technik und Kunst: Wünschenswerte Eigenschaft und Luxus	76
2.1.6.3	Technische Information als Künstlerisches Artefakt	77
2.1.6.	Die Beiträge HEIDEGGERs, GADAMERs und BENSEs	77
2.1.6.5	Das Hinschwinden der Verlässlichkeit	79

2.1.7	Zusammenfassung des Abschnitts 1: Begriffsbestimmung der Technischen Artefakte und ihrer Ordnungsgliederung	80
2.1	BEREICHE, BEGRIFFE UND VERFAHREN DER INSTANDHALTUNG	83
2.2.1	Ursachen der Abweichung des Technischen Artefakts vom Sollzustand	83
2.2.1.1	*Extremereignisse als Ursachen für Zerstörung und Untergang*	83
2.2.1.2	*Überformung des Technischen Artefakts durch Naturgestaltung: Verfall*	86
2.2.1.3	*Abnutzungsvorrat, Zuverlässigkeit, Verfügbarkeit*	89
2.2.1.4	*Nicht bestimmungsgemäße Nutzung*	92
2.2.1.5	*Mißlingende Instandhaltung*	92
2.2.1.6	*Zeitabläufe bei der Abweichung des Technischen Artefakts vom Sollzustand*	93
2.2.2	Instandhaltung: Begriffsbestimmung, Teilmaßnahmen, Beispiele, Toleranzen	95
2.2.2.1	*Die Begriffsbestimmung der Instandhaltung*	95
2.2.2.2	*Teilmaßnahmen der Instandhaltung*	97
2.2.2.3	*Merkmalstoleranzen beim Soll- und Istzustand*	98
2.2.2.4	*Beispiele für Instandhaltung*	99
2.2.3	Die kategoriale Einheit von Instandhaltung und Erzeugung Technischer Artefakte; komplexe Systeme	100
2.2.3.1	*Die Herbeiführung des Sollzustands bei Instandhaltung und Erzeugung*	100
2.2.3.2	*Der technisch-technologische Rang der Instandhaltung*	102
2.2.3.3	*Technologische Höherwertigkeit vermöge Instandhaltung – Instandhaltung komplexer Sachsysteme*	104
2.2.4	Techniktransiente Instandhaltung	107
2.2.5	Zusammenfassung des Abschnitts 2.2: Bereiche, Begriffe und Verfahren der Instandhaltung	109
2.3	TECHNISCHE IDENTITÄT UND INDIVIDUALITÄT	110
2.3.1	Die Begriffe der Technischen Identität und Technischen Individualität	110
2.3.2	Begriffsbestimmung und Erzeugung von Unikaten	112
2.3.2.1	*Begriffsbestimmung des Unikats*	112
2.3.2.2	*Disparität (Uneinheitlichkeit) des Naturbereichs*	113
2.3.2.3	*Komplexität, Multifunktionalität*	115
2.3.2.4	*Disparität des Technikbereichs*	116

2.3.3	Begriffsbestimmung und Erzeugung von Multiplikaten	117
2.3.4	Begriffsbestimmung und Erzeugung von Plurikaten	119
2.3.5	Beeinflußbare Individuation und Technische Biografie bei Unikaten, Plurikaten, Multiplikaten	120
2.3.6	Unbeeinflußbare Individuation und Instandhaltung	122
2.3.7	Technische Individuation im Alltag	124
2.3.8	Auszeichnung von Zeitausschnitten durch Einmaligkeit, Seltenheit und Häufigkeit Technischer Artefakte	125
2.3.9	Zusammenfassung des Abschnitts 2.3: Technische Identität und Individualität	126
2.4	INSTANDHALTUNG UND ERHALTUNGSDAUER	127
2.4.1	Geschichtlichkeit des Technischen Artefakts und Zeitdauer-Begriffe	127
2.4.1.1	*Brauchbarkeitsdauer, Lebensdauer*	127
2.4.1.2	*Instandhaltung des Sachsystems und unmittelbarer sowie mittelbarer Schaden*	128
2.4.2	Tauglichkeitsdauer, erster Abschnitt; Nutzungsdauer	129
2.4.2.1	*Begriffsbestimmung und Erläuterung des ersten Abschnitts der Tauglichkeitsdauer*	129
2.4.2.2	*Begriffsbestimmung und Erläuterung der Nutzungsdauer*	132
2.4.2.3	*Technische Artefakte als Wirtschaftsgüter nach Beendigung der Nutzung durch den ersten Nutzer*	136
2.4.2.4	*Instandhaltung Technischer Artefakte nach Beendigung der Nutzungsdauer*	138
2.4.2.5	*Unvollständige Technische Artefakte*	139
2.4.2.6	*Ausmusterung und Untergang Technischer Artefakte, Kreislaufwirtschaft und Entsorgung der Reste*	139
2.4.3	Tauglichkeitsdauer, zweiter Abschnitt	143
2.4.3.1	*Übergänge zwischen den Abschnitten der Tauglichkeitsdauer und Technische Identität*	143
2.4.3.	*Beispiele für den zweiten Abschnitt der Tauglichkeitsdauer*	144
2.4.4	Biografische Dauer, Erhaltungsdauer, Technische Dauer	146
2.4.5	Die Frage nach der Endlichkeit der Mittel	151
2.4.6	Zusammenfassung des Abschnitts 2.4: Instandhaltung und Erhaltungsdauer	155
2.5	BEGÜNSTIGUNG LANGER ERHALTUNGSDAUER TECHNISCHER ARTEFAKTE	156
2.5.1	Gesetzmäßigkeit und Handlungsentscheidung bei der Sicherung und Gefährdung Technischer Dauer	156

2.5.1.1	Rechtfertigung des Aufwandes für die Erreichung Technischer Dauer	156
2.5.1.2	Instandhaltung als Fortschrittsfeind?	157
2.5.1.3	Klassenbildung für die Begünstigung langer Erhaltungsdauer vermöge Wertentscheidungen	157
2.5.2	**Unentbehrlichkeit im gesellschaftlichen Lebensvollzug**	159
2.5.3	**Technische Hochwertigkeit**	160
2.5.4	**Unikate, Denkmale**	164
2.5.5	**Emotionale affirmative Zuwendung (Technikaffirmation)**	168
2.5.5.1	Technikkritik und Technikaffirmation	168
2.5.5.2	Technikaffirmation als psychologisches und soziales Phänomen; das Technische Anthropoid	169
2.5.5.3	Technikaffirmation und Namensgebung	171
2.5.5.4	Technikaffirmation bei Motorfahrzeugen	172
2.5.5.5	Technikaffirmation, Bauen und Wohnen	175
2.5.5.6	Die Welt der Technik im Miniaturmaßstab	176
2.5.5.7	Das Technische Anthropoid als Objekt von Grenzüberschreitungen	177
2.5.5.8	Versuch einer Begründung für Technikaffirmation	178
2.5.6	**Unikate, Plurikate, Multiplikate und die Verschiebung von kurzer zu längerer Erhaltungsdauer**	180
2.5.6.1	Zuordnung von Merkmalsreichtum und Technischer Dauer	180
2.5.6.2	Die Matrix der Beispiele	181
2.5.7	**Zusammenfassung des Abschnitts 2.5: Begünstigung langer Erhaltungsdauer Technischer Artefakte**	185
2.6	**SAMMLUNGEN ALS TECHNISCHE ARTEFAKTE – AUFBAU UND UNTERHALT ALS INSTANDHALTUNGSLEISTUNG**	187
2.6.1	**Das Phänomen Sammlung als Thema der Technik**	187
2.6.1.1	Unikate, Plurikate, Multiplikate als Sammlungsobjekte – Sammlungen als Unikate	187
2.6.1.2	Gegenstände als Objekte von Sammlungen	189
2.6.2	**Die Sammlung als Technisches Artefakt**	192
2.6.3	**Urheber von und Erwartungen an die Technische Dauer von Sammlungen**	294
2.6.4	**Sollzustand, Zweck und Instandhaltung von Sammlungen**	195
2.6.4.1	Überlagerte Sollzustände, virtuelle Vollständigkeit, Information als Zweck	195
2.6.4.2	Das Museum als Welt bei HEIDEGGER und HUBIG	197

2.6.5	Zusammenfassung des Abschnitts 2.6: Sammlungen als Technische Artefakte – Aufbau und Unterhalt als Instandhaltungsleistung	199
2.7	**INSTANDHALTUNG ALS BETÄTIGUNGSFELD VON HANDWERK UND INDUSTRIE**	**200**
2.7.1	Handwerk und Industrie als Institution und Organisation in der Instandhaltung	200
2.7.2	Handwerk und Industrie in Technik und Wirtschaft	202
2.7.2.1	*Historischer und systematischer Vergleich von Handwerk und Industrie*	*202*
2.7.2.2	*Arbeitsteilung zwischen Industrie und Handwerk in der Instandhaltung*	*203*
2.7.2.3	*Historische Kontinuität in der Entwicklung der Handwerkstechnik*	*203*
2.7.2.4	*Historische Kontinuität in der Entwicklung der Industrie-Technik*	*205*
2.7.3	Strukturwissenschaften, Technik und die Akkumulation von Mitteln	207
2.7.4	Das gemeinsame Machtpotential von Handwerk und Industrie in der Instandhaltung	209
2.7.4.1	*Zwang, Herrschaft, Macht, Interesse und staatliche Wirtschaftsordnung*	*209*
2.7.4.2	*Die spezifische Verfaßtheit von Sachen bei marktwirtschaftlicher Bewegungsfreiheit*	*212*
2.7.4.3	*Werte und Interessen bei Schaffung günstiger Voraussetzungen für Instandhaltung*	*213*
2.7.5	Zusammenfassung des Abschnitts 2.7: Instandhaltung als Betätigungsfeld von Handwerk und Industrie	215
2.8	**GEWINN UND ERHALTUNG VON TECHNISCHEM WISSEN UND KÖNNEN DURCH INSTANDHALTUNG**	**217**
2.8.1	Erkenntnisgewinn durch Instandhaltung	217
2.8.1.1	*Schwachstelle und Schwachstellenforschung*	*217*
2.8.1.2	*Der Ermessensspielraum bei der Beurteilung von Teilen eines Technischen Artefakts als Schwachstellen*	*218*
2.8.1.3	*Schwachstelle und schadenverdächtige Stelle*	*218*
2.8.1.4	*Schwachstelle und technischer Mangel*	*220*
2.6.1.5	*Fehler, Mangel, Schaden*	*221*
2.8.1.6	*Sollzustand Technischer Artefakte und allgemein anerkannte Regeln der Technik*	*221*

2.8.1.7	*Schwachstellenforschung, Versuch und Irrtum*	223
2.8.1.8	*Systematische und unsystematische Schwachstellenforschung*	223
2.8.1.9	*Technische Katastrophen und Schwachstellenforschung*	224
2.8.1.10	*Schwachstelle und Technikevolution*	225
2.8.1.11	*Erkenntnisgewinn durch Instandhaltung als komplementäres Wissen*	226
2.8.2	**Instandhaltung technischen Wissens und Könnens**	**227**
2.8.2.1	*Instandhaltung technischen Wissens und Könnens als Brücke zwischen Vergangenheit und Zukunf*	227
2.8.2.2	*Technische Dauer von Informationsträgern als Folge von Wert-Entscheidungen*	229
2.8.2.3	*Verfahren der Instandhaltung und Instandsetzung (Wiederherstellung) technischen Wissens*	232
2.8.3	**Zusammenfassung des Abschnitts 2.8: Gewinn und Erhaltung von Wissen durch und bei Instandhaltung**	**237**
TEIL 3	**INSTANDHALTUNG IN NORMATIVER HINSICHT – INSTANDHALTUNG UND GESELLSCHAFT**	**239**
3.1	**VERANTWORTUNG IN UND DURCH INSTANDHALTUNG**	**239**
3.1.1	**Verantwortung und Irreversibilität**	**239**
3.3.1.1	*Die Karriere des Begriffs Verantwortung*	239
3.3.1.2	*Begriffsbestimmung der Verantwortung*	240
3.3.1.3	*Irreversibilität*	241
3.3.1.4	*Instandsetzung und der Handlungstypus der Rekuperation*	248
3.1.1.5	*Der Begriff „Problem" und die Kategorie von Soll und Ist*	251
3.1.1.6	*Das Subjekt und sein Gewissen*	253
3.1.1.7	*Gewissen, Langzeiteffekte und Instandhaltung*	255
3.1.1.8	*Verrechtlichung der Technik*	257
3.1.1.9	*Institutionelle Verantwortung in der Instandhaltung*	258
3.1.2	**Instandhaltung Technischer Artefakte als Inhalt der Verantwortung**	**260**
3.1.2.1	*Informationelle Verantwortung und Instandhaltung*	260
3.1.2.2	*Verantwortung in der Handlungseinheit von Erzeugung, Nutzung und Instandhaltung*	261
3.1.3	**Zusammenfassung des Abschnitts 3.1: Verantwortung und Irreversibilität**	**261**
3.2	**DER INSTITUTIONELLE ASPEKT DER INSTANDHALTUNG**	**264**
3.2.1	**Staat, Recht, Technik und Instandhaltung als Institutionen**	**264**

3.2.2	Wechselwirkungen der Institutionen Staat, Recht und Technik	266
3.2.3	Instandhaltungsaufgaben des Staates und vergleichbarer Institutionen	268
3.2.4	Die Endlichkeit der Mittel für die Instandhaltung; Options- und Vermächtniswerte	269
3.2.5	Krisensituationen und ineffiziente Wirtschaftssysteme	274
3.2.6	Das Beschäftigungspotential der Instandhaltung	274
3.2.7	Internationale Zusammenarbeit in der Instandhaltung	276
3.2.8	Zusammenfassung des Abschnitts 3.2: Der institutionelle Aspekt der Verantwortung	277
3.3	INSTANDHALTUNG UND ASKETISCHE WELTKULTUR	278
3.3.1	Kritik an der konsumtiv-technokratischen und Forderung einer asketischen Weltkultur	278
3.3.2	Askese in GEHLENs Anthropologie	279
3.3.2.1	*Die Umarbeitung der Welt ins Lebensdienliche durch Handlung*	279
3.3.2.2	*Das Defizit an Askese – Mangel, Sünde oder meßbares Phänomen?*	282
3.3.2.3	*Verzicht als Wertentscheidung*	284
3.3.3	Instandhaltung als asketische Handlungsform in der Technik	286
3.3.3.1	*Umkehr der Antriebsrichtung*	286
3.3.3.2	*Aufwand und Ertrag bei asketischem Handeln vermöge Instandhaltung*	288
3.3.3.3	*Askese und Entfremdung*	290
3.3.3.4	*Der Weg zur Askese bei der Erzeugung Technischer Artefakte*	291
3.3.3.5	*Der Bedingungszusammenhang von Luxus und technischer Askese*	295
3.3.4	Zusammenfassung des Abschnitts 3.3: Instandhaltung und asketische Weltkultur	296
3.4	INSTANDHALTUNG UND TECHNISCHE SICHERHEIT	298
3.4.1	Die Begriffe Vorsorge und technische Sicherheit	298
3.4.2	Risiko, subjektive Risikoeinschätzung, Sicherheit	299
3.4.3	Reparaturethik	300
3.4.4	Sicherheit als Sollzustand	302
3.4.5	Schutz von Rechtsgütern, Sicherheit, Vernunft und Instandsetzung	304
3.4.6	Rechtliche Anforderungen an den Sollzustand Technischer Artefakte	306

3.4.7	Quantifizierbarkeit von Sicherheit als Sollzustand	307
3.4.8	Subjektive Risikobeurteilung und Technikentwicklung	308
3.4.9	Zusammenfassung des Abschnitts 3.4: Instandhaltung und Technische Sicherheit	310
3.5	**INSTANDHALTER IM SOZIALGEFÜGE DER GESELLSCHAFT**	312
3.5.1	**Gruppen und Gemeinschaften von Instandhaltern**	312
3.5.1.1	*Läßt sich eine Gruppe von Instandhaltern in der Gesellschaft soziologisch abgrenzen?*	312
3.5.1.2	*Unmittelbares und mittelbares Handeln bei der Instandhaltung*	314
3.5.1.3	*Stiftung von Gemeinschaft durch Instandhaltung*	315
3.5.2	**Erzeugung und Instandhaltung als komplementäres Handeln der Fachleute**	317
3.5.2.1	*Erzeugung und Instandhaltung in Handwerk und Industrie*	317
3.5.2.2	*Das Persönlichkeitsprofil der Instandhalter im engeren Sinn*	319
3.5.2.3	*Selbständigkeit und Unselbständigkeit von Auftraggeber und Auftragnehmer in der Instandhaltung*	320
3.5.3	**Erzeugung und Instandhaltung als komplementäres Handeln der Laien**	321
3.5.3.1	*Erwerb technischen Wissens und Könnens durch den Laien*	321
3.5.3.2	*Wertentscheidungen bei der Laienarbeit in der Instandhaltung*	323
3.5.4	**Zusammenfassung des Abschnitts 3.5: Instandhalter im Sozialgefüge der Gesellschaft**	323
TEIL 4	**SCHLUSSBETRACHTUNG**	326
TEIL 5	**NACHWEISE**	329
TEIL 5.1 LITERATURNACHWEISE		329
5.1.0	**Abkürzungen für mehrfach zitierte Quellen**	329
5.1.1	**Literatur zu Teil 1**	331
5.1.2	**Literatur zu Teil 2**	332
5.1.2.1	*Literatur zu Abschnitt 2.1*	332
5.1.2.2	*Literatur zu Abschnitt 2.2*	333
5.1.2.3	*Literatur zu Abschnitt 2.3*	334
5.1.2.4	*Literatur zu Abschnitt 2.4*	335
5.1.2.5	*Literatur zu Abschnitt 2.5*	337
5.1.2.6	*Literatur zu Abschnitt 2.6*	338
5.1.2.7	*Literatur zu Abschnitt 2.7*	338
5.1.2.8	*Literatur zu Abschnitt 2.8*	339

5.1.3	**Literatur zu Teil 3**	340
5.1.3.1	*Literatur zu Abschnitt 3.1*	340
5.1.3.2	*Literatur zu Abschnitt 3.2*	342
5.1.3.3	*Literatur zu Abschnitt 3.3*	343
5.1.3.4	*Literatur zu Abschnitt 3.4*	343
5.1.3.5	*Literatur zu Abschnitt 3.5*	344

TEIL 5.2 BILDNACHWEISE   345

TEIL 6 REGISTER   346

TEIL 6.1 PERSONENREGISTER   346
TEIL 6.2 SACHREGISTER   347

TEIL 1 BEGRÜNDUNG DES THEMAS UND GANG DER UNTERSUCHUNG

1.1 EINFÜHRUNG

1.1.1 Das Technische Artefakt in Lebenswelt und Geschichtlichkeit

Das Nachdenken über Instandhaltung ist ein Teil des Nachdenkens über Technik. Der Begriff der Technik umschließt ein vergleichbar umfassendes Phänomen wie z.b. die Begriffe „Mensch", „Welt" oder „Leben". Für HEIDEGGER ist Technik sogar eine eigene, auf dem Weg der Entbergung des Seiendem aus dem Sein gewonnene Wahrheit, /1/. Mensch und Technik sind nur begrifflich, aber weder in der Lebenswirklichkeit insgesamt noch lebensgeschichtlich beim menschlichen Individuum voneinander trennbar. ORTEGA Y GASSET hat das auf die Formel gebracht, daß der Mensch sich in der und durch die Technik verwirklicht: „Mensch sein heißt Techniker sein", /2/. Der Schwierigkeit, den Menschen zu definieren, ist die Vielzahl der Versuche einer Begriffsbestimmung der Technik demnach zu vergleichen /3/. Jeder dieser Begriffsbestimmungen korrespondiert ein begründetes Verständnis vom Wesen der Technik. Oft wird dabei stillschweigend Gebrauch gemacht von Begriffen, die eigentlich erst einer genauen Bestimmung bedürften, und jede Technikdefinition hat ihren Geltungsbereich und ihre Reichweite, außerhalb derer sie berechtigte Fragen unbeantwortet läßt.

Technikphilosophie hat scharfsinnige Analysen, Technikgeschichte hat historisches Wissen in beeindruckendem Umfang erbracht. Anthropologische, allgemeingeschichtliche, politische und religiöse, wissenschafts- und geistesgeschichtliche sowie wirtschaftsgeschichtliche Umstände und Bedingungen, wodurch Technikentwicklung gefördert oder behindert wurde, sind gründlich untersucht. Die sozialen Auswirkungen der Technik wurden zum ergiebigen Thema in den Sozialwissenschaften. Techniksoziologie hat die soziale Situation des technisch tätigen Menschen zum Gegenstand gemacht. Technikkritik in mancherlei Ausprägungen, sozialkritisch wie allgemeinphilosophisch, leistet ihren speziellen Beitrag zur Technikphilosophie; eine Antwort darauf liegt in der Entfaltung und Profilierung der Technikethik. Technik und Kultur sind das Thema eines Sammelwerks des Vereins Deutscher Ingenieure, /2/; es versucht eine Bestandsaufnahme der universellen Verflechtung dieser beiden Lebensbereiche. Technikgeschichtliches Wissen als Ausgangspunkt technikphilosophischer Fragestellungen liegt ebenfalls als Sammelwerk, /4/, und in vielen Einzeldarstellungen vor. Wir verfügen also über eine Dokumentation des mit der gesamten Menschheitsgeschichte verflochtenen technischen Fundamentalgeschehens: Schaffung und ständige Umformung einer Technosphäre, einer „Leonardo-Welt", der Lebenswelt für sechs Milliarden Menschen. Sie erstreckt sich nicht nur auf die industrialisierten oder mindestens entwickelten Staaten, sondern bis in die fernabliegenden Regionen, wo man der technisch völlig unbeeinflußten Natur zu begegnen glaubt: Der Bergsteiger Reinhold Messner hat als erster Mensch alle 14 mehr als achttausend Meter hohen Berggipfel ohne Höhenatemgerät erklettert, /5/; aber seine Leistung wäre unmöglich gewesen ohne hochfunktionale technisch erzeugte Schutzkleidung. Nur eine Minderheit unter den lebenden Menschen ist mit Technik verbunden als der Grundlage ihrer wirtschaftlichen oder beruflichen Existenz - sie sind Techniker im engeren oder weiteren Sinn, Technikwissenschaftler, Technikdenker, Technikverwalter. Die große Mehrheit besitzt ein bewußtes Verhältnis zur Technik nur dadurch, daß sie diese als Mittel zum Leben nutzt.

Die Lebenswelt, und sie ist ja der Ausgangspunkt allen philosophischen Denkens, konfrontiert uns jedoch mit der Technik vorwiegend nicht als abstraktem Thema philosophischer, historischer oder soziologischer Untersuchungen, sondern vor allem mit Objekten, die durch menschliches Handeln in technischer Zielsetzung entstanden sind und wiederum dem technischen Handeln dienen: Mit Technischen Artefakten. Sie umgeben uns, dienen uns, fordern uns, sind gegenwärtig in jedem Schritt unserer Lebensgestaltung, und zwar als je einzelne, unterscheidbare, benennbare, als Individuen: Dieses Gebäude, dieses Fahrzeug, diese Straße, dieses Werkzeug, diese Maschine, dieser Motor, dieser Behälter. Selbst unanschauliche Technische Artefakte, wie ein Versorgungsnetz für Energie oder Information, sind begrifflich wie pragmatisch abgrenzbar, als unverwechselbare wahrnehmbar.

Wir beanspruchen Technische Artefakte vermöge Eigentums-, Verfügungs- oder Nutzungsrechten. Sie sind Teil unserer Lebensroutine wie auch des Verlassens alltäglicher Lebensformen. Wir unterhalten spontan ein partnerschaftliches Verhältnis zu ihnen selbst dann, wenn wir ihnen zum erstenmal begegnen, wie bei der Landung unseres Reiseflugzeugs in einem zuvor noch nie besuchten Flughafen. Das partnerschaftliche Verhältnis ist eine Wechselwirkung mit dem Technischen Artefakt. Wir erwarten von ihm, daß es seine Funktion erfüllt, und schulden ihm angemessene Zuführung bzw. Abführung von Stoffen, Energien und Informationen, überdies die bestimmungsgemäße Nutzung.

Unausweichlich, allgegenwärtig, anfangs oft unscheinbar, tritt uns aber die Erfahrung gegenüber: Nutzung und Versorgung genügen nicht. Wenn wir es damit bewenden lassen, so begegnen wir den Versagenskriterien beim Technischen Artefakt: Störung der Funktion bis zum Zusammenbruch, Verlust an Substanz und aesthetischer Qualität. Das Ist des Technischen Artefakt hat wenigstens zeitweise aufgehört, mit seinem Soll soweit zu übereinstimmen, daß sein Zweck hinlänglich erfüllt werden kann. Das Technische Artefakt zwingt uns die

Erfahrung auf, daß es als je Einzelnes der Abnutzung und dem Verfall unterliegt. Die Abstrahierung dieser Erfahrung für die Technik insgesamt, hier verstanden als die Menge der gegenwärtigen und der geschichtlich gewordenen Technischen Artefakte, ergibt die technikphilosophische Aussage: Technische Artefakte teilen mit der belebten und unbelebten Natur das Schicksal der Geschichtlichkeit; sie bedürfen als Einzelne der Instandhaltung, um ihrem Verfall und ihrem Untergang entgegenzuwirken. Zum Versagen des Technischen Artefakts durch Abnutzung und Verfall tritt vielfach seine Zerstörung durch Mensch oder Natur. Dieses Geschehen hat vielfach dramatischen und zeitgeschichtlich herausgehobenen Umfang; zu ihm gehören spiegelbildlich Anstrengung und Aufwand der Wiederherstellung.

Geschichtlichkeit kann sich aber auch in der Form zeigen, daß zum Beispiel ein vor hundert Jahren als Kaserne erbautes Gebäude jetzt als Wohngebäude genutzt wird, ein Fabrikgebäude früherer Technikepochen als Bürogebäude oder eine Maschinenhalle als Museum, eine alte Kirche als Konzertsaal, ein Teil einer stillgelegten Eisenhüttenanlage als Schwimmbad. Das Technische Artefakt ist dasselbe und doch nicht dasselbe; der Übergang kann nur durch eine technische Handlung geschehen sein, die mit Instandhaltung genügend gemeinsam hat, um in die vorliegende Untersuchung miteinbezogen zu werden.

Der Kampf gegen Abnutzung, Verfall und Zerstörung kann in Einzelfällen erfolgreich sein über lange Zeitspannen, sogar über Jahrtausende. Meistens aber handelt es sich um wenige Jahre, in der Größenordnung der menschlichen Lebensspanne, innerhalb deren die Unmöglichkeit weiterer Erhaltung des Technischen Artefakts anerkannt werden muß. Das mangels weiterer Instandhaltung oder Wiederherstellung endgültig untergegangene Technische Artefakt kann aber häufig durch ein neu erzeugtes ersetzt werden. Es ist eine Alltagserfahrung des Wirtschaftslebens, daß ein Spannungsverhältnis besteht zwischen Erzeugung, die etwas Neues an die Stelle des zum Untergang Bestimmten setzen kann, und Erhaltung, die dem Untergehen entgegenwirkt. Dieses Spannungsverhältnis kann, was selten genug geschieht, ins öffentliche Bewußtsein gerufen werden, wenn Entscheidungen über Instandhaltungsvorhaben zu treffen sind, die für den gesellschaftlichen Lebensvollzug besondere Bedeutung besitzen. Als Beispiele dafür seien hier genannt: Der Bericht in einer deutschen Tageszeitung über den kostspieligen Rückbau der unterirdischen Bunkeranlage im Ahrtal, die als „Ausweichsitz der Verfassungsorgane des Bundes im Krisen- und Verteidigungsfall zur Wahrung von deren Funktionstüchtigkeit" von 1960 bis 1972 mit einem Aufwand von drei Milliarden DM erbaut wurde, sowie die Gründe, warum sie nicht erhalten wird, /6/; ein ganzseitiges Inserat der Deutschen Bahn AG über die Gründe für die bevorstehende Schließung von 8 der insgesamt 122 Instandhaltungs-Werkstätten:

„Investieren statt reparieren. Wir stellen uns dem Wettbewerb mit neuen Loks und Zügen. Das erfordert weniger Instandhaltungskapazität", /7/.

Eine andere Alltagserfahrung besteht darin, daß wir dem Technischen Artefakt in zwei sehr unterschiedlichen Ausprägungen begegnen, was uns aber selten bewußt wird. Die unmittelbare, der sinnlichen Wahrnehmung wie auch dem Bewußtmachen in der Regel zuerst begegnende Erscheinungsform ist materiell-energetisch. Das Technische Artefakt wird erfahrbar durch seine Wirkung über die fünf Sinne während oder außerhalb seiner Nutzung. Dabei gibt es eine enorme Spannweite von wenigen einfachen bis zu vielen und schwierigen Erkenntnisschritten hinsichtlich des Zusammenhangs zwischen Ursache und Wirkung. Ein Kind im Alter von wenigen Jahren kann ein einfaches Verständnis bilden für den Zusammenhang zwischen dem Wirken des Hammers, der den Nagel trifft, und dem Eintreten des Nagels ins Holz; aber das Verständnis für den Zusammenhang zwischen der Strömung von Energie in einem elektrischen Stromversorgungsnetz und dem Hellwerden einer elektrischen Leuchte setzt eine Reihe anspruchsvoller Denkschritte voraus.

Zur materiell-energetischen tritt jedoch die informationsgeprägte Erscheinungsform des Technischen Artefakts. Der Bauherr lernt sein künftiges Wohnhaus zuerst als Bauplan kennen. Der Bastler kann ein Flugzeugmodell in der Regel nur dann herstellen, wenn der Bausatz, den er gekauft hat, außer dem Baumaterial auch eine verständliche Bauanleitung enthält. Diese Konstruktions- oder Baupläne, ganz allgemein Strukturpläne, beschreiben einen Sollzustand des Technischen Artefakts. Dieser kann von dem durch Abnutzung, fehlerhaften Gebrauch, nachlässige Wartung oder andere Einflüsse bedingten Istzustand abweichen. Der Erwerber einer Fotokamera hält es für selbstverständlich, daß er deren Nutzungsmöglichkeiten nur dann verwirklichen kann, wenn er sich mit der Betriebsanleitung vertraut macht. Der Instandsetzungsfachmann, der einen angejahrten Elektroherd reparieren soll, greift zuerst nach dem Ersatzteilkatalog, um zu beurteilen, ob der Auftrag technisch möglich und wirtschaftlich vertretbar ist. In allen Fällen geht der Weg zur Erzeugung, Nutzung oder Instandhaltung des Technischen Artefakts über eine diesem zugeordnete, je eigene und vollkommen unentbehrliche Information.

Von Bedeutung ist ferner, daß die Geschichtlichkeit des Technischen Artefakts nicht nur aus unmittelbarer Erfahrung, sondern auch aus Dokumenten bewußt wird. Sie überliefern die Information bezüglich der gegensätzlichen Geschehnisse – Abnutzung, Verfall, Zerstörung einerseits, Instandhaltung und Wiederherstellung andererseits – im kleinen Alltagsmaßstab, als Reparaturrechnung zum Beispiel, aber auch als Quelle der Geschichtsschreibung, etwa durch Berichte über die Zerstörung einer Stadt durch Erdbeben und ihre Wiederherstellung.

Schließlich ist als Alltagserfahrung der mit Instandhaltung befaßten Personen noch der Gewinn an technischem Wissen zu erwähnen. Er erstreckt sich auf die Eigenschaften, vor allem über die beschaffenheitsbedingten Mängel Technischer Artefakte und deren Folgen – Funktionsstörungen, Verschleiß, Versagen, allgemein: Unbefriedigendes Maß der Erreichung der technischen Zielsetzung. Die aus diesem Wissen erwachsende Kritik kann in der Folge als Verbesserung in die Planung und Herstellung neuer Technischer Artefakte einfließen und damit wichtiger Bestandteil technischer Entwicklung werden.

1.1.2 Die technikphilosophische Ausgangslage

Technikphilosophie und -geschichte haben die Geschichtlichkeit des einzelnen Technischen Artefakts bisher nur beiläufig behandelt. Die Verflechtung von Nutzung, Instandhaltung und Versagen, das spiegelbildliche Geschehen in Zerstörung und Wiederherstellung, das Phänomen der technischen Individuation, die Komplementarität der materiell-energetischen und der informationellen Komponente beim Technischen Artefakt, die Bedeutung der allgemein-philosophischen Kategorien Ist und Soll sowie das Spannungsverhältnis zwischen Erzeugung und Erhaltung – alle diese Aspekte blieben weiße Flecken auf der philosophischen Landkarte. Der Begriffsverbund Instandhaltung, Instandsetzung, Ausbesserung, Wiederherstellung, Reparatur kommt in den Sachregistern maßgeblicher umfassender Technikdarstellungen nicht vor, /4/, /8/. Dies gilt auch für allgemeine philosophische Nachschlagewerke; in ihnen erfahren bereits die Begriffe Technik, Technologie, Technikphilosophie keine oder unangemessen kurze Behandlung. Auch ein leistungsfähiges allgemeines Nachschlagewerk nennt nur die Stichworte Instandsetzungstruppe der Bundeswehr, Reparaturenzym, Reparaturmechanismus der DNS, /9/. Lediglich bei den zur Denkmalpflege gehörigen Stichworten Konservierung und Restaurierung liegt die Verbindung zum Begriff Instandhaltung eindeutig vor. Analog dazu fehlen die Begriffe Maintenance, Repair, Repairing, Restoration in einem führenden englischsprachigen allgemeinen Nachschlagewerk, /10/. Der Ethik-Kodex der NSPE, /11/, kennt den Begriff der Instandhaltung ebenso wenig wie die VDI-Richtlinie 3780 Technikbewertung, Begriffe und Grundlagen, /12/. Die Datenbank der Deutschen Bibliothek liefert fast tausend Titel zum Thema Instandhaltung, aber nur einen einzigen, der einen technikphilosophischen Anspruch erhebt.

Die Denkbereiche „Mensch" und „Technik" werden technikphilosophisch in ganz grundlegender Weise durch den der „Handlung" verbunden. Dies wird besonders deutlich in ROPOHLs Technik-Analyse. Leitbegriff dieser Analyse ist der des Systems. Die Entstehung und Verwendung von Technik läßt sich umfassend durch Struktur und Funktion von Handlungssystemen modellieren.

Handlungssystem und technisches Sachsystem, wie ROPOHL das Technische Artefakt nennt, können durch fast übereinstimmende Blockschemata beschrieben werden. In ihnen wird das Einfließen („Input") von Materie, Energie und Information, deren Umsetzung innerhalb des Systems und das Ausfließen („Output") dieser umgeformten Grundgrößen veranschaulicht. Im Handlungssystem ist jedoch eine Zielsetzung einbeschrieben, die dem technischen Sachsystem fehlt, /13/. Der erfahrungsvermittelte, also phänomenologische Zugang zur Geschichtlichkeit des Technischen Artefakts ist oben beschrieben und zeigt deutlich, daß Bewirken – Funktionserfüllung - und Erleiden – das Unterworfensein unter schädigende, funktionsstörende Einflüsse - am Technischen Artefakt komplementär geschehen. Soziotechnische Systeme, wie ROPOHL kleine und große menschlichen Gemeinschaften nennt, die mit Technik umgehen, verbinden mit diesem Umgang eine Zielsetzung. Deren vollständige Erreichung ist aber von unversehrter Erhaltung der Technik hinsichtlich Struktur und Funktion abhängig, und diese setzt einen zielführenden Handlungseingriff voraus, der bei der systemtheoretischen Analyse der Technik bisher wenig beachtet wurde, /14/.

Der Begriff der **Erhaltung des Technischen Artefakts** wird in der vorliegenden Untersuchung verstanden als **Kontinuität desjenigen Systemzustands, bei dem Struktur und Funktion den Erfordernissen der dem Technischen Artefakts vorausliegenden Zielsetzung genügen.** Instandhaltung hingegen **ist ein individuelles und kollektives Handlungsfeld**, in dem, gemäß ROPOHLs Begrifflichkeit, der Mensch als Handlungssystem die Erhaltung des Technischen Artefakts bewirkt, und zwar der materiell-energetischen wie der informationellen Komponente.

1.1.3 Instandhaltung in übertragenem Sinn in der öffentlichen Wahrnehmung

Der Begriff der Instandhaltung und gleichsinnige Ausdrücke werden in der öffentlichen Diskussion in übertragenem Sinn gebraucht, und zwar in der Bedeutung einer Spannung zwischen Ist und Soll, der Wiederherstellung eines erwünschten Zustands, der Aufhebung von Wirkungen einer schädlicher Entwicklung.

„Wenn allerdings Kapital und Investitionen nur noch Faktorpreisen über den Globus hinterherjagen, dann stellt sich die Frage, ob da überhaupt noch etwas für Politik, Gesellschaft und Kultur übrigbleibt. Oder verfallen sie zu einer Restgröße globaler Wirtschaftsprozesse? Wird Politik womöglich zur bloßen Reparaturwerkstatt menschlich oder sozial schädlicher Wirtschaftsentwicklungen? Sagen wir es offen: Dann hätte Globalität die Politik ihres Wesens beraubt: Ihrer Orientierung auf den Menschen hin, der im Mittelpunkt des Gemeinwesens steht und seine Gestalt bestimmt", /15/.

Eine bejahende Antwort auf diese Frage, wobei nur der Begriff der Globalität durch den des Kapitalismus zu ersetzen ist, hat die neomarxistische Kritik am Staats- und Wirtschaftssystem der Bundesrepublik Deutschland schon vor Jahrzehnten gegeben, indem sie den Staat beschuldigte, sich als „Reparaturbetrieb des Kapitalismus" („Erfüllungsgehilfe der Monopole") zu betätigen, /16/. Das Ergebnis der Parlamentswahl 2001 in Dänemark führt zu folgendem Presse-Kommentar:

„Die Sozialdemokraten in Skandinavien erleben einen Abstieg, den man als das Ende einer Epoche begreifen muß. Nichts ist mehr übriggeblieben von ihrem ‚Wohlfahrtsmodell', das sich im vergangenen Jahrzehnt in eine hektisch besuchte Reparaturwerkstatt verwandelt hatte", /17/.

Der Anschaulichkeit näher ist der Begriff der Stadtreparatur, wie er im Beispiel des Stadtkerns von Frankfurt diskutiert wurde. Die Dominierung des „öffentlichen Raums" durch Anlagen für den Autoverkehr soll zurückgedrängt und hierfür im Stadtkern die ältere Stadtstruktur wiedergewonnen werden, /18/. Vergleichbare Äußerungen liest man immer wieder; sie zeigen ein unterschwelliges Wissen um die gesellschaftliche grundlegende Bedeutung der Instandhaltung, der Spannung zwischen Soll und Ist. Einen Beitrag dazu, daß dieses unterschwellige Wissen deutlich bewußt wird, kann technikphilosophische möglichst umfassende Analyse der Instandhaltung leisten; sie ist das Ziel der vorliegenden Untersuchung.

1.2 INSTANDHALTUNG IN PHÄNOMENOLOGISCHER HINSICHT – DIE GRUNDLAGEN

1.2.1 Begriffsbestimmung der Technischen Artefakte und ihrer Ordnungsgliederung

Die vorliegende Untersuchung geht, wie erläutert, nicht vom Systemkonzept aus, sondern von der lebensweltlichen Erfahrung der Geschichtlichkeit, der Individualität sowie der Ausprägung des Technischen Artefakts in zweifacher, materiell-energetischer und informationeller Form, somit von einem phänomenologischen Ansatz. Die zwei Ausprägungen des Technischen Artefakts führen zu der Frage, wie diese zusammenhängen, inwieweit sie sich trennen lassen, eine selbständige Existenz besitzen können. Ferner ist der Zusammenhang zu derjenigen Information herzustellen, die in Form von Dokumenten über vollzogene Instandhaltung oder Wiederherstellung vorliegt. Mit einbezogen werden muß auch das wissenschaftliche und das künstlerische Artefakt hinsichtlich der Notwendigkeit, instandgehalten zu werden; denn eben in dieser liegt die Gemeinsamkeit mit dem Technischen Artefakt. Somit sind auch die Begriffsabgrenzungen hinsichtlich der erwähnten Artefakte aus verschiedenen Gegenstandsgebieten zu untersuchen. .

1.2.2 Bereiche, Begriffe und Verfahren der Instandhaltung

Einsicht in ihr Wesen und ihre Bedeutung setzt Einsicht in die Ursachen voraus, aus denen das Erfordernis der Instandhaltung erwächst; diese sind demnach zu analysieren. Auf dieser Grundlage kann dann die Begriffsbestimmung der Instandhaltung vorgelegt und durch Aufzeigen von Teilmaßnahmen, kennzeichnenden Fällen und Einzelbeispielen erläutert werden.

Eine weitere grundlegende Frage lautet: Ist Instandhaltung von der Erzeugung Technischer Artefakte als eigenständiges Handlungsfeld getrennt? Schließlich muß der Blick auch auf den Seinsbereich der belebten Natur gerichtet werden. Können technische Eingriffe in lebende Systeme, in Ökosysteme, unter den Begriff der Instandhaltung fallen? Man kann von der techniktransienten, den Technikbereich nach herkömmlichem Verständnis überschreitenden Instandhaltung reden, im Gegensatz zur technikimmanenten, im eigentlichen Technikbereich vollzogenen Instandhaltung? Hat das einen technikphilosophischen Sinn?

1.2.3 Technische Identität und Individualität

Mit der Abarbeitung des vorstehend beschriebenen Untersuchungsprogramms sind die Voraussetzungen geschaffen, um die Begriffe der technischen Identität und technischen Individualität vorzustellen und zu erläutern; sie sind ja im Zusammenhang mit der Phänomenologie des technischer Alltags schon angedeutet worden. In diesem Teil der Untersuchung geht es um die Merkmale Technischer Artefakte in quantitativer Hinsicht, nämlich hinsichtlich des Maßes an technischer Übereinstimmung für eine größere oder kleinere Zahl erzeugter und genutzter Technischer Artefakte. Die Leistungsfähigkeit der Begriffe „technische Identität" und „technische Individualität" und einiger weiterer, deren Erfordernis sich aus dem Gang der Untersuchung ergibt, muß vor allem am Untersuchungsziel gezeigt werden, nämlich am Zusammenhang von Instandhaltung und Grad der Individualität.

1.2.4 Instandhaltung und Erhaltungsdauer

Die Geschichtlichkeit des Technischen Artefakts wurde im Vorstehenden gewissermaßen abstrakt erläutert anhand seiner Entstehungsgeschichte. Weitere Einsichten müssen sich ergeben, wenn, mit besserer Anschaulichkeit, nach kennzeichnenden und für die Instandhaltung bedeutungsvollen Zeitspannen gefragt wird. Solche Zeitspannen sind in der Literatur bzw. umgangssprachlich zum Beispiel mit den Ausdrücken Brauchbarkeitsdauer, Lebensdauer, bezeichnet. Damit ist auch die Begründung der hier für die weitere Argumentation als notwendig erkannten zusätzlichen Zeitdauerbegriffe zu verbinden. Oben wurden Beispiele Technischer Artefakte erwähnt, die einem ursprünglich nicht vorgesehenen Zweck zugeführt und dafür technisch in erheblichem Umfang umgestaltet werden, wobei sie aber ihre technische Identität nicht einbüßten. Man stößt also auf unterschiedlich lange Zeitspannen mit veränderter technischer Zwecksetzung bzw. Nutzung, wobei zu begründen ist, daß die notwendige Umgestaltung den Rahmen einer höherstufig zu verstehenden Instandhaltung nicht überschreitet.

Der Untergang des Technischen Artefakts, unterschieden hinsichtlich seiner materiell-energetischen und informationellen Ausprägung, beendet unwiderruflich dessen technische Individualität und damit auch dessen Instandhaltung. Es ist demnach zu zeigen, warum das Untergangsgeschehen in die vorliegende Untersuchung einbezogen wird; ferner, welche Teilvorgänge des Untergangsgeschehens für die Instandhaltung auch in diesem Abschnitt technischen Handelns noch von Bedeutung sind. In der Technikphilosophie findet man gelegentlich und nicht immer mit Begründung das Argument, daß Mittel (im Sinn von Aufwendungen) nur in endlichem Umfang zur Verfügung stehen. In Verbindung mit der Erörterung des Geschichts-, also Endlichkeitsaspekts beim Technischen Artefakt muß auch untersucht werden, inwieweit und mit welcher Begründung dies für Instandhaltung zutrifft.

1.2.5 Begünstigung langer Erhaltungsdauer Technischer Artefakte

Mit dieser Argumentation sind die Voraussetzungen geschaffen für die Begründung, warum Technische Artefakte über lange Zeitspannen, manchmal über Jahrtausende, erhalten bleiben. Diese Begründungen erreichen nicht nur den abstrakten Zahlenwert der Erhaltungsdauer; ihre Einbeziehung ist in der vorliegenden Untersuchung vor allem geboten, weil sie sich auch auf die Fortdauer der Instandhaltungsaufwendungen während dieser Zeitspanne erstrecken. Es ist zu zeigen, daß diese Begründungen in sehr verschiedenen Lebensbereichen zu finden sind: Im gesellschaftlichen Lebensvollzug, in bestimmten Merkmalen der Hochwertigkeit der Technischen Artefakte, aber auch in dem individual- bzw. sozialpsychologischen oder auch techniksoziologisch einzuordnenden Phänomen der Bildung einer emotional geprägten Partnerschaft mit dem Technischen Artefakt. Das Technische Artefakt wird bei zutreffenden Voraussetzungen zum Technischen Anthropoid. Die Begriffsbildung für dieses Phänomen ist vorzustellen, zu erläutern und durch Beispiele zu veranschaulichen; auch der Versuch einer techniksoziologischen Begründung scheint geboten.

1.2.6 Sammlungen als Technische Artefakte – Aufbau und Unterhalt als Instandhaltungsleistung

Das Teilthema „Sammlungen als Technische Artefakte", eigentlich als Exkurs zu verstehen, bedarf der Begründung, warum es für die Analyse der Instandhaltung von Bedeutung ist. Ausgangslage ist der Befund, daß in dem Thema der Doppelaspekt „Technische Artefakte als Objekte von Sammlungen" wie auch

„Die Sammlung als Technisches Artefakt" enthalten ist und beide Aspekte in ebendieser Verbindung für die Instandhaltung von besonderer Bedeutung sind. Der Gegenstandsbereich möglicher Objekte von Sammlungen ist zu umschreiben und die Einbeziehung virtueller Objekte, die durch Technische Artefakte vertreten bzw. modelliert sind, ist darzulegen. Die Anwendung des Begriffs Technische Dauer und ihr Begründungszusammenhang mit dem jeweiligen Urheber der Sammlung muß deutlich gemacht werden. Die Fragen nach der zeitlichen Festlegung des Sollzustands einer Sammlung, nach der Anwendbarkeit des Begriffs der Vollständigkeit und nach einem allen Sammlungen gemeinsamen Zweck sind zu beantworten, unter Berücksichtigung bereits vorliegender technikphilosophischer Beiträge von HEIDEGGER und HUBIG zum Thema.

1.2.7 Instandhaltung als Betätigungsfeld von Handwerk und Industrie

Die Untersuchung wendet sich nun einem techniksoziologischen Teilthema zu, wobei die Begründung wiederum auch in der Geschichtlichkeit der Technischen Artefakte liegt – hier verstanden in der Bedeutung der Technischen Artefakte als Gegenstände der Technikgeschichte wie auch als Beitrag zur Techniksoziologie und Technikgeschichte der Instandhaltung. Als eines der markantesten Ergebnisse technik-, wirtschafts- und kulturgeschichtlicher Entwicklung gilt die Entstehung der modernen Industrie. Die vorliegende Untersuchung wird Industrie und Handwerk zunächst im systematischen Vergleich zeigen als die Organisationen, die Instandhaltung gewerblich betreiben und für das Gesamtgeschehen der Instandhaltung von überragender wirtschaftlicher Bedeutung sind. Die hierfür gebotene kurze Bestandsaufnahme muß im Hinblick auf Erfordernisse der Instandhaltung auf rechtliche, organisatorische und wirtschaftliche gemeinsame und unterscheidende Merkmale eingehen, ebenso wie auf die Formen wirtschaftlichen Verkehrs beider untereinander und mit dem Wirtschaftsbereich Dienstleistungen. Die Bedeutung der staatlichen Wirtschaftsverfassung und -politik ist zu berücksichtigen. Der an Beispielen orientierte kurze historische Überblick erlaubt die kritische Prüfung technikphilosophischer Argumente zum Vergleich von Handwerks- und Industrietechnik. Für einen neuen Ansatz, die kennzeichnenden Merkmale der wissenschaftlich geprägten Industrietechnik als etwas im Vergleich zu historischen Technikformen wesentlich Neues herauszuarbeiten, bieten sich die Überlegungen v. WEIZSÄCKERs zu Strukturwissenschaften und zur Akkumulation von Mitteln als Ausgangspunkt an. Bei den Beispielen zur Akkumulation von Mitteln in der Industrie, unter denen Finanzmittel und Mittel zu Besitz, Nutzung und Vermehrung von Wissen die bedeutungsvollsten sind, ist die Instandhaltung wieder einzuführen. Hierbei sind die Beiträge HUBIGs, FREYERs und LINDEs unter dem Leitbegriff der Sachzwänge zu berücksichtigen. In diesem Zusammenhang muß die Bedeutung der staatlichen Wirtschaftsordnung für die Ausbildung eines Sachzwangs analysiert werden, der sich im Instandhaltungsbereich manifestiert. Schließlich ist es naheliegend, den mehrfach erwähnten Zielkonflikt zwischen Erzeugung und Erhaltung im Zusammenhang mit Wertepräferenzen und Interessen beim wirtschaftlichen Handeln von Handwerk und Industrie zu untersuchen.

1.2.8 Gewinn und Erhaltung von Wissen durch und bei Instandhaltung

Der Gewinn technischen Wissens durch Instandhaltung wurde als Alltagserlebnis des Instandhalters und Teil der Phänomenologie der Instandhaltung bereits erwähnt. Dieses Geschehen bedarf der Untersuchung, wobei das technische Normenschrifttum unter dem Begriff der Schwachstellenforschung einen brauchbaren Ansatz bietet. Hier ist aber auch die Kritik zu entfalten, die sich auf die bereits erreichten Einsichten zur Begrifflichkeit der Instandhaltung allgemein und der zugeordneten Zeitspannen stützt. Auf den Argumenten HUBIGs beruht der hier zu führende Nachweis, daß die logische Grundlage der Schwachstellenforschung die Abduktion ist. Die Schwachstelle muß vom technischen Mangel, einem Rechtsbegriff, abgegrenzt werden; ebenso sind begriffliche Abgrenzungen zu Fehler und Schaden geboten. Die Nähe dieses Teilthemas zur Rechtspflege wird auch erkennbar aus der kritischen Beurteilung der Grundlagennorm für die Instandhaltung in ihrer Eigenschaft als „anerkannte Regel der Technik". Auch die Forderung des deutschen Gerätesicherheitsgesetzes hinsichtlich der Schwachstellenforschung gehört hierher. Die Befund- und Ursachendokumentationen von Katastrophen können als Sonderfälle der Schwachstellenforschung verstanden werden. Abschließend bedarf der Rang des durch Instandhaltung gewonnenen technischen Wissens innerhalb des Gesamtumfangs technischen Wissens einer Untersuchung.

Zum Gewinn technischen Wissens muß dessen Erhaltung treten. Die Bedeutung der Erhaltung von Wissen für die Instandhaltung Technischer Artefakte ist hier grundsätzlich, als höherstufige Form von Instandhaltung, zu diskutieren und mit der Beschleunigung des Wachstums der Zahl wissenschaftlicher Veröffentlichungen in Zusammenhang zu bringen. Der Zusammenhang zwischen Wissen, Information und Dokument muß erörtert werden unter dem Aspekt, daß Dokumente einerseits Information tragen, andererseits instandhaltungsbedürftige Technische Artefakte sind. Die technische Dauer von Informationsträgern ist zu untersuchen und ihr Zusammenhang mit Wertentscheidungen zu begründen. Die Verfahren der Instandhaltung und Instandsetzung technischen Wissens bedürfen der Darstellung an Hand von Beispielen.

1.3 INSTANDHALTUNG IN NORMATIVER HINSICHT – INSTANDHALTUNG UND GESELLSCHAFT

1.3.1 Verantwortung in und durch Instandhaltung

Der Begriff der Verantwortung ist für normative Aspekte der Technikphilosophie, also auch für das Handlungsfeld der Instandhaltung, von grundlegender

Bedeutung. Zunächst ist ein Überblick über das sehr umfangreiche Quellenmaterial und ein Hinweis auf eine technikphilosophisch besonders durch die Arbeiten HUBIGs fundierte Begriffsbestimmung geboten. Die Begriffe Verantwortung und Handlung sind aufs Engste verknüpft; aber die lebensgeschichtliche Sinnstiftung der Verantwortung wird erst deutlich in der Unumkehrbarkeit des Handlungsergebnisses, in der Irreversibilität. Der Begriff der Irreversibilität, seine Modellierung in der Analyse unumkehrbarer und an Systeme gebundenen Prozesse, die scheinbare Aufhebung der Unumkehrbarkeit im Kreisprozeß, die Deutung der Irreversibilität als Ordnungsverlust und ihre Quantifizierung vermöge des Entropiebegriffs sind darzustellen. Das daraus erwachsende höherstufige Verständnis von Instandhaltung als Rückgewinnung verlorener Ordnung muß begründet und die Verknüpfung von Ethik und Natur- sowie von Technikwissenschaft muß verdeutlicht werden. Rekuperation als Sonderfall eines Kreisprozesses mit einem Ausblick auf Techniktransiente Instandhaltung ist zu erläutern. Die Position des Subjekts bei der durch Instandhaltung vollzogenen Problemlösung, die Bedeutung des Gewissens in der Handlungsentscheidung, insbesondere auch bei der instandhaltenden Beherrschung schadensverursachender Langzeiteffekte können nicht unerörtert bleiben. Die Bindung des Subjekts an eine Rechtsordnung für das technische Handeln, die Bedeutung der Verantwortung für zulängliche, effiziente Instandhaltung erst ermöglichende Informationen und endlich die Nutzung neuer Wirtschaftsformen in der Handlungseinheit von Erzeugung, Nutzung und Instandhaltung sind abschließend zu erläutern.

1.3.2 Der institutionelle Aspekt von Instandhaltung

Der im vorstehenden Abschnitt bereits mehrfach gebrauchte Begriff der Institution ist in der Technikphilosophie grundlegend, muß also hier mit einbezogen werden. Dies führt zunächst zu einem Vergleich von Staat, Recht, Technik und Instandhaltung als denjenigen Institutionen, die im Zusammenhang mit den Darlegungen zur Verantwortung bereits vorgestellt wurden. Ausgehend von den Befunden HUBIGs zu den Institutionen als der „zweiten Natur" des Menschen entsteht die Frage, ob zusätzlich zu den hochrangigen Institutionen Staat und Recht auch Technik und Instandhaltung die Kriterien einer Institution erfüllen und worin, zutreffendenfalls, deren Wechselwirkung erkennbar wird. Diese Darlegungen lassen sich weiter konkretisieren durch die Erläuterung von Instandhaltungsaufgaben des Staates und vergleichbarer Institutionen. Die in einem früheren Abschnitt bereits erörterte Frage nach der Endlichkeit der Mittel stellt sich jetzt hinsichtlich der daraus erwachsenden Anforderungen an institutionelles Handeln und dessen Wertegrundlagen. Hier sind insbesondere die technikphilosophischen Basiswerte – Options- und Vermächtniswerte – zu berücksichtigen. Dies kann deutlich gemacht werden an Hand der Wertepräferenzen, die der Zuweisung von Finanzmitteln in staatlichen und vom Staat maßgeblich beeinflußten Haushalten auch für die Instandhaltung zugrunde liegen. Auch der

Zusammenhang zwischen der Endlichkeit der Mittel, deren Inanspruchnahme in Krisensituationen wie auch ihrer Fehllenkung in ineffizienten Wirtschaftssystemen und der daraus resultierenden volkswirtschaftlichen Bedeutung der Instandhaltung muß in den Blick kommen. Die hohe volkswirtschaftliche Bedeutung der Beschäftigungspotentiale verschiedener Wirtschaftszweige begründet die Erörterung des Beitrags, den Instandhaltung unter diesem Aspekt leisten kann. Da nicht nur Staaten, sondern auch vertraglich konstituierte Kollektive von Staaten Institutionen sind, ist auch ein Hinweis gefordert auf die internationale Zusammenarbeit bei Instandhaltungsaufgaben, welche die Leistungsfähigkeit einzelner Staaten übersteigen

1.3.3 Instandhaltung und asketische Weltkultur

Askese als Handlungsform besitzt eine beeindruckende geschichtliche und anthropologische Tradition. Sie ist, wie Verantwortung, ein ethisch geprägtes und in fundierten technikphilosophischen Beiträgen erörtertes Thema, dessen Behandlung auch Aufschlüsse über normative Aspekte der Instandhaltung erwarten läßt. Die vorliegenden technikphilosophischen Befunde weisen auf Askese als möglichen Träger der Merkmale einer Institution hin. Damit verspricht die Untersuchung der Askese auch eine Ausdehnung des Institutionen-Aspekts auf ein neues Handlungsfeld über Staat, Recht, Technik und Instandhaltung hinaus.

Zur Einführung in das Thema eignen sich eine Darstellung der gegenwartsnahen Kritik an der konsumtiv-technokratischen Weltkultur, ein Überblick über die auf Askese als wünschbares Verhalten gerichteten Argumente sowie auf grundlegende Einsichten GEHLENs und HUBIGs zur Ethik des Verzichts und der Selbstbescheidung, ferner eine kurze Darstellung der kulturgeschichtlichen und sozialgeschichtlichen Befunde. Die Erörterung von Komponenten asketischen Handelns sowie individueller und kollektiver Askese ist ergänzend geboten. Die Bedeutung der technikphilosophischen Beiträge GEHLENs rechtfertigt auch einen Überblick über seine Untersuchungen zur Entstehung und Bedeutung der Askese unter Berücksichtigung kritischer Einwände, die HUBIG gegen die Kennzeichnung des Menschen als Mängelwesen erhoben hat.

Ein techniksoziologischer kritischer Befund geht dahin, daß ein deutliches Defizit gesellschaftlicher, sittlich notwendiger Askese bestehe. Er kann nun zusammengeführt werden mit GEHLENs und v. WEIZSÄCKERs Einsichten sowie der Erörterung der Fragen nach der Ursache der Sonderstellung des Menschen und nach der Autonomie des Individuums in der Willensentscheidung, Askese zu vollziehen oder abzulehnen. Jetzt stellt sich die Frage nach einer Begründung der Notwendigkeit bestimmter Formen und Grade asketischen, insbesondere technikasketischen Handelns bei klar abgrenzbaren gesellschaftlichen Gruppierungen oder Schichten in Gegenwart und Zukunft.

Dabei ist auch zu erörtern, ob der Vollzug von Askese ein quantifizierbares Phänomen ist.

Der gemeinsame Befund aus den Analysen zu Begriff und Wirkung der Askese, nämlich daß beim Vollzug der Askese Verzicht und Gewinn im Handlungserfolg verbunden sind, kann nun entfaltet werden in einer Analyse von GEHLENs Beispiel von der „Hintergrunderfüllung des Nahrungsbedürfnisses" sowie an nachweisbaren und als fiktiv vorgestellten Gegenwartsbeispielen. Nach den vorbereitenden Darlegungen kann jetzt untersucht werden, in welcher Hinsicht Instandhaltung, insbesondere das Spannungsverhältnis von Ist und Soll, mit GEHLENs Grundgedanken vom Ursprung der Askese in der Umkehr der Antriebsrichtung in Verbindung steht.

Ergänzend ist es naheliegend, den Grundgedanken der Umkehr der Antriebsrichtung auch auf die Erzeugung Technischer Artefakte anzuwenden, insbesondere bei der Gruppe, welche die Voraussetzungen für lange Erhaltungsdauer erfüllt. Hier läßt sich jetzt der mit Verzicht in Verbindung stehende Begriff der Askese und ein Gegenbegriff hierzu, der Luxus, analytisch zusammenführen. HUBIGs auf HEGEL gestützte Einsichten zum Begriff der Entfremdung lassen sich nun anwenden auf Technische Artefakte mit den Merkmalen der Multiplikate, Plurikate und Unikate, zu denen wiederum kennzeichnende Wertepräferenzen bei der Instandhaltung gehören. Die Einbeziehung der artefakterzeugenden Technischen Artefakte führt zum Begriffs des Müheaufwands. Dieser erweist sich einerseits als Merkmal der Entfremdung. Andererseits ist er bei der Erzeugung mitursächlich für den im Technischen Artefakt objektivierten Reichtum an Merkmalen, somit an Information, und damit an instandhaltungs-begünstigender Werthaltigkeit Technischer Artefakte.

Die abschließenden Gedankenschritte müssen den Müheaufwand mit dem techniksoziologischen Profil des Instandhalters in Verbindung bringen. Es muß erörtert werden, inwiefern die Freisetzung von Mitteln durch Verzicht einen unerwarteten Zusammenhang zwischen Askese und Luxus stiftet: Nämlich indem es möglich wird, Technische Artefakte mit Luxuscharakter zu erzeugen und instandzuhalten.

1.3.4 Instandhaltung und Technische Sicherheit

Der hohe Rang des Wertes Sicherheit, der den Institutionen Staat, Recht, Technik und Instandhaltung als Werteträgern gemeinsam ist, rechtfertigt eine Erörterung dieses Begriffs in der vorliegenden Untersuchung. Zunächst ist die Gemeinsamkeit von Sicherheit und Instandhaltung in der Kategorie des Sollens, systemtheoretisch ausgedrückt des Sollzustands, zu entfalten. Ein kurzer Überblick zu HUBIGs Befunden ist geboten hinsichtlich der Gegensatzpaare Risiko und Sicherheit, quantifiziertes Risiko im Sinn der Versicherungsmathematik und subjektive Risikoeinschätzung. Auch der Zusammenhang zwischen Wagnisbereitschaft und Fähigkeit der Folgenbewältigung bei Schadensereignissen, sowie der Begriff der „Reparaturethik" muß erörtert werden. Es muß dargelegt werden, inwieweit sich der mit diesem Ausdruck gekennzeichnete Handlungstypus mit dem der Instandhaltung zur Deckung bringen läßt, und welche Bedeutung der Institution Recht in diesem Zusammenhang zukommt. Die Bestimmung der Technischen Sicherheit als eines Sollzustands, bei dem Rechtsgüter vor Verletzung geschützt sind, muß entfaltet und an Beispielen erläutert werden. Naheliegend ist eine anschließende Untersuchung der Frage, ob und inwieweit Sicherheit als Sollzustand quantifiziert werden kann, sowie die kritische Würdigung eines Beispiels, bei dem Instandhaltungsmaßnahmen in eine solche Quantifizierung einbezogen werden. Von Bedeutung sind auch der Einfluß subjektiver Risikobeurteilung auf die Technikentwicklung, die Anforderungen an die Begründungsqualität subjektiver Risikobeurteilungen, die Einbeziehung des Wissensgewinns durch systematische Schwachstellenforschung und schließlich die technische Höherwertigkeit durch substanzverbessernde Instandhaltung.

1.3.5 Der Instandhalter im Sozialgefüge der Gesellschaft

Instandhaltung und Gesellschaft als Institutionen werden gemeinsam deutlich im Instandhalter und seinem Handeln. Hierbei ist die Frage grundlegend, ob eine Teilmenge von Instandhaltern aus der Menge der handlungsfähigen Individuen mit überzeugenden Abgrenzungsmerkmalen isoliert werden kann. Der Antwort kommt man näher, indem eine wichtige Unterscheidung getroffen wird: Einerseits das unmittelbare Instandhaltungs-Handeln, das heißt Zustandsbeeinflussung am Technischen Artefakt, andererseits das mittelbare, vermöge Begründung, Förderung und Pflege der Instandhaltung als Institution. Die sich darin andeutende Bildung soziologischer Gruppen muß verallgemeinert werden, indem die Stiftung von Gemeinschaften durch Instandhaltung untersucht wird. Weitere Einsichten ergeben sich durch Betrachtung des soziologischen Profils des in Handwerk oder Industrie gewerblich tätigen Fachmanns in systematischer Hinsicht wie auch in historischen Beispielen. Zum soziologischen Profil gehört auch die Frage der Selbständigkeit und Unselbständigkeit von Auftraggeber und Auftragnehmer in der Instandhaltung. Die im Allgemeinen wenig bekannte starke soziale Differenzierung von gewerblich tätigen Instandhaltern ist deutlich zu machen. Dem muß das Handeln des Laien bei Erzeugung und Instandhaltung gegenübergestellt werden in der Erörterung, wie technisches Wissen und Können vom Laien in sehr differenzierter Geschwindigkeit und unterschiedlichem Umfang erworben und genutzt werden. Ein Vergleich der Wertepräferenzen des Fachmanns und des Laien beim Instandhaltungs-Handeln ist abschließend geboten.

TEIL 2 INSTANDHALTUNG IN PHÄNOMENOLOGISCHER HINSICHT: DIE GRUNDLAGEN

2.1 BEGRIFFSBESTIMMUNG DER TECHNISCHEN ARTEFAKTE UND IHRER ORDNUNGSGLIEDERUNG

2.1.1 Technikphilosophische Beiträge zum Begriff des Technischen Artefakts

2.1.1.1 Begriffsbestimmungen der Technik im Überblick

Das Technische Artefakt läßt sich **vorläufig** als der im gesamten Umgang des menschlichen Individuums mit der Technik lebensgeschichtlich wirksame je einzelne sachtechnische Gegenstand bestimmen. Sieht man von dem hier hergestellten Bezug zum Alltagsgeschehen, zur individuellen menschlichen Lebensgeschichte, einmal ab, so deckt sich dieses Verständnis mit dem des „technischen Sachsystems", in ROPOHLs Terminologie. Er definiert den Begriff der Technik als den umfassenden für bestimmte Dinge und bestimmte Prozesse, nämlich für die Menge der nutzenorientierten, künstlichen, gegenständlichen Gebilde (Artefakte oder Sachsysteme) und die Menge der menschlichen Handlungen, in denen Sachsysteme entstehen sowie die, in denen sie verwendet werden, /1/. In dieser Definition wird darauf verzichtet, die Handlungsfähigkeit des Menschen mit bestimmten anderen seiner Wesenseigenschaften zu verknüpfen. Die **Ausstattung mit der Fähigkeit zum Wissen und zum Können** ist hingegen enthalten im Ergebnis einer Analyse verschiedener Begriffsbestimmungen von Technik, wonach sich

„aus den bisherigen Definitionsversuchen ergibt, daß ein umfassender Begriff von Technik drei Momente enthalten muß: das mit Wissen verbundene Können, das Tun oder Handeln aufgrund wissenden Könnens und die Artefakte als Resultate des Handelns, die als Technostruktur unsere Welt mitgestalten", /2/.

HEIDEGGER stellt dazu bündig fest:

„Wir fragen nach der Technik, wenn wir fragen, was sie sei. Jedermann kennt die beiden Aussagen, die unsere Frage beantworten. Die eine sagt: Technik ist ein Mittel für Zwecke. Die andere sagt: Technik ist ein Tun des Menschen. Beide Bestimmungen der Technik gehören zusammen. Denn Zwecke setzen, die Mittel dafür beschaffen und benützen, ist ein menschliches Tun. Zu dem, was die Technik ist, gehört das Verfertigen und Benützen von Zeug, Geräten und Maschinen, gehört dieses Verfertigte und Benützte selbst, gehören die Bedürfnisse und Zwecke, denen sie dienen. Das Ganze dieser Einrichtungen ist die Technik ...Die gängige Vorstellung von der Technik, wonach sie ein Mittel ist und ein menschliches Tun, kann deshalb die instrumentale und anthropologische Bestimmung der Technik heißen. Wer wollte leugnen, daß sie richtig sei?...Die instrumentale Bestimmung der Technik ist sogar so unheimlich richtig, daß sie auch noch für die moderne Technik zutrifft, von der man sonst mit einem gewissen Recht behauptet, sie sei gegenüber der älteren handwerklichen Technik etwas durchaus Anderes und darum Neues", /3/.

Dennoch tritt der Begriff des **Technischen Artefakts** in der Fülle der Definitionen für Technik keineswegs deutlich **als Fundamentalbegriff** auf. ROPOHL klagt:

„Obwohl wir im „technischen Zeitalter" leben, gibt es paradoxerweise keinen angemessenen Oberbegriff für die technischen Hervorbringungen. Die historisch gewachsene Vielfalt unterschiedlicher Bezeichnungen folgt keiner nachvollziehbaren Verwendungsregel. Wann ein technisches Gebilde „Maschine", wann „Gerät", wann „Apparat", wann „Aggregat" genannt wird, wann andererseits solche Namen, wie etwa bei Bauwerken, Fahrzeugen oder Kleidungsstücken, unüblich sind, das hängt eher von zufälligen Sprachkonventionen ab als von den spezifischen Merkmalen des jeweiligen Gebildes", /1/.

Dementsprechend verschwinden die „technischen Hervorbringungen" in unbestimmter Weise hinter sehr unterschiedlichen Denkansätzen, was denn Technik sei: Angewandte Naturwissenschaft, Mittelsystem für die Erreichung unterschiedlicher Ziele, Prozeß der Selbstdeutung, der Selbsterlösung oder der Betätigung menschlichen Ausbeutungs- und Machtstrebens und schließlich Prozeß des Übergangs von der Transzendenz in die Immanenz, sei es die Verwirklichung der vom Weltenschöpfer schon vorgedachten Lösungsideen, sei es endlich, in HEIDEGGERs unverwechselbarer Diktion, das Ereignis der Entbergung von Technik als Wahrheit, als Hervorbringen aus der Verborgenheit in die Unverborgenheit, /2/.

Andere technikphilosophisch eingeführte Begriffe als die obengenannten kommen der oben eingeführten vorläufigen Begriffsbestimmung kaum näher. „Realtechnik" als Gegenstand der Technikphilosophie z.B. beruht auf ingenieurwissenschaftlichem Handeln und naturwissenschaftlichen Erkenntnissen. Im Gegensatz zu anderen individuellen, sozialen und intellektuellen Verfahrensweisen zielt sie auf Naturbeherrschung durch Umgestaltung der materiellen Außenwelt ab, /2/. Mit dieser Kennzeichnung sind aber, neben anderen, die vor allem der kulturellen Bereicherung dienenden Technikzweige nicht erfaßt: Was hat etwa eine elektrisch betriebene Modelleisenbahn mit Naturbeherrschung zu tun? Die Unterscheidung von „Geräten" und „Verfahren" als „Raum"- und „Zeit"gestalten, die in ihrer Beschaffenheit (ihrem Sosein) in der Vorstellungswelt antizipierend vorweggenommen werden, /4/, führt in schwer lösbare kategoriale Schwierigkeiten. Denn Verfahren – Prozesse – sind nicht möglich ohne die Substrate von Raum, Stoff, Energie und Information; und Geräte sind stofflich gegeben, aber in ihrer Funktion mit den Substraten Zeit und Energie unlösbar verknüpft: Ist der Verbrennungsmotor ein Gerät (zutreffend, wenn außer Betrieb), oder handelt es sich um eine bestimmte stoffliche Konfiguration als notwendige, aber nicht hinreichende Bedingung für ein Verfahren zur Umwandlung chemischer in kinetische Energie, (zutreffend für den

Verbrennungsmotor im Betrieb) -? Eine aus der Sicht des Juristen formulierte Definition versteht unter dem „technischen Vollzugsprozeß" „die Erzeugung von Sachen, Verfahren und Informationen", /5/; ihr aber begegnet der Einwand, daß auch das Naturgeschehen Sachen, Verfahren und Informationen hervorbringt und insofern genau das Unterscheidungsmerkmal zur menschgemachten Technik fehlt.

Der Klärung kommt man näher durch die Entgegensetzung von Natur und Artefakt. ROPOHL führt dazu den klassischen Naturbegriff des ARISTOTELES ein:

„'Man kann die Gesamtheit des Seienden (in zwei Klassen) einteilen: In die Produkte der Natur und in die Produkte anders gearteter Gründe'", nämlich, wie es wenig später heißt, „'die Artefakte'"; dabei steht „Artefakte" für eine griechische Wendung, die, wörtlich übersetzt, „'auf Grund von Techne Seiendes'" besagt. Während „'ein jedes Naturprodukt das Prinzip seiner Prozessualität und Beharrung in ihm selbst hat'", liegt beim Artefakt „'das Prinzip seiner Herstellung in anderem und außerhalb seiner", nämlich im gestaltenden und herstellenden Menschen'", /6/.

In der Ausarbeitung dieser Erkenntnisse sind wiederum HEIDEGGERs Befunde fruchtbar. Er fragt nach dem Wesen der Technik, das sich in der zwar richtigen, aber unzulänglichen instrumentalen Bestimmung noch nicht zeigt. Er fragt nach dem, was das Instrumentale selbst ist, wohin „dergleichen" wie ein Mittel und ein Zweck gehören, und antwortet:

„Ein Mittel ist solches, wodurch etwas bewirkt und so erreicht wird. Was eine Wirkung zur Folge hat, nennt man Ursache...Auch der Zweck, demgemäß die Art der Mittel sich bestimmt, gilt als Ursache. Wo Zwecke verfolgt, Mittel verwendet werden, wo das Instrumentale herrscht, da waltet Ursächlichkeit, Kausalität".

Die von ARISTOTELES begründete Lehre von den Ursachen kennt vier verschiedene, jedoch zusammengehörige: Die causa materialis, der Stoff z.B. für eine silberne Schale; die causa formalis, die Gestalt, in die das Material eingeht; die causa finalis, der Zweck, z. B. der Opferdienst, zu dem die Schale bestimmt ist; die causa efficiens, welche die fertige wirkliche Schale erwirkt, der Silberschmied. Hier setzt jedoch die Frage ein:

„Weshalb gibt es gerade vier Ursachen?...Woher bestimmt sich der Ursachecharakter der vier Ursachen so einheitlich, daß sie zusammengehören?"

Die Antwort liegt in der philosophischen Überlieferung beim Übergang vom griechischen auf römisches Denken: Was die Römer causa, was wir Ursache nennen, ist bei den Griechen auf den Begriff des Verschuldens gegründet – es ist das, was ein anderes verschuldet. HEIDEGGER erläutert seinen Gedankengang auch am konkreten Technischen Artefakt. Die Schale schuldet, d.h. verdankt dem Silber das, woraus sie besteht; in ihrem Aussehen ist sie dem Schalenhaften verschuldet; von ihrer Bestimmung her ist sie in den Bereich der Weihe und des Spendens eingegrenzt und damit als Opfergerät umgrenzt, und diese Umgrenzung beendet das Ding.

„Das Beendende, Vollendende in diesem Sinn heißt griechisch telos, was man allzuhäufig durch „Ziel" und „Zweck" übersetzt und so mißdeutet. Das telos verschuldet, was als Stoff und was als Aussehen das Opfergerät mitverschuldet".

Der Silberschmied ist schließlich mitschuld am Vor- und Bereitliegen des fertigen Opfergeräts, aber keineswegs als causa efficiens, nicht in der Bewirkung des Fertigen als Effekt eines Machens, sondern

„der Silberschmied überlegt sich und versammelt die drei genannten Weisen des Verschuldens... Der Silberschmied ist mitschuld als das, von wo her das Vorbringen und das Aufsichberuhen der Opferschale ihren ersten Ausgang nehmen und behalten. Die drei zuvor genannten Weisen des Verschuldens verdanken der Überlegung des Silberschmieds, daß sie und wie sie für das Hervorbringen der Opferschale zum Vorschein und ins Spiel kommen", /7/.

2.1.1.2 Der Ursprung der Technik im Bewußtsein des Technikers

Bei HEIDEGGER kommt zwar zur Sprache, daß Stoff, Form und Zweck des Technischen Artefakts aus der „Überlegung" des technischen Urhebers entspringen, nicht aber die Reihenfolge der Schritte, die dabei zu tun sind. Hierfür ist, gemäß HUBIGS Hinweis, wieder der Rückgriff auf ARISTOTELES hilfreich:

„Notwendige Bedingung der Herstellung ist, daß im Bewußtsein des Technikers die Form des künstlich zu Schaffenden vorgestellt wird, die dann in einer bestimmten Materie Natur in der Hinsicht vollendet, die die Natur von sich aus nicht zu realisieren vermag", /8/.

Der nächste Schritt der vorliegenden Untersuchung muß deshalb dem Übergang dieser „Form des künstlich zu Schaffenden" vom Bewußtsein des Technikers in die Welt der Gegenständlichkeit des Technischen Artefakts gelten, seiner Erzeugung, seiner Nutzung, sodann in Ergänzung der Argumente des ARISTOTELES weiter der Erhaltung als Instandhaltung, einschließlich ihres Grenzbereichs, der Ausmusterung und dem teilweisen oder völligen Untergang des Technischen Artefakts.

2.1.2 Das Technische Artefakt erster Ordnung – Technische Information

2.1.2.1 Technisches Wissen, kognitive Repräsentation, Modell und Homomorphie

Was im Vorstehenden als „Überlegung" oder „Bewußtsein" bezeichnet wurde, muß die Struktur von Wissen haben, um Ursache des gegenständlichen Technischen Artefakt sein zu können. ROPOHL bezeichnet technisches Wissen als eine kognitive Repräsentation, in der Sachsysteme eine wesentliche Rolle spielen, /9/; eine Erläuterung zum Wesen der kognitiven Repräsentation wird jedoch nicht gegeben. Deutlicher wird der Gedanke wohl in seinem Begriff der **Homomorphie**.

ROPOHL beschreibt in der systemtheoretischen Analyse, /10/, **Systeme als Modelle der Wirklichkeit**, die Technik als abstraktes Handlungssystem und dessen Konkretisierung als empirisch vorfindliches menschliches Handlungssystem - in Wechselwirkung mit artifiziellen Sachsystemen, den Technischen Artefakten, die (abgesehen von der Zielsetzungsfunktion) wiederum das Strukturmodell des abstrakten Handlungssystems „erfüllen". Der Terminus System meint damit das mathematische Modell, mit dessen Hilfe die Gegenstände der Systemtheorie beschrieben werden.

„Systeme sind keine Gegenstände der Erfahrungswelt, sondern (theoretische) Konstruktionen".

Erkenntnistheoretische Grundlage ist **die Annahme, daß Systeme die theoretischen Werkzeuge darstellen, die es uns ermöglichen, die Erkenntnis der Wirklichkeit zu organisieren**. Ein System ist also

„nicht mehr und nicht weniger als die systemtheoretische Darstellung eines Gegenstands,: ein System ist ein Modell, das sich der Mensch von der Realität macht...Systeme sind, wie gesagt, Modelle,...Modelle sind stets Modelle von etwas, nämlich Abbildungen, Repräsentationen natürlicher oder künstlicher Originale, die selbst wieder Modelle sein können: der Abbildungsbegriff ist nicht im Sinn eines naiven Abbildrealismus, sondern im Sinn eines mathematischen **Homomorphismus** zu verstehen", /11/.

Es wird also eine (objektiv gegebene) Wirklichkeit dem erkennenden Subjekt gegenübergestellt. Das Subjekt sieht sich nicht als dieser Wirklichkeit zugehörig. Wohl aber ist es in der Lage, **Systeme zu konstruieren**, die den Inhalt seiner Erkenntnis (oder einen Teil davon) bilden und zu dieser Wirklichkeit im Verhältnis einer Abbildung, eines Modells, einer Repräsentation stehen. Hierfür wird dann der nicht weiter erläuterte Ausdruck Homomorphie („Gleichgestalt", A.d.V.) eingeführt.

Weiteren Aufschluß darüber, was damit gemeint ist, wenn „ein Modell erfüllt wird", oder welche Kriterien dafür gelten, daß ein Modell-, Abbildungs- oder Repräsentationsverhältnis zwischen Original und Nachahmung als zutreffend, ausreichend, getreu gelten soll, gibt eine vergleichsweise abstrakt formulierte Analyse von HUBIG. Er stellt für die Beschreibung des Übergangs „Signal – Daten – Information – Wissen" den Begriff des **Modells als erfüllte Realisierung (Interpretation)** vor. Die Erfüllung beruht auf einer doppelten Selektionsleistung. Aus einer Struktur wird ein bestimmter Definitionsbereich ausgewählt. Dann werden bestimmte Elemente dieses Definitionsbereichs (Gegenstände, Klassen, Relationen) als kennzeichnend für die entsprechende Struktur ausgezeichnet. Zwischen zwei Strukturen kann dann das Modell eine **Struktur-analogie** veranschaulichen, weil nicht alle Eigenschaften der beiden Strukturen, sondern eben nur die kennzeichnenden ausgewählt werden. Entscheidend ist bei diesem Denkprozeß die Anerkennung der Kriterien dafür, welche Eigenschaften kennzeichnend sind, /12/. Der Basisbegriff ist also die Struktur, die dem Original und der erfüllten Interpretation (dem Modell) dahingehend gemeinsam ist, daß sie als Ganzes oder in Teilen einander entsprechen, einander analog oder ähnlich sind. Systeme können deshalb Modelle sein, die eine Wirklichkeit abbilden, weil sie eine **der Wirklichkeit analoge Struktur** haben. Insbesondere beschreibt der Begriff des Modells demnach den **Übergang zwischen Wissen und Information**, das heißt zwischen dem subjektivem **aktuellen Bewußt-seinsinhalt** und dem außerhalb des Subjekts und unabhängig von ihm, transsubjektiv, in materiell-energetischen Strukturen (Dokumenten) zur Aneignung vorliegendem **potentiellen Bewußtseinsinhalt.** Die vorliegende Untersuchung verwendet für den hier interessierenden Inhaltsbereich des Informationsbegriffs den Terminus **Technische Information.**

Modelle können, wie aus den bisherigen Überlegungen zwanglos hervorgeht, Strukturanalogie zu anderen Modellen besitzen : Es gibt Modelle von Modellen. Der Modellbegriff ist reflexiv (selbstbezüglich). Von dieser hier nicht weiter zu erörternden Tatsache wird in der Technik vielfacher Gebrauch gemacht.

2.1.2.2 Wissensvorrat, Technische Information und Informationsspeicher

Technisches Wissen verfügt also über „Konstruktionen" in Gestalt von Systemen, die etwas leisten können, nämlich als Modell Realität abzubilden, natürliche oder künstliche „Originale" durch Veranschaulichung einer Strukturanalogie zu repräsentieren. Von den verschiedenen Formen technischen Wissens, die ROPOHL aufzeigt, sind im vorliegenden Zusammenhang das von ihm so genannte technologische Gesetzeswissen sowie das strukturale und funktionale Regelwissen von Bedeutung. Das strukturale Regelwissen bezieht sich auf den **inneren Aufbau und die konstruktive Beschaffenheit eines Sachsystems.** Das funktionale Regelwissen ist der Inbegriff jener Kenntnisse, die sich auf die **Funktion von Sachsystemen** beziehen. Das technologische Gesetzeswissen betrifft **funktionale und strukturale Zusammenhänge sowie die naturalen Effekte, die den Funktions- und Strukturprinzipien der Sachsysteme zugrunde liegen;** es hat eine enge Verwandtschaft zum naturwissenschaftlichen Wissen, wenn es auch keineswegs mit ihm identisch ist.

„Erst diese Wissensform genügt den Standards der wissenschaftlichen Methodologie und ist durch theoretisch systematisierte und empirisch geprüfte Gesetzesaussagen gekennzeichnet", /13/.

Daraus kann man schließen, daß sich strukturales und funktionales Regelwissen jederzeit auf technologisches Gesetzeswissen zurückführen lassen müssen.

Sachsysteme, deren Funktion es ist, andere Sachsysteme zu erzeugen, werden von ROPOHL nicht eigens behandelt. Systemtheoretisch besteht dazu wohl auch keine Notwendigkeit, denn sie sind begrifflich mit erfaßt in der Menge menschlicher Handlungen und Sachsysteme, in denen Sachsysteme entstehen. Für die vorliegende Untersuchung sind **sachsystem-erzeugende Sachsysteme** und ist das ihnen zugehörige strukturale sowie funktionale Regelwissen allerdings insofern von Bedeutung, weil sie **dem Grundsatz nach auch sachsystemerhaltende Funktionen** ausüben können.

HEIDEGGER hat einen idealtypischen Ablauf geschildert, wie das Wissen als Bewußtseinsinhalt des Techniker unmittelbar, ohne jeden Umweg, seinen Weg in die technische Gegenständlichkeit nehmen kann. Wir erinnern uns an seine Darstellung der Tätigkeit des Silberschmieds im Abschnitt „Begriffsbestimmungen der Technik im Überblick". Der Gedanke, Technische Artefakte könnten erzeugt werden unter völligem Verzicht auf Technische Information, der Vorstellung des Urhebers entspringend wie Athene aus dem Haupt des Zeus, hat, wie eben dieser Vergleich, überwiegend mythischen Geltungsanspruch. Technisches Wissen und Können werden durch Lehre und Vorbild erworben, auch dann, wenn überragende individuelle Begabung fallweise einen uneinholbaren Vorsprung verschaffen mag. Der Weg eines Silberschmieds zur handwerklichen Meisterschaft, um bei HEIDEGGERs Beispiel zu bleiben, führt über Dutzende oder Hunderte von Artefakten, die als Vorbilder, Übungsstücke, Varianten aller Schwierigkeits- und Reifegrade einschließlich der mißlungenen, verworfenen, umgearbeiteten Exemplare von Bedeutung sind. So wenig wie das rein handwerkliche Können in der Einwirkung auf den Werkstoff der leitenden und stützenden Muster entbehren kann, so wenig kann es dies auch im Hinblick auf das Wissen um Form, Dekoration, Stil. Dieses wächst, gedeiht, ändert sich und vergeht in kunstgeschichtlichen Überlieferungen, die von Geschichtsereignissen in Politik, Wirtschaft, Technik und Religion beeinflußt werden. Die in griechischen Museen erhaltenen Beispiele von Gold- und Silbergefäßen können kaum ohne Muster, Vorzeichnungen, Schablonen, Ton- oder Holzmodelle für die zum Teil sehr schwierigen, figurenreichen oder geometrisch komplexen Reliefs, Gravuren und Applikationen erzeugt worden sein, /14/. Das Arbeiten nach Vorzeichnung ist Teil der Arbeitspraxis des Goldschmieds, /15/, /16/. Der Vergleichsfall auf dem Gebiet der Bautechnik ist darin zu sehen, daß in der Antike von Baumeistern gefordert wurde, Grundriß- und Aufrißzeichnungen herstellen zu können. Es ist auch nachgewiesen, daß Bauzeichnungen im Maßstab 1:1 Verwendung fanden, /17/. Diese Argumentation gilt im Grundsatz selbst für sehr einfache Technische Artefakte, wie undekorierte Töpferware, die Anlage eines kleinen Gartens, primitive holzgeschnitzte Haushaltgeräte und Ähnliches. Es ist also geboten, HEIDEGGERs vollkommen dem Mythos verpflichtetes Beispiel der Erzeugung eines Technischen Artefakts in einen Zusammenhang zu stellen wie folgt: **Der Erwerb eines Wissensvorrates über Technische Artefakte durch Berufsausbildung und -übung ersetzt oder ergänzt fallweise fehlende Dokumentationen über Vorbilder, Muster, Modelle** durchaus wirkungsvoll. In einfachen Fällen genügen wenige grundlegende Informationen, eine Strichskizze oder sogar eine in Textform vorliegende Anweisung, um ein Technisches Artefakt für die Herstellung zureichend genau zu bestimmen. Für den Auftrag, einen Ziegenstall zu bauen, benötigte der Zimmermann der Antike wohl kaum mehr als die Festlegung des Grundrisses. Hinsichtlich eines Wohnhauses, geschweige denn einer Straße, eines Hafens oder eines Schiffs für einige Dutzend Ruderer, sind echte technische Dokumentationen erforderlich.

2.1.2.3 Technische Informationen in Textform

Interessante Beispiele für eine als Text vorliegende Technische Information liefert mehrfach das Alte Testament:

„Sieh nun zu! Der Herr hat dich erwählt,, daß du ihm ein Haus als Heiligtum erbaust. Sei mutig, und geh ans Werk! Darauf übergab David seinem Sohn Salomo den Plan der Vorhalle, des Hauptraums mit seinen Schatzkammern, Obergemächern und Innenräumen und des Raumes der Deckplatte sowie den Plan von allem, was er sich für die Höfe des Tempels und für alle Kammern ringsum vorgenommen hatte...Dazu übergab er ihm seine Berechnungen über das Gold, mit Angabe des Gewichtes des Goldes für jedes einzelne Dienstgerät, und über alle silbernen Geräte, mit Angabe des Gewichtes eines jeden Dienstgerätes", /18/.

Hier ist vermutlich von dem die Rede, was heute „Bauprogramm" oder „Baubeschreibung" heißt. Hingegen liefert der folgende Text eine ins Einzelne gehende Technische Information:

„Dies sind die Grundmaße, die Salomo für den Bau des Hauses Gottes festlegte: Die Länge betrug sechzig Ellen – die Elle nach dem früheren Maß gerechnet – und die Breite zwanzig Ellen. Die Halle vor dem Hauptraum war zwanzig Ellen breit, entsprechend der Breite des Hauses, und zwanzig Ellen hoch. Er überzog sie innen mit purem Gold. Den Hauptraum vertäfelte er mit Zypressenholz, überzog dieses mit echtem Gold und brachte Palmen und kettenförmige Bänder darauf an. Auch schmückte er das Haus mit kostbaren Steinen. Das Gold war Parwajimgold. So überzog er das Haus, die Balken, die Schwellen, seine Wände und Türen mit Gold und ließ in die Wände Kerubim einschnitzen", /19/.

Eine nach dem Wortlaut des Alten Testaments unmittelbar von Gott herrührende umfangreiche Technische Information für die Ausstattung des Zentralheiligtums, das den Juden zu errichten geboten wurde, findet sich in /20/.

2.1.2.4 Kultur als „objektivierter Informationsspeicher"

Arbeitsteiliges Handeln ist nach der tiefsinnigen Analyse HEGELs die unmittelbare Folge des Allgemeinen und Objektiven in der Arbeit, also auch der technischen Arbeit, /21/. Alle technischen Sachsysteme, die nur vermöge arbeitsteiligen Handelns entstehen können, und alle diejenigen, die als Folge ihrer Größe oder Komplexität die Fähigkeit eines einzelnen Subjekts zur zuverlässigen Erinnerung an den vollen Umfang von Struktur und Funktion übersteigen, erfordern **Kommunikation** der an der Erzeugung Beteiligten. Kommunikation aber setzt **Information** voraus. Daß diese Voraussetzungen seit Beginn der Hochkulturen in Handwerk und Industrie vorgelegen haben, wird im Abschnitt „Instandhaltung als Betätigungsfeld von Handwerk und Industrie" erörtert. Hier gilt: Der Weg des Wissens in die technische Gegenständlichkeit besteht in seiner **Konstituierung als Information**. Wissen muß Information werden, Technische Information, und diese muß Struktur, Funktion, Nutzung, Instandhaltung und fallweise auch das Verfahren bei Ausmusterung und Verwertung der Reste hinlänglich darstellen.

ROPOHL kommt zu einem ähnlichen Ergebnis über die Diskussion des von ihm so genannten Aggregationsproblems, nämlich

„die Frage, auf welche Art und Weise sich aus rangniederen Handlungssystemen höherrangige Handlungssysteme und deren Funktionen bilden".

Das Zentralproblem der theoretischen Soziologie, in welcher Weise überhaupt so etwas wie Gesellschaft denkbar ist, engt sich in seiner Untersuchung ein auf den Grund für die längerfristige Verfestigung von Zielsetzungs-, Informations- und Ausführungsmustern. Die Antwort lautet:

„In der Tat kann es nur gespeicherte und immer wieder abrufbare Information sein, welche die Überzeitlichkeit von Handlungsmustern garantiert".

Der in einer elementaren Stufe menschlicher Gesellung noch im Wesentlichen individuell gespeicherten Information wird gegenübergestellt die in weiterer soziokultureller Entwicklung erwiesene

„besondere Leistungsfähigkeit vergegenständlichter Informationsspeicherung... In zugespitzter Formulierung kann man ‚Kultur' geradezu als die Menge **objektivierter Informationsspeicher** bestimmen...Das soziale System verfügt über ein Wissen, das sich von den Köpfen der Menschen gelöst hat und außerhalb der personalen Systeme bestehen kann. Die Träger dieses gespeicherten Wissens aber sind **Artefakte**, vom Menschen künstlich geschaffene Gegenstände und mithin, im weitesten Sinn des Wortes, technische Gebilde. Des weiteren verkörpern andere Artefakte... durch ihre besondere Beschaffenheit bestimmte normative und operative Informationen, indem sie etwa auf gewisse Zielbereiche hin orientiert sind und gewisse Bedienungsweisen verlangen", /22/.

In den Technischen Artefakten sind diejenigen Informationen „verkörpert", „internalisiert", „objektiviert", die zu den notwendigen Bedingungen ihrer Erzeugung und Nutzung zählen und mit denen sie durch die Modellbeziehung analoger oder homomorpher Strukturen verknüpft sind.

2.1.2.5 Begriffsbestimmung des Technischen Artefakts erster Ordnung; Beispiele

Ein Technisches Artefakt erster Ordnung ist die Struktur- und Funktionsdarstellung eines Technischen Artefakts im Verständnis des ROPOHLschen Sachsystems, also **eine Dokumentation, aus der Werkstoffe, Aufbau (Struktur), Zweckbestimmung, alle zur Erfüllung der Zweckbestimmung, also zur Nutzung, sowie zur Instandhaltung, fallweise auch zur Ausmusterung und Behandlung stofflicher wie energetischer Reste dienlichen Informationen hervorgehen.** Der Begriff Dokumentation umfaßt im gegebenen Zusammenhang sowohl digitale wie analoge Informationen, Texte, Zahlen, Abbildungen aller Art in Form von Zeichnungen, Fotografien, Luftbildern und so fort. Als Datenträger kommen Zeichen- und Druckpapiere ebenso in Betracht wie Audio- und Videobänder, Speicherplatten, bzw., verallgemeinert, elektronische, magnetische, optische Speichermedien z.B. für Ersatzteillisten, Datenbanken mit CAD-Zeichnungen, Programmbibliotheken für CAM- Anlagen und so fort. Auch technisch hergestellte Speicher mit biologischer Struktur, derzeit noch ein Arbeitsgebiet in Forschung und Entwicklung, werden vermutlich den Weg in den technischen Alltag finden. In einem erweiterten Verständnis von Dokumentation erfüllen, wie oben erläutert, auch Modelle, Muster, Vorlagen aus Unterrichtsmaterial oder kommerziellen Katalogen usw. die Anforderungen an die Technische Information mindestens für die Erzeugung eines Technischen Artefakts.

Dokumentierte Technische Information wird erzeugt durch Anwendung technischen Wissens verschiedener Formen und Abstraktionsstufen vermöge Nutzung Technischer Artefakte, die zum Planen im Ganzen und in Einzelheiten, zum Beschreiben, Berechnen, Konstruieren, Bezeichnen, Speichern, Modellieren, Fotografieren und anderen Formen der Erstellung der Dokumente eingesetzt werden.

Beispiele für die Dokumentation

von Werkstoff und Struktur: Konstruktionszeichnungen gegebenenfalls mit Belastungsnachweis für die Dimensionierung, Teileverzeichnisse, Spezifikationen, Schalt- und Stromlaufpläne für elektrisch betriebene Systeme, Landkarten, Bebauungspläne, Katasterpläne, Bauzeichnungen einschließlich statischem Nachweis der Dimensionierung, Baubeschreibungen, Trassenpläne für Verkehrswege, Ortspläne einschließlich Identifikation von öffentlichen und privaten

Grundstücken (Straßennamen, Gebäudenummern), Orts- und Straßenschilder, Rohrleitungspläne und Netzpläne für Versorgungs- und Entsorgungsanlagen, Fließbilder aller Abstraktionsgrade für Prozeßanlagen einschließlich Instrumentierungsnachweis, Montage- und Installationsanweisungen, Schnittmuster für Kleidungsstücke, Lochkarten für Jacqard-Webmaschinen, usw. (Bilder 2.1.2.5-1 bis 2.1.2.5-5).

der Instandhaltungsvorschriften: Wartungs- und Reparaturhandbücher, Verschleißteil- und Ersatzteillisten, Prüfvorschriften, Hinweise zur Behebung von Betriebsstörungen, Empfehlungen zur Bevorratung mit Reserve-Baugruppen, usw. (Bild 2.1.2.5-6)

der Hinweise für die Nutzung (Funktion): Betriebshandbücher, Gebrauchsanleitungen, Programme für informationstechnologische Anlagen (Datenverarbeitungsanlagen), Hinweise zur Vermeidung falschen Gebrauchs, Empfehlungen zur Bevorratung mit Betriebsmitteln, zum Verhalten in Notfallsituationen (z.B. bei Bränden), Verkehrs- und Wegezeichen, Nachweis von Ankunfts- und Abfahrt- oder Abflugzeiten bei öffentlichen Verkehrsmitteln, Angaben zur Belastbarkeit von Brücken, zur Tragfähigkeit von Geschoßdecken, von Tribünen und anderen Bauwerken, zur zulässigen Zahl von Fahrgästen in öffentlichen und privaten Fahrzeugen, in Personenaufzügen, usw. (Bild 2.1.2.5-7)

Wegen der Gefahren durch eine nicht bestimmungsgerechte Nutzung werden bei den betroffenen Technischen Artefakten hohe Anforderungen an die Technischen Nutzungsinformationen gestellt. Bei Fertigarzneimitteln z.B. wird in der Bundesrepublik Deutschland der Inhalt der Patienteninformation genau mit der für Arzneimittelzulassung und –überwachung zuständigen Behörde abgestimmt und muß von ihr genehmigt werden. Im Abschnitt „Schutz von Rechtsgütern, Sicherheit, Vernunft und Instandsetzung" ist das Beispiel der Sicherheitsanalyse für Anlagen erörtert, die in der Bundesrepublik Deutschland der Störfallverordnung nach dem Bundesimmissionsschutz-Gesetz unterliegen. Es veranschaulicht den Fall einer vom Anlagenbetreiber zur erstellenden und von Gutachtern zu prüfenden Technischen Nutzungsinformation beeindruckenden Umfangs, deren Mißachtung strafbewehrt ist. Aber auch bei den einfacheren und wirtschaftlich weniger bedeutungsvollen Technischen Artefakten kann der Erwerber vom Erzeuger eine Technische Nutzungs-Information erwarten, die ausführlich und verständlich genug ist, um Gefahren für Leben und Gesundheit, für die Umwelt und schließlich auch vermeidbare Vermögensschäden am Sachsystem selbst durch die Nutzung auszuschließen.

Zusammenfassend für diese drei Dokumentationsbereiche und den von ihr gebildeten Informationsverbund aus **Technischer Struktur-, Technischer Nutzungs- und Technischer Instandhaltungs-Information** wird, wie erläutert,

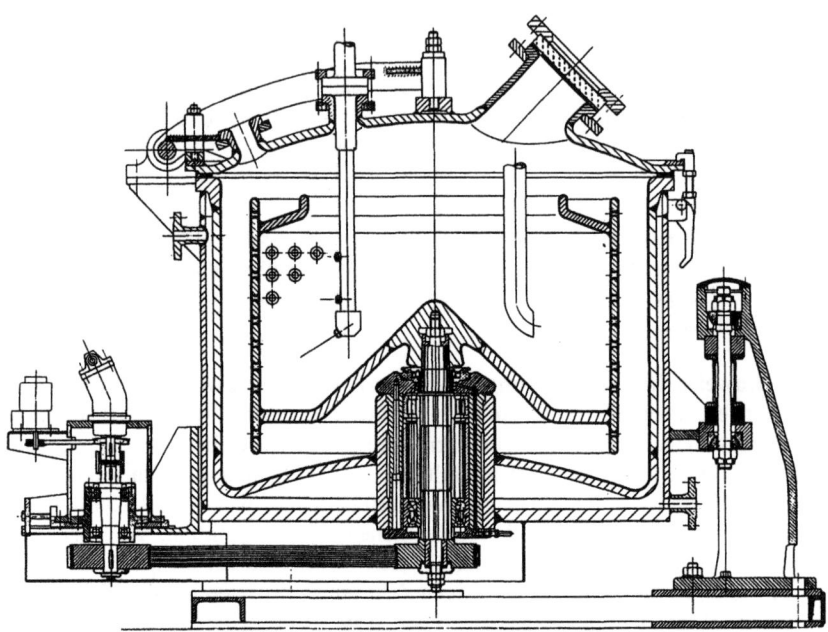

Bild 2.1.2.5-1 Technische Struktur-Information. Schnittbild einer diskontinuierlich betriebenen Industrie-Zentrifuge zum Abtrennen von Fest-Stoffen (Wertstoffen) aus Flüssigkeiten, mit vertikaler Achse, für manuelle Entleerung des Feststoffs. Werkstoff der produktberührten Teile: Emaillierter Stahl.

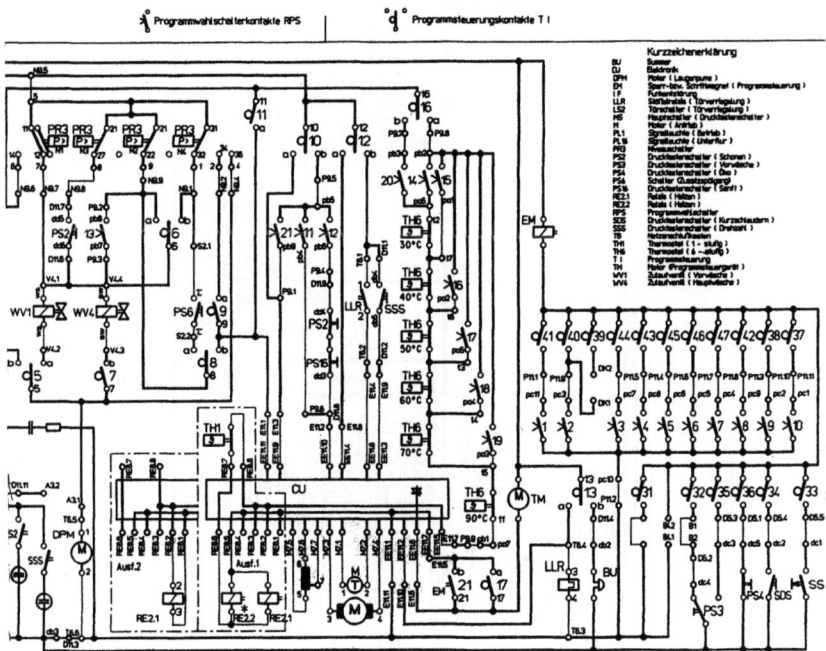

Bild 2.1.2.5-2 Technische Struktur-Information. Stromlaufplan eines Haushalts-Waschautomaten (Ausschnitt).

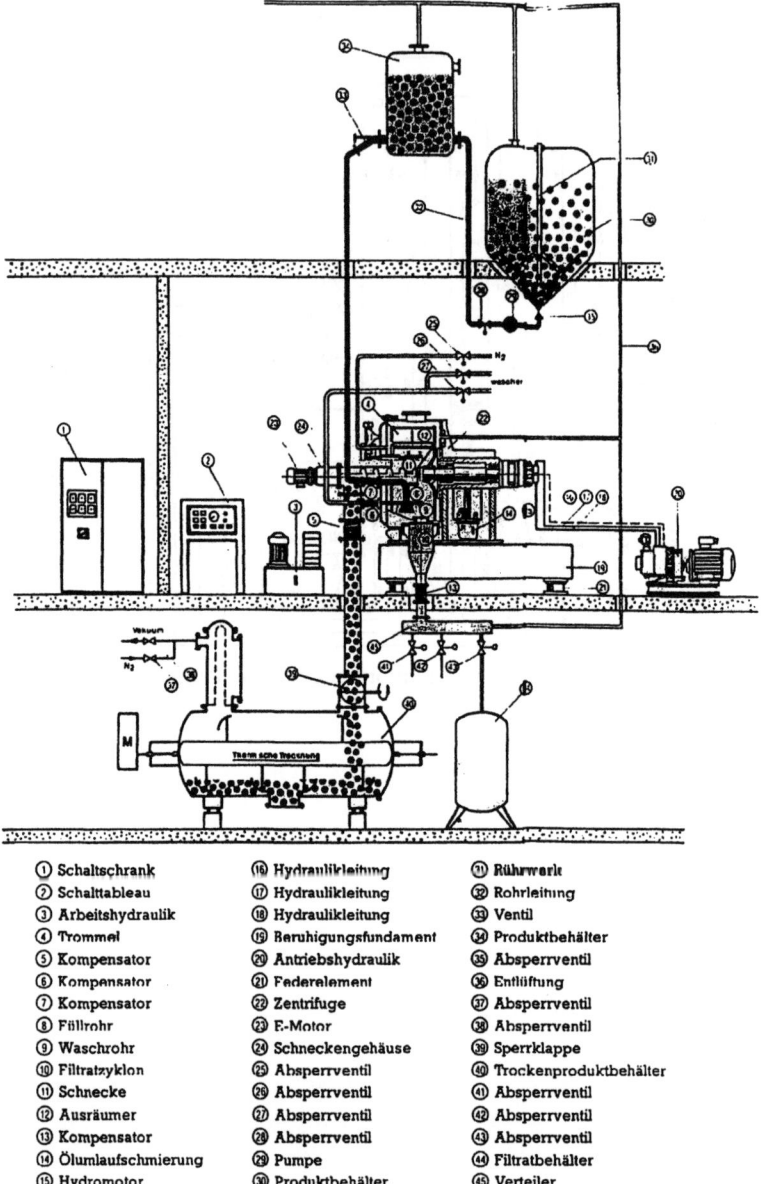

① Schaltschrank	⑯ Hydraulikleitung	㉛ Rührwerk
② Schalttableau	⑰ Hydraulikleitung	㉜ Rohrleitung
③ Arbeitshydraulik	⑱ Hydraulikleitung	㉝ Ventil
④ Trommel	⑲ Beruhigungsfundament	㉞ Produktbehälter
⑤ Kompensator	⑳ Antriebshydraulik	㉟ Absperrventil
⑥ Kompensator	㉑ Federelement	㊱ Entlüftung
⑦ Kompensator	㉒ Zentrifuge	㊲ Absperrventil
⑧ Füllrohr	㉓ E-Motor	㊳ Absperrventil
⑨ Waschrohr	㉔ Schneckengehäuse	㊴ Sperrklappe
⑩ Filtratzyklon	㉕ Absperrventil	㊵ Trockenproduktbehälter
⑪ Schnecke	㉖ Absperrventil	㊶ Absperrventil
⑫ Ausräumer	㉗ Absperrventil	㊷ Absperrventil
⑬ Kompensator	㉘ Absperrventil	㊸ Absperrventil
⑭ Ölumlaufschmierung	㉙ Pumpe	㊹ Filtratbehälter
⑮ Hydromotor	㉚ Produktbehälter	㊺ Verteiler

Bild 2.1.2.5-3 Technische Struktur-Information. Schematische Darstellung einer Industrieanlage zur mechanischen und thermischen Abtrennung von Feststoffen (Wertstoffen) auf Schälzentrifuge mit horizontaler Achse und Vakuum-Schaufeltrockner.

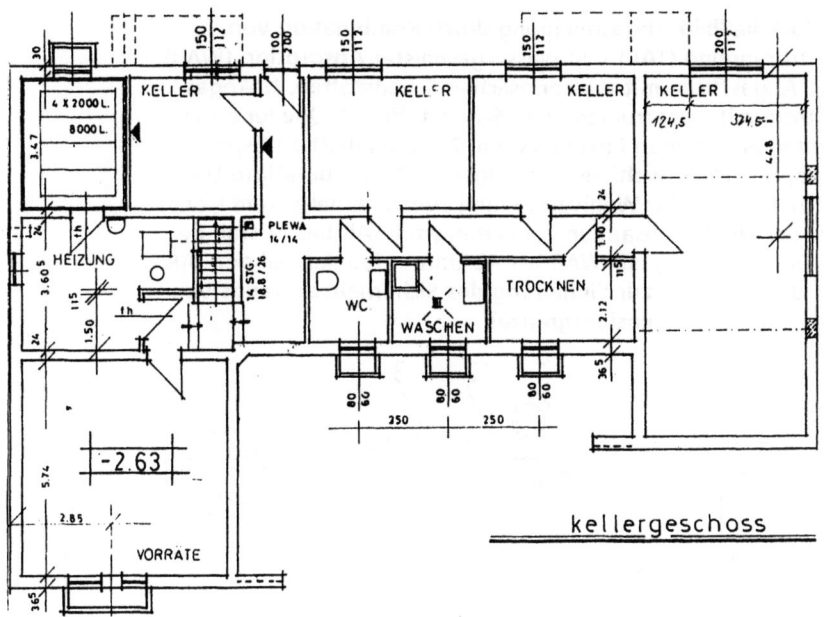

Bild 2.1.2.5-4 Technische Struktur-Information. Architekturplan für das Kellergeschoß eines Wohnhauses.

Blockfließbild Abgasreinigung durch Kombination von Verbrennung (TAR) und wassergespeister Absorption (WAR); (L Abgasstrom mit wasserlöslichen Schadstoffen, U Abgasstrom mit wasserunlöslichen Schadstoffen, 1 Quellenabsaugung am offenen Prozeßsystem, 2 Pneumatische Absperrklappe mit Vorwahl der Öffnungszeit, 3 handbetätigte Umschaltweiche für Wahlverbindung zum Sammelsystem L oder U der Quellenabsaugung, 4 Leitung zur TAR bei Ausfall der WAR, 5 Leitung zur WAR bei Abfahrbetrieb/Ausfall der TAR, 6 Ballastzufuhr zur Einhaltung des Sicherheitsabstands von der unteren Explosionsgrenze).

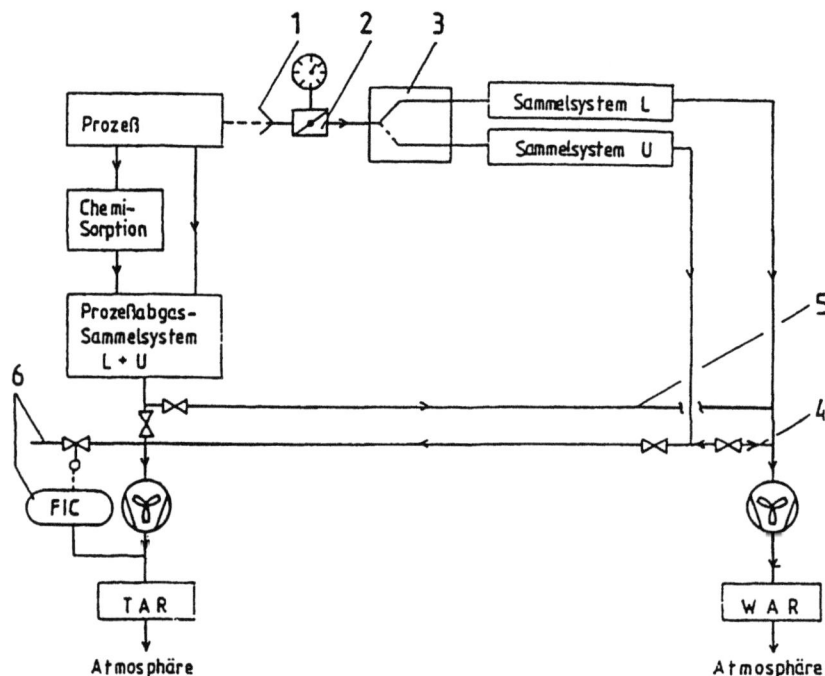

Bild 2.1.2.5-5 Technische Struktur-Information. Blockfließbild einer industriellen Abgas-Reinigungsanlage für Prozesse, bei denen Abgase anfallen, die wasserlösliche und wasserunlösliche Flüssigkeiten dampfförmig und vermischt mit atmosphärischer Luft sowie reinem Stickstoff enthalten.

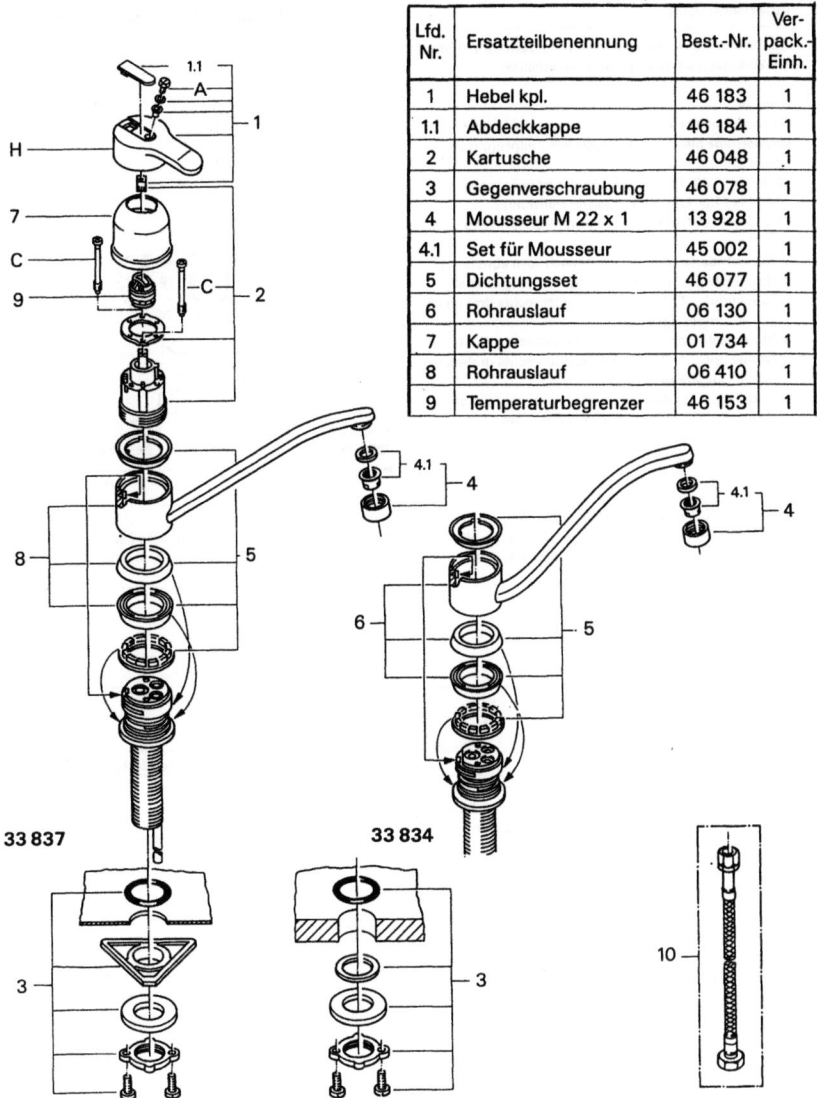

Lfd. Nr.	Ersatzteilbenennung	Best.-Nr.	Ver- pack.- Einh.
1	Hebel kpl.	46 183	1
1.1	Abdeckkappe	46 184	1
2	Kartusche	46 048	1
3	Gegenverschraubung	46 078	1
4	Mousseur M 22 x 1	13 928	1
4.1	Set für Mousseur	45 002	1
5	Dichtungsset	46 077	1
6	Rohrauslauf	06 130	1
7	Kappe	01 734	1
8	Rohrauslauf	06 410	1
9	Temperaturbegrenzer	46 153	1

Bild 2.1.2.5-6 Technische Instandhaltungs-Information. Kalt/Warmwasser-Mischarmatur mit langem Auslaufrohr, Einhand-Hebelbedienung; Darstellungsform: „Explosions-Zeichnung".

Kommentar: Die Instandhaltungs-Information ist von einer gleichwertigen Struktur-Information nur dadurch unterschieden, daß sie durch Bestellnummern für Ersatzteile im wirtschaftlichen Verkehr nutzbar wird.

Inbetriebnahme

Heizungsanlage nach Schema „A"

2.2.1 Wenn Sie nur einen Aktivierungszeitraum für die Trinkwassererwärmung einstellen möchten

Beispiel:
Sie möchten Ihre Trinkwassererwärmung, für alle Wochentage gleich, nach folgendem Zeitprogramm betreiben:
0.00 bis 5.30 Uhr keine Trinkwassererwärmung
5.30 bis 21.00 Uhr Trinkwassererwärmung
21.00 bis 24.00 Uhr keine Trinkwassererwärmung

1. Klarsichtdeckel der Schaltuhr nach vorn abnehmen.
2. Rote Taste „≡" drücken, und gleichzeitig Einstell-Drehknopf „-⇌+" nach links oder rechts drehen bis „05.30" angezeigt wird.
3. Blaue Taste „≡" drücken, und gleichzeitig Einstell-Drehknopf „-⇌+" nach links oder rechts drehen bis „21.00" angezeigt wird.
4. Rote Taste „≡" drücken, und gleichzeitig Einstell-Drehknopf „-⇌+" nach links drehen bis „--.--" angezeigt wird.
5. Blaue Taste „≡" drücken, und gleichzeitig Einstell-Drehknopf „-⇌+" nach links drehen bis „--.--" angezeigt wird.
6. Klarsichtdeckel der Schaltuhr aufstecken.
Sie haben jetzt das Beispiel-Zeitprogramm (für alle Wochentage gleich) in der Viessmann Trimatik-MC gespeichert.

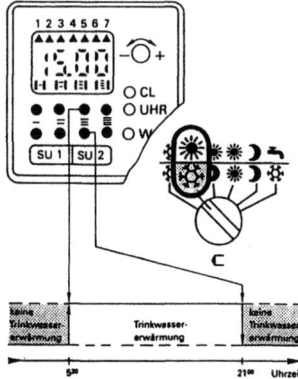

Abb. 14
Beispiel eines individuell eingestellten Zeitprogramms (nur ein Aktivierungszeitraum für die Trinkwassererwärmung)

Was ist zu tun, wenn ...

... die Heizungsanlage nicht funktioniert?

Störung	Ursache	Behebung oder provisorischer Betrieb der Heizungsanlage
Heizungsanlage geht nicht in Betrieb	Anlagenschalter „⓪" an der Viessmann Trimatik auf „O" geschaltet	Anlagenschalter „⓪" auf „I" schalten.
	Hauptschalter (außerhalb des Heizraumes) abgeschaltet	Hauptschalter einschalten.
	Sicherung in der Stromkreisverteilung hat ausgelöst bzw. abgeschaltet	Heizungsfachfirma benachrichtigen.
Brenner wird nicht oder unregelmäßig eingeschaltet	Viessmann Trimatik falsch programmiert bzw. eingestellt	Programmierung bzw. Einstellung des Programmwahlschalters und der Schaltuhr prüfen und ggf. korrigieren. Rote Tasten für Beginn des Normalbetriebs, blaue Taster für Ende des Normalbetriebs.
	Kombinierte Nebenluftvorrichtung defekt (nur bei Heizkesseln mit Gebläsebrenner)	Den Handverstellhebel an der Motorwelle der Kombinierten Nebenluftvorrichtung so weit drehen, bis die Regelscheibe entlastet ist, dann den an einer Kette hängenden Arretierknopf durch die Öffnung in der Motorkonsole auf den Handverstellhebel stecken.
	Abgasklappenmotor ausgefallen (nur bei Gas-Heizkesseln mit Brenner ohne Gebläse)	Handbetrieb einstellen (siehe Betriebsanleitung des Heizkessels).

Bild 2.1.2.5-7 Technische Nutzungs-Information. Betriebsanleitung für eine ölbefeuerte Heizungsanlage zur Gebäudebeheizung und Brauchwasser-Erwärmung eines Wohnhauses.

auch der Terminus „Technische Sachsystem-Information" oder kurz „Technische Information" gebraucht. Die Technische Information bildet mit dem Technischen Artefakt als Sachsystem, als stofflich-energetisch beschreibbarem Sachgegenstand, über das **Modellverhältnis der Strukturanalogie beider eine Einheit, die jedoch nicht untrennbar ist.** Die Technische Information verdankt, genau wie die Sachsysteme und im Sinn von ROPOHLs Definition, ihre Erzeugung einer (Teil)menge menschlicher, die Technik insgesamt konstituierender Handlungen als notwendiger Bedingung. Dadurch ist begründet, daß sie, obwohl immateriell, als Technisches Artefakt zu verstehen ist. Genau hier gibt die zu Beginn dieses Abschnitts wiedergegebene Begriffsbestimmung der Technik Anlaß zur Kritik wegen ihrer Einengung auf „gegenständliche Gebilde". Darunter können nämlich nur stofflich-energetische „Gebilde", also Sachsysteme, verstanden werden; denn die gegenständlichen lassen sich nur gegen die nicht-gegenständlichen Gebilde abgrenzen. Dies ist aber logisch unmöglich, weil jedes Gebilde unter den Gegenstandsbegriff fällt.

2.1.2.6 Weitere Argumente für das Verständnis der Technischen Information als Technisches Artefakt

Eine interessante Rechtfertigung für die Einbeziehung der Technischen Information in den Begriff des Technischen Artefakts liefert, wohl unbeabsichtigt, ROPOHL selbst. Der systemtheoretische als Blockschema abstrahierte Vergleich des Computers, des Handlungssystems im allgemeinen und des technischen Sachsystems zeigt, daß Information als Output in allen Fällen auftritt. Jedoch sind Masse und Energie im Output des Handlungssystems und des technischen Sachsystems grundsätzlich mitenthalten, im Output des Computers jedoch nicht (Verlustenergie des Computers wird hier vernachlässigt). Ein sachsystem-erzeugendes Sachsystem, zum Beispiel eine automatische Werkzeugmaschine zur Herstellung von Schrauben, liefert aber nicht nur den nutzbaren Sachgegenstand, sondern auch die unterschiedlich leicht durch Messung, Analyse oder Funktionsprobe zugänglichen Informationen über dessen Abmessungen, Werkstoff und Masse, den Grad der Übereinstimmung mit den Vorgaben der Werkzeichnung, (z.B. Einhaltung von Maßtoleranzen), zeitliche und räumliche Umstände der Erzeugung. Noch deutlicher wird dies im Beispiel einer Druckmaschine für Bücher oder Zeitungen; sie erzeugt die stofflich-energetische Struktur eines Technischen Artefakts und, im Verbund damit, Information mit technischem oder nichttechnischem Bedeutungsinhalt. Es gibt keinen logischen Grund, diese Information als begrifflich verschieden zu beurteilen von derjenigen, die vom Sachsystem „Computer" ohne begleitende Masse- und Energiekomponente erzeugt wird: **Technische Information als Technisches Artefakt.**

Aus dem Vorstehenden folgt schließlich, daß auch zwischen der Information im Output und derjenigen im Input, die eine notwendige Voraussetzung für die

Erzeugung eines Sachsystems bildet, keine begriffliche Unterscheidung begründbar ist. Die zur Erzeugung eines Technischen Artefakts erforderliche Technische Information kann somit von den anderweitig mit Technischen Artefakten verbundenen Informationen systemtheoretisch nicht unterschieden werden, /23/. Auch für die Kennzeichnung von Computer-Software, von Information demnach, wird der Begriff „Artefakt" in der technischen Literatur verwendet, /24/. Technische Information und Sachsystem sind zueinander homomorph, und zwar nicht einseitig in der Richtung der Zurückführung des Sachsystems auf die „vorausliegende" Werkstoff- und Strukturdokumentation, sondern auch umgekehrt mit der Möglichkeit, bei Zerstörung oder Beschädigung der Technischen Information Teile davon oder sogar den gesamten Umfang durch angepaßte Meß- und Analysenverfahren wiederherzustellen. HUBIG beschreibt einen Beispielfall, den Verlust der USA-Raumfähre „Challenger" durch eine Explosion mit 7 Todesopfern. Der nach der Katastrophe erwünschte Rückgriff auf die Technische Information bezüglich der „Saturn 5"- Rakete erwies sich als unmöglich, weil die Dokumente vernichtet worden waren und die Wiederherstellung eine Wanderung mit Zollstock und Schieblehre in die technischen Museen erfordert hätte, /25/. Dieses Beispiel zeigt auch, daß es bei wirtschaftlich wertvollen oder komplexen Technischen Artefakten sehr sinnvoll sein kann, die zugehörige Technische Information sorgfältig zu archivieren. Überdies sollte wenigstens die Nutzungs- und Instandhaltungsinformation mindestens solange erhalten bleiben, wie das Technische Artefakt genutzt wird. Für die in der Folge zu diskutierende **Instandhaltung des Sachsystems gelten jedenfalls die Überlegungen auch hinsichtlich der Technischen Information** uneingeschränkt.

Die Technische Information beschreibt nicht die Technik allgemein, sondern ein als **Einzelnes** abgrenzbares, wenn auch möglicherweise in vielen technisch identischen Exemplaren vorliegendes technisches Sachsystem. Denn nur ein solches ist mit endlichem Aufwand beschreibbar, und umgekehrt sind auch nur solche Artefakte möglich, deren Struktur und Funktion sich mit endlichem Aufwand beschreiben läßt. Hier ergibt sich ein besonders interessanter Zusammenhang hinsichtlich der Unmöglichkeit, Technische Artefakte mit bewußtseins-analogen Eigenschaften herzustellen, /26/.

ROPOHL streift den Zusammenhang der Sachsysteme mit Technischer Information und Instandhaltung bei der Erörterung der Verwendung von Sachsystemen.

„Gewiß kann man die Dauerzuverlässigkeit des Sachsystems durch planmäßige Wartung, Instandhaltung und allfällige Reparatur verbessern. Das aber erfordert in der Regel Eingriffe in die Struktur des Sachsystems, die mit der Technikherstellung größere Verwandtschaft haben als mit der Technikverwendung. Will der Nutzer mit derartigen Eingriffen die Dauerfunktion des Sachsystems langfristig sichern, benötigt er zusätzliche Informationen über dessen Struktur...Technisches Wissen ist gleichermaßen Bedingung und Folge der Sachverwendung. Ein Minimum funktionalen Regelwissens (Nutzungs-Information, A.d.V.) ist die notwendige Bedingung jeder Sachverwendung...Technisches Strukturwissen (Struktur-Information, A.d.V.) wird erst dann zur Bedingung, wenn man die Dauerzuverlässigkeit des Sachsystems selber sichern will", /27/.

Zur Präzisierung der mit Zuverlässigkeit als quantifizierbarer Größe sowie mit Funktionserfüllung in Zusammenhang stehenden Begriffe siehe auch die Darlegungen im Abschnitt „Abnutzungsvorrat, Zuverlässigkeit, Verfügbarkeit".

2.1.2.7 Die Trennung der Einheit von Sachsystem und Technischer Struktur-Information

Technische Information kann, muß jedoch nicht zum stofflich-energetisch gegenständlichen Sachsystem werden. Sie hat als abgeschlossen und „herstellungsreif" vorliegendes Technisches Artefakt einen **Eigenwert auch in wirtschaftlicher Hinsicht**. Sie genießt, wie andere immaterielle Gegenstände auch, Urheber-Rechtsschutz, kann also losgelöst von der Überführung in ein Sachsystem Wirtschaftsgut sein. Ein Architektenentwurf für ein Gebäude oder eine Stadtstruktur, eine ausführungsreife Planung für eine Industrie- oder Infrastrukturanlage kann allein durch den Erstellungsaufwand einen Millionenwert in Euro oder Dollar repräsentieren; daraus resultieren jährliche Milliardenumsätze für Ingenieur- und Architekturbüros. Architektenwettbewerbe geben Anlaß zur Ausarbeitung mehrerer Gestaltungsvorschläge, wobei von vornherein klar ist, daß nur einer oder eine kleine Anzahl zur Ausführung gelangen wird. Ausführungsreife Konstruktionen können zu Gunsten vorteilhafterer Varianten verworfen werden; sie wandern sinnvollerweise ins Archiv. Zu Ausbildungszwecken erstellte Technische Informationen führen in der Regel nicht zu Sachsystemen.

Spiegelbildlich zu den Technischen Struktur-Informationen, die keine Erzeugung von Sachsystemen zur Folge haben, stehen die vorfindlichen **Sachsysteme, deren zugehörige Struktur-Information beschädigt, verloren oder zerstört ist**, wie etwa im oben zitierten Beispiel des „Challenger"-Vorgangs. Der Sachverhalt liegt umso häufiger vor, je älter diese Artefakte sind. Ein sehr erheblicher Teil dessen, was wir als sachgegenständlichen Teil der Technikgeschichte werten, die Bestände von Sammlungen und Museen, viele Denkmale aller Art, also ein beträchtlicher Teil des sachgegenständlichen sogenannten Kulturerbes, hat die Zeiten überdauert, ohne daß die der Erzeugung zugrundeliegende Technische Information erhalten blieb. Bei diesem Sachverhalt grenzt Technikphilosophie an die Arbeitsgebiete der Archäologie, der Denkmalpflege, der Technik- und überdies der politischen und Wirtschaftsgeschichte. Der Instandhaltungsaspekt in diesem kaum übersehbaren Feld wird im Abschnitt „Instandhaltung technischen Wissens und Könnens" erörtert.

Alle **Dokumentationsmittel (Datenträger) für Technische Information sind Technische Artefakte**, wie es die Beispiele der beschriebenen Wandtafel, des Buchs und der Zeitung, aber selbstverständlich auch von mechanischen, elektronischen, magnetischen, optischen Speichersystemen in Form von Bändern, Karten, Platten, Mikroprozessoren usw. zeigen. Technische Information liegt ihnen zugrunde in der zweifachen Form der Konstruktions- und Werkstoffvorgaben für den sachgegenständlichen Träger sowie der „inhaltlichen", den eigentlichen Zweck repräsentierenden Information, die eben auch eine technische, weil mit technischen Mitteln erzeugte ist: Die Musik gelangt im Tonstudio auf eine Compact Disc als Technische Information. Eine Trennung von Technischer Strukturinformation und Sachsystem liegt streng genommen immer dann vor, wenn die „inhaltliche" Information, fallweise nach vorangegangener Übertragung auf einen anderen, vom Datenträger gelöscht wird, – ein Alltagsvorgang von milliardenfacher Häufigkeit. Eine neue Qualität erreicht diese Trennung aber in der Form, daß z.B. im Internet Programme angeboten werden, die es erlauben, die Technische Information „Musik", die kommerziell ursprünglich als Compact Disc vorlag, unter den als Teilnehmer auftretenden Computern zu tauschen. Die Trennung vom Technischen Artefakt „CD" ist so deutlich wie möglich. Die Identifikation als Technische Information ist aber insofern vollkommen erhalten, weil die Urheberrechte an ihr auch in solchen Tauschverfahren nicht untergehen und zum Gegenstand juristischer Auseinandersetzungen zwischen den ursprünglichen Urhebern und den Programmanbietern wurden, /28/.

Auch **(Gegenstands)patente und Gebrauchsmuster-Schutzrechte** fallen unter den Begriff der Technischen Information im erweiterten Sinn, insofern sie nicht das als Sachsystem ausführungsreife Technische Artefakt beschreiben, sondern nur die kennzeichnenden Merkmale eines solchen unter dem Aspekt der Neuheit und Erfindungshöhe. Vom wirtschaftlichen Wert der Patente und Lizenzen gilt das Obengesagte sinngemäß.

2.1.2.8 Die Verschränkung von Struktur- und Nutzungsinformation im „objektivierten" Informationsspeicher

Die Nutzung eines Technischen Artefakts ist sehr häufig eine komplexe Abfolge einzelner sich z.T. räumlich und zeitlich überlappender Ablaufschritte, bei denen Stoffe, Energien und Informationen abschnittsweise gespeichert, gewandelt und transportiert werden, komplizierte räumliche Bewegungen erforderlich sein können, bestimmte Strukturmerkmale des Technischen Artefakts zwingend beachtet werden müssen usf. Für die bestimmungsgerechte Nutzung des Technischen Artefakts sind drei Bedingungen einzuhalten: Die Teilschritte und ihre richtige Abfolge müssen bekannt sein, die Abfolge muß verursacht werden, sodaß sie tatsächlich eintritt, und der Durchsatz von Stoffen, Energien und

Informationen muß in den durch die Struktur des Technischen Artefakts gegebenen Grenzen bleiben.

Die Technische Nutzungs-Information konkretisiert inhaltlich für das einzelne Artefakt diese Bedingungen. Wir sind gewohnt, für die technischen Hochleistungsgeräte des beruflichen und privaten Alltags über Dokumente mit Beschreibung der Nutzung zu verfügen oder auf Bildschirmen, Anzeigentafeln, Benutzungs- oder Warnhinweisen das Erforderliche erfahren zu können. Aber es gibt zahllose **Technische Artefakte ohne dokumentierte Nutzungs- Information.** Ohne Betriebsanleitung nutzen wir alle die völlig unentbehrlichen einfachen Werkzeuge und Geräte in Beruf, Haushalt und Alltag, einfaches Spielzeug, ein Verkehrsmittel wie das Fahrrad, die Häuser, in denen wir wohnen. Die Technische Nutzungs-Information ist dennoch vorhanden - als Wissen des soziotechnischen Meso- oder Makrosystems, gemäß ROPOHLs Terminologie; als in Lehrbüchern vorfindliches, durch Erziehung und Ausbildung übermitteltes und durch Lebenserfahrung gefestigtes Wissen. Wir können kein Gebäude betreten, ohne zu wissen oder mit Begründung zu vermuten, welchem Zweck die einzelnen Räume dienen, welche Bauteile nicht tragend sind und deshalb nicht betreten werden dürfen, ob das Dach regendicht ist, wie die Schlösser und Türöffner betätigt werden und so fort. Wegen der in technisch hinlänglich entwickelten Staaten umfassenden Verbreitung des Technischen Artefakts „Wohnhaus" als Typ, als Gruppe Technischer Artefakte mit gemeinsamen Merkmalen, gibt es eine umfassend als gesellschaftliches Wissen verbreitete Technische Nutzungs-Information für den Handlungstyp „ein Haus bewohnen".

Der Handlungstyp „Benutzung eines Hammers" ist weder einfach noch trivial, eine Monographie hierzu würde wenigstens ein dickes Buch füllen. Ausführungen von Hämmern gibt es sicher mehr als hundert, unterschieden nach Form, Abmessungen, Gewicht, Werkstoff und Zweckbestimmung; vom Hammer des Goldschmieds bis zu dem des Hufschmieds. Die bestimmungsgerechte Nutzung des Hammers erfordert die Auswahl der richtigen Hammertype und -größe sowie eine komplizierte Arm- oder Handbewegung, die richtige Bemessung von Schlagkraft, Schlagwinkel, Auftreffort und Schlagzahl, die richtige Temperatur und Unterlage für das Werkstück und so fort. Nebenwirkungen wie Lärm, Erhitzung des Werkstücks durch die Schlagenergie, Ermüdung der hammerführenden Person usw. sind nicht zu vermeiden. Wenn Form und Werkstoff des Werkstücks festgelegt sind, enthält das technische Können als die Wissensform, in der nach ROPOHL die Technische Nutzungs- Information für einen Hammer vorliegt, einen Freiheitsgrad eigentlich nur in dem Maß, in dem dieses persönlich angeeignet ist.

Mit diesen Argumenten läßt sich das Erfordernis Technischer Nutzungs-Information begründen. Es eröffnet sich jedoch eine weitergehende Perspektive. Ein - nicht das ausschließliche - Kennzeichen der Entwicklung moderner Technik besteht darin, die Technische Nutzungs- Information in immer wachsendem Maß mit der Technischen Sachsystems-, also Struktur- und Funktionsinformation zu verschmelzen, das heißt, einen Teil der oder die vollständige Abfolge der einzelnen Handlungsschritte in den Funktionsverknüpfungen der einzelnen Strukturelemente festzulegen, nach ROPOHL: zu „verkörpern" oder zu „objektivieren". Für jedes **Technische Artefakt liegt die nutzungsbestimmende Information in einer charakteristischen Aufteilung vor**: Als inkorporierte, das heißt dem Technischen Artefakt wesentlich in Form des Inhalts seines Informationsspeichers angehöriger Bestandteil, und als komplementäres, an den individuellen Menschen gebundenes Nutzungswissen. Dieser Umstand ist von großer technikphilosophischer, technikgeschichtlicher und pragmatischer Bedeutung. Für diese Aufteilung gibt es unendlich viele Ausprägungen, in denen sich natürlich auch ein Teil der Technikgeschichte konkretisiert.

Die einfache Holz-Drechselbank zum Beispiel ist zweifellos schon als Maschine zu betrachten; dennoch läßt sie dem Drechsler Handlungs-, das heißt Gestaltungsfreiheit, die in handwerklicher Weise nach Vorbildern und Herkommen oder aber, weit darüber hinausreichend, für handwerks-künstlerisches Schaffen in Anspruch genommen wird. Von dieser einfachen Maschine geht der technikgeschichtliche Entwicklungsweg zur Metall-Drehbank. Auf ihr wird das Werkstück noch weitgehend durch Eingriff des Maschinenführers geformt. Er bestimmt die Drehzahl des Werkstückträgers, die Führung des Drehstahl-Schlittens, die Schnitttiefe und Vorschubgeschwindigkeit des Drehstahls, und er nimmt die Maßkontrolle vor. Die nächste Entwicklungsstufe ist gekennzeichnet durch einen Informationsspeicher in Form einer Schablone mit dem Profil des Werkstücks, darauf folgend der durch ein Numerik- und später ein Computerprogramm gesteuerte Bearbeitungsautomat. Entscheidend ist hierbei die zunehmende Eignung für ein repetitives, das heißt den Ablauf identisch wiederholendes Herstellungsverfahren; es wird möglich durch steigenden Umfang der im Informationsspeicher der Maschine „inkorporierten", das heißt funktional bestimmenden festgelegten Abfolge und genauer Detaillierung der Arbeitsschritte. Der Umfang des so inkorporierten Informationsbestands bestimmt unmittelbar den Grad der **technischen Identität** der vom Automaten nach Maßgabe des für ihn kennzeichnenden Handlungstyps hergestellten Technischen Artefakte; weitere Darlegungen hierzu enthält der Abschnitt „Begriffsbestimmung und Erzeugung von Multiplikaten". Automatentypen können danach unterschieden werden, welches Verfahren und welcher Aufwand erforderlich ist, die Information hinsichtlich Festlegung der Handlungsabläufe durch eine andere zu ersetzen - ein anderes Paar von Zahnrädern für eine Drehzahländerung, eine andere Profilschablone, eine andere Steuerwalze mit elektrischen Kontakten, ein anderes Programm in einer speicherprogrammierten Steuerung, eine andere Diskette oder CD-ROM und so fort.

Gerade am Beispiel des Automaten wird deutlich, daß eine **scharfe Abgrenzung zwischen Struktur- und Nutzungsinformation im Sachsystem nicht immer möglich ist**. Ein Bewegungsablauf, der durch ein konstruktiv festgelegtes System von mechanischen (festen, geometrisch definierten) Bauteilen bestimmt ist, z.B. die Führung von Nadel und Faden bei einer Nähmaschine, wird dadurch möglich, daß dieses System die Information hinsichtlich der Nadel- und Fadenführung inkorporiert, die beim Bewegungsablauf der handgeführten Nadel vom menschlichen Gehirn bereitgestellt wird. Diese Überlegung, die jedoch für diese Untersuchung keiner weiteren Ausarbeitung bedarf, könnte weitergeführt werden zur Begriffsbestimmung der **Maschine als der technischen Inkorporation bestimmter Nutzungsinformationen** für Bearbeitungswerkzeuge oder Handhabungsgeräte. (Bild 2.1.2.8-1).

Für den Aspekt der Instandhaltung ist von Bedeutung, daß die im Technischen Artefakt internalisierte oder **inkorporierte Technische Nutzungs- Information eine Bereicherung der Struktur** und somit auch eine grundsätzliche Erweiterung der Instandhaltungs-Erfordernis darstellt. Steuerungsfehler oder vollständiges Versagen einer Steuerung in einem Technischen Artefakt können schwerwiegende Folgen nach sich ziehen; diese Gefahr gibt Anlaß für spezielle Instandhaltungsstrategien. Hier kann der Weg von der routinemäßigen Funktionsprüfung wiederum zur internalisierten Selbstprüfung des Systems führen, was inzwischen vielfach zur technischen Selbstverständlichkeit geworden ist und für die Instandhaltung entsprechende Entlastung schafft. Weitere Überlegungen hierzu enthält der Abschnitt „Der technisch-technologische Rang der Instandhaltung".

2.1.2.9 Die Technische Struktur-Information als Dokumentation des Sollzustands

Die Technische Struktur-Information stellt das Sachsystem in der Kategorie des Sollens dar, technisch ausgedrückt als Sollzustand. Die Aussageform ist nicht: So wird es sein, sondern: So soll es sein. Homomorphie, Strukturanalogie, ist in diesem Fall dadurch gekennzeichnet, daß jedes einzelne Merkmal des Sachsystems **in technisch prüfbarer Weise** in der Struktur-Information repräsentiert ist; dies gilt auch umgekehrt. Durch unmittelbare Sinneswahrnehmung, durch Funktionsprüfungen, vor allem aber durch die Anwendung von Meß- und Analyseinstrumenten und –verfahren, also wiederum durch die Nutzung von Sachsystemen wie von verfügbaren Informationen, wird eine Prüfung als Vergleich zwischen den Merkmalsbestimmungen der Struktur-Information und den am Sachsystem erkennbaren Merkmalswerten möglich. Information schafft damit Handlungskompetenz (Bild 2.1.2.9-1). Im Maschinen- und Fahrzeugbau zum Beispiel wird die Konstruktionszeichnung, die bei Fügeteilen Sollmaße und Maßtoleranzen enthält, mit den Istwerten verglichen; sie müssen im Bereich der

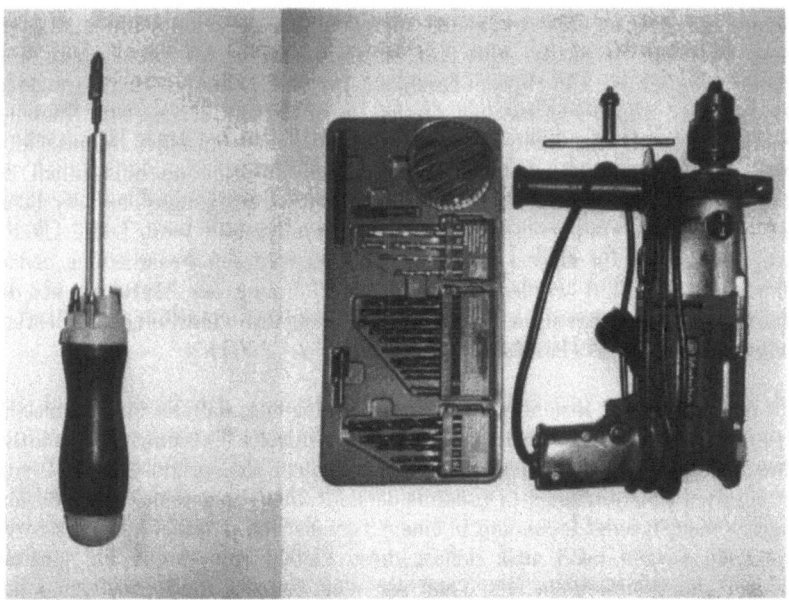

Bild 2.1.2.8-1 Vergleich von Werkzeug und Maschine.
Links: Schraubendreher mit Wechselwerkzeugen für Schlitz- und Kreuzschlitz-Schrauben, ausziehbarem Werkzeughalter mit Magnetkopf sowie Beleuchtungs-Einrichtung (Batterie im Griff, 2 kleine Glühbirnen).
Rechts: Handgeführte Bohr-und Schraubmaschine mit Elektroantrieb, Drehzahlen stufenlos einstellbar, für Arbeiten in Beton/Mauerwerk geeignet durch Kombination von Drehung und Schlag („Schlagbohren"), Rechts- und Linkslauf einstellbar für Ein- und Ausdrehen von Schrauben. Zubehör: Werkzeugsatz (Spiralbohrer für Metall und Holz, Bohrer mit Hartmetallspitze für Beton/Mauerwerk, Wechselwerkzeug für Schlitz- und Kreuzschlitzschrauben).

Kommentar: Der Schraubendreher ist im streng wörtlichen Verständnis der Begriffsbestimmung in der 9. Verordnung zum Gerätesicherheitsgesetz der Bundesrepublik Deutschland eine Maschine. Sie hat ein bewegliches Teil (den ausziehbaren Werkzeughalter) und besitzt einen Energiekreis (die Beleuchtungs-Einrichtung). Die Tatsache, daß die Führung und die Drehmomenten-Einleitung von Hand geleistet wird, steht dem nicht entgegen. Die Verordnung kennt auch Maschinen, deren einzige Kraftquelle die menschliche Arbeitskraft ist. Bei der Schraubfunktion unterscheiden sich beide Technischen Artefakte nur durch den vorhandenen bzw. fehlenden elektrischen Antrieb. Dreh- und Schlagbewegung sind bei der Bohrmaschine als Strukturinformation inkorporiert; dies begründet in Verbindung mit der Entlastung durch den elektrischen Antrieb die vielen im Vergleich zum Schraubendreher zusätzlichen Nutzungsmöglichkeiten. Der Vergleich zeigt die Schwierigkeiten, den Begriff „Maschine" zu definieren.

TÜV By RgG 174

BRIGOTRONIC 5000 MB
das Gerät zur Bestimmung des Abgasverlustes an Öl- und Gasfeuerstätten.

Dieses „kleine" Meßgerät kann durch Nutzung der Optionen in seinen Funktionen erweitert und dadurch noch später zu einem „großen" Rauchgasanlyse-Gerät werden.

– Modularer Aufbau mit der Option zur Nachrüstung des CO-/NO-/ und Druck-Sensors

BRIGOTRONIC-Rauchgas-analyse-Geräte der Serie 5000 M - die neue Generation elektronischer Meßgeräte.

Messung von:
– Sauerstoff
– Abgastemperatur
– Lufttemperatur
– Druckdifferenz (Option)
– Kohlenmonoxid (Option)
– Stickoxid (Option)

Berechnung von:
– Abgasverlust
– Wirkungsgrad
– Lambda
– Kohlendioxid
– Kohlenmonoxid unverdünnt (Option)
– Stickoxid unverdünnt (Option)

Das leichte, handliche Basis-Element ist das Kernstück der Gasentnahmeeinheit. Auf dem Basis-Element ist der leicht auswechselbare Kondensatfilter aufgesteckt.

Durch einfachen Tastendruck kann man die jeweils geeignete Entnahmesonde oder Mehrlochsonde austauschen.

Viele Vorteile serienmäßig:
– O_2-Sensor durch den Anwender selbst leicht auswechselbar
– Elektronische Überwachung der Pumpe und automatische Freispülfunktion
– Lange Standzeit der Ni/MH-Akkus und Schnellaufladung
– Modularer Aufbau mit der Option zur Nachrüstung des NO-Sensors
– Eingabemöglichkeit weiterer Meßgrößen wie Rußzahlen, Ölderivate und Kesseltemperatur
– Standard-Schnittstelle RS 232 zu PC
– Protokollausdruck mit Datum und Uhrzeit über IR-Schnittstelle zum Thermo-Drucker (Option) für die Meßergebnisse

Bild 2.1.2.9-1 Instrument zum Vergleich des Istzustands eines Technischen Artefakts mit dem Sollzustand durch Messung funktionsbedeutsamer Parameter.

Kommentar: Die Übereinstimmung von Soll und Ist hinsichtlich der umweltbedeutsamen Abgas-Meßwerte bei einer ölgefeuerten Heizanlage für ein Wohnhaus wird durch eine Funktionsprüfung ermittelt. Die Sensoren des Messgerätes erfassen die Temperaturen, die Rußzahl, das Auftreten von Ölderivaten, den Sauerstoffgehalt im Abgas, Druckdifferenz und Abgasverlust. Siehe hierzu auch Bild 2.1.4-1.

zulässigen Abweichungen liegen. Diese Prüfung ist grundlegend für die Qualitätssicherung bei der Erzeugung und liefert den Nachweis, daß der Istzustand des fertigen und nutzungsbereiten Technischen Artefakts dem Sollzustand der Technischen Struktur-Information äquivalent ist. Für die Instandhaltung, die den Vergleich zwischen Soll und Ist zur Grundlage hat, fallen unter dieser Voraussetzung der so bestimmte Istzustand und der Sollzustand des Technischen Artefakts zusammen. Ein Sonderfall der Gegenüberstellung von Soll- und Istzustand liegt in Form von Schadensgutachten vor bei besonders umfangreichen Schäden (siehe hierzu auch den Abschnitt „Ursachen der Abweichung des Technischen Artefakts vom Sollzustand") oder technischen Katastrophen („Extremereignisse"). Solche Gutachten lösen sich vom Technischen Artefakt insofern ab, als sie häufig in der institutionellen, d.h. hier rechtlichen, Würdigung des Schadensereignisses und seiner Ursachen als Dokumente Eingang finden. Andererseits bilden solche Schadensgutachten per definitionem auch einen Teil des Technischen Artefakts dritter Ordnung, der Technischen Biografie; siehe dazu den betreffenden nachstehenden Abschnitt.

Wer ein Soll festlegt, muß sich nach der Begründung fragen lassen. Deshalb stellt sich bereits in den ersten Argumentationsschritten dieser Untersuchung die Frage des Übergangs von der phänomenologischen zur analytisch-normativen Betrachtung. Die Technosphäre ist entstanden, weil bei der Erzeugung jedes einzelnen vorfindlichen Technischen Artefakts die Handlungsentscheidung, daß es sein soll und daß es so sein soll, in unterschiedlich vollständigem Umfang zur Wirkung kam. Der Handlungsentscheidung liegt nach VDI 3780, /29/, die **Zielsetzung zugrunde, die Vorstellung eines möglichen Sachverhalts, dessen Verwirklichung erstrebt wird.** Die im Vollzug der Entscheidung bewirkten

„Handlungen bestehen im bewußten Einsatz bestimmter Mittel zur Realisierung von Zwecken unter Werten, die sowohl die Mittel als auch die Zwecke qualifizieren".

Die Richtlinie VDI 3780, die im Abschnitt „Verantwortung in und durch Instandhaltung" noch erörtert wird, liefert einen sehr brauchbaren Überblick über Wertbegriffe in der Technik und ihre Bedeutung. HUBIG steuert den kritischen Kommentar hierzu bei. Er zeigt, daß die Bewertung

„ein Prozeß ist, der das ganze technische Denken vom elementarsten Einsatz von Mitteln und ihrer Verkettung zu Zweck-Mittel-Hierarchien bereits im innertechnischen Bereich begleitet"

Werte können also nicht als oberste Präferenz isoliert werden, über deren Geltung Politik, Gesellschaft, Experten für Ethik oder andere technikferne Instanzen zu entscheiden haben. Darüber hinaus läßt sich sowohl innerhalb des „Werte-Oktogons" der VDI 3780 wie auch bei verschiedenen Teilaspekten dieser Grundwerte zeigen, daß unter bestimmten Voraussetzungen die aus der Verwirklichung des Werts erwachsenden Forderungen der technischen Praxis in einem Verhältnis des Widerspruchs oder mindestens des Optimierungs-Wettbewerbs stehen. Die Wertekonkurrenz ist eine unvermeidliche Folge des Wertepluralismus, der wiederum unmittelbar aus den verschiedenen Aspekten der Freiheit des Menschen erwächst – der Grundlage seiner Handlungsmöglichkeit. Es lassen sich aber Basiswerte aufzeigen, die den Umgang mit einem pluralistischen Wertekatalog erst ermöglichen und damit für die Ethik der Tech-nik wichtige Orientierungshilfe bieten, /30/.

2.1.2.10 Die institutionelle Bedeutung der Technischen Information

Im Abschnitt „Die Trennung der Einheit von Sachsystem und Technischer Struktur-Information" wurden **Urheber-Schutzrechte für Technische Artefakte als Technische Information** eingeführt. Sie beschreiben ein Artefakt nicht vollständig im Sinn hinreichender Informationen zur Erzeugung des nutzungsbereiten Sachsystems, sondern nur hinsichtlich der Merkmale, die Neuheit und Erfindungshöhe begründen. Zu ihnen treten vergleichbar die **Technischen Regelwerke** der verschiedenen Klassen; ein unscheinbarer, aber für die Technosphäre unentbehrlicher Informationsspeicher von beachtlichen Ausmaßen: Als technische Normen der anerkannten Norminstitute, allein im Bereich des Europäischen Normenausschusses einen Bestand von 6300 technischen Normen umfassend, /31/, als Werknormen von Industrieunternehmen, als Regeln der Technik, die formal Teil des kodifizierten Rechtes sind oder inhaltlich in die Rechtsfindung eingebunden werden können, /5/. Technische Richtlinien und Normen können auch Begriffe und deren Anwendungen, z.B. VDI 3780 - Technikbewertung, Begriffe und Grundlagen-, oder andere nicht sachgegenständliche Themen zum ausschließlichen Inhalt haben. Regeln der Technik sind im Durchsetzungsanspruch abgestuft als Mußvorschrift, als Darstellung des Standes von Wissenschaft und Technik, als anerkannter Stand der Technik, als Empfehlung usf. Dies alles kann sowohl im Recht der Schuldverhältnisse wie im Verwaltungsrecht und Strafrecht von erheblicher Bedeutung sein. Genau wie Patente und Gebrauchsmuster repräsentiert diese Art Technischer Information für eine Klasse oder Gruppe Technischer Artefakte den **Sollzustand nur idealtypisch hinsichtlich bestimmter gemeinsamer Merkmale**. Insoweit schränken sie die technische Gestaltungsfreiheit ein, schaffen aber Entlastung von der Notwendigkeit, solche Merkmale fallweise zweckgerecht neu festlegen zu müssen. Inhalt eines solchen Regelwerks kann auch das **Verfahren des Vergleichs von Sollzustand und Istzustand als Anlaß für Instandhaltung und die Instandhaltungsmaßnahmen selbst** sein. Technische Regelwerke besitzen fallweise wirtschaftlichen Wert durch den vom Urheberrecht gewährten Schutz. Gesellschaftlich und damit technisch wichtig sind vor allem diejenigen, die technische Sicherheit begründen.

Technische Regelwerke sind Institutionen. Die Individuen bewegen sich innerhalb ihrer, sie können sich zu ihnen ins Verhältnis der Befolgung, Änderung und Verweigerung stellen. Als Institutionen werden Richtlinien und deren Repräsentation durch Texte, architektonische Strukturen, Artefakte etc. auch von HUBIG vorgestellt, /32/. Die Bedeutung der Technischen Information als Institution ist damit belegt; sie trat bereits im Abschnitt „Technisches Wissen, kognitive Repräsentation, Modell und Homomorphie" in Erscheinung, denn im Anschluß an HEGELs Analyse des arbeitsteiligen Handelns wird **Information als die notwendige Bedingung der Arbeitsteilung in der Gesellschaft** erkannt. Arbeitsteilung ist eine grundlegende Institution, vergleichbar mit Sprache, Recht und Eigentum; Technische Information nimmt Teil an diesem Rang. Sie erschließt Handlungskompetenz in der doppelten Form, daß sie unabhängig von jedem technischen Sachsystem Teil des gesellschaftlichen, technisch-wirtschaftlichen sowie kulturellen Geschehens werden kann, dann aber auch vermöge der Ergänzung durch ein ihr korreliertes technisches Sachsystem. Aus Letzterem erwächst dann **vermittelte weitere Handlungskompetenz** in Nutzung und Instandhaltung. Der von HUBIG wie von ROPOHL erhobene Befund, daß das Technische Artefakt sich gleichermaßen als Mittel wie als Ziel erweist, /33/, wird mit diesen Überlegungen bestätigt, wenn auch hinsichtlich eines über das von ROPOHL hinausgehenden Verständnisses vom Technischen Artefakt.

2.1.3 Das Technische Artefakt zweiter Ordnung – das Sachsystem

2.1.3.1 Die Begriffsbestimmung des Technischen Artefakts zweiter Ordnung

Das Technische Artefakt erster Ordnung wurde als notwendige Voraussetzung für die Erzeugung dessen erkannt, wofür vorläufig der Begriff Sachsystem benutzt wurde. Es ist mit dem, was nachstehend als Technisches Artefakt zweiter Ordnung bestimmt wird, durch die Mittel-Zweck-Relation verbunden: Die Technische Information ist das Mittel zum Zweck, das Technische Artefakt zweiter Ordnung zu erzeugen, zu nutzen und instandzuhalten. Als weitere Merkmale der vorliegenden Mittel-Zweck-Verknüpfung können genannt werden: Die Möglichkeit der Umkehr; das Sachsystem kann, wie oben erläutert, zum Mittel werden, um vermöge von Meß- und Analyseverfahren den Zweck zu erreichen, die Technische Information (wieder)herzustellen. Es handelt sich um die Wiederholung der Relation in Form dessen, was ROPOHL Zielkette nennt, /34/, nämlich: Die Vertauschung der Position von Mittel und Zweck, indem durch Nutzung Technischer Artefakte zweiter Ordnung neue Technische Informationen entstehen. Die Zielkette kann auch nach rückwärts verlängert werden. Dies läßt sich darin erkennen, daß selbstverständlich die Erzeugung des Technischen Artefakts erster Ordnung selbst ein Zweck ist. Er setzt Kenntnis, Billigung, Verfügbarkeit und Einsatz entsprechender Mittel voraus. Ferner ist daran zu erinnern, daß die Fortsetzung der Zielkette vom Technischen Artefakt erster zu dem zweiter Ordnung keinesfalls zwingend geschieht. Wesentlich ist jedoch folgende Einsicht: **Technisches Artefakt erster und zweiter Ordnung bilden einen Verbund**, und die Erzeugung sowie Nutzung und Instandhaltung der

Menge dieser Verbunde ist der Gegenstandsbereich des technischen Wissens und Könnens. Die Begriffsbestimmung kann nun formuliert werden.

Ein **Technisches Artefakt zweiter Ordnung** ist eine **durch menschliches Handeln erzeugte und ausschließlich dadurch zweckdienlich gestaltete, im Technischen Artefakt erster Ordnung (der Technischen Information) durch das Modellverhältnis der Analogie repräsentierte Struktur von abgrenzbarem Umfang**. Die stofflichen, energetischen und informationellen Strukturkomponenten weisen für die Nutzung unterschiedliche Gewichtung auf. Das Technische Artefakt zweiter Ordnung besitzt im **Informationsbestand des Technischen Artefakts erster Ordnung einen Sollzustand als Gesamtheit von Merkmalswerten**; diese bilden die notwendige Bedingung dafür, daß das Technische Artefakt zweiter Ordnung ohne Einschränkung der Zweckbestimmung gerecht wird.

Technische Artefakte zweiter Ordnung setzen die Aufwendung von Werkstoff (Materie), Energie und Information voraus und entstehen insofern als Wirtschaftsgüter; sie können jedoch durch Zweckbestimmung von ihrer Erzeugung an oder später der Verfügung des Marktes über Wirtschaftsgüter entzogen oder in dieser Hinsicht Einschränkungen unterworfen werden. Dieser Aspekt wird im Abschnitt „Instandhaltung und Erhaltungsdauer" weiter ausgearbeitet.

Lebewesen wie z.B. die Pilze in einer Schimmelpilzkultur zur Arzneimittelherstellung, Pflanzenkeime bei der Getreideerzeugung, lebende Pflanzen in Ziergärten, Tiere in zoologischen Gärten sind unentbehrliche Systemteile Technischer Artefakte. Im Vergleich zur unbelebten, bei der Erzeugung Technischer Artefakte im herkömmlichen Sinn genutzten Materie besitzen sie die kennzeichnende Befähigung zur Selbstorganisation und Selbsterhaltung; diese wird im Technischen Artefakt zweckdienlich genutzt. **Die Systemintegration von Lebewesen** kann in der **Technischen Information hinsichtlich des Sollzustands miterfaßt** werden. Sie überschreitet nicht den definitorischen Rahmen des Technischen Artefakts, obwohl das Lebewesen, isoliert betrachtet, keinen im Sinn der Begriffsbestimmung des Technischen Artefakts abschließend beschreibbaren Sollzustand besitzt und daher kategorial vom Technischen Artefakt unterschieden ist. Lebewesen können allerdings, wie andere Systeme, der system- und handlungstheoretischen Analyse unterworfen werden. ROPOHL macht davon grundsätzlichen und ausgiebigen Gebrauch.

„Ein Handlungssystem ist eine Instanz, die Handlungen vollzieht. Dann kann man als Handlungssysteme wirkliche Menschen, wirkliche Organisationen und wirkliche Staaten beschreiben und erkennt darin die empirischen Substrate, die mit dem Systemmodell abgebildet werden können".

Diese Abbildung erhebt jedoch ausdrücklich **nicht** den Anspruch, das empirische Substrat **in seiner Vollständigkeit** zu beschreiben:

„Was sie (die Systemmodelle, A.d.V.) beschreiben, gibt es in der Wirklichkeit, aber sie erfassen nicht die ganze Wirklichkeit, sondern nur jene ganz bestimmten Aspekte, die für den Hersteller und den Benutzer des Modells wichtig sind", /35/.

Ein Technisches Artefakt zweiter Ordnung läßt sich als **System** auffassen, siehe /1/. Das System kann in die Mittel-Zweck-Relation dadurch einrücken, daß es Mittel zum Zweck der Erzeugung von **Systemen aus Systemen** werden kann; dies wird als Hierarchie der Sachsysteme beschrieben, /36/. Die hier vorgestellte Folge aus Werkstoff, Einzelteil, Baugruppe, Maschine oder Gerät und so fort stellt gleichzeitig die Systematik der Arbeitsabschnitte bei der Erzeugung einer bestimmter Klasse von Technischen Artefakten zweiter Ordnung dar – eben derjenigen Klasse, die durch diese Erzeugungssystematik gekennzeichnet ist. Die Erzeugung Technischer Artefakte aus der Prozeßindustrie, zum Beispiel einer chemisch-synthetisch hergestellten Stoffquantität, einer Kohlenhalde, der Füllmasse in einem Mehlsilo, oder gar die Anlage eines Parks oder Kinderspielplatzes, hat keinen oder nur ganz losen Zusammenhang mit dieser am Maschinenbau orientierten Hierarchie.

Die vorstehende Begriffsbestimmung deckt sich weitgehend mit der zu Anfang des Abschnitts „Technikphilosophische Beiträge zum Begriff des Technischen Artefakts" gegebenen: Im Sinn des technischen Sachsystems. Sie deckt sich auch mit dem Alltagsverständnis und der Bedeutung der üblichen Bezeichnungen für technische Gegenstände, heißen sie nun Maschine, Gerät, Apparat, Aggregat, Bauwerk, Anlage oder wie auch immer. Für die nicht störungsbehaftete Nutzung im Alltag ist nämlich weder die zugeordnete Technische Struktur- noch die Instandhaltungs-Information von Bedeutung, sondern allenfalls die Nutzungsinformation. Diese jedoch wird in der technischen Praxis eher wie ein Anhängsel des Sachsystems und keinesfalls als ranggleich mit diesem bewertet, und die Betriebs- oder Gebrauchsanweisung gerät oft in Vergessenheit oder geht unter, wenn und sobald der Nutzer den Inhalt im Gedächtnis hat. Eine Ausnahme hierbei mag der Umgang mit schwer verständlichen, zum Teil schlicht unbrauchbaren Benutzerhinweisen bilden. Die Klage darüber ist bei komplexen Technischen Artefakten mit hohem Anteil von inkorporiertem Informationsbestand, zum Beispiel bei Video-Rekordern, häufig und sogar in die technikphilosophische Literatur eingedrungen, /37/.

2.1.3.2 Erläuterungen zur Begriffsbestimmung des Technischen Artefakts zweiter Ordnung

ROPOHL hat die systemtheoretische Analyse des technischen Sachsystems geleistet, /38/. Eine Erläuterung der obigen Begriffsbestimmung scheint angebracht insoweit, als sie von seinen Befunden und seiner mehrfach zitierten Definition abweicht. Die Aussage zu den **stofflichen, energetischen und informationellen Strukturkomponenten** ist zunächst zu erläutern. Hierzu dient das Blockschema des Technischen Sachsystems, /39/. Die Zustandsbeschreibung des Technischen Sachsystems umfaßt die Parameter Masse, Energie, Information, Raum und Zeit. Ein allereinfachstes Technisches Artefakt, ein Faden aus Polyamid, der zum Zuschnüren von Paketen benutzt wird, ist leicht zu kennzeichnen durch die in der Angabe von Länge, Durchmesser und Reißfestigkeit enthaltene Information. Seine Masse ist leicht zu ermitteln, die zu seiner Erzeugung aufgewandte Energie dagegen nur mit erheblichem Aufwand und wenn bei unumgänglichen Abgrenzungen Ermessensentscheidungen in Kauf genommen werden. Beide Informationen sind für die vorgesehene Nutzung bedeutungslos; und das trifft auch zu für die mit erheblichem Aufwand verbundene Beschaffung weiterer Informationen über Werkstoffhomogenität, kristalline Feinstruktur, Oberflächengüte und vergleichbare Merkmale. Spiegelbildlich dazu können die letztgenannten Qualitätsinformationen für einen Faden zur Verwendung bei chirurgischen Nähten sehr wichtig und die anderen Daten bedeutungslos sein. Für eine wiederaufladbare Fahrzeugbatterie ist der Energieinhalt bei bester Aufladung das entscheidende Merkmal; daneben sind noch die Masse und die Information über die Nennspannung von Bedeutung. Ein Industrieroboter zum Lackieren von Fahrzeug-Karosserien wird vorwiegend durch die inkorporierte Information charakterisiert. Sie befähigt ihn dazu, analoge Bewegungen wie der Lackierfachmann auszuführen, wobei die Energieübertragungssysteme innerhalb seiner Struktur als notwendige Bedingung dieser Bewegungsabläufe funktionieren. Die Betonung dieser unterschiedlichen Gewichtungen in der Begriffsbestimmung ist somit kein Widerspruch zu ROPOHLs Definition. Sie soll aber demjenigen Verständnis von „Sache" entgegenwirken, das (wie auch der Rechtsbegriff der Sache) ausschließlich Körperlichkeit meint, also Masse und Form.

Wesentlich ist die Forderung, daß ein **Sollzustand** festliegen muß. Daß es hier nicht um abstrakte, lebensferne Erwägungen geht, zeigt das Beispiel der Erzeugung von Embryonen durch In-Vitro-Fertilisation. Der Embryo erfüllt ROPOHLs Kriterien eines technischen Sachsystems, denn er ist künstlich erzeugt, nutzenorientiert sowohl für Eizellen- wie Samenspender, die eine Schwangerschaft anstreben, wie auch für den Reproduktionsmediziner, und er ist ein gegenständliches Gebilde. Nach der Begriffsbestimmung der vorliegenden Untersuchung ist der Embryo jedoch kein Technisches Artefakt, da es keine seinen Sollzustand festlegenden Merkmale gibt noch geben kann. Der Umstand, ein Embryo zu sein, bedeutet kein Merkmal, sondern nur die Zugehörigkeit zu einer bestimmten Klasse biologischer Entitäten. Zudem fehlt das Merkmal der ausschließlich durch menschliches gestaltendes Handeln begründeteten Zweckdienlichkeit, selbst wenn man einen Zweck des Embryos darin erblicken würde, sich zum ausgebildeten Menschen zu entwickeln. Im

Hinblick auf die unabgeschlossene Diskussion über den Rechtsstatus solcher Embryonen wird am Beispiel auch die ethische Bedeutung des Artefakt-Begriffs klar.

Ein weiteres wichtiges Kriterium ist die **Abgrenzbarkeit**. Abgrenzbarkeit ist ein fundamentales Merkmal jedes Systems, das sich auch durch die Unterscheidung von seiner Umgebung bestimmt, siehe /1/. Die Technische Information wurde als Dokumentation des Sollzustands vorgestellt und dabei betont, daß sie immer ein **einzelnes und damit notwendigerweise abgegrenztes Technisches Artefakt** repräsentiert. Das gilt auch dann, wenn dieses einzelne in millionenfach technisch übereinstimmenden Exemplaren erzeugt wird; dieser wesentliche Aspekt wird im Abschnitt „Technische Identität und Individualität" erörtert. Abgrenzbarkeit bzw. Abgrenzung muß nach unterschiedlichen Kategorien gefordert werden. Zur Erläuterung der räumlichen oder topologischen Abgrenzung ist ein beliebiger Autostraßenabschnitt in Deutschland geeignet. Ein in sich lückenlos zusammenhängendes Netz von Straßen zum Beispiel, die alle für Autos befahrbar sind, auf der europäisch-asiatischen Landmasse bis Sibirien, Südindien und den letzten Winkel eines chinesischen Dorfes, erfüllt nicht die Sachsystems-Kriterien; dies kann nur ein der Unbestimmtheit entzogener Ausschnitt davon. Abgrenzungsmerkmale sind immer Teil der Technischen Information. Im Beispiel wäre die Technische Information etwa aus einer Straßenkarte zu entnehmen, die den Verlauf der Bundesautobahn A 8 vom Dreieck Karlsruhe bis zur Bundesgrenze bei Bad Reichenhall zeigt. Eine räumliche Abgrenzung wird auch für fluide und schüttfähige Stoffquantitäten gefordert: Von einem Liter destilliertem Wasser als Technischem Artefakt kann sinnvoll nur dann gesprochen werden, wenn es soweit räumlich umschlossen ist, daß die Masse und andere interessierende Parameter, z.B. Temperatur oder Druck, für technische Zwecke ausreichend genau bestimmt werden können. Funktionale Abgrenzungen sind vielfach geboten. Das Wasser in einer Schiffsschleuse ist nicht technischer Herkunft und dennoch Teil des Technischen Artefakts, weil es zur Zweckerfüllung notwendig ist; so auch die Druckluft im Fahrzeugreifen oder Fußball. Ebensowenig ist der Rost am stählernen Schiffsrumpf technischer Herkunft; und doch gehört er zu jenem, weil die Beurteilung der Funktion davon beeinflußt wird, z.B. hinsichtlich erhöhten Fahrwiderstandes des Schiffskörpers infolge rauherer Oberfläche, oder Festigkeitsverlust durch Abfall der kräfteübertragenden Wanddicke. Ein anschauliches Beispiel für eine energetisch geprägte Abgrenzung bietet der in anderem Zusammenhang erwähnte Ladungszustand eines Akkumulators. Auch eine rein informationstechnisch bestimmte Abgrenzung kann notwendig werden. Das Kriterium der Abgrenzbarkeit ist für den Instandhaltungs- Aspekt von großer Bedeutung; das zeigen die Beispiele des Fußballs, des Autoreifens oder des Akkumulators. Sie erfüllen nur bei Vorliegen eines Sollzustands hinsichtlich des Merkmals „Energieinhalt" in Form von Druck oder Ladungsmenge die Forderung der Zweckdienlichkeit.

2.1.4 Das Technische Artefakt dritter Ordnung – Technische Biografie

Technische Artefakte sind, wie alles, was dem Bereich der makrophysikalischen Strukturen angehört, dem zweiten Hauptsatz der Thermodynamik, der Zunahme der Entropie, der Prozessualität in einer unumkehrbaren Zeitrichtung, mit anderen Worten, der **Geschichtlichkeit** unterworfen. Der Aspekt der Unumkehrbarkeit wird im Abschnitt „Irreversibilität" ausgiebig erörtert. Technische Artefakte werden erzeugt, genutzt, geschädigt, instandgehalten, ausgemustert und sie gehen schließlich unter. Durch die zeitlich fixierbaren Spuren, die dieses Geschehen am Technischen Artefakt hinterläßt, gewinnt es auch Individualität; dieser Aspekt wird im Abschnitt „Technische Identität und Individualität" ausgearbeitet. Zahlreiche physikalische und chemische Einflüsse wirken in unterschiedlichem Maß dahin, die im Sollzustand des Technischen Artefakts festgelegten Merkmale oder Merkmalswerte zu ändern und damit die Tauglichkeit herabzusetzen, mit der Folge von Störungen bis hin zur völligen Unbrauchbarkeit. Der Sollzustand ist als Informationsverbund im Technischen Artefakt erster Ordnung konstituiert; die Änderung der Merkmale bzw. Merkmalswerte erzeugt einen neuen Informationsverbund, den Istzustand. Der **Vergleich von Soll- und Istzustand** bildet, wie im Abschnitt „Bereiche, Begriffe und Verfahren der Instandhaltung" dargelegt wird, Anlaß und Ausgangssituation für Instandhaltung, die das Ziel hat, den Istzustand so weitgehend wie möglich wieder in den Sollzustand zu überführen. Bei Fortsetzung der Nutzung bildet sich dann eine neue Differenz zwischen Soll- und Istzustand.

Eine andere Handlungsentscheidung als der vorgeschilderte Wechsel zwischen Soll und Ist führt zur weitgehenden Abweichung vom ursprünglichen Sollzustand vermöge einer **grundlegenden Umgestaltung des Technischen Artefakts**; diese erfüllt jedoch nach der in der vorliegenden Untersuchung vertretenen Begriffsbestimmung immer noch die Kriterien einer Instandhaltung. Begründungen und Ausführungsformen solcher Maßnahmen werden in den Abschnitten „Bereiche, Begriffe und Verfahren der Instandhaltung" sowie „Instandhaltung und Erhaltungsdauer" erörtert.

Aus technischen, rechtlichen, kommerziellen und fallweise auch technikgeschichtlichen Gründen entsteht bei einer (kleinen) Teilmenge der Technischen Artefakte die Notwendigkeit, die vermöge der **Übergänge von Soll- zu Istzuständen und umgekehrt** erzeugten Informationsverbunde in einer **Dokumentation** niederzulegen. Diese Dokumente beschreiben also eine zeitliche Abfolge von Sachverhalten, den als Information festgehaltenen Merkmalen und Merkmalswerten, sowie Handlungen, als Änderungen der Sachverhalte. Sie besitzen eine formale Analogie in der dokumentierten menschlichen Lebensgeschichte, der Biografie. Daher wird für die vorgeschilderte Dokumentation der Begriff Technische Biografie vorgeschlagen, und es ergibt sich die nachfolgende Begriffsbestimmung:

Das **Technische Artefakt dritter Ordnung ist ein dokumentierter Informationsverbund**, in dem Erzeugung, Nutzung, Instandhaltung, fallweise auch Ausmusterung, Zerstörung und Untergang oder die grundlegende Umgestaltung des **Technischen Artefakts zweiter Ordnung**, des technischen Sachsystems, repräsentiert sind. Er wird als **Technische Biografie** bezeichnet.

Das Technische Artefakt erster Ordnung, die Technische Information, ist notwendige Bedingung für die Erzeugung, Nutzung und Instandhaltung, einschließlich – fallweise – der grundlegenden Umgestaltung des technischen Sachsystems; insoweit also auch für die Entstehung des Technischen Artefakts dritter Ordnung. Die im Abschnitt „Die Trennung der Einheit von Sachsystem und Technischer Struktur-Information" beschriebene Unabhängigkeit kann jedoch ebenfalls beim Technischen Artefakt dritter Ordnung vorliegen. Das Technische Artefakt dritter Ordnung kann z.B. die Entstehungsgeschichte der Strukturinformation, also die Dokumentation der Konstruktions- bzw. Planungsabschnitte eines umfangreichen Technischen Artefakts mit umfassen, und zwar unabhängig davon, ob die Technische Information zur Erzeugung des Sachsystems genutzt wurde oder nicht. Ferner wurde bereits erörtert, daß die Technische Information unabhängig vom Sachsystem sowohl erhalten bleiben wie auch beschädigt oder zerstört werden kann; beide Vorgänge können Teil des Informationsinhalts der Technischen Biografie werden. Endlich kann die Technische Biografie über sehr lange Zeiträume erhalten bleiben, wenn die Technischen Artefakte erster und zweiter Ordnung längst untergegangen sind. Sie bildet dann fallweise eine wichtige Quelle der Technikgeschichte oder, bei Denkmälern, auch der kunsthistorischen und der Reiseliteratur; zwei Beispiele werden im Folgenden vorgestellt.

Die Technische Biografie zeichnet ein **Technisches Artefakt in besonderem Maße als Individuum** aus; sie enthält auch in aller Regel Identifizierungsmerkmale in Form von Typenbezeichnungen, Fabrikations- oder Seriennummern und ähnliche. Die Begründung dafür, daß eine Technische Biografie erstellt wird, ist immer in einer Wertsetzung zu suchen: Entweder liegt der Wert im Technischen Artefakt selbst, dessen Einzigartigkeit durch eine Technische Biografie zusätzlich belegt werden kann; oder es kommen außerhalb des Technischen Artefakts liegende Werte in Betracht, die gemäß den unten aufgeführten Beispielen in einer Weise gefährdet sein könnten, die zur Erstellung einer Technischen Biografie die Begründung liefert.

Beispiele solcher Dokumentation sind, in der Reihenfolge ihres Entstehens, zunächst die Belege dafür, daß das Technische Artefakt bestimmte Anforderungen erfüllt. Im Abschnitt „Die Technische Struktur-Information als Dokumentation des Sollzustands" wird erörtert, daß als Abschluß des Erzeugungsvorgangs die technische Äquivalenz zwischen Soll- und Istzustand durch Prüfung mit verschiedenen Verfahren nachgewiesen werden kann. Dieser Nachweis, als wesentlicher Teil der **Qualitätssicherung** Technischer Artefakte, ist als Dokument der erste und ein wichtiger Teil der Technischen Biografie. Rechtsvorschriften der Bundesrepublik Deutschland gebieten solche Nachweise bei vielen Technischen Artefakten, deren Nutzung mit Gesundheits- oder Umweltgefahren verbunden sein kann: Bestimmte Klassen von Druckbehältern, Rohrleitungen, Zentrifugen, Hebezeugen, Personenaufzügen; Bauwerke im Hinblick auf die Übereinstimmung mit der statischen Berechnung und die Bauvorschriften; Feuerungsanlagen, Dampfkessel. Bei der Zulassung eines Kraftfahrzeugs für den öffentlichen Straßenverkehr ist die Typprüfung durch das Kraftfahrt-Bundesamt eine Voraussetzung. Der Fahrzeugschein, gemeinsam mit dem Fahrzeugbrief, enthält den Nachweis dieser Typprüfung zusammen mit anderen technischen und Identifizierungsmerkmalen, und diese Dokumente bilden den Grundstock der Technischen Biografie eines für öffentliche Straßen zugelassenen Kraftfahrzeugs. Ihm folgen in der Regel Rechnungen von Instandhaltungsbetrieben für Wartungs- und Reparaturleistungen, Kaufbelege für Ersatzteile, Nachweise vollzogener Hauptuntersuchungen oder Abgas-Sonderuntersuchungen mit mängelfreiem Befund. Schließlich ist bei Ausmusterung des Fahrzeugs ein Stillegungsnachweis erforderlich, der in der Regel mit dem Untergang des Fahrzeugs durch Verschrottung verbunden ist. Vergleichbare Belege über rechtlich vorgeschriebene, der Beschaffung von **Informationen über sicherheitsbedeutsamen Merkmalen dienende Wiederholungsprüfungen** gibt es für viele der obengenannten Klassen Technischer Artefakte. Im kommerziellen Verkehr dient die Technische Biografie ebenfalls als Qualitätsbeleg durch den Nachweis, daß wertsichernde Prüfungen und schadensbehebende Instandsetzungen vollzogen wurden. Im Abschnitt „Schutz von Rechtsgütern, Sicherheit, Vernunft und Instandsetzung" ist die Rechtsvorschrift erörtert, wonach Wartungs- und Instandsetzungsmaßnahmen an den sicherheitsbedeutsamen Anlagenteilen zu dokumentieren sind. Sie belegt in besonders eindrucksvoller Weise das mit dem Umfang und der Komplexität sowie den inhärenten Gefahren Technischer Artefakte wachsende Erfordernis der umfassenden und sorgfältig geführten Technischen Biografie. Dieses Erfordernis kann gerade am Ende der Tauglichkeitsdauer besonders deutlich sein. Als Beispiel hierfür steht das aus dem Gebäudeabbruch von Chemieanlagen herrührende Abbruchmaterial. Es kann mit Gefahrstoffen in einem Maß kontaminiert sein, daß es mit hohem Aufwand als Sondermüll deponiert werden muß. Informationen darüber, ob diese Voraussetzung vorliegt, liefert die Technische Biografie der Anlage, die besagt, welche Stoffe unter welchen Bedingungen hier gehandhabt wurden. Chemische Analysen am Abbruchmaterial sind auch möglich, jedoch aufwendig, und sie haben immer nur Stichprobencharakter.

Dem **Zeit- und dem Technikhistoriker** geben Technische Biografien wertvolle Aufschlüsse. Die Geschichte vieler Denkmäler, insbesondere Baudenkmäler, ist auch die Geschichte ihrer Beschädigung oder gar Zerstörung, ihrer Wiederherstellung oder ihres Untergangs. Mindestens zwei der in der Antike bekannten „7 Weltwunder" können als Beispiele angeführt werden. Die heute verfügbaren Informationen über den Leuchtturm auf der Insel Pharos vor Alexandria und über die Statue des Sonnengottes in der Stadt Rhodos können als Fortführung einer über zweitausend Jahre bestehenden Technischen Biografie dieser beiden Technischen Artefakte verstanden werden; sie haben als einzigartige technische Leistungen die Bewunderung der Zeitgenossen wie späterer Generationen hervorgerufen, /40/, /41/, /42/. Weitere Überlegungen zu diesem Punkt enthält der Abschnitt „Biografische Dauer, Erhaltungsdauer, Technische Dauer".

Die formale und inhaltliche Vielfalt Technischer Biografien ist groß und könnte das Thema einer eigenständigen Untersuchung bilden. Die Bilder 2.1.4 − 1 und 2.1.4 − 2 belegen dies an den Beispielen einer Feuerungsanlage für Heizung und Warmwasserversorgung eines Wohnhauses sowie einer Kirchenorgel.

2.1.5 Das Wissenschaftliche Artefakt

Das **Wissenschaftliche Artefakt** entsteht aus einer **Mittel-Zweck-Verknüpfung** durch **Nutzung Technischer Artefakte**, die zur **Gewinnung neuen Wissens** vor allem in Natur- und Technikwissenschaften eingesetzt werden. Eine genaue Abgrenzung insbesondere zwischen Physik und Ingenieurwissenschaften ist hierbei nicht möglich. Physik ist die Wissenschaft von Naturvorgängen und -strukturen, die experimenteller Erforschung, messender Erfassung und vor allem der mathematischen Darstellung zugänglich sind. Dadurch erlangen ihre Aussagen die Qualität von Naturgesetzen, die unbegrenzter Überprüfung standhalten müssen. Physik ist mit den Technikwissenschaften mehrfach verbunden: Sie braucht Technische Artefakte für experimentelle Anordnungen, insbesondere für Messungen, und sie braucht Mathematik für die Darstellung von Strukturen und Funktionen vermöge Modellanalogie. Aus diesem Sachverhalt folgt auch, daß sich Wissenschaftliche Artefakte schon sehr frühzeitig aus der Zweckbestimmung für die Gewinnung neuen Wissens lösen und zu Technischen Artefakten für die Alltagspraxis werden können, wofür etwa die Laser-Technik ein Beispiel bietet. Es ergibt sich aber auch die Abgrenzung zum Technischen Artefakt dahingehend, daß für das **Wissenschaftliche Artefakt** bei seiner erstmaligen Erzeugung kein Sollzustand vorab festgelegt werden kann. Vielmehr ist das Wissen über Struktur und Funktion, das beim Technischen Artefakt in der Technischen Information als notwendige Bedingung gegeben sein muß, gerade der Zweck, dem das Wissenschaftliche Artefakt als Mittel dient. Wissenschaftliche Artefakte können allerdings, genau wie Technische Artefakte, durch Wiederholung einer Kombination von Technischen Artefakten und Verfahren bei deren Nutzung beliebig oft reproduziert werden. Sie erhalten durch diese Reproduktion bestimmte Merkmale, deren Inbegriff dem Sollzustand beim Technischen Artefakt äquivalent ist, und dieses Sollzustands-Äquivalent kann auch instandhaltungsbedürftig sein. Der Einschluß von Lebewesen in Wissenschaftliche Artefakte überschreitet nicht deren definitorischen Rahmen aus den

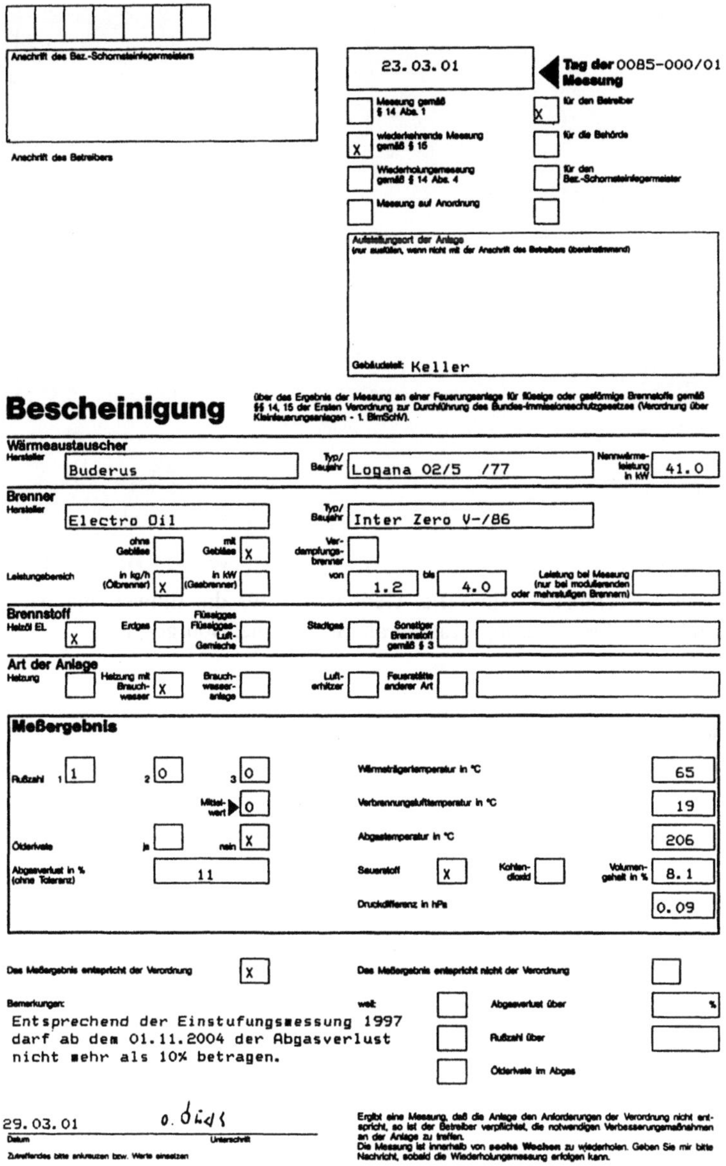

Bild 2.1.4-1 Technische Biografie. Bescheinigung über das Ergebnis einer Messung an einer Feuerungsanlage für flüssige oder gasförmige Brennstoffe gemäß §§ 14, 15 der Ersten Verordnung zur Durchführung des Bundes-Immissionsschutz-Gesetzes der Bundesrepublik Deutschland (Verordnung über Kleinfeuerungs-Anlagen – 1. BImSchV).

Bild 2.1.4-2 Technische Biografie. Gedenktafel für die Einweihung der Kirchenorgel nach Restaurierung. Kathedrale St. Etienne, Bourges, F.

gleichen Gründen, wie sie im Abschnitt „Die Begriffsbestimmung des Technischen Artefakts zweiter Ordnung" für das Technische Sachsystem dargelegt wurden.

Der Terminus Artefakt für eine Ergebnisverfälschung bei histologischen Untersuchungen, die auf Nebeneinflüsse oder apparative Störgrößen zurückzuführen sind, ist im hier vorliegenden Zusammenhang nicht anwendbar.

Es ergibt sich demnach folgende **Begriffsbestimmung**: Das **Wissenschaftliche Artefakt ist eine durch menschliches Handeln entstehende, auf der Anwendung wissenschaftlicher Kenntnisse und Nutzung Technischer Artefakte beruhende, für die Gewinnung neuen Wissens zweckdienliche, quantitativ und/oder qualitativ beschreibbare unbelebte oder belebte Struktur mit abgrenzbarem Umfang. Ihre stofflichen, energetischen und informationellen Strukturkomponenten** besitzen, wie beim Technischen Artefakt zweiter Ordnung, unterschiedliche Gewichtung.

Beispiele Wissenschaftlicher Artefakte: Chemisch, biochemisch und radiochemisch erzeugte oder aus Naturstoffen isolierte bisher unbekannte Moleküle; durch Genrekombination erzeugte Lebewesen; Materie oder Energie in extremen, nur unter technisch hergestellten Bedingungen möglichen Zuständen wie etwa das Plasma im Kernfusionsreaktor, Stromfluß in Supraleitern, Bose-Einstein-Kondensate; Nanostrukturen; Präparate für licht- und elektronenmikroskopische Untersuchungen an Proben menschlichen, tierischen, pflanzlichen Ursprungs, an Festkörpern verschiedener Art und so fort.

Sobald die gesuchten Strukturmerkmale durch Reproduktion der Erzeugungsbedingungen hergestellt oder bekannt sind, läßt sich, wie erwähnt, ein Sollzustand bestimmen. Dieser kann durch störende Einflüsse wie unzulässige Temperaturen, Drücke oder andere Zustandsparameter, durch Ausfall der zur Erhaltung des Zustands erforderlichen Energieversorgung und vergleichbare Wirkungen gefährdet werden, sodaß zustandserhaltende Maßnahmen vielfach unerläßlich sind. Wegen der oben erörterten weitgehenden Analogien zwischen Wissenschaftlichen und Technischen Artefakten erfordern jedoch diese Instandhaltungsmaßnahmen keine weitergehende getrennte Untersuchung.

2.1.6 Technisches und Künstlerisches Artefakt – Schönheit der Technik und Technik der Schönheit

2.1.6.1 Einführung

Bei der Bemühung, Merkmale zu zeigen, die Technik und Kunst gemeinsam sind bzw. trennen, betritt man schwieriges Gelände. Aesthetik, die Lehre vom Kunstschönen, und Technikphilosophie haben gemeinsame Wurzeln in Befunden klassisch-griechischer Denker. Die Aesthetik hat sich seitdem zu einem Grundlagenfach der Philosophie entwickelt, Technikphilosophie erlangte erst etwa um die Mitte des 19. Jahrhunderts ein eigenes Profil und bleibt hinsichtlich ihrer Geltung immer noch weit hinter ihrer Bedeutung zurück. Noch jüngeren Datums ist die allgemeine Anerkennung des Befundes, daß Technische Artefakte aesthetische Qualitäten haben können. Spiegelbildlich dazu hat HEIDEGGER in der 2. Hälfte des 20. Jahrhunderts leidenschaftlich argumentiert zugunsten einer unübersteigbaren Schranke zwischen dem, was er das „Zeug" nannte, mit dem Merkmal des Dienlichen, und dem „Werk" im Sinn von Kunstwerk, das er nicht als Gegenstand, sondern als Prozeß beschreibt, als ein **Geschehen der Wahrheit**, als

„eine Weise, wie Wahrheit als Unverborgenheit west".

Die vorliegende Untersuchung, die nur den Teilaspekt der Instandhaltung als Modus der Erhaltung von Technik behandelt, erhebt nicht im mindesten den Anspruch, eine Aesthetik des Technischen zu entfalten oder dem technischen Aspekt des Kunstgeschehens allgemein nachzugehen. Ihr Ziel liegt nur in der Darbietung derjenigen technikphilosophischen Befunde, welche die **für Technik und Kunst gemeinsame Bedeutung der Instandhaltung** zeigen. Der erste Schritt hierzu kann wieder der Blick auf die im Abschnitt „Technikphilosophische Beiträge zum Begriff des Technischen Artefakts" zitierte Erkenntnis des ARISTOTELES sein, wonach sich die Gesamtheit des Seienden in die Produkte der Natur und die Produkte anders gearteter Gründe, nämlich des auf Grund von Techne Seienden, die Artefakte, einteilen läßt. Danach kann kein Zweifel bestehen, daß die Hervorbringungen von Technik und Kunst gemeinsam in die Klasse der Artefakte gehören, daß es demnach sinnvoll ist, im Sinn der Systematik dieser Untersuchung Technische und Künstlerische Artefakte zu unterscheiden. Der lateinisch gebildete Leser wird gebeten, dies hinzunehmen, obwohl die wörtliche Übersetzung von Artefakt bereits „durch Kunst entstanden" besagt.

Nach diesem kurzen Blick auf die Geschichte des Nachdenkens über Gemeinsames und Trennendes von Technik und Kunst wenden wir uns den Befunden gegenwartsnaher Technikphilosophen zu diesem Thema zu.

2.1.6.2 Schönheit der Technik und Kunst: Wünschenswerte Eigenschaft und Luxus

ROPOHL weist auf die Schwierigkeiten der Unterscheidung zweier Teilklassen in der Gesamtheit der gegenständlichen Artefakte hin, nämlich der aesthetischen und technischen Gebilde:

„Die Kulturgeschichte ist voll von Beispielen für die durchgängige Gewohnheit der Menschen, ihre technischen Werkzeuge und Gebrauchsgegenstände in einer Weise zu gestalten, die nicht allein vom Verwendungszweck her erklärt werden kann, sondern offenbar auch auf sinnliches Wohlgefallen berechnet ist...Nach wie vor ist, bei aller Unschärfe der aesthetischen Maßstäbe, die Schönheit der Technik, falls sie denn gelingt, unter den wünschenswerten Eigenschaften bestimmt nicht die unwichtigste".

Er definiert, wie im Abschnitt „Technikphilosophische Beiträge zum Begriff des Technischen Artefakts" vorgetragen, die technischen Sachsysteme als nutzenorientiert und bestimmt den **Nutzen als praktische Brauchbarkeit für die Lebensbewältigung** in Arbeit und Alltag.

„Kunstwerke mögen manchen Menschen ebenso lebensnotwendig erscheinen, doch sind sie tatsächlich Luxusprodukte, die ein Leben bereichern, dessen Grundbedürfnisse anderweitig gesichert sind", /43/.

Unerörtert bleibt hier die wirtschaftliche Bedeutung der durch aesthetische Qualitäten hervorgehobenen Technischen Artefakte im sozialen Meso- und Makrosystem. Hingegen ist die Schaffung kommerzieller Identität („Corporate Identity") durch Gestaltungsmaßnahmen vor allem für Industrieunternehmen ein selbstverständlicher und unentbehrlicher Teil der wirtschaftlichen Tätigkeit, /44/. Ferner ist anzumerken, daß auch, in Umkehrung von ROPOHLs Argumenten, Technische Artefakte sehr wohl Merkmale von Luxusgütern aufweisen können. Dieser für die Instandhaltung höchst bedeutungsvolle Aspekt wird im Abschnitt „Instandhaltung und asketische Weltkultur" weiter erörtert.

2.1.6.3 Technische Information als Künstlerisches Artefakt

Viel zu wenig Beachtung findet der Umstand, daß nicht nur das sachgegenständliche Artefakt, sondern unabhängig davon bereits die Technische Struktur-Information kunstwerkliche Qualitäten besitzen kann. So werden z.B. in einer Monographie über ein von PETER BEHRENS errichtetes Technisches Verwaltungsgebäude Entwürfe des Architekten für das Gebäude und viele Details, aber auch offizielle Darstellungen aus dem Bauantrag unter den Stichworten „Ein Gesamtkunstwerk der Moderne", „Architektur als freie Kunst" und „Dokumentation der Baugeschichte" aesthetisch gewürdigt, unter anderem im kunstgeschichtlichen Vergleich mit Gemälden expressionistischer Künstler, Skulpturen und Bauwerken aus dem gleichen Entstehungszeitraum, /45/. Auch die in manchen gotischen Kathedralen ausgestellten Werkzeichnungen der Türme und Fassaden können die Qualität graphischer Kunstwerke zeigen.

2.1.6.4 Die Beiträge HEIDEGGERs, GADAMERs und BENSEs

HEIDEGGER hat in der ihm eigenen mythisch-poetischen Suggestivität der Sprache die Daseinsform von „Zeug" und „Werk" analysiert, auf der Grundlage seiner fundamentalen Unterscheidung zwischen dem Seienden und dem Sein. Er erschwert sowohl durch die Eigenwilligkeit in der Wahl von Begriffen und

Ausdrücken wie auch in der Textgestaltung das Verständnis seiner Argumentation. Es scheint daher zweckmäßig, hier nur die Resultate kritischer Auseinandersetzung mit seinen Gedankengängen vorzustellen.

Das Werk ist sonach ausgezeichnet als das Ungewöhnliche, Seltene, durch die Einzigkeit in seinem Sein, im Gegensatz zur Unauffälligkeit des Dienlichen. Jenem gilt wenig Aufmerksamkeit, weil jedermann auf das Dienliche, Verläßliche, Unentbehrliche angewiesen und deshalb seine Anfertigung wie auch sein Gebrauch ein kaum beachteter Bestandteil des Alltagstreibens ist. Die vorliegende Untersuchung beschäftigt sich mit diesem für die Instandhaltung sehr wesentlichen Sachverhalt im Abschnitt „Begünstigung langer Erhaltungsdauer Technischer Artefakte". Die Lücke in HEIDEGGERs Argumentation ist aber leicht zu erkennen als der unterbliebene, weil unmögliche Nachweis, daß Handwerker in ihrem Schaffen keinerlei Zugang hätten zum Einzigartigen, Ungewöhnlichen, Seltenen, zum Schönen, Wohlgestalteten und Luxuriösen. Jeder Blick auf den in Kreta gefundenen Goldschmuck, auf die filigranen Skulpturen aus der Hoechster Porzellanmanufaktur, auf die Intarsien der Würzburger Residenz, in das Bernsteinzimmer des Zarenpalastes in St. Petersburg, auf ein reich dekoriertes Cembalo aus dem 18.Jahrhundert, beweist künstlerische Meisterschaft von Handwerkern. Man könnte sie auch Künstler nennen; freilich hindert eben HEIDEGGERs Begriff von Dienlichkeit ihn an diesem Zugeständnis. Seinen Argumenten gemäß würde dem materiellen Reichtum repräsentierenden Körperschmuck, der Tafeldekoration beim Bankett, der wohnlichkeitsfördernden Wandgestaltung zugunsten adliger und geistlicher Würdenträger, dem Cembalo mit seiner Zweckbestimmung des musikalischen Zeitvertreibs, das „Zeugsein des Zeugs" unverlierbar anhaften. Der Begriff „Kunsthandwerk", den zu vermeiden HEIDEGGER gute Gründe hatte, bezeichnet aber keine Wunschvorstellung, sondern jahrtausendealte Kulturtradition. Was indessen für die handwerkliche Erzeugung gilt, kann für die industrielle nicht widerlegt werden, weil es auch hinsichtlich der Potentiale für die Erzeugung des aesthetisch Anspruchsvollen eine systematische überzeugende Abgrenzung zwischen Handwerk und Industrie nicht gibt, /46/.

In gleicher Weise, wie die systematische Trennung der Künstler, der Handwerker und der industriellen Erzeuger bei der Hervorbringung des aesthetisch Anspruchsvollen unbegründbar bleibt, verschwindet auch die Begründung strenger begrifflicher Trennung von Technischem und Künstlerischem Artefakt. Denn HEIDEGGERs Begriff der Dienlichkeit ist durch die Auswahl von Artefakten gewonnen worden, die eine unzulässige Verengung nahelegten. Dienlichkeit ist ein Merkmal auch der nach seinem Verständnis unbezweifelbar künstlerischen Werke. Sein Beispiel der silbernen Opferschale zeigt Dienlichkeit für das religiöse Ritual, ebenso wie der Tempel und seine künstlerische Ausstattung. Gemälde und Skulpturen dienen dem Schmuck von Räumen und Gärten, von Straßen und Plätzen. **Kunst dient, allgemeiner ausgedrückt, einer** speziellen Form kultureller Identifikation, der höchsten Ausprägung von gesamtgesellschaftlicher Dienlichkeit.

Somit kann das Technische Artefakt uneingeschränkt ein Geschaffenes, ein Werk im Verständnis HEIDEGGERs sein - unter der Voraussetzung, daß es ungewöhnlich ist, einzigartig durch aufweisbare Eigenschaften, unwahrscheinlich etwa durch den erforderlichen Aufwand oder durch die seiner Schaffung entgegenstehenden Hindernisse, auffällig als ein **den Seinsrang des Dienlichen Übersteigendes**. Es ist ein Werk dadurch, daß es mehr Merkmale aufweist als gerade nur die, welche die Dienlichkeit begründen.

„...Dem gegenüber ist ein Kunstwerk etwas, das nicht zu einem Gebrauch bestimmt ist oder mindestens nicht in ihm aufgeht, sondern das durch seine bloße Gestaltung seine eigentliche Bedeutung ausspielt", /47/.

Entscheidend in diesem Gedankengang von GADAMER ist die Einschränkung, daß das Artefakt **nicht im Gebrauch aufgeht**. Sinngemäß übereinstimmend argumentiert auch BENSE: Technische Bedeutung und aesthetischer Ausdruck treten also zusammen, und es gibt offensichtlich eine Art von Gegenständen, zu deren Wesen es gehört, gleichzeitig eine technische und eine aesthetische Funktion zu haben. Der Begriff der reinen Schönheit, klassischer Herkunft, wird umgebildet werden müssen zum Begriff der funktionalen Schönheit. Es deutet sich eine Aesthetik an, zu deren Aufgabe es gehört, das Schöne nicht mehr ausschließlich an Gegenstände und ihre abstrakten oder symbolischen Abbreviaturen zu binden, sondern an Funktionen, /48/.

2.1.6.5 Das Hinschwinden der Verläßlichkeit

Die für die vorliegende Untersuchung grundlegenden Phänomene Abnutzung und Verbrauch hat HEIDEGGER nur beiläufig und kurz erwähnt.

„Das Zeugsein des Zeugs, die Verläßlichkeit, hält alle Dinge je nach ihrer Weise und Weite in sich gesammelt. Die Dienlichkeit des Zeugs ist jedoch nur die Wesensfolge der Verläßlichkeit. Das einzelne Zeug wird abgenutzt und verbraucht; aber zugleich gerät damit auch das Gebrauchen selbst in die Vernutzung, schleift sich ab und wird gewöhnlich. So kommt das Zeugsein in die Verödung, sinkt zum bloßen Zeug herab. Solche Verödung des Zeugseins ist das Hinschwinden der Verläßlichkeit. Dieser Schwund, dem die Gebrauchsdinge dann jene aufdringlich langweilige Gewöhnlichkeit verdanken, ist aber nur ein Zeugnis mehr für das ursprüngliche Wesen des Zeugseins. Die vernutzte Gewöhnlichkeit des Zeuges drängt sich dann als die einzige und und ihm scheinbar ausschließlich eigene Seinsart vor. Nur noch die blanke Dienlichkeit ist jetzt sichtbar. Sie erweckt den Anschein, der Ursprung des Zeuges liege in der bloßen Anfertigung, die einem Stoff eine Form aufprägt. Gleichwohl kommt das Zeug in seinem echten Zeugsein weiter her. Stoff und Form und die Unterscheidung beider sind tieferen Ursprungs. Die Ruhe des in sich ruhenden Zeugs besteht in der Verläßlichkeit. An ihr ersehen wir erst, was das Zeug in Wahrheit ist", /49/.

Der Begriff „Verläßlichkeit" erscheint in der weiteren Folge des Aufsatzes nicht mehr, und das Verständnis des Zusammenhangs von Dienlichkeit und Verläßlichkeit ist auf diese wenigen Sätze verwiesen. Grundlegend scheint, daß die Verläßlichkeit nur in der **Ruhe des in sich ruhenden Zeugs** gegeben ist: Nach der Begrifflichkeit der vorliegenden Untersuchung im **Sollzustand** des Technischen Artefakts, in der unangetasteten Tauglichkeit (Dienlichkeit) für die Zweckbestimmung. Mit Abnutzung und Verbrauch schwindet Verlässlichkeit. Durch Verluste und Änderungen in den tauglichkeits-begründenden Merkmalen verödet das Zeugsein, die Tauglichkeit wird beeinträchtigt; das allgemeine, aufdringliche, langweilige, unvermeidliche Schicksal, die Gewöhnlichkeit in Gebrauch und Vernutzung drängt sich vor. Der Istzustand, als scheinbar einzige Seinsart, verdeckt den Sollzustand. Wenn die „blanke" Dienlichkeit auch noch sichtbar, die Tauglichkeit noch nicht erloschen ist, so vermittelt sie doch keinen Zusammenhang mehr mit der als „Wahrheit des Zeuges" verstandenen, als Sollzustand des Technischen Artefakts beschriebenen Integrität. Über Wege, zur Verläßlichkeit zurückzukehren, hat HEIDEGGER geschwiegen

2.1.7 Zusammenfassung des Abschnitts 2.1 : Begriffsbestimmung der Technischen Artefakte und ihrer Ordnungsgliederung

Der lebensgeschichtlichen Wahrnehmung des Phänomens, seiner Geschichtlichkeit, Individualität und zweifachen Ausprägung, folgt zunächst die **Untersuchung des Begriffs „Technisches Artefakt"** sowie der verwandten Artefakt-Begriffe. Er entspricht der instrumentalen Bestimmung von Technik in HEIDEGGERs Darlegung; andere Definitionsversuche stellen das Technische Artefakt nicht als Fundamentalbegriff vor oder sind aus anderen Gründen zu kritisieren. Als weiterführend erweist sich die Einbeziehung des von ARISTOTELES geprägten Naturbegriffs, der die Produkte der Natur von den Produkten anders gearteter Gründe unterscheidet, ferner seiner Lehre von den vier zusammengehörigen Ursachen und seiner durch HUDIG in Erinnerung gerufenen Erkenntnis, daß **im Bewußtsein des Technikers die Form des künstlich zu Schaffenden erst vorgestellt wird**. Am Anfang steht also der Bewußtseinsinhalt, hier in Form von Wissen. ROPOHL stellt Technisches Wissen als **kognitive Repräsentation** vor, in der Sachsysteme eine wesentliche Rolle spielen; an die Stelle der Entfaltung dieses Begriffs tritt jedoch die Ausarbeitung des **Systembegriffs** als eines theoretischen Werkzeugs zur Organisation der Erkenntnis der Wirklichkeit. In gleicher Bedeutung wie die Begriffe kognitive Repräsentation und System werden die Begriffe **homomorphe Abbildung** und **Modell** gebraucht: Objektive Wirklichkeit und Inhalt der Erkenntnis des Subjekts stehen in einer Relation, die HUBIG als **vom Modell veranschaulichte Strukturanalogie** kennzeichnet; sie beschreibt auch den **Übergang zwischen Wissen und Information**. Die vorliegende Untersuchung bestimmt **den hier interessierenden Inhaltsbereich des Informationsbegriffs als Technische Information**. Die Technische Information steht sowohl zum Wissen hinsichtlich einer Wirklichkeit, des Technischen Artefakts, wie zu diesem Wissen selbst im Verhältnis des erfüllten Modells, der Strukturanalogie.

Geschichtlichkeit wird vom menschlichen Individuum als Lebensschicksal erfahren; als vollzogener Prozeß wird sie nur durch Dokumente, hier in sehr allgemeinem Sinn verstanden, erkennbar. Die Frage nach Dokumenten, die der Geschichtlichkeit des Technischen Artefakts als jeweils einzelnem, abgrenzbarem zuzuordnen sind, wird beantwortet in der Anknüpfung an das Phänomen seiner zweifachen Ausprägung: Der Begriff des Technischen Artefakts wird durch mehrere Unterbegriffe ergänzt. Die Erweiterung der Begrifflichkeit ist begründet durch die in den vorstehenden Darlegungen geführten Nachweis, daß das **Technische Artefakt für sein Entstehen der notwendigen Bedingung des Vorliegens einer Technischen Information unterworfen ist.** Diese kann in Gestalt von Dokumenten, aber auch von technischen Vorbildern, Mustern, im Extremfall sogar als mündliche Arbeitsanweisung, oder als durch Berufsausbildung und –ausübung erworbener Wissensvorrat vorliegen. Ganz wesentlich ist der Umstand, daß arbeitsteiliges technisches Handeln ohne Kommunikation nicht möglich ist und diese in der (Technischen) Information über ein unentbehrliches Hilfsmittel verfügt. **Das Technische Artefakt in seiner Ausprägung als Technisches Artefakt erster Ordnung,** gleichbedeutend mit Technischer Information, dient als **Technische Strukturinformation oder Sachsystem-Information der Struktur- und Funktionsdarstellung. Die Technische Nutzungs-Information und die Technische Instandhaltungs-Information dienen den im Begriff bezeichneten Zwecken. Technische Information und Sachsystem bilden,** wie dargelegt, **eine Einheit im Sinn wechselseitig gegebener Strukturanalogie;** diese Einheit kann jedoch getrennt werden. Die Technische Information kann vorliegen und bedarf der Instandhaltung, z.B. als wissenschaftliches, wirtschaftliches oder aesthetisches Wertobjekt, unabhängig von der Überführung in ein Sachsystem. Andererseits kann Struktur- und Nutzungsinformation im Sachsystem „verkörpert" oder „objektiviert" in begrifflich und pragmatisch nicht genau trennbarer Weise vorliegen. Schon einfache Maschinen, mehr noch Automaten, können als **technische Inkorporation bestimmter Nutzungsinformationen** verstanden werden.

Die Technische Struktur-Information ist von besonderer Bedeutung dadurch, daß sie den **Sollzustand des Technischen Artefakts dokumentiert,** und zwar in technisch prüfbarer Weise hinsichtlich einzelner Merkmale, die jeweils allein oder im Verbund Objekte von Instandhaltungsmaßnahmen werden können. Der Sollzustand muß vorliegen, wenn das Technische Artefakt nach Abschluß seiner Erzeugung der bestimmungsgemäßen Nutzung übergeben wird. Eine höherstufige Begründung des Sollzustands führt über die VDI-Richtlinie 3780 in die Wertediskussion. Die Technische Information hat in Form Technischer Regelwerke aber auch institutionelle – gesellschaftliche - Bedeutung

Der ROPOHLschen Begriffsbestimmung des Sachsystems als das vom Menschen künstlich hergestellte und planmäßig nutzbare gegenständliche Gebilde kann nun eine den bisherigen Befunden entsprechende erweiterte Definition zur Seite gestellt werden: **Das Technische Artefakt zweiter Ordnung ist eine durch menschliches Handeln erzeugte und ausschließlich dadurch zweckdienlich gestaltete, im Technischen Artefakt erster Ordnung durch das Modellverhältnis der Analogie repräsentierte Struktur von abgrenzbarem Umfang**, dessen stoffliche, energetische und informationelle Strukturkomponenten für die Nutzung unterschiedliche Gewichtung aufweisen. Es besitzt im Informationsbestand des Technischen Artefakts erster Ordnung einen Sollzustand als Gesamtheit von Merkmalen und Merkmalswerten. Diese bilden die notwendige Bedingung dafür, daß das Technische Artefakt zweiter Ordnung seiner Zweckbestimmung gerecht wird. Es läßt sich als System bestimmen, in dem auch Lebewesen mit umfaßt werden können.

Das **Technische Artefakt dritter Ordnung** schließlich gehört ebenfalls dem Seinsbereich der Information an; als **Technische Biografie** belegt sie die Geschichtlichkeit des Technischen Artefakts besonders deutlich. Sie ist zu definieren als dokumentierter **Informationsverbund, in dem Erzeugung, Nutzung, Instandhaltung, fallweise auch Ausmusterung, Zerstörung und Untergang oder grundlegende Umgestaltung des Sachsystems repräsentiert sind.**

Das **Wissenschaftliche Artefakt** ist wie das Technische durch menschliches Handeln entstanden. Es beruht auf der Anwendung wissenschaftlicher Kenntnisse und Nutzung Technischer Artefakte und besitzt eine für die Gewinnung neuen Wissens zweckdienliche unbelebte oder belebte Struktur von abgrenzbarem Umfang. Unter bestimmten Voraussetzungen liegt auch beim Wissenschaftlichen Artefakt ein instandhaltungsbedürftiger Sollzustand vor.

Die Abgrenzung des Technischen vom Künstlerischen Artefakt hat philosophische Tradition. Dies wird in ROPOHLs **Junktim von Sachsystem und Nutzenbegriff** ebenso wie in HEIDEGGERs **Begriffspaar „Zeug" und „Werk"** deutlich. Dem begegnen jedoch die Argumente dafür, daß Technische Artefakte Werke im Sinn HEIDEGGERs sein können und Werke der Instandhaltung ebenso bedürfen wie Technische Artefakte. Andererseits führt die Frage nach der höherstufigen Begründung des Nutzens als praktische Brauchbarkeit für die Lebensbewältigung in eine Wertediskussion, in welcher der aesthetische Aspekt nicht ausgeschlossen bleiben kann.

Abnutzung und Verbrauch greifen aber auch nach den Kunstwerken. Auch wenn sie von Kriegen, Bilderstürmern, Naturkatastrophen, Machtworten des Veränderungswillens verschont bleiben, werden sie von Wind und Wetter, von Vernachlässigung, fallweise schon vom hellen Tageslicht in vergleichbarer Weise bedrängt. Selbst die Begeisterung und Sorglosigkeit der Bewunderer, die schleifenden Füße, die Atemfeuchtigkeit und Körperwärme können Gefahren bergen und Instandhaltung geboten sein lassen. Die von HEIDEGGER errichtete Schranke zwischen Zeug und Werk kann auch aus der Sicht von Verbrauch, Vernutzung und Verödung und des Weges zurück, zur Wahrheit des Werks als eines Geschaffenen und vermeintlich Unantastbaren, keinen Bestand haben.

2.2 BEREICHE, BEGRIFFE UND VERFAHREN DER INSTANDHALTUNG

2.2.1 Ursachen der Abweichung des Technischen Artefakts vom Sollzustand

2.2.1.1 Extremereignisse als Ursachen für Zerstörung und Untergang

Eine Untersuchung zum Thema „Stadtzerstörung und Wiederaufbau", /1/,gliedert die Ursachen für Stadtzerstörungen in drei Kategorien von **Extremereignissen**: Natürliche, soziale und wirtschaftliche. Die Zerstörung von ganzen Städten oder großer Teile davon steht hierbei im Mittelpunkt, da sie durch Dokumente geschichtswissenschaftlich zugänglich wird. Sie schließt aber auch, soweit die Quellenlage dies zuläßt, Extremereignisse bei kleineren Siedlungen mit ein.

- **Natürliche Extremereignisse** sind Überschwemmungen, übermäßiger Regen, Sturmfluten, Sturmwinde (einschließlich Schnee- und Sandstürme), Erdbeben, Vulkanausbrüche, unbeabsichtigte Feuersbrünste.
Unter „unbeabsichtigt" sind hier wohl die nicht durch menschliche Einwirkung, also z. B. durch Blitzschlag, Selbstzündung heißer organischer Stoffe, mittelbar durch Vulkanausbrüche usf. hervorgerufenen Brände zu verstehen.
Auf Grund menschlicher Einwirkung, etwa durch Fahrlässigkeit im Umgang mit offenem Feuer und anderen Zündquellen, durch unzulänglich angelegte oder beaufsichtigte offene Feuerstellen, Schornsteine usw. entstandene Brände sind ebenfalls unbeabsichtigt, aber nicht natürlich. Es kann hier offenbleiben, ob sie als soziale, wirtschaftliche oder technische Extremereignisse einzuordnen wären. Sie sind jedenfalls mit hohem Anteil für die historisch bekannten Zerstörungsereignisse bei Siedlungen ursächlich.
Ereignisse, die nur in begrenzten Regionen Europas auftreten, sowie der außereuropäische Raum müssen berücksichtigt werden. Daher sind noch mit aufzuführen: Lawinen aus Schnee, Eis und Schlamm; ferner Hagelschlag, Hang- und Erdrutsche, Seebeben mit Flutwellen.

- **Soziale Extremereignisse** sind äußere Kriege, innerstädtische Unruhen und Revolutionen.
Hierzu zählen auch vorsätzlich gelegte Stadtbrände und andere Zerstörungen, die durch eine der sich bekämpfenden Parteien verursacht sind, oder Zerstörungen, die der Stadtherr oder der Zentralstaat als Strafe oder aus „modernisierend"- urbanistischen Gründen anordnet und durchsetzt. Ergänzend sind

darunter auch strafbare Handlungen zu verstehen, wodurch Sachwerte - hier: Technische Artefakte – beschädigt oder zerstört werden, also Brandstiftung, Vandalismus, usf.

- **Wirtschaftliche Extremereignisse** sind Bevölkerungs-, Industrie- und Handelskrisen, welche den physischen Zerfall und die mehr oder weniger schnell eintretende Verwahrlosung der Infrastruktur in den Siedlungen einleiten.
- **Technische Extremereignisse** (technische Katastrophen) sind eine in /1/ nicht berücksichtigte zusätzliche Kategorie, die mit der industriellen Technik in der modernen Geschichte einhergeht, jedoch offensichtlich für die Stadtgeschichtsforschung noch kein Thema bildet. Technische Extremereignisse haben selten Stadtzerstörungen im Verständnis der obenerwähnten Untersuchung zur Folge, aber oft schwere Verluste an Menschenleben, Gesundheitsschäden und hohe Sachschäden.

Als Beispiele wären zu nennen: Bruch von Deichen, von Staumauern und -dämmen; einstürzende Bergwerksanlagen; radioaktive Verstrahlung weiter Gebiete infolge eines Reaktorkern-Schmelzunfalls (Tschernobyl); Verseuchung von Flächen und Anlagen mit Giftstoffen als Folge eines Störfalls in einer Chemieanlage (Seveso), Verkehrsunfälle großen Ausmaßes (Absturz von Flugzeugen, Zusammenstoß oder Entgleisung von Eisenbahnzügen, Untergang von Schiffen mit Todesopfern, Verletzten und/oder Schadstoff-Austritt aus dem Schiffskörper in großen Mengen), Brand- und Explosionsereignisse in Großanlagen zur Gewinnung, Verarbeitung, Transport und Lagerung von Erdöl und Erdgas, Massen-Zusammenstöße von Fahrzeugen auf Autostraßen usf.

Extremereignisse, gleichgültig ob durch menschliches Handeln bzw.Unterlassen oder nicht anthropogen verursacht, schädigen große und kleine Siedlungen, vornehmlich aber Einzelgebäude, ganz allgemein Technische Artefakte. Die vorliegende Untersuchung erörtert das Teilthema „Stadtzerstörung und Wiederaufbau – Zerstörung durch Erdbeben, Feuer und Wasser" in dem betreffenden Abschnitt vor allem unter dem Aspekt, daß sich gemäß der systemtheoretischen Betrachtung artgleiche und artverschiedene Systeme zu Supersystemen verknüpfen können, /2/. Insofern ist eine unterschiedliche technikphilosophische Behandlung nach Maßgabe der Größe des durch Schädigung betroffenen Bereichs nicht zu rechtfertigen. Eine Stadt ist, in ROPOHLs Terminologie, ein vergleichsweise übersichtliches soziales Mesosystem. Es kann zu einem zielgerichteten, erkennbar einheitlichen Handeln insbesondere in der Reaktion auf die Zerstörungsfolgen eines Extremereignisses fähig sein und damit zum Objekt einer speziellen Thematik der Stadtgeschichtsforschung – im vorliegenden Zusammenhang des Instandhaltungsaspekts in der Technikgeschichte – werden.

Extremereignisse sind gekennzeichnet durch **große Energieumsetzungen und/ oder Stofftransporte in vergleichsweise kurzer Zeit,** durch das hinsichtlich Eintrittszeitpunkt und/oder Ablauf **nur in begrenztem Umfang oder gar nicht voraussehbare Geschehen,** aus der Sicht des lebensgeschichtlich betroffenen Menschen also durch Überraschung und Gewalt. Prognosen, gestützt durch Messungen und mathematische Modelle, z. B. in der Meteorologie, in der meßtechnischen Überwachung von Vulkanen usw., erlauben Vorbereitung auf das Unbeeinflußbare in begrenztem Umfang. Vorbeugung, z.B. durch erdbebensichere Gestaltung von Gebäuden und Verkehrsanlagen kann Schäden mindern oder vermeiden. Ungeachtet dessen sind Erdbeben und Seebeben derzeit nicht voraussagbar. Damit sind, je nach Umfang des Ereignisses und baulicher Situation, Opfer an Leben, Gesundheit und Sachwerten mit Wahrscheinlichkeit zu erwarten. Dies gilt auch für die hinsichtlich zerstörerischer Auswirkungen ververgleichbaren Schlammlawinen und Haushöhe erreichenden Flutwellen (Tsunamis); /3/.

Natürliche Extremereignisse und ihre lebenszerstörenden Schadensfolgen bleiben auch in der Gegenwart alltäglich (Wirbelstürme: USA; Erdbeben: Japan, Türkei, Indien; Überschwemmungen: Bangladesh, Mittelamerika; Hangrutsche: Mittelamerika; Vulkanausbrüche: USA, Philippinen, Indonesien; Tsunamis: Pazifischer und Indischer Ozean). Die Technik in den betroffenen Staaten hat der Wirkung dieser unbeeinflußbaren Vorgänge Schutzmaßnahmen nur in eingeschränktem Umfang, z. B. in Form von Katastrophenwarnungen, entgegenzusetzen. **Natur als Feind des Menschen und seiner Technik** tritt in der Technikphilosophie beim Vergleich von Technik und Natur in den Hintergrund: Natur wird verstanden als Substrat technischen Handelns zur Bedürfnisbefriedigung; als Quelle zur Befriedigung aller elementaren Lebensbedürfnisse; als an Zwekken orientiertes System; als Quelle mythischer Erfahrungen; als Inbegriff eines durch jedes seiner Elemente symbolisierten Ganzen; als Quelle von Erfahrungen gelingenden Handelns; als Objekt unterschiedlicher Konzepte für nachhaltiges Wirtschaften usf. In einer Darlegung historischer Wurzeln der Technikphilosophie kommt bei HUBIG die

„direkte Abhängigkeit von Gaben und Gefahren der Natur"

zur Sprache. Zu deren erster Überwindung bildet die Kulturtechnik des Ackerbaus in Verbindung mit Seßhaftigkeit und Hausbau einen epochalen Schritt; dazu tritt die Kompensation technikbedingter Verluste, bildhaft erkennbar in der Symbolfigur des Odysseus: Er begegnet auf seiner Reise mit Mitteln handwerklicher und sozialer Technik

„den Verlockungen und Gaben der alten Natur, die deren Gefährlichkeit tarnen und alte Abhängigkeiten beschwören".

Nach der frühgriechischen Periode, in welcher Technik

„als Inbegriff technischer Gestaltung von Naturverhältnissen verstanden"

wird, ist von den Gefahren der mensch- und technikzerstörenden Natur nicht mehr die Rede, /4/. Ob man, im Hinblick auf die nach wie vor mindestens regional bestehenden Defizite in der technischen Abwehr von Naturgefahren, auch einen parallel dazu bestehenden technikphilosophischen Mangelzustand erkennen kann, ist eine interessante, aber in der vorliegenden Untersuchung nicht zu verfolgende Frage.

Die Vorstellung des Extremereignisses ist verbunden mit der Folge der **Zerstörung**. Dieser Ausdruck hat eine gemeinsame Sprachwurzel mit dem Begriff der **Störung**, der unerwünschten Beeinträchtigung oder Unterbrechung der Funktionserfüllung einer technischen Betrachtungseinheit, die im Sinn der Instandhaltung aus dem Sachsystem abgegrenzt wird, (siehe hierzu nachstehend den Abschnitt „Abnutzungsvorrat, Zuverlässigkeit, Verfügbarkeit"). Hieraus läßt sich schon schließen, daß Zerstörung nicht das Merkmal des Unwiderruflichen trägt. Zerstörung im technischen Sinn hat zwar den Verlust von Struktur und Funktion des Sachsystems, des Technischen Artefakts zweiter Ordnung, zur Folge; aber dieser Verlust muß nicht vollständig und unwiderruflich sein. Mindestens fallweise verbleiben Reststrukturen oder Reststoffe, die bei einer Wiederherstellung Verwendung finden können und damit eine Spur der Identität des Technischen Artefakts erhalten. Das durch Brand zerstörte Holzhaus z.B. hat in vielen Fällen ein gemauertes und deshalb erhalten gebliebenes Untergeschoß, das als Teil des wiederaufgebauten Gebäudes Verwendung finden kann. In gleicher Weise kann die Technische Information, in Gestalt der Baupläne, erhalten und beim Wiederaufbau dienlich sein; und die weiteren beim Wiederaufbau erzeugten Dokumente stellen gleichzeitig die Fortsetzung der Technischen Biografie dar. Das Beispiel soll auch deutlich machen, daß alle Überlegungen hinsichtlich Zerstörung und Untergang durch Extremereignisse sich auf das Technische Artefakt in seiner Gesamtheit, also erster und zweiter Ordnung, wie auch auf die Technische Biografie, erstrecken. **Zerstörung** kann im **Grenzfall zum Untergang** werden, also zu einem Grad an Verlust von Erkennbarkeit bei der Technischen Information, von Struktur und Funktion beim Sachsystem, die eine Rückkehr zum Sollzustand unwiderruflich ausschließt.

2.2.1.2 Überformung des Technischen Artefakts durch Naturgestaltung - Verfall

Das Technische Artefakt besitzt eine Geschichte. Es ist als materielle Struktur dem Zweiten Hauptsatz der Thermodynamik unterworfen; **es tauscht unabhängig von der Nutzung Stoff und Energie mit seiner Umgebung aus.** Es ist der kosmischen Strahlung und je nach den Umständen im Einzelfall der Witterung, dem Sonnenlicht, wechselnden Temperaturen, Luftfeuchtigkeiten, atmosphärischen Über- oder Unterdrücken, Schwingungen und Stößen, natürlicher Radioaktivität, dem Einfluß von Süß- oder Salzwasser, der Besiedlung durch Keime, dem Blitzschlag oder anderen meteorologischen Extremereignissen, hochfrequenten elektrischen Feldern, der Belastung durch meteorologisch transportierten Staub und Schmutz und anderen Einflüssen ausgesetzt. Das der Nutzung nicht oder nicht mehr unterworfene, von keinem Bemühen um Aufrechterhaltung oder Wiederherstellung des Sollzustands beeinflußte, das aufgebene und sich selbst überlassene Technische Artefakt gelangt auf dem **Weg des Verfalls zur Zerstörung.** Wie beim Extremereignis kann die weitere Entwicklung zum Untergang führen, wenn die letzten Reste des Technischen Artefakts durch Unerkennbarkeit oder Zerstreuung der Reststoffe und Restenergien unwiderruflich keine Möglichkeit der Rückkehr zum Sollzustand mehr bieten. Der Verfall ist in der Regel ein langsamer Vorgang. Er läßt sich bei Gebäuden gut beobachten, weil sie – von temporären Bauten für zeitlich begrenzte Veranstaltungen abgesehen – in der Regel für lange Erhaltungsdauer errichtet sind. Trümmersteinhaufen als Reste der mittelalterlichen Burg rechtfertigen immer noch die Einzeichnung auf genauen Landkarten als Ruine. Verfall und vorsätzliche Zerstörung können zusammenwirken. Die Entnahme und Nutzung brauchbarer Reste folgt häufig dem zeitweisen Verfall und beschleunigt ihn zusätzlich.

Verfall ist, von der Sollzustandsabweichung des Technischen Artefakts her bewertet, ein Verlust von Struktur und Funktion, also die Minderung bis hin zum Erlöschen des lebensgeschichtlich, gesellschaftlich, wirtschaftlich, technisch damit verbundenen Wertes. Man kann spiegelbildlich dazu die Entstehung eines neuen Wertes in diesem Geschehen erblicken. Die vorstehend mit physikalisch-chemischen Begriffen beschriebenen Einwirkungen sind ja nichts anderes als das, was nach dem Befund HUBIGs in der philosophischen Tradition als natura naturans, als gestalthervorbringende Natur, beschrieben ist. Ihr wird die Technik als erzeugend, jedoch in der Handlungsform der Mimesis, der Nachahmung, gegenübergestellt, /5/. Natur überformt die der Erhaltung beraubte Technik, sie holt in ihre Stoff- und Energieströme und -Kreisläufe zurück, was durch Handlung ihr einmal entzogen wurde. Regen, Schnee, sengende Sonne verwandeln die aus Holzbalken, Brettern und Schindeln errichtete, nun aufgegebene Heuhütte auf einer Alpenwiese im Lauf von wenig hundert Jahren in eine Ansammlung von Werkstoffresten, an dem die zeitweilige Einbeziehung in einen Zweck-Mittel-Handlungszusammenhang kaum mehr erkennbar ist. Erkennbar ist aber die Gemeinsamkeit mit dem Holz eines abgestorbenen und niemals einer gestaltverleihenden Zweckbestimmung dienlich gewesenen Baums. Die Ausdehnung der Sahara in Richtung des Sahel-Gebiets begräbt, wenn keine Gegenmaßnahmen ergriffen werden, menschliche Siedlungen zusamt ihrer Technik ebenso unter sich wie die wehrlose Vegetation. Die neu entstandene lebensfeindliche Sandwüste hat für die fern jeglicher menschlichen Wertvorstellung gestaltende Natur den gleichen Rang wie ein tropischer Regenwald mit seiner Lebensfülle. Die dem Verfall preisgegebenen Technischen Artefakte sind aber nicht nur physikalisch-chemischen, dem biologischen Geschehen fremden Einwirkungen ausgesetzt. Sie bieten für Pflanzen und Tiere, Pilze, Flechten, Bakterien, Insekten und andere, einen Lebensraum, den diese mit gleicher Selbstverständlichkeit annehmen wie den originär natürlich angebotenen.

„Auf Halden mittelalterlicher Bergwerke, wo der Boden noch immer viel Schwermetall enthält, existiert eine eigenartige Vegetation aus Galmeiveilchen und Galmeigrasnelke. Diese Pflanzen könnten zwar vielleicht auch dort wachsen, wo die Konzentration von Blei, Zink und Cadmium im Boden geringer ist, aber dort sind ihre Standortkonkurrenten üppiger entwickelt, sodaß für die ‚Schwermetall-Pflanzen' kein Platz ist. Auf ehemaligen Güterbahnhöfen in Berlin sind zwischen den Gleisen, auf teergetränkten Schwellen, Überresten von Öl und Ruß sowie auf Überbleibseln verschütteten Ladegutes Waldbäume gewachsen. Inzwischen sind sogar die seit dem Ende des Zweiten Weltkriegs auf Halt gestellten Signale vom Grün überwuchert", /6/.

Die mit Efeu bewachsene Ruine steht als Sinnbild im wörtlichen Sinn, ein durch Jahrhunderte beliebtes Motiv der Malerei, für diese Vorgänge.

Die Überformung Technischer Artefakte durch Naturgestaltung unterliegt technikphilosophisch ebenfalls der Problematik, die HUBIG im Zusammenhang mit des Diskussion von Technik und Umwelt, „nachhaltiger Entwicklung" und der Aktualität aristotelischen Denkens erörtert.

„Je nachdem, ob etwa unter ‚Natur' die Gesamtheit der Evolution der menschlichen Gattung vermittels ihrer selbst hervorgebrachten technischen Zivilisation verstanden wird oder unter ‚Natur' die ‚andere Evolution', also diejenige neben und jenseits der menschlichen Eingriffe in sie selbst, ob weiterhin unter ‚Natur' ein Ensemble von Regulationsmechanismen erachtet wird, wie sie ohne das Zutun der Menschen ablaufen einschließlich des natürlichen Artensterbens, natürlicher Genrekombination, natürlichen Ausrottens nicht überlebensfähigen Nachwuchses etc., je nachdem, ob der Begriff der Umwelt unter den Naturbegriff subsumiert wird oder Natur als dasjenige erscheint, was im Rahmen einer interaktiv gestalteten Umwelt als derjenige Aspekt ersichtlich wird, der sich als Widerstand manifestiert – all diesen Naturkonzepten, deren Reihe sich fortsetzen ließe, liegen unterschiedliche Vorstellungen von Welt und unserer Stellung in der Welt zugrunde", /7/.

Für die durch das Vorliegen des Sollzustands beim Technischen Artefakt begründete umfassende Zweckerfüllung haben die Begriffe Nutzung, Abnutzung, Beanspruchung, Zuverlässigkeit, grundlegende Bedeutung. Sie sind deshalb Teil des in Form Deutscher Normen vorliegenden Technischen Regelwerks geworden, /8/.

Durch Nutzung entstehen fallweise und eventuell zusätzlich zu den im Zusammenhang mit „Verfall" beschriebenen die folgenden Einwirkungen: Reibverschleiß, Belastung durch hohe oder tiefe Temperaturen, durch elektrische Ströme oder Felder, durch Korrosion, durch Stöße und Schwingungen, durch

Druckwechsel, durch technisch induzierte radioaktive Strahlung und weitere Wirkungen, einzeln oder auch in Verbindung untereinander. Sämtliche Einflüsse wirken im Sinn einer Änderung, das heißt einer Störung der Funktionserfüllung, auf die Struktur ein; sie lösen eine Sollzustandsabweichung aus, die freilich u.U. nur mit sehr empfindlichen Verfahren bzw. erst nach langen Zeiträumen nachweisbar ist. DIN 31051, /9/, schreibt dem Technischen Artefakt zweiter Ordnung bzw. demjenigen seiner Teilsysteme, das als „Betrachtungseinheit" der Instandhaltung begrifflich und pragmatisch unterworfen wird, ein **Potential** zu, den **Abnutzungsvorrat**. Durch Nutzung dieser Betrachtungseinheit wird einerseits Funktionserfüllung erzielt, andererseits werden die vorgenannten Wirkungen ausgelöst, die das Potential möglicher störungsfreier Funktionserfüllungen aufzehren: Der Istzustand hat sich so weit vom Sollzustand entfernt, daß eine Instandsetzungsmaßnahme unvermeidbar ist, um die Funktionsfähigkeit wiederherzustellen.

2.2.1.3 Abnutzungsvorrat, Zuverlässigkeit, Verfügbarkeit

Der **Begriff des Abnutzungsvorrates** ist jedoch mindestens teilweise **metaphorisch** zu verstehen. Es gibt Merkmale im Sollzustand des Technischen Artefakts, deren Bedeutung mit der Erfüllung einer Funktion im Sinn der DIN 31051, nämlich der Entstehung einer Sach- oder Dienstleistung, nicht oder nicht vollständig zur Deckung kommt. Im Abschnitt „Schönheit der Technik und Kunst: Wünschenswerte Eigenschaft und Luxus" ist dargelegt, daß solche Merkmale, nämlich diejenigen, die dem „sinnlichen Wohlgefallen" dienen, also die aesthetischen, zu den wichtigen unter den wünschenswerten Eigenschaften des Technischen Artefakts zählen. Sie besitzen unmittelbar auch wirtschaftliche Bedeutung, und eine systematische Grenze zwischen Technischem und Künstlerischem Artefakt ist nicht erkennbar. Das Vorliegen aesthetischer Qualitäten kann aber weder als Sach- noch als Dienstleistung verstanden werden. Vielmehr werden Sach- und Dienstleistungen als Mittel zum Zweck der Erzeugung solcher Qualitäten eingesetzt; und deren Erhaltung ist, da sie auch wirtschaftliche Bedeutung besitzen, unverzichtbarer Teil der Instandhaltung. Das wohlgestaltete Gebäude mit dem einwandfreien Verputz liefert hinsichtlich des Witterungsschutzes eine uneingeschränkte Funktionserfüllung. Wenn aber der Fassadenanstrich verschmutzt ist, so leidet darunter das sinnliche Wohlgefallen und infolgedessen auch der Verkehrswert im Verkaufsfall. Die Verschmutzung hat mit der bestimmungsgemäßen Nutzung keinen ursächlichen Zusammenhang; sie ist durch die Einflüsse bedingt, die im vorstehenden Abschnitt als Folge von Vernachlässigung erörtert werden. Es ist also gerechtfertigt, die Begriffe „Abnutzungsvorrat" und „Abnutzung" so zu verstehen, daß **„Funktionsfähigkeit" im weiteren Sinn auch z.B. die Erhaltung der aesthetischen Qualitäten** mit umfaßt.

Eine in diesem weiteren Sinn verstandene Funktionsfähigkeit wird gesichert durch **Denkmalpflege**, die nach der hier vertretenen Auffassung als Teil der Instandhaltung zu gelten hat. Die Begründung hierfür liegt, wie erläutert, in dem Umstand, daß eine systematische Grenze zwischen dem Technischen und dem Künstlerischen Artefakt hinsichtlich des Erfordernisses der Instandhaltung nicht erkennbar ist. im Abschnitt „Unikate, Denkmale" ist darüber hinaus dargelegt, daß und warum Technische Artefakte Denkmalqualität besitzen und aus diesem Grund Instandhaltung begründen, sogar herausfordern können. In der Denkmalpflege wird unterschieden:

Konservierung „als Sicherung von Werken der Vergangenheit in einem bestimmten Zustand ihrer Existenz ohne Absicht der Wiederherstellung";

Restaurierung als Wiederherstellung, /10/. Die Konservierung ist also eine Instandhaltung in Form des Sonderfalls, daß der Istzustand als Sollzustand bewahrt werden soll; die Darlegung der sehr verschiedenen Gründe hierfür liegt außerhalb der hier vorliegenden Aufgabenstellung. Konservierung kann in Analogie gesetzt werden zur Wartung in Verbindung mit Inspektion, wobei es ja auch um die Bewahrung der Merkmale des Sollzustands im zulässigen Bereich geht. Restaurierung hat Instandsetzung zur Analogie. Bei ihr liegt, wie im Abschnitt „Die Trennung der Einheit von Sachsystem und Technischer Struktur-Information" bereits erörtert, häufig die Schwierigkeit vor, daß der Sollzustand infolge Beschädigung oder Untergang der Technischen Information nicht bekannt ist. Seine nachträgliche Erschließung ist in sich selbst, als Wiederherstellung des Technischen Artefakts erster Ordnung, eine wesentliche Instandsetzungsleistung, die in erster Linie kunstwissenschaftlichen und denkmalpflegerischen Sachverstand voraussetzt. Sie ermöglicht, ganz im Sinn der oben erörterten Verlaufsformen der Abweichung des Technischen Artefakts vom Sollzustand, die Tilgung der Folgen von Extremereignissen, von Verfall und von Nutzung/Beanspruchung. Weitere Darlegungen zu diesem Teilgeschehen der Instandhaltung finden sich im Abschnitt „Instandhaltung technischen Wissens und Könnens als Brücke zwischen Vergangenheit und Zukunft".

DIN 31051 bezieht, wie aus dem Begriffszusammenhang von Nutzung, Abnutzung und Abnutzungsvorrat erhellt, die oben unter dem Begriff „Verfall" erörterten Einwirkungen nicht mit ein, wogegen DIN 40042 die umgebungsbedingte Beanspruchung ausdrücklich nennt und damit dem häufig gegebenen Geschehen gerecht wird. Der Begriff „Zuverlässigkeit", den auch ROPOHL in der (nicht DIN-gerechten) Abwandlung „Dauerzuverlässigkeit" als wichtiges Merkmal des Technischen Artefakts einführt, steht gemäß DIN 40042 in engem Zusammenhang mit Instandhaltung. Zuverlässigkeit ist, wie der Schlüsselbegriff „Brauchbarkeitsdauer" zeigt, eine auf den Sollzustand zurückführbare und **durch Einhaltung der Wartungsvorschriften, mithin durch Instandhaltung**, gesicherte Eigenschaft des Technischen Artefakts. Sie läßt sich zahlenmäßig erfassen, sofern genau definierte Beanspruchungsbedingungen eingehalten werden. Der Übergang vom Zustand „zuverlässig" zum Zustand „nicht zuverlässig" ist als Ausfall zahlenmäßig bestimmbar durch die Überschreitung von Grenzbedingungen, die als **Verletzung** (-?-: Erfüllung? A.d.V.) mindestens eines Ausfallkriteriums wirken. Der Zuverlässigkeitsbegriff bedeutet mithin die nicht zeitgebundene Entgegensetzung von Soll- und Istzustand bzw. die Sollzustandsabweichung in Verbindung mit begrenzten Zeitspannen, während derer die Funktionsfähigkeit gegeben ist; während derer, anders ausgedrückt, die Ausfallkriterien nicht **verletzt** (-?-: erfüllt? A.d.V.) sind.

Der DIN-gerechte Zuverlässigkeitsbegriff, der sich zwar gemäß Benennung der Norm auf elektrische Geräte, Anlagen und Systeme beschränkt, jedoch Anwendbarkeit in einem breiten technischen Bereich beansprucht, ist nur dort brauchbar, wo die Bedingungen das hauptsächliche Merkmal der **Quantifizierbarkeit** aufweisen. ROPOHL äußert sich zur Bedeutung der Zuverlässigkeit für die Verwendung von Sachsystemen:

„Die Zuverlässigkeit ist ein Maß für die zeitbezogene Funktionsfähigkeit eines Sachsystems, also für die Erwartung, daß ein Sachsystem zu einem bestimmten Zeitpunkt oder für eine bestimmte Zeitdauer seine Funktionen tatsächlich ausführt. Während die Beherrschbarkeit die Eindeutigkeit der Systemfunktion betrifft, geht es bei der Zuverlässigkeit um die Qualität der Strukturbestandteile. Soweit eine entsprechende Datenbasis vorliegt, wird die Zuverlässigkeit als Wahrscheinlichkeitswert, eine Zahl zwischen Null und Eins, angegeben", /11/.

Hier wird die Verknüpfung mit Instandhaltung nicht als notwendige Bedingung eingeführt. Die Begründung liegt darin, daß gemäß dem von ROPOHL eingeführten Beispiel der Glühlampe Technische Artefakte in der Tat von der Erzeugung bis zum unwiderruflichen Ausfall mit der Folge des Untergangs auch ohne Wartung die Funktionsfähigkeit besitzen können. Wartung ist somit keine notwendige Bedingung der Zuverlässigkeit. Dieser Aspekt wird im Abschnitt „Die Begriffsbestimmung der Instandhaltung" nochmals erörtert.

Die **Verfügbarkeit** stimmt mit der Zuverlässigkeit dahingehend überein, daß sie eine **Wahrscheinlichkeitsaussage** liefert, ob eine Betrachtungseinheit sich zu einem bestimmten Zeitpunkt in funktionsfähigem Zustand befindet; es wird aber zusätzlich gefordert, daß sie für die vorgesehene Aufgabe auch zur Verfügung steht, /12/; sie ergänzt die notwendige Bedingung der möglichen Nutzung somit durch die hinreichende, die jedoch vom Instandhaltungsaspekt unabhängig ist. Eine Betrachtungseinheit, z.B. eine Anlage zur Reinigung von Abgasen aus Chemieanlagen durch Verbrennung der Schadstoffe, kann vollständig funktionsfähig sein; wenn und solange das zur Erreichung der Verbrennungstemperatur unerläßliche Erdgas nicht vom Netz geliefert wird, ist die Verfügbarkeit Null.

2.2.1.4 Nicht bestimmungsgemäße Nutzung

Eine Nutzung oder Beanspruchung, die den Hinweisen der Technischen Nutzungs-Information, alltagssprachlich der Betriebs- oder Gebrauchsanleitung, nicht gerecht wird, kann die Sollzustandsabweichung des Technischen Artefakts bis hin zum Verlust der Funktionsfähigkeit verursachen. Damit können auch Gefahren verbunden sein, siehe hierzu die Darlegungen im Abschnitt „Das Technische Artefakt erster Ordnung – Technische Information". Im Abschnitt „Technische Hochwertigkeit" ist dargelegt, wie durch technische Hochwertigkeit die Voraussetzungen langer Erhaltungsdauer geschaffen werden. Technische Hochwertigkeit begründet aber nicht nur geringeren Instandhaltungsaufwand, sondern auch, in den Begriffen der DIN 31051 ausgedrückt, einen vergleichsweise höheren Abnutzungsvorrat auch bei nicht bestimmungsgemäßer Beanspruchung. Die Vorschriften in der Bundesrepublik Deutschland für die Errichtung von Gebäuden, von Brücken, für die Erzeugung von Druckbehältern verlangen in der konstruktiven Auslegung genau bestimmte Sicherheitszuschläge für Belastungen in nicht voraussehbarer Höhe über die Nennwerte hinaus. Die Berücksichtigung eines dreifachen statt eines zweifachen Sicherheitszuschlags bedeutet demnach, daß die Geschoßdecke oder die Brücke die dreifache statt der zweifachen Nennbelastung, der Druckbehälter den dreifachen statt den zweifachen Nenndruck ohne Gefahr für Leben, Gesundheit und Umwelt übersteht. Das Entgegengesetzte gilt für den Fall, daß solche „Auslegungs-Reserven" nicht berücksichtigt werden. Weitere allgemeingültige Aussagen zu den Folgen nicht bestimmungsgemäßer Nutzung sind im Hinblick auf die unendliche Vielfalt des Gebrauchs und möglichen Mißbrauchs Technischer Artefakte kaum möglich.

2.2.1.5 Mißlingende Instandhaltung

Die mißlingende Instandhaltung ist dadurch gekennzeichnet, daß die technisch erreichbare Wiederherstellung der Merkmale des Sollzustands verfehlt wird. Dies kann unter anderem begründet sein durch menschliches Versagen ohne mitverursachenden Beitrag Technischer Artefakte oder dadurch, daß die zur Instandhaltung, insbesondere zur Instandsetzung, geeigneten Technischen Artefakte fehlten bzw. ihrerseits nicht den Sollzustand aufwiesen. Die Analogie von Instandhaltung und Erzeugung, die insbesondere im Abschnitt „Die Herbeiführung des Sollzustands bei Instandhaltung und Erzeugung" begründet wird, zeigt sich hier erneut; auch bei der Erzeugung wird der Sollzustand fallweise nicht oder jedenfalls nicht „im ersten Anlauf" erreicht. Nachbesserung, anders ausgedrückt, Instandsetzung, geschieht dann entweder noch im Erzeugungsprozeß als Maßnahme der Qualitätssicherung, oder sie wird auf Grund der gesetzlich geregelten Sachmängelhaftung beim Kauf- und Werkvertrag gemäß Verlangen des Käufers/Auftraggebers vorgenommen.

Mißlingende Instandhaltung kann fallweise weit über den Bereich des Alltagsgeschehens mit seinem Ärger über unzulängliche Instandsetzungsleistungen hinausgehen und schwerstwiegende Folgen zeitigen. Im Abschnitt „Gewissen, Langzeiteffekte und Instandhaltung" ist der Fall des Absturzes eines Verkehrsflugzeugs mit 88 Todesopfern erörtert, wobei im Zusammenhang mit einer Inspektion ein Bauteil des Höhenrudersystems fehlerhaft beurteilt und das Versagen dieses Bauteils für den Absturz ursächlich wurde. 5 Todesopfer und 45 Verletzte waren die Folge eines Versehens bei der Instandsetzung und Modernisierung der Wuppertaler Schwebebahn. Eine Kralle, die während der Bauarbeiten zur Stabilisierung der Tragkonstruktion eingesetzt worden war, wurde versehentlich nach Abschluß der Arbeiten nicht entfernt, sodaß der erste danach verkehrende Gelenkzug auf die Kralle auffuhr, entgleiste und in die Wupper abstürzte, /13/. Vollständiges Chaos rief in San Francisco ein Versehen von Elektrotechnikern hervor, die bei der Prüfung eines Schaltkastens nach Abschluß der Arbeiten die zwischenzeitlich hergestellte sichernde Erdung aufzuheben vergaßen. Die Folge war ein Stromüberschlag, der eine Kettenreaktion einschließlich des Abschaltens von zwei Generatoren auslöste, sodaß der Strom im gesamten Großstadtbereich fast einen Tag lang ausfiel, mit schwerwiegenden Konsequenzen vor allem im Verkehrsgeschehen, /14/. Weitere Überlegungen hierzu finden sich im Abschnitt „Technische Katastrophen und Schwachstellenforschung".

2.2.1.6 Zeitabläufe bei der Abweichung des Technischen Artefakts vom Sollzustand

Der **zeitliche Ablauf** in der Abweichung des Technischen Artefakts vom Sollzustand bis hin zu Zerstörung oder Untergang läßt sich, wie dargelegt, in erster Näherung für das **Extremereignis durch hohe, für das Verfallsgeschehen** – der Begriff „Ereignis" scheint hier nicht nahezuliegen – **durch niedrige Geschwindigkeit** kennzeichnen. Bei der Erschöpfung des „Abnutzungsvorrats" durch Beanspruchung im oben erläuterten Sinn wie auch im Fall der nicht bestimmungsgemäßen Nutzung ist solcherart Eindeutigkeit nicht erkennbar. Im Abschnitt „Begünstigung langer Erhaltungsdauer Technischer Artefakte" wird erörtert, daß und warum Technische Artefakte nach Jahrtausenden noch erhalten sein können. Am anderen Ende der Zeitdauerskala stehen Artefakte in Form verpackter Lebensmittel, die nach Maßgabe ihrer Haltbarkeit in der Regel innerhalb von Tagen, Wochen oder Monaten durch Verbrauch (Verzehr) untergehen. Gewerblich genutzte Technische Artefakte, seien es Maschinen, Geräte, Anlagen oder Fahrzeuge, werden nach Maßgabe steuerlicher Erwägungen, technologischer Alterung und der Instandhaltungskosten vielfach innerhalb von Jahren, spätestens Jahrzehnten ausgemustert. Es gibt aber auch Beispiele Technischer Artefakte, die durch Nutzung unter günstigen Gebrauchs- und Umgebungsbedingungen in Jahrzehnten keine merkliche Einbuße an Tauglichkeit – Funktionsfähigkeit – erfahren. Museen zeigen Körperschmuck aus Gold und anderen

Edelmetallen, Edel- und Halbedelsteinen, in untergegangenen Hochkulturen als Grabbeigaben verwendet, Jahrtausende alt und dennoch ohne solche Spuren des Alters oder des Gebrauchs, die mit unbewaffnetem Auge erkennbar wären. Beispiele der Gegenwart, stellvertretend für zahllose andere: Eine schonend genutzte Fotokamera, ein selten aufgeschlagenes Buch, ein wertvolles über Jahrzehnte am gleichen Platz verbliebenes und gegen Holzschädlinge gesichertes Möbelstück. Der Soll-Ist-Vergleich geschieht praktisch unmerklich, aufwandslos, innerhalb der Nutzung. Dies darf jedoch nicht zu dem Schluß verleiten, es gäbe Inseln in Zeit und Raum, auf denen man der Erschöpfung des Abnutzungsvorrates nicht nur scheinbar, weil er so langsam vonstatten geht, sondern tatsächlich entgehen kann. Es ist nur eine Frage des Aufwands, z.B. mit einem Mikroskop die Abnutzung der Zahnräder für den Filmtransport in der von den Eltern geerbten und wegen ihrer vorzüglichen Optik trotz aufwendiger, nicht automatisierter Handhabung immer noch benutzten Kamera zu erkennen. Mit unbewaffnetem Auge erkennt man die beginnende Vergilbung des Papiers im Bildband aus dem Jahr 1950, die zunehmende Durchbiegung der Fachbretter im antiquarisch erworbenen Bücherschrank. Das in Deutschland etwa ab 1960 in Benutzung gekommene Eigenschaftswort „pflegeleicht" sollte das Ideal kennzeichnen, dem betreffenden Artefakt die Instandhaltung weitgehend folgenlos vorenthalten zu können. Nimmt man menschliche Lebenszeit dafür als Maßstab, so erwies es sich für nicht wenige Artefakte als praktisch auch erreichbar. Der prähistorisch geführte Nachweis, daß vor rund 500000 Jahren die Nutzung von Werkzeugen und Waffen einsetzte, die als älteste Belege der Technikgeschichte samt ihren Gebrauchsspuren in Museen gezeigt werden, belegt gleichzeitig den gesamten Zeithorizont der Sollzustandsabweichung Technischer Artefakte: Er fällt mit der Gesamtdauer der Technikgeschichte zusammen; siehe dazu auch das Beispiel im Abschnitt „Biografische Dauer, Erhaltungsdauer, Technische Dauer".

Es ergeben sich demnach für diejenige Abweichung des Ist- vom Sollzustand beim Technischen Artefakt, die für Instandhaltung den Anlaß liefert, **mit der Zweckbestimmung nicht verbundene Ursachen: Extremereignisse, Verfall; und eine mit der Zweckbestimmung verbundene Ursache: Bestimmungsgemäße und nicht bestimmungsgemäße Nutzung, Beanspruchung.** Diese Ursachen können sich, wie erläutert, im tatsächlichen Geschehen der Entstehung der Sollzustandsabweichungen überlagern. Damit gelangt die vorliegende Untersuchung nunmehr zur Begriffsbestimmung der Instandhaltung.

2.2.2 Instandhaltung: Begriffsbestimmung, Teilmaßnahmen, Beispiele, Toleranzen

2.2.2.1 Die Begriffsbestimmung der Instandhaltung

Instandhaltung ist Kenntnis und Ausübung der technischen Verfahren, um den Sollzustand eines Sachsystems (eines Technischen Artefakts zweiter Ordnung) möglichst langzeitig zu erhalten, Abweichungen des Ist- vom Sollzustand unter Berücksichtigung des Toleranzbereichs der den Sollzustand kennzeichnenden Merkmale zu erkennen und zu beurteilen, den Istzustand möglichst genau wieder in den Sollzustand zu überführen oder eine unvermeidliche dauernde Abweichung, wiederum unter Berücksichtigung zulässiger Toleranzen, zu minimieren. Instandhaltung umfaßt auch die Maßnahmen zur Erhaltung der Technischen Information (Erkennbarkeit des Inhalts des Technischen Artefakts erster Ordnung) sowie der Technischen Biografie (Erkennbarkeit des Inhalts des Technischen Artefakts dritter Ordnung).

DIN 31051 faßt die Begriffsbestimmung etwas kürzer.

„**Instandhaltung**: Maßnahmen zur Bewahrung und Wiederherstellung des Sollzustands sowie zur Feststellung und Beurteilung des Istzustands von technischen Mitteln eines Systems".

Die Abweichung der hier vorgelegten zur DIN- Begriffsbestimmung ist begründet zunächst durch die ausgiebig erörterte Notwendigkeit, Technische Information und Technische Biografie als integrale Bestandteile des Technischen Artefakts mit einzubeziehen. Problematisch erscheint aber auch die DIN-Unterscheidung des Begriffs „System",

„im Sinne der Instandhaltung Gesamtheit technischer, organisatorischer und anderer Mittel zur selbständigen Erfüllung eines Aufgabenkomplexes",

von den „technischen Mitteln" des Systems. Sie bedürften ebenso wie der DIN-Begriff der „Anlage" nach der in dieser Untersuchung vertretenen Auffassung einer einwandfreien und in der Norm nicht geleisteten Abgrenzung. Z.B. gehört **die gesamte Energieversorgung für Strom, Heizgas usw. im Sinn der Lieferbereitschaft** (nicht im Sinn der Technischen Artefakte, wie Kabel, Schaltanlagen, Rohrleitungen usf., die zur Energieversorgung erforderlich sind,) zweifellos zu den technischen Mitteln eines Systems im DIN-Verständnis, sie ist aber kein (ausschließliches) Objekt der Instandhaltung, da die Verfügbarkeit von Energie kein technisches Mittel ist, sondern eine kategoriale Voraussetzung von Technik. Auch erscheint es ratsam, in die Begriffsbestimmung mit einzubringen, daß eine dauernde unvermeidliche Abweichung zwischen Soll- und Istzustand als Ergebnis von Instandhaltung fallweise hingenommen werden muß; wenn die

Abweichung nämlich gering genug ist, um die Funktionsfähigkeit nicht zu beeinträchtigen. Diesen letzteren wesentlichen Sachverhalt behandelt DIN 31051 unter dem Stichwort „Fehler" mit dem Hinweis, daß ein quantitativ festgelegter Merkmalswert außerhalb des Toleranzbereichs

„die Verwendbarkeit nicht notwendigerweise beeinträchtigt",

während DIN 40042 als Fehler nur eine unzulässige Abweichung eines Merkmals bestimmt.

Die Ausübung des Instandhaltungsverfahrens ist von einer Wertsetzung abhängig; sie kann zur Ausdehnung des Inhalts einer schon bestehenden Technischen Biografie (Technisches Artefakt dritter Ordnung) beitragen oder zur Entstehung eines solchen führen. Dieser Aspekt wird im Abschnitt „Instandhaltung und Erhaltungsdauer" erörtert.

Ein von der Eigenart des Technischen Artefakts unabhängiger, **unerläßlicher Teil der Instandhaltung besteht im dauerhaften Schutz vor vermeidbaren schädigenden Einwirkungen** (nicht bestimmungsgemäße Nutzung, Verfall, Zerstörung). Dieses Erfordernis bezieht sich auf die **Zeiträume nach Abschluß der Erzeugung und vor Beginn der Nutzung sowie in den Pausen der Nutzung,** insoweit ein durch Pausen unterbrochener, insgesamt zusammenhängender Zeitraum der Nutzung bestimmt werden kann. Dieser Schutz beginnt bei ortsbeweglichen Technischen Artefakten mit der sachdienlichen Aufbewahrung schlechthin, als der zum Untergang des Technischen Artefakts entgegengesetzten und für die Nutzung als notwendige Bedingung gegebenen Handlung. Sie setzt sich fort mit allen zielführenden Maßnahmen, die auch zum Schutz vor Verfall geboten sind. Bei Anerkennung dieser in der Regel unbeachtet bleibenden Erweiterung des Instandhaltungsbegriffs ist **Instandhaltung notwendige Bedingung für die Aufrechterhaltung bzw. Wiederherstellung des Sollzustands** während des ersten Abschnitts der Tauglichkeitsdauer des Technischen Artefakts. Das Vorliegen hinreichender Bedingungen entscheidet dann darüber, ob die Tauglichkeitsdauer im vollen Umfang ihres ersten Abschnitts erreicht und das Artefakt anschließend ausgemustert wird oder fallweise ein zweiter Abschnitt der Tauglichkeitsdauer eine neue Nutzung möglich macht, siehe auch hierzu den Abschnitt „Instandhaltung und Erhaltungsdauer". In Einzelfällen mag die genaue Abgrenzung des Schutzes vor vermeidbaren schädigenden Einwirkungen zum Fall der nicht bestimmungsgemäßen Nutzung schwierig sein. Dies sollte aber der begrifflichen Unterscheidung der Fälle nicht entgegenstehen.

2.2.2.2 Teilmaßnahmen der Instandhaltung

DIN 31051 unterscheidet klar die Teilmaßnahmen der Instandhaltung, wobei die oben erwähnten Vorbehalte zum Begriff der „technischen Mittel eines Systems" mit in Betracht zu ziehen sind.

„**Wartung**: Maßnahmen zur Bewahrung des Sollzustands von technischen Mitteln eines Systems".

Darin ist eingeschlossen:

„Erstellung eines Wartungsplans, Vorbereitung der Durchführung, Durchführung, Rückmeldung" (an den Nutzer des Technischen Artefakts, A.d.V.)

„**Inspektion**: Maßnahmen zur Feststellung und Beurteilung des Istzustandes von technischen Mitteln eines Systems".

Darin ist eingeschlossen:

„Erstellen eines Planes zur Feststellung des Istzustandes, Vorbereitung der Durchführung, Durchführung, Vorlage und Auswertung des Ergebnisses der Istzustandsfeststellung, Ableitung der notwendigen Konsequenzen aufgrund der Beurteilung".

„**Instandsetzung**: Maßnahmen zur Herstellung des Sollzustandes von technischen Mitteln eines Systems".

Darin ist eingeschlossen:

„Auftrag, Planung im Sinn des Aufzeigens und Bewertens alternativer Lösungen, Entscheidung für eine Lösung, Vorbereitung der Durchführung, Vorwegmaßnahmen, Überprüfung von Vorbereitung und Vorwegmaßnahmen, Durchführung, Funktionsprüfung und Abnahme, Fertigmeldung, Auswertung einschließlich Dokumentation, Kostenaufschreibung, Aufzeigen und gegebenenfalls Einführen von Verbesserungen".

Bei diesem Katalog ist von besonderem Interesse, daß die Auswertung einschließlich **Dokumentation**, also der Beitrag zur Technischen Biografie, ausdrücklich mit einbezogen wurde.

DIN 31051 gilt in der Fassung von Januar 1985 ohne Einschränkung für den Bereich der Instandhaltung. Es ist aber schon durch den Urheberhinweis – Normenausschuß Maschinenbau im Deutschen Institut für Normung - klar erkennbar, daß Begrifflichkeit und Maßnahmenkatalog sich vorzugsweise auf Maschinenanlagen nicht unbedeutenden Umfangs und entsprechender Komplexität beziehen. Die Vielfalt der instandhaltungsbedürftigen Technischen Artefakte und die daraus resultierenden nach Inhalt und Umfang äußerst unterschiedlichen Aufgabenstellungen, Mittel und Verfahren der Instandhaltung (Beispiele zu den Aufgabenstellungen nachstehend) ist unvorstellbar. Sie kommt in zahllosen Fällen nicht zur Deckung mit der in der Norm stark aufgefächerten Liste der Maßnahmen bei Wartung, Inspektion und Instandsetzung. Die Unterscheidung dieser drei grundlegenden Teilmaßnahmen ist jedoch bei sehr vielen, auch bei einfachen Instandhaltungsaufgaben möglich und bei der Analyse des Erforderlichen hilfreich. Insbesondere die alltagssprachlich häufige Gleichsetzung von Instandhaltung und Instandsetzung kann vermieden werden, wenn man sich die begriffliche Gleichberechtigung von Wartung, Inspektion und Instandsetzung bewußt macht.

Die Überlegungen zur Begriffsbestimmung wie auch zu Teilmaßnahmen der Instandhaltung können abgeschlossen werden mit einem Rückblick auf die Erläuterung der Begriffe Homomorphie und im Modell repräsentierter Analogie zweier Strukturen im Abschnitt „Technisches Wissen, kognitive Repräsentation, Modell und Homomorphie". Der Zentralbegriff der vorstehenden Erörterungen ist der Sollzustand. Instandhaltung muß immer dann ansetzen, wenn die Homomorphie zwischen der Modellinformation, welche die instandhaltungsbedeutsame Strukturbeschreibung des Technischen Artefakts enthält, und der durch Zustands- oder Funktionsprüfungen konfigurierten Modellinformation über den Istzustand verletzt ist. Die Verletzung muß bei Unterlassung der Instandhaltung Gefahr für die Aufrechterhaltung von Struktur und Funktion begründen.

2.2.2.3 Merkmalstoleranzen beim Soll- und Istzustand

Die zulässigen Toleranzen bei den Merkmalen, deren Gesamtheit den Sollzustand beschreibt, sind von erheblicher praktischer Bedeutung. In den Ausführungen zur Begriffsbestimmung des Technischen Artefakts ist dargelegt, daß der Sollzustand in verschiedenen Arten von Informationen abgebildet werden kann. Dies sind dokumentierte Informationen, die sich unmittelbar auf das Technische Artefakt beziehen, z.B. als Sollwerte von Meßgrößen. Von großer Bedeutung sind aber auch Inhalte von Technikwissen ohne unmittelbaren Bezug auf das einzelne Technische Artefakt, die jedoch bei verständiger Anwendung eine Beurteilung von Sollzustand und Sollzustandsabweichungen für Zwecke der Instandhaltung einwandfrei ermöglichen.

Zu meßbaren, also quantitativ gegebenen Sollwerten gehören meßbare, quantifizierbare Istwerte; damit ergibt sich eine fundamentale Bedeutung der Meßtechnik, wie sie auch sonst für Technik und Technische Artefakte kennzeichnend ist. Die erforderliche Auflösungsgenauigkeit und Reproduzierbarkeit des Meßverfahrens wird durch die Zweckbestimmung festgelegt. Die vollständige Funktionsfähigkeit, das heißt Übereinstimmung des Technischen Artefakts mit dem Sollzustand, läßt es daher zu, daß die Sollwerte den gesamten Bereich der zulässigen Abweichungen (Toleranzen) nach Maßgabe des vorgeschriebenen Meßverfahrens einnehmen und abweichende Istwerte erst dann festzustellen sind, wenn die mit dem gleichen Meßverfahren festgestellten Daten außerhalb des Toleranzbereichs liegen, siehe auch /8/ zum Begriff „Fehler". Beispiel: Der Luftdruck eines PKW- Radreifens muß nicht mit der gleichen Genauigkeit gemessen werden wie der atmosphärische Luftdruck, es genügt eine statt vier Stellen hinter dem Komma bei der Zahl der bar.

Meßwerte beherrschen jedoch nicht nur die „Eingriffsschwelle" bei der Instandhaltung, also eine Sollzustandsabweichung, die eine Instandhaltungsmaßnahme gebietet, sondern auch das technische Vorgehen bei der Instandhaltung selbst. Bei allen Schritten sind die Toleranzgrenzen des Sollzustands maßgebend. Wird zum Beispiel ein Wälzlager ausgetauscht, so muß die Genauigkeit der Passung an Außen- und Innendurchmesser beim Austauschteil den Vorgaben der Konstruktionszeichnung bzw. dem eingebauten schadhaften Teil entsprechen. Ein gebrochenes stählernes Teil, das durch Schweißung instandgesetzt wird, muß in den Toleranzgrenzen für Längen, Winkelabweichungen usw. nach Konstruktionsvorgaben liegen.

Ist der Sollzustand nicht als Technische Information dokumentiert, sondern im Bestand technischen bzw. handwerklichen Wissens gegeben, so folgt zwingend, daß die subjektiv geprägte Anwendung dieses Wissens merkliche Toleranzen bei der Beurteilung von Soll und Ist nach sich zieht. Kein Obstbaum, der im Frühjahr geschnitten werden muß, würde nach Behandlung durch zwei verschiedene Gärtner genau gleich aussehen. Der Innungs- Obermeister wäre jedoch in der Lage, zu entscheiden, ob einer der beiden die Regeln des Obstbaumschnitts durch Entfernung von zu viel, zu wenig oder auch an falscher Stelle geschnittenen Trieben deutlich verletzt hätte.

2.2.2.4 Beispiele für Instandhaltung

Die nachfolgenden, regellos aufgeführten Beispiele sollen weder eine Klassifikation der instandhaltungsbedürftigen Technischen Artefakte ersetzen, noch eine Systematik des Instandhaltungsgeschehens geben oder andeuten. Sie sollen nur die Vielfalt des Instandhaltungsgeschehens zeigen: Angefangen von den alltäglichsten Verrichtungen bei Haushalt- und Gebrauchsgegenständen, die als Instandhaltung im strengen Sinn gar nicht wahrgenommen werden, bis zur Instandhaltung hochkomplexer Systeme (in ROPOHLs Terminologie: Anlagen), die nur durch angepaßte vergleichbar anspruchsvolle Verfahren in wirtschaftlicher Weise im Sollzustandsbereich bewahrt bzw. dahin zurückgeführt werden können. Für Produktionsanlagen (artefakt-generierende Technische Artefakte) bietet die VDI-Richtlinie „Zustandsorientierte Instandhaltung" eine verläßliche Grundlage, /15/.

- Durch Sturmflut beschädigte Außenböschung eines Seedeichs neu befestigen;
- abgestumpftes Schneidwerkzeug nachschärfen, abgebrochenen Griff ersetzen;

- Maschine durch Versorgung mit Betriebsmitteln, insbesondere Schmiermitteln, betriebsfähig halten und vor Verschleiß schützen; (die Versorgung mit Energien gehört nicht dazu);
- gebrochenes Maschinenteil ausbauen, durch Schweißung instandsetzen, wieder einbauen;
- entladene Elektrobatterie durch geladene ersetzen;
- Chemieanlage durch systematische umfassende Instandhaltung vor Betriebsstörungen, Fehlproduktion sowie Verursachung von Gesundheits- und Um- Umweltschäden schützen;
- Betrieb einer Bergwerksanlage durch Wasserhaltung sichern;
- durch Schadenfeuer zerstörtes Gebäude wieder aufbauen;
- Schaden an einem Raumflugkörper durch automatische oder menschengeführte Systeme und Werkzeuge beheben;
- Programm einer Datenverarbeitungsanlage veränderten Eingangsgrößen oder Systembedingungen ohne grundlegende Änderung der Aufgabenstellung anpassen.
- Zuverlässigkeit einer medizinischen Röntgenanlage durch Austausch der verbrauchten Bildröhre sichern;
- Fußball aufpumpen;
- Stahlkante am Ski nachschleifen;
- Skilift instandhalten;
- Parkanlage pflegen;
- Kleiderschrank aus Tiroler Bauernhaushalt des 18. Jahrhunderts restaurieren.

2.2.3 Die kategoriale Einheit von Instandsetzung und Erzeugung Technischer Artefakte; komplexe Systeme

2.2.3.1 Die Herbeiführung des Sollzustands bei Instandhaltung und Erzeugung

Die Schwierigkeit, eine systematische scharfe Grenze zwischen Instandsetzung und Erzeugung des Technischen Artefakts zu ziehen, wird deutlich aus dem Argument, daß die Erhaltung von Technik keine Mittel in Anschlag bringen kann als solche, die auch für ihre Erzeugung notwendig sind. **Instandhaltung erweist sich als Herstellung eines Sollzustandes des Technischen Artefakts;** seine **Erzeugung genügt aber ebenfalls der Begriffsbestimmung, daß ein Sollzustand hergestellt wird;** im Abschnitt „Die Begriffsbestimmung ders Technischen Artefakts zweiter Ordnung" wird dies ins Einzelne gehend erläutert. Es läßt sich demnach nicht begründen, warum ein Technisches Artefakt entweder nur oder auch nur vorwiegend für die Erzeugung oder die Instandhaltung geeignet sein soll.

Die Ausgangslagen sind jedoch unterschiedlich. Bei der Erzeugung ist die Entscheidung, welche Ausgangslage vorliegt, nicht mit logischen Argumenten zu treffen. Die von ROPOHL vorgestellllten Überlegungen zur Klassifikation

Technischer Artefakte, /16/, zeigen die Schwierigkeit, zu bestimmen, wo eine zusammenhängende Zielkette zu unterbrechen ist, um einen Anfang, eine Ausgangslage, zu erkennen oder festzulegen. Ein Beispiel: Die zur Instandsetzung benötigte Schraube wird mittels einer Werkzeugmaschine erzeugt; Schraube und Werkzeugmaschine bestehen ganz oder teilweise aus Stahl; Stahl ist das Erzeugnis des Walzwerks, in dem das vom Hochofen kommende Material verarbeitet wird; der Hochofen, der wiederum zum erheblichen Teil aus Stahl besteht, muß aber funktionsfähig errichtet sein. Alle vorgenannten Schritte haben jedoch primär (von der Rückführungsschleife des aufgearbeiteten Stahlschrotts soll hier der Übersichtlichkeit halber abgesehen werden) die Gewinnung von Eisenerz zur Voraussetzung, welche wiederum den Einsatz von Bergbautechnik bedingt; hierfür ist aber die Erzeugung und Verwendung von Stahlschrauben unerläßlich, sodaß sich die Zielkette spätestens hier in sich selbst schließt. Die Festlegung einer **Ausgangssituation** für die Erzeugung eines Technischen Artefakts ist als **Ermessensentscheidung** klar zu erkennen.. Bei der Instandhaltung sind jedoch durch die Vorgaben des Sollzustands und den Befund der Sollzustandsabweichung Ausgangslage und Zielsetzung technischer Maßnahmen eindeutig gegeben. Auf dem Weg von Ist zum Soll, also in der Wahl der Methode hinsichtlich der Instandhaltungsmittel (Sachsysteme) und ihrer Handhabung, der Verfahren, kann hingegen Handlungsfreiheit im gleichen Umfang wie auch bei der Erzeugung Technischer Artefakte in Anspruch genommen werden. Die gesamte Vielfalt der Technischen Artefakte und Verfahren steht im Grundsatz für die Instandhaltung ebenso zur Verfügung wie für die Erzeugung; im Abschnitt „Instandhaltung als Betätigungsfeld von Handwerk und Industrie" wird dies ausgearbeitet unter dem Aspekt der Arbeitsteilung zwischen Handwerk und Industrie. Ob mit handgeführten, mit teilautomatischen oder vollautomatischen Werkzeugen, Maschinen und Systemen gearbeitet wird; ob – wie nachstehend erläutert – technische Gleich- oder Höherwertigkeit in der Instandsetzung herbeigeführt wird; ob einfache oder mit hochwertigen Instrumenten ausgestattete Verfahren der Istzustands-Aufnahme (Inspektion) zur Anwendung kommen; ob eine Instandsetzung ohne Rücksicht auf den finanziellen Aufwand mit dem höchstmöglichen Arbeitstempo, in Tag- und Nachtarbeit, abgewickelt wird; ob der Anlaß einer Instandsetzung in einem Subsystem genutzt wird, um andere Baugruppen zu inspizieren und fallweise weitere Instandhaltungsmaßnahmen vorbeugend zu ergreifen – diese und viele andere Entscheidungen hängen vollständig von den Umständen des Einzelfalls, von den verfügbaren Finanzmitteln, den Fähigkeiten und dem Engagement des Instandhalters usf. ab. Allgemeingültige Aussagen sind hier nicht möglich.

2.2.3.2 Der technisch-technologische Rang der Instandhaltung

ROPOHL bestimmt den Begriff der Technologie wie folgt:

„So definiere ich die **Technologie** als die Wissenschaft von der Technik. Während **Technik** den...bereich der konkreten Erfahrungswirklichkeit bezeichnet, meint **Technologie** die Menge wissenschaftlich systematisierter Aussagen über jenen Wirklichkeitsbereich. Sprachphilosophisch formuliert, ist ‚Technik' ein objektsprachlicher, ‚Technologie' ein metasprachlicher Ausdruck. Die verschiedenen Technikwissenschaften, wie sie heute an den Hochschulen betrieben werden, können dann als **spezielle Technologien** bezeichnet werden", /16/.

Die so verstandene Technik und Technologie beeinflussen sich wechselseitig, stützen einander in unablässiger Entwicklung und fordern einander heraus. Sie zeigen ihren jetzigen Stand vor allem in den hochkomplexen Technischen Artefakten, die z.B. als Raumfahrt, Kernenergietechnik, Informations- und Kommunikationstechnik, Verkehrstechnik, Medizintechnik, Gentechnik und Nanotechnik dem Beginn des 3. Jahrtausends n.Chr. ihr technisches wie auch technologisches Gepräge geben. Der Umstand, daß diese als Beispiel genannten Technikbereiche neue und ausschließlich durch sie zugängliche Handlungsmöglichkeiten in reichem Maß eröffnet haben, soll hier als **technischer** oder **technologischer Rang** bezeichnet werden. Ein technischer oder technologischer Bereich, der einen vergleichbaren Entwicklungsstand wie die vorgenannten erreicht hat, soll als gleichrangig betrachtet werden.

Die vorstehenden Darlegungen zur **Herbeiführung des Sollzustands des Technischen Artefakts wie auch zur Wahlfreiheit der Methoden** belegen, daß eine **systematisch begründbare Unterscheidung zwischen Instandsetzung und Erzeugung Technischer Artefakte auch hinsichtlich des so verstandenen technologischen Ranges nicht möglich ist**. Dies kann gezeigt werden zum einen durch Technische Artefakte, die gemäß Zielsetzung der Instandhaltung eigens entworfen und gebaut wurden, (ohne daß sie damit auf diese Zielsetzung eingeschränkt wären), zum anderen durch Nutzung der bestentwickelten und leistungsfähigen Techniken und Technologien für Aufgabenstellungen der Instandhaltung.

Als Beispiele der ersten Gruppe seien genannt: Ein ferngesteuerter auf Raupenketten beweglicher Roboter, dessen gegen radioaktive Strahlung empfindliche Teile durch hochresistente Schutzverkleidung gesichert sind, soll das Innere des 1996 durch Explosion zerstörten Kernreaktors von Tschernobyl erkunden, zu diesem Zweck Schutt beiseite räumen, stereoskopische Fotoaufnahmen herstellen, Strahlung, Temperatur und Luftfeuchtigkeit messen, Werkstoffproben erbohren und Materialkennwerte ermitteln, /17/. Eine in Entwicklung befindliche Reparatureinheit mit Hybridkinematik soll in der Lage sein, Schäden an Umformwerkzeugen für Karosserieteile vor Ort zu beheben und damit die Transport der beschädigten schweren und sperrigen Werkzeuge in die Werkstatt zu vermeiden, womit gleichzeitig die Stillstandszeiten erheblich gesenkt werden sollen, /18/. Ein Datensichtgerät, am Kopf des Instandhalters befestigt und mit Positionssensor versehen; es soll zusätzlich zur unmittelbaren optischen Wahrnehmung der schadhaften Betrachtungseinheit die der jeweiligen räumlichen Position des Instandhalters entsprechende Zusatzinformationen insbesondere in Form von Reparaturhinweisen und anderen Erläuterungen liefern. Es arbeitet nach dem Prinzip der „Computer Augmented Reality" und soll die durch schlecht lesbare, unvollständige oder schwer verständliche Reparaturanleitungen entstehenden Schwierigkeiten vermeiden, insbesondere auch für die Schulung von Wartungspersonal geeignet sein, /19/. Ein Prüffahrzeug zur Untersuchung der Belastbarkeit von Brücken kann eine statisch wirkende Meßlast bewegen, die sich auf verschiedene Brückenlängen austeleskopieren lässt. Eine feste Meßstrecke an der Brücke nimmt die Verformungen auf, die durch die Meßlast und zusätzlich durch Krafteinleitung mittels hydraulischer Stempel unterhalb der Meßlast an der Brücke hervorgerufen werden; daraus läßt sich ein Belastungsschema der Brücke errechnen, aus der sowohl die Gebrauchslast wie die tatsächliche Versuchs-Grenzlast, somit die Tragereserven, ermittelt werden können. Das Verfahren vermeidet den Nachteil anderer zerstörungsfreier Prüfmethoden, bei denen die zu untersuchende Brücke längere Zeit gesperrt werden muß, und läßt bis zu 30 Einsätze pro Jahr zu, /20/. Einer besonderen Form von Verfall, vorstehend als Überformung des Technischen Artefakts durch Naturgestaltung beschrieben, gelten Forschungsbemühungen von Chemikern und Mikrobiologen: Der zum Untergang führenden Besiedlung von Steinen, Metallen und Farbschichten durch Mikroben und Pilze. Die Bedeutung dieser Verfallsursache ist erst seit kurzem bekannt, frühere Zuschreibungen der Ursachen des „Steinfraßes" an anorganische Luftschadstoffe müssen berichtigt werden, /21/.

Besonderes Interesse verdient ein Verfahren zur Instandsetzung und Konservierung von Büchern, die durch Fraßschäden von Mäusen, durch Säureschäden, Befall mit Bakterien und Schimmelpilzen und schließlich durch die früher benutzte Eisengallus-Tinte vom Untergang bedroht sind. Das auf der Ergänzung von Fehlstellen mit Faserbrei in Verbindung mit der Spaltung des Papiers und Einführung einer Stützpapierschicht beruhende Verfahren läßt sich automatisieren und damit auf eine Leistung von 5000, später 10000 Blatt pro Tag bringen, /22/. Dieses Instandsetzungsverfahren dient, sofern es auf Druckwerke mit wissenschaftlichem Inhalt angewandt wird, höherstufig nicht nur der Erhaltung Technischer Artefakte, sondern der Erhaltung des Wissens, des grundlegenden Teiles unseres kulturellen Vermächtnisses.

Die Beispiele für die zweite Gruppe kommen ausschließlich aus der Informationstechnik, einem der in den letzten Jahrzehnten mit unglaublicher Dynamik gewachsenen Technikbereich. Ein führender Computerhersteller bietet die Wartung der von ihm gelieferten Geräte über das Internet an, zunächst nur für die in den USA verkauften Netzwerk-Rechner, später auch für die einzelnen PC. Das Marktvolumen für Serviceleistungen, die über Internet angeboten werden, sollte nach Schätzungen zwischen 1998 und 2002 von 1,9 auf 10,4 Milliarden Dollar steigen, /23/. Für die durch den vollständigen Ausfall eines Netzwerkrechners entstehende Notlage und den finanziellen Schaden bietet eine Zusatz-Ausrüstung Abhilfe, die es erlaubt, auch bei vollständigem Netzausfall einen Netzwerkrechner aus der Ferne zu beeinflussen und sogar neu zu starten, /24/. Die Tatsache, daß auch ein höchstentwickelter Technikbereich Instandsetzung benötigt, erhellt aus Marktübersichten: Der Gesamtmarkt für die Unterstützung von Anwendern bei Computerproblemen in Europa wuchs nach Marktforschungsstudien zwischen 1998 und 2003 von 15,83 auf 20,30 Milliarden Dollar, wovon 1998 auf Reparaturleistungen 8,6 % entfielen, mit einer Tendenz zum schnelleren Wachstum als der Gesamtmarkt, /25/.

2.2.3.3 Technologische Höherwertigkeit vermöge Instandhaltung – Instandhaltung komplexer Sachsysteme

Schon im Abschnitt „Die Herbeiführung des Sollzustands bei Instandhaltung und Erzeugung" wurde dargelegt, daß die Rückführung des Ist- in den Sollzustand dem Instandhaltungstechniker durchaus Gestaltungsfreiheit läßt. **Ein erweitertes Verständnis des Sollzustandes erlaubt Strukturänderungen im Vollzug einer Instandsetzung unter der Voraussetzung, daß die Funktionsfähigkeit und/oder die Tauglichkeitsdauer erhalten bleibt oder sogar verbessert wird.** Solche Änderungen müssen selbstverständlich in das Technische Artefakt erster und dritter Ordnung ebenso Eingang finden, wie sie am Technischen Artefakt zweiter Ordnung vollzogen werden. Beispiele derartiger Änderungen: Verwendung höherwertiger Werkstoffe beim Ersatz unbrauchbar gewordener Bauelemente (Folge: Längere Tauglichkeitsdauer durch höhere Korrosions- oder Verschleißfestigkeit); konstruktive Änderungen in Anwendung weiterentwickelter Technologien, etwa bei Stahlteilen Übergang von Niet- zu Schweißverbindung (Folge: Erhöhte Festigkeit und geringere Anfälligkeit für Berostung durch Vermeidung von Spalträumen). Für Fahrzeuge mit Verbrennungsmotoren wurde eine Kombination besonders lang tauglicher Karosseriewerkstoffe sowie Standardisierung der Motor-Einbauräume vorgeschlagen mit dem Ziel, den Austausch der Motoren gegen technisch verbesserte zu erleichtern und damit die Tauglichkeitsdauer des Fahrzeugs auf die Länge eines Menschenlebens zu vergrößern (Folge: Umfangreiche Schonung der stofflichen und energetischen Mittel für die Erzeugung neuer Einheiten, Vermeidung der mit ihr verbundenen Umweltbelastung, Verlagerung des Wirtschaftsgeschehens von der Erzeugung zur Instandhaltung), /26/. Der Verwirklichung dieses überzeugenden Vorschlags stehen allerdings Interesse und Dynamik eines mächtigen Industriezweigs entgegen. Ein unscheinbares, aber lehrreiches Beispiel kostengünstiger und umgebungsangepaßter Instandsetzung zeigt Bild 2.2.3.3 – 1.

Bild 2.2.3-1 Instandsetzung von hölzernen Stromleitungsmasten.

Kommentar: Die im Boden verankerten, im Lauf der Jahre verfaulten unteren Enden hölzerner Stromleitungsmasten wurden abgetrennt. Brauchbar erhaltene obere Teile der Masten wurden mit Betonfundamenten verbunden und wiederverwendet. Die Kombination entspricht den technischen wie auch den aesthetischen Erfordernissen. Beton ist fäulnisbeständig. Ein neuer Mast aus Beton oder Stahl hätte vermutlich viel höhere Kosten verursacht und nicht in die ländliche Umgebung gepaßt. – Ortsbereich Gnesau, Kärnten, A.

Die Frage, inwieweit **Identität des Technischen Artefakts** bei solchen Maßnahmen erhalten bleibt, wird im Abschnitt „Übergänge zwischen den Abschnitten der Tauglichkeitsdauer und Technische Identität" erörtert. Die Möglichkeiten solcher **substanzverbessernder Instandhaltung** erstrecken sich von der Maschinen- und Bautechnik auf viele weitere Technikgebiete. Je mehr Subsysteme, Baugruuppen oder –elemente ein Sachsystem enthält, desto mehr Ansatzpunkte für Werterhöhung des Technischen Artefakts durch Instandsetzung finden sich.

Je größer und komplexer ein Technisches Artefakt ist, je mehr es nicht nur begrifflich, sondern pragmatisch als System behandelt werden muß, desto stärker verzweigt sich auch das Instandhaltungsgeschehen. Eine Chemieanlage, ein Kraftwerk, ein größeres Frachtschiff oder Flugzeug, ein größerer Gebäudekomplex kann ohne Verlust an technischer Substanz oder technischer Sicherheit kaum genutzt werden, wenn nicht mindestens im Bereich von Subsystemen („Betrachtungseinheiten") zeitlich und sachlich sich überdeckende, also **permanente Instandhaltung** betrieben wird. Die Darlegung zweckmäßiger Verfahren oder Strategien der Instandhaltung, zum Beispiel zeitlich begrenzte vollkommene Stillegung und Zusammenfassung aller bedeutungsvollen Instandhaltungsmaßnahmen in diesem Zeitabschnitt, sind Gegenstand einer reichhaltigen Fachliteratur und überschreiten die Zielsetzung der vorliegenden Untersuchung. Hier ist nur von systematischer Bedeutung, daß in solchen Systemen Instandhaltung auch den vollständigen Ersatz unbrauchbar gewordenere Subsysteme durch neue, also insoweit den **partiellen Übergang zur Erzeugung als Teil der Wiederherstellung des Sollzustands**, mit einschließen kann. Die ständige Anwendung dieses Verfahrens führt zu Zeiträumen der Tauglichkeitsdauer des Gesamtsystems, die von denen der Subsysteme weitgehend unabhängig sind. Durch technische Höherwertigkeit der als Neuteil eingebauten Subsysteme oder Bauelemente ergibt sich unter Umständen eine stetige und daher nicht genau abgrenzbare, im Kumulationseffekt aber schließlich deutlich erkennbare Weiterentwicklung des Technischen Artefakts, auch im Sinn verlängerter Tauglichkeitsdauer. Im Grenzfall hat das ursprüngliche Sachsystem nur noch wenige Bauelemente, Subsysteme usf. mit dem jetzt entstandenen gemeinsam. Der Übergang zu einer sogenannten Ertüchtigung, d.h. einer grundlegenden weitgehenden Erneuerung im Zuge einer längeren Stillegung, ist hier vollkommen fließend. Auch die im Abschnitt „Instandhaltung und Erhaltungsdauer" erörterten Projekte sind zum Teil beispielhaft für Maßnahmen, bei denen der Übergang von der Erzeugung zur Instandsetzung keine scharfe Grenze mehr besitzt.

Der Umfang solcher hochkomplexen, nach Arbeitsvolumen und Finanzaufwand beeindruckenden Instandsetzungsprojekte kann für eine Region bedeutungsvoll genug sein, daß sich Tages- und Fachpresse damit beschäftigen. Zwei Beispiele dafür sollen hier erwähnt sein. Die Ertüchtigung der Wuppertaler Schwebebahn, ein durch die technischen Schwierigkeiten wie auch durch den Zeitdruck in der Abwicklung herausragendes Vorhaben, wurde in einer Tageszeitung vorgestellt, /27/; siehe hierzu auch /13/. Ein Beitrag in einer Wochenzeitung für Ingenieure beschäftigt sich mit den wirtschaftlichen und sicherheitstechnischen Folgen des Wettbewerbs auf dem Strommarkt für Kernkraftwerke und kennzeichnet die in der Instandhaltung einer solchen Anlage enthaltenen Herausforderungen:

„Ein modernes deutsches Kernkraftwerk besteht aus mehr als einer halben Million Einzelteilen, wie Motoren, Ventile, Pumpen, Behälter, Schalter und Meßkreise, die alle in komplexer Weise miteinander verknüpft sind. So werden etwa 160 km Rohrleitungen mit 12000 Formteilen wie Bögen, T-Stücke und Abzweige, durch rund 140000 Schweißnähte verbunden und an ca. 55000 Haltepunkten befestigt. Auf rund 3300 km Länge addieren sich die elektrischen Kabel", /28/.

Die durch gesteigerte Sicherheitsanforderungen begründete, als „Umbau" vorgestellte Instandsetzung eines Kernkraftwerks in den Niederlanden beschreibt /29/. Ein weiterer Beitrag befaßt sich mit verschiedenen Maßnahmen zur Leistungssicherung und –steigerung bei Gasturbinen- und Dampfkraftwerken vermöge Instandsetzung, /30/. Wartungsarbeiten an dem 5000 Tonnen wiegenden, mehr als zehn Meter hohen und acht Meter langen Detektor des Speicherrings „Tevatron" des Fermilabs in Illinois beeindrucken durch die hohen Anforderungen, die der Komplexität dieser Anlage geschuldet sind, /31/. Als herausragendes Beispiel der Denkmalpflege sind die Maßnahmen von Interesse, die ergriffen wurden, um die Schrägstellung des Campanile des Doms Santa Maria Assunta in Pisa, des „Schiefen Turms", zu verringern und das gefährdete Mauerwerk vor dem Kollaps zu sichern, /32/, /33/, /34/.

2.2.4 Techniktransiente Instandhaltung

Die Natur, gemäß /7/

„als Gesamtheit der Evolution einschließlich der Evolution der menschlichen Gattung"

(Geschehen wie auch Resultat dieser Evolutionsvorgänge!) verstanden, wird durch Technische Artefakte in umfassender und zum Teil tief eingreifender Weise beeinflußt. In entgegengesetzter Weise wirkt, wie im Abschnitt „Überformung des Technischen Artefakts durch Naturgestaltung – Verfall" erörtert, Natur auf Technik zurück. Die begriffliche Abstraktheit und pragmatische Unübersichtlichkeit des Naturganzen erschwert Wahrnehmung und Analyse dieser Wechselwirkung. Diese wird deshalb sinnvollerweise in der Beschränkung auf einen der Abgrenzbarkeit eher zugänglichen Bereich von Ökosystemen betrachtet. So lassen sich den unmittelbar kaum wahrnehmbaren Vorgängen des Artensterbens oder der Klimaveränderung die anschaulichen Folgen technischer Eingriffe gegenüberstellen in den Beispielen des technisch betriebenen, aber auch des stillgelegten Braunkohle-Tagebaues oder in der Überflutung von

Siedlungen und kultivierten Landschaftsgebieten durch Staudammanlagen. Die naturräumliche Umgestaltung durch das Technische Artefakt hat hier zwar keine im strengen Sinn vollkommen unberührten Naturzonen ihrer Unversehrtheit beraubt. Aber sie hat doch einen Zustand untergehen lassen, der lebensgeschichtlich für die Bewohner, regionalpolitisch für die Gesellschaft und vor allem ökologisch im Hinblick auf den Bestand von Flora und Fauna, von Grundwasserströmen, Oberflächengewässern und anderen Merkmalen, schutzwürdige Werte aufwies. Die politischen Auseinandersetzungen um die Verdrängung dieser Werte durch andere, technisch geprägte, als vorrangig beurteilte, wird vielfach leidenschaftlich und in transnationalem Maßstab geführt. Denn oft werden für die Erzeugung und Nutzung dieser großräumigen Technischen Artefakte Kredite international tätiger Banken in Anspruch genommen. Geht man davon aus, daß in den Beispielfällen zu Beginn der Errichtung der Anlagen (der Terminus „ursprünglich" verbietet sich wegen seiner Unschärfe) ein erhaltenswertes Ökosystem vorhanden war, so stellt sich die Frage, ob bestimmte Merkmale solcher Ökosysteme in erweiterter Begrifflichkeit einen **Sollzustand festlegen, dessen Erhaltung seinerseits der Instandhaltung zugänglich ist.** Eine so begriffene Instandhaltung könnte, da sie den Bereich der durch Technische Information abschließend beschriebenen Technischen Artefakte, mithin den Bereich der Technik, überschreitet, als **techniktransient** bezeichnet werden. Man könnte sie definieren als Kenntnis und Anwendung technischer Verfahren, die wesentlichen Merkmale von Ökosystemen zu erhalten und/oder Verluste und Änderungen bei diesen Merkmalen soweit möglich auszugleichen. Der Begriff „Instandhaltung von Fließgewässern" z.B. wird in der Fachliteratur gebraucht. Die bisher behandelte Instandhaltung wäre dann eine solche im engeren Sinn, wäre nur auf Technische Artefakte im anfangs definierten Sinn bezogen, wäre **technikimmanent.**

Die Schwierigkeiten, einen Sollzustand festzulegen, in den techniktransiente Instandhaltung eine durch technischen Eingriff stark veränderte Naturzone zurückzuführen hätte, sind jedoch kaum zu bewältigen. Bei strenger Auslegung des Begriffs können alle technischen Maßnahmen des Umweltschutzes, des Klimaschutzes und der Reinhaltung der Luft, der Reinhaltung der Oberflächengewässer einschließlich der Meere, des Artenschutzes sowie des Schutzes natürlicher Quellen von Rohstoffen und Energien vor übermäßiger Inanspruchnahme als techniktransiente Instandhaltung betrachtet werden. Techniktransiente Instandhaltung läßt sich in bestimmter Hinsicht auf das Nachhaltigkeitsproblem innerhalb des Gesamtkomplexes „Technik und Umwelt" zurückführen, dessen Behandlung den Rahmen dieser Untersuchung weit übersteigt. Daraus resultiert, daß die Instandhaltung und alle damit zusammenhängenden Begriffe und Argumente sich ausschließlich auf das beziehen, was vorstehend hilfsweise als „technikimmanente Instandhaltung" bezeichnet wurde.

2.2.4 Zusammenfassung des Abschnitts 2.2 : Bereiche, Begriffe und Verfahren der Instandhaltung

Als Ursachen der Abweichung des Technischen Artefakts vom Sollzustand werden Extremereignisse, Überformung des Technischen Artefakts durch Naturgestaltung (Verfall), technische Abnutzung, nicht bestimmungsgemäße Nutzung und mißlingende Instandhaltung vorgestellt. DIN 31051 bestimmt Instandhaltung als Maßnahmen zur Bewahrung und Wiederherstellung des Sollzustands sowie zur Feststellung und Beurteilung des Istzustands von technischen Mitteln eines Systems. Die hier vorgeschlagene Präzisierung und Ergänzung berücksichtigt vor allem die Entfaltung des Begriffs Technisches Artefakt in Form seiner ersten, zweiten und dritten Ordnung. Teilmaßnahmen der Instandhaltung – Wartung, Inspektion, Instandsetzung – werden ebenso erörtert wie die Bedeutung der Merkmalstoleranzen beim Soll- und Istzustand; dem folgt die Veranschaulichung durch Beispiele für Instandhaltung. Wesentlich ist der Nachweis der kategorialen Einheit von Instandhaltung und Erzeugung Technischer Artefakte. Sie läßt sich einerseits begrifflich differenzieren hinsichtlich der unterschiedlichen Ausgangslagen, von denen aus der Sollzustand zu erreichen ist, andererseits belegen durch den auch mit Beispielen geführten Nachweis, daß der technologische „Rang" hinsichtlich Verfahren und Aufwand bei der Instandsetzung nicht systematisch zurücksteht gegenüber dem bei der Erzeugung. Überdies kann Instandsetzung unter bestimmten Bedingungen zur technologischen Höherwertigkeit führen, im Vergleich mit der Ursprungsgestalt des Technischen Artefakts.

Die Frage, ob der Begriff einer **Techniktransienten Instandhaltung** deutlich genug bestimmt werden kann, um einen technikphilosophischen Beitrag zu leisten, entsteht schon aus dem Hinweis, daß Technische Artefakte Lebewesen mit umfassen können (Beispiele: Äcker, Gärten). Die Natur wird durch Technische Artefakte umfassend und zum Teil in tief eingreifender Weise beeinflußt. Läßt sich für ein abgrenzbares Ökosystem anstelle des pragmatisch nicht handhabbaren Naturganzen in erweiterter Begrifflichkeit ein Sollzustand festlegen, dessen Erhaltung oder Wiederherstellung technischer Instandhaltung zugänglich ist? Die Frage ist zu verneinen, weil die Vielfalt möglicher technischer Maßnahmen zur Beeinflussung von Ökosystemen zum Thema der Nachhaltigkeit innerhalb des Gesamtkomplexes „Technik und Umwelt" gehören, dessen Behandlung im Rahmen dieser Untersuchung nicht möglich ist. Daher beschränkt sich die vorliegende Untersuchung auf den streng für definitionsgerechte Technische Artefakte zutreffenden, gewissermaßen **technikimmanent gültigen Instandhaltungsbegriff**.

2.3 TECHNISCHE IDENTITÄT UND INDIVIDUALITÄT

2.3.1 Die Begriffe der Technischen Identität und Technischen Individualität

Im mathematischen Verständnis ist Identität dadurch bestimmt, daß eine Größe sich selbst gleich ist. Technische Artefakte sind indessen keine mathematischen Größen, ihre Identität kann keine im mathematischen Sinn sein. Die Frage, inwiefern Technische Artefakte **technisch identisch** oder **technisch individuiert** sein können, wird gestellt, weil sie mit Instandhaltung eng zusammenhängt, wie im Folgenden und ferner im Abschnitt „Begünstigung langer Erhaltungsdauer Technischer Artefakte" dargelegt wird. Das Technische Artefakt ist bestimmt durch die in der Technischen Struktur-Information dokumentierten Merkmale, die seinen Sollzustand kennzeichnen. **Technische Identität** kann für die Fragestellung der vorliegenden Untersuchung also nur in der **Übereinstimmung aller dieser Merkmale bestehen. Technische Individualität ist dementsprechend die Nichtübereinstimmung eines, mehrerer oder aller Merkmale** von technisch sinnvoll miteinander vergleichbaren Technischen Artefakten; sie führt zur Unterscheidbarkeit individueller Einheiten.

Der Begriff des Merkmals muß in diesem Zusammenhang scharf gefaßt und insofern müssen die im Abschnitt „Die Technische Struktur-Information als Dokumentation des Sollzustands" gegebenen Erläuterungen ergänzt werden. Als Beispiel dient im Folgenden ein besonders einfaches Technisches Artefakt, wofür Technische Identität bei hohen und höchsten Stückzahlen verlangt wird, der Stahlkugel für Wälzlager. Hier läßt sich zeigen, daß Technische Identität immer im Zusammenhang mit der Auflösungsgenauigkeit derjenigen Prüfverfahren gesehen werden muß, die den Merkmalen auf Grund der funktionalen Anforderungen zugeordnet sind. Die geometrischen Sollwerte beziehen sich auf den Nenndurchmesser, die Rundheit und die Oberflächenrauhigkeit sowie deren Toleranzen. Solange diese Kriterien erfüllt sind, ist Identität, Ununterscheidbarkeit, im technischen Sinn gegeben. Aber eine genügend genaue Waage wird dennoch für jede Kugel ein anderes Gewicht ergeben; eine rasterelektronenmikroskopische Untersuchung der Oberfläche wird Bilder von Zerklüftungen liefern, die weder auf der Oberfläche einer noch gar auf der von mehreren Kugeln zur Deckung zu bringen sind. Damit liegt eine physikalisch-feinanalytische Unterscheidbarkeit vor; diese läßt aber die Technische, an der Funktion orientierte Identität völlig unberührt.

Im Begriff der Technischen Individualität liegt jedoch nicht nur das Kriterium der Unterscheidbarkeit. Wenn Technische Artefakte im ROPOHLschen Sinn als Systeme beschrieben und untersucht werden, zusammengesetzt aus Subsystemen, bestimmt durch Struktur und Funktion, so folgt aus dem Systembegriff, /1/, daß eine Ganzheit vorliegt, die nur als Ganzes ihre Eigenart bewahren, also einer technischen Zweckbestimmung gerecht werden kann - einfachstes Beispiel bei einem Sachsystem: Das aus Klinge und Griff bestehende Messer. Die Eigenschaft, eine solche Ganzheit zu sein, besitzen aber auch die Subsysteme bis hin zu den anfänglichsten Bausteinen – einfachstes Beispiel beim gleichen Sachsystem: Messerklinge und Messergriff; weder die halbe Klinge noch der halbe Griff können ihrem Zweck gerecht werden. **Unteilbarkeit** im kategorialen Sinn der wörtlichen Übersetzung des Ausdrucks Individuum liegt, wie das Beispiel zeigt, **beim Technischen Artefakt als System nicht vor; es ist eine Unteilbarkeit unter der Bedingung, daß die Folge der gleichwohl möglichen Teilung, – nämlich der Verlust der kennzeichnenden Eigenschaften –, nicht zugelassen wird.** Unter Teilung ist beim Sachsystem die Zerlegung in unterscheidbare Werkstoff-Massenportionen zu verstehen. Selbstverständlich gilt dies auch für das Technische Artefakt erster und dritter Ordnung: Eine Zerlegung in kleinere je für sich eingeschränkt brauchbare Bestandteile ist möglich, jedoch kann nur die unversehrte Ganzheit der Zweckbestimmung in vollem Umfang genügen.

Struktursysteme, zu denen auch die Technischen Artefakte gehören, sind nach ROPOHL gekennzeichnet durch die **Anzahl ihrer Teile, die Varietät, und die Anzahl ihrer Relationen, die Komplexität,** /2/. Merkmale im Sinn der Technischen Information können sich sowohl auf Teile wie auf Relationen beziehen. Es folgt unmittelbar, daß mit zunehmender Varietät und Komplexität auch die Zahl der Merkmale zunimmt. Die vorliegende Untersuchung gebraucht den Terminus „Komplexität" im umgangssprachlichen Sinn von „Vielgestaltigkeit", „Vielschichtigkeit", als Bezeichnung des Oberbegriffs von Varietät und Komplexität; Mißverständnisse sind hiervon nicht zu erwarten.

Für die Beurteilung, ob Technische Identität vorliegt, müssen alle Merkmale auf Übereinstimmung geprüft werden. Diese technische Aufgabe ist keineswegs lebensfern. Sie stellt sich ständig in einem in der öffentlichen Wahrnehmung keineswegs durch den Umgang mit Technischen Artefakten geprägten, vielmehr durch seine kulturelle Bedeutung ausgezeichneten Wirtschaftszweig, dem Kunsthandel. Die Untersuchung eines Kunstgegenstands auf Merkmale, die ihn als Fälschung kennzeichnen würden, oder auf Merkmale, welche die „Zuschreibung" zu einem bestimmten Urheber rechtfertigen, entspricht funktional genau der Suche nach Übereinstimmung mit einem Original oder mit demjenigen Kollektiv von Stileigentümlichkeiten, bevorzugten Arbeitsmaterialien usf., welche für den Kunstwissenschaftler die Handschrift des Urhebers (oder seiner Werkstatt) ausmachen. Das Ergebnis der feinanalytischen physikalisch-chemischen Untersuchungen kann sich in sehr bedeutenden Steigerungen oder –minderungen des Marktwerts der Kunstwerke auswirken.

2.3.2 Begriffsbestimmung und Erzeugung von Unikaten

2.3.2.1 Begriffsbestimmung des Unikats

Als Unikat ist das Technische Artefakt dadurch gekennzeichnet, daß es als **System den höchsterreichbaren Grad Technischer Individualität** besitzt. Es ist nur mit sich selbst identisch. Dies ist dann der Fall, wenn kein Merkmal des Sollzustands mit dem eines vergleichbaren Technischen Artefakts übereinstimmt, oder wenn im Fall der Übereinstimmung einer begrenzten Zahl von Merkmalen diese in einem Subsystem oder „Supermerkmal" so konfiguriert sind, daß diese Konfiguration mit keiner eines vergleichbaren Technischen Artefakts übereinstimmt.

Eine logisch strenge Begriffsbestimmung des Unikats mit der Beschränkung darauf, daß **kein** Merkmal des Sollzustands mit dem eines anderen Artefakts übereinstimmen darf, ist nicht brauchbar aus dem nachstehenden Grund, der zu einem besonderen Verständnis des Merkmalbegriffs in diesem Zusammenhang führt. Als fundamentales Merkmal muß zunächst der Werkstoff angesehen werden. Die Nutzung eines **technisch definierten und insoweit homogenen Werkstoffs** in verschiedenen Artefakten könnte bereits als Einwand dagegen gelten, daß zwei in allen anderen Merkmalen differierende Artefakte Unikate seien. Vergleichbar trifft dies auch zu für die vollkommen unvermeidbare **Verwendung technisch identischer Einzelteile, Baugruppen, allgemein Subsysteme**, unter denen die genormten (siehe den folgenden Abschnitt) besonders bedeutungsvoll sind. Ein als Unikat anerkanntes Museumsgebäude kann diese Qualität nicht deshalb verlieren, weil der Architekt in dem städtebaulich weniger interessanten Verwaltungstrakt der Anlage Fenster aus dem Katalog eines Fenster-Herstellers verwendet hat, die auch anderswo zu finden sind. Ein nur einmal existierender Prototyp des Volkswagen-„Käfers", /3/, bleibt ein Unikat auch dann, wenn der Motor mit serienmäßigen Kolben ausgestattet ist. Ein technisches Merkmal kann, wie es die vorstehenden Beispiele zeigen, für sich isoliert betrachtet werden und dann Anlaß zum Zweifel geben, ob die Bedingung der Nichtübereinstimmung noch erfüllt ist. Im Nachbargebiet der Künstlerischen Artefakte gelten dieselben Argumente; zwei vom Steinbildhauer gefertigte Skulpturen verlieren nicht deshalb die Qualität von Unikaten, weil sie aus dem gleichen Marmorblock stammen. Ein **technisch sinnvoller Begriff des Unikats** muß deshalb zulassen, daß mehrere technisch unterscheidbare Merkmale zu einem **Supermerkmal** oder **Merkmalsbereich** zusammengefaßt werden, der dann der Prüfung auf Nichtübereinstimmung mit dem entsprechenden des Vergleichs-Artefakts unterworfen wird. Technischer Sachverstand bei der Beurteilung von Unikaten wird dann darin erkennbar, daß in Supermerkmale oder Merkmalsbereiche ausschließlich oder überwiegend solche Elemente aufgenommen werden, deren allumfassendes Vorkommen in Technischen Artefakten sie der Eigenschaft beraubt, für ein Unikat ein kennzeichnendes Unterscheidungsmerkmal sein zu können: Also, wie oben erwähnt, technisch definierte Werkstoffe, genormte Bauteile, im Grenzfall auch ungenormte Subsysteme, wenn diese in sehr großen Stückzahlen verbreitet sind. Die im Beispiel erwähnten Fenster des Museums-Verwaltungsgebäudes sind Teile eines Subsystems, der Fassade dieses Gebäudes, die in dieser geometrischen Anordnung kein zweites Mal existiert; die Kolben sind Teil des Subsystems Motor im Fahrzeug, das mit diesen konstruktiven Details nur in dem Prototyp zu finden ist. Die obige Begriffsbestimmung sollte damit gerechtfertigt sein.

Das Unikat genügt ebenso wie die anderen Kategorien Technischer Artefakte, gemäß der HEIDEGGERschen Formulierung (Abschnitt „Technikphilosophische Beiträge zum Begriff des Technischen Artefakts") der **instrumentalen und der anthropologischen Bestimmung der Technik**. Hinsichtlich der instrumentalen Bestimmung, deutlich gegeben im Sachsystem und der mit ihm verbundenen Technischen Information, geht die Erzeugung neuer Artefakte immer von einer zweifachen Grundlage aus: Der **vorfindlichen Natur** einerseits mit ihren Ozeanen, Meeren, Wüsten, Vulkanen, Urwäldern, Savannen und Prärien, Taiga- und Tundraflächen, die von technischer Einwirkung und Gestaltung kaum geprägt sind; dazu kommen ferner die bewohnbaren Landflächen und Seenflächen mit schwach bis intensiv ausgebildeten Merkmalen der Technosphäre. In diesen Bereichen sind die originären Quellen für technische Werkstoffe und technisch genutzte Energie ebenso zu finden wie die Naturräume als notwendige Voraussetzung für Gebäude, Verkehrs- und Energieanlagen und so fort. Als zweite Grundlage ist die **vorfindliche Technik** erkennbar in der Form Technischer Artefakte sowie technischen Wissens und Könnens. Beide Formen sind Gegenstände sowohl historischen Wissens- wie auch aktuellen Nutzungsinteresses.

2.3.2.2 Disparität (Uneinheitlichkeit) des Naturbereichs

Kennzeichnend für den Naturbereich ist aber der fundamentale **Gegensatz zwischen der Einheitlichkeit und Allgemeingültigkeit der Naturgesetze**, die Strukturen und Prozesse innerhalb der Natur modellieren, und dem Phänomen der **Disparität**. Mit diesem Ausdruck soll folgender **empirischer** Befund bezeichnet werden: Wenn alle Meßdaten der chemischen Zusammensetzung, der energetischen Zustandsparameter, der räumlichen Struktur und des Übergangs aus einem so bestimmten Zustand in einen anderen vorliegen, erweist sich **kein Ausschnitt der Natur wie auch des Naturgeschehens mit einem anderen** im makrophysikalischen Bereich als **vollkommen übereinstimmend**. Zur Bestätigung dieses Befunds bedarf es nur einer Analysentechnik mit hinreichendem Auflösungsvermögen, z.B. chemischer Feinanalyse, der Rasterelektronenmikroskopie und ähnlicher Verfahren, die sich sowohl auf die Zusammensetzung der Erdatmosphäre wie der Erdrinde, des Erdinnern, der Zustandsgrößen des Ozeanwassers und so fort erstrecken. **Geschichtlichkeit** im Sinn der Unwiederholbarkeit der Naturprozesse wie auch der Disparität der Resultate beherrscht den Bereich unserer sinnlichen Erfahrung, sei sie unmittelbar oder technisch-instrumentell vermittelt gewonnen. Also trägt auch schon die Vorstufe des naturgewachsenen Werkstoffs, der Baumstamm für das Holz, der Steinbruch für den Werkstein, die Lehmgrube für den Lehm, die Erdölquelle für das Erdöl, der Erzgang für das Metall, die Leinpflanze für die Leinenfaser und so fort, die Eigenschaft der fehlenden Übereinstimmung von Merkmalen in der Grob- oder in der Feinstruktur. Dies überträgt sich als bestimmend für das Unikat bis ins nutzungsbereite Technische Artefakt – es sei denn, daß mit Veredlungsverfahren derjenige Grad an Homogenität des Werkstoffs hergestellt wird, der ausreicht, um technische Identität zu gewährleisten. Das geschieht in größtem Maßstab z.B. bei Metallen, beim Stahl als Basiswerkstoff, bei Erdöl in der Doppelnutzung als Chemierohstoff und Energiequelle, bei Zement und so fort. Die „naturnah" bleibenden, das heißt keinem Homogenisierungsverfahren unterworfenen **Werkstoffe** werden in der vorliegenden Untersuchung wegen der vorgeschilderten Prägung als **disparitätische** bezeichnet. Sie besitzen trotz der weiten Verbreitung der technisch homogenisierten Werkstoffe in vielen Regionen der Erde mit überwiegend traditioneller Technik nach wie vor hohe technische und wirtschaftliche Bedeutung. Diese ist nicht nur dem wirtschaftlichen Aspekt der Verfügbarkeit zu kaufkraftgerechten Preisen und der regional angepaßten Technikerfahrung in Gestalt, Funktion und Erzeugungstechnik geschuldet, sondern auch dem im **Reichtum differierender Merkmale begründeten kulturellen Reiz**. Dieser Aspekt wird ebenfalls im Abschnitt „Begünstigung langer Erhaltungsdauer Technischer Artefakte" weiter erörtert.

Disparität begründet unikatäre Qualität bei zweckgeeigneten Technischen Artefakten auch vermöge **geographischer und meteorologischer** Voraussetzungen. Landschaftsgestalt und Wettergeschehen beeinflussen Abmessungen und Struktur von Gebäuden: Hochhäuser in engen Felsentälern sind ebenso fehl am Platz wie Wintergärten in Sizilien. Regionen mit natürlichen Vorteilen wie mildes Klima, landwirtschaftlich nutzbare Flächen mit großer Ausdehnung und guter Bodenqualität, reiche Trinkwasservorkommen, natürliche Häfen, Vorkommen von Bodenschätzen und so fort werden stark besiedelt mit der Folge hoher Verdichtung bei Wohn- und Gewerbegebäuden, Verkehrs- und Energieanlagen; höchste Verdichtung weisen Metropol-Regionen mit zweistelliger Millionenzahl von Einwohnern und charakteristischen Mehr- und Vielgeschoßbauten auf. Dem stehen das Hüttendorf im ländlichen Indien oder die schon verfallenen, weil verlassenen Feldsteinhäuser in Nordspanien gegenüber. Der Bau einer Autobahn über das Tauerngebirge hat geographisch und geologisch völlig andere Voraussetzungen zu berücksichtigen als in Mecklenburg-Vorpommern. Die **geographische Disparität** macht es zur Selbstverständlichkeit, daß kein Staudamm, kein Kanal, kein Polder, kein Hafen technisch identisch ein zweites Mal gebaut werden kann. Gleichermaßen gibt es keinen Garten, keinen Park identisch nochmals.

Hier können auch die Technischen Artefakte unter den **archäologischen Fund- und Ergrabungsobjekten** erwähnt werden. Sie entstanden sowohl durch disparitätischen Werkstoff wie auch durch die im Folgenden erörterten anthropologischen Einflüsse – Traditionsgebundenheit, Spontaneität im Erzeugungshandeln – ausschließlich als Unikate und besitzen Denkmalcharakter. Ihnen können die Fälle gegenübergestellt werden, in denen technische Identität mit besonderem Aufwand durch **Wiederholung der Erzeugung eines Unikats erzwungen** wird: Denkmalpflege schafft Museumsdörfer. Sie bestehen aus regionalgeschichtlich interessanten, aus disparitätischen Werkstoffen erstellten, nicht mehr genutzten Gebäuden verschiedener Zweckbestimmung – Wohngebäude, Werkstätten, Ställe, Vorratsgebäude, öffentliche Gebäude für Schulen, Ämter usf. –, die abgebrochen und aus dem geborgenen ursprünglichen Baumaterial in neuer, der geschichtlichen Anordnung möglichst nahekommender Zusammenstellung wieder aufgebaut werden, /4/. Vergleichbar damit sind die Fälle des Abbruchs und originalgetreuen Wiederaufbaus an anderer Stelle von Schlössern, „Herrenhäusern" und ähnlichen Gebäuden durch vermögende Privatleute, die ihrem Repräsentationsbedürfnis genugtun wollen. Siehe auch hierzu den Abschnitt „Begünstigung langer Erhaltungsdauer Technischer Artefakte".

2.3.2.3 Komplexität, Multifunktionalität

Mit der **Komplexität, dem räumlichen Umfang und dem finanziellen Aufwand beim Technischen Artefakt** wächst auch die **Zahl der Merkmale**. Es ist möglich, wenn auch aus Gründen der aesthetisch bewerteten Stadtgestalt vielleicht unerwünscht, mehrere technisch identische Bürohochhäuser oder Kraftwerksblöcke auf ausreichend großem Baugelände in einem zusammenhängenden Projekt zu bauen. Unmöglich ist es hingegen, ein in dramatischem Umfang komplexes Technisches Artefakt wie den Large Hadron Collider und die zugehörigen vier Detektoren des Europäischen Forschungszentrums CERN bei Genf, /5/, technisch identisch nochmals zu errichten. Selbst wenn es gelingen würde, die gesamte technische Ausrüstung identisch zu wiederholen, würden die Disparitäten des Untergrunds sicherlich andere tiefbautechnische Lösungen für den 27 km langen unterirdisch verlaufenden Ring erzwingen.

Auch **Multifunktionalität** Technischer Artefakte trägt bei zum vergleichbaren Reichtum differierender Merkmale. ROPOHL erörtert diesen Aspekt am Beispiel des Messers, /6/, übergeht allerdings den möglichen Gebrauch zum Stechen und erweckt den unzutreffenden Eindruck, daß die einfache Sachsystemfunktion des Schneidens keine Merkmaldifferenzierung zulasse. Tatsächlich sind wenigstens 20 Formen von Messern für die verschiedensten Zwecke im Haushalt, im Handwerk, bei der Jagd usf. ausfindig zu machen, die sich wieder durch 4 verschiedene Schliffarten unterscheiden können, /7/. Das gewählte Beispiel wird also zum Beleg für **Unifunktionalität**, für eine eingeschränkte

Zwecksetzung, die durch genau angepaßte, somit reich differenzierte Struktur optimal erreicht werden kann. Als Beispiel für Multifunktionalität kann ein Frachtschiff gelten, das für die Beförderung von Stückgut, z.B. Containern, und zusätzlich mit Kabinen für Passagiere ausgerüstet ist. Verglichen mit einem nur für Stückguttransport ausgestatteten Schiff besitzt das erstere den deutlich größeren Reichtum an Merkmalen überhaupt. Damit steigt auch die Wahrscheinlichkeit, - keinesfalls Sicherheit-, daß ein technisch genau identisches Frachtschiff nicht erzeugt wird.

2.3.2.4 Disparität des Technikbereichs

Analog zum fundamentalen Gegensatz zwischen einheitlicher Naturmodellierung in Gestalt von Naturgesetzen und Disparität des Naturbereichs liegt ein fundamentaler Gegensatz vor: zwischen der **Einheitlichkeit der Inhalte technischen Wissens** (die allerdings regionale Differenzierungen des Wissens und Könnens im Bereich traditioneller Handwerkstechnik nicht ausschließt) und der unabsehbaren **Vielgestaltigkeit der Technischen Artefakte**. Die Klage über die „Austauschbarkeit" von Flugplätzen, Autobahnen, Wolkenkratzern, Fernsehgeräten,..., /8/, läßt den Umstand unberücksichtigt, daß Ähnlichkeit noch längst keine Identität bedeutet, und daß bei genauerem Hinsehen immer differierende Merkmale zu entdecken sind, die auch mit lebensgeschichtlichen Bezügen eng zusammenhängen können. Der indonesische Architekt wird für die Aufgabe, ein repräsentatives Regierungsgebäude zu erstellen, eine charakteristisch andere Lösung finden als der holländische, obwohl beide in den USA studiert haben, obwohl funktionale Anforderungen übereinstimmen und die Planungsfreiheit einschränken. Hier kommt die anthropologische Bestimmung der Technik zur Wirkung; nicht nur, wie HEIDEGGER es sieht, vermöge des Setzens von Zwecken und Erreichens von Zielen, sondern auch durch die Einbindung der Technikurheber in kulturelle einschließlich technischer Traditionen, in ihrer Prägung durch berufliche Vorbilder wie auch in der persönlichen und beruflichen lebensgeschichtlichen Weiterentwicklung. Technikgestalter unterliegen wirtschaftlichen Zwängen durch die Wünsche und die Finanzkraft der Auftraggeber, politische und gesellschaftliche kaum beeinflußbare Bedingungen technischen Gestaltens und so fort. Die Handschrift der bedeutendsten technischen Gestalter, an denen es auch in der Gegenwart und der jüngsten Vergangenheit unbeschadet der zunehmenden Bedeutung der Kooperativen nicht fehlt, läßt herausragende Unikate erkennen, seien sie nun Informationstechnologen wie Konrad ZUSE oder Bill GATES, Fahrzeugkonstrukteure wie Ferdinand PORSCHE oder Architekten wie YEOH PING MEI. Unikate sind auch die repräsentativen Gebäude und andere Repräsentationsobjekte, die ihren Ursprung haben im Wunsch zahlungskräftiger Auftraggebers, als Lebender die auszeichnende Urheberschaft für etwas Einzigartiges zu erwerben und/oder als Toter ein Denkmal zu hinterlassen. Das Beispiel des abgebrochenen und Stein für Stein andernorts wiederaufgebauten Herrenhauses wurde schon erwähnt. Kultur- und technikgeschichtlich viel wesentlicher ist die Traditionslinie des Wettbewerbs europäischer Bauherren um das repräsentativste Adelsschloß, den längsten oder reichstgeschmückten Kirchenbau, in der Gegenwart allenthalben das Auftrumpfen mit dem höchsten Bankgebäude, Hotel oder Verwaltungshochhaus: Kein Ehrgeiz auf diesem Gebiet würde sich mit etwas anderem als einem Unikat zufrieden geben. Aber auch in vergleichsweise bescheideneren Maßstäben führt der Geltungsanspruch zum dringlichen Wunsch nach dem Unikat: Schmuck, Kleidung, Einrichtungsgegenstände und andere sind Technikfelder, auf denen die Erzeugung von Unikaten sich als technische Herausforderung und wirtschaftlich bedeutungsvolles Gebiet gleichermaßen erweist.

Die Pyramiden in Ägypten, Mittel- und Südamerika, die Megalith-Bauten von Carnac, Stonehenge und Malta sind Unikate, deren Zwecksetzung im Griff nach der Transzendenz liegt. Die Chinesische Mauer, erbaut vom 2. Jh. V. Chr. bis zum 15. Jh. n. Chr., mit einer Länge von über 6000 km, als größte Schutzanlage der Erde dem Zweck der äußeren Sicherheit Chinas dienend, verkörpert die Eigenart des vor allem durch Abmessungen und Aufwand gekennzeichneten Unikats: Alle vorher bekannten Dimensionen weit hinter sich lassend, die Wirtschaftskraft ganzer Regionen und Generationen rücksichtslos absorbierend und der Zeitvorstellung der ersten Urheber hinsichtlich der Vollendung ihres Projekts vollkommen unzugänglich.

Der anthropologische Aspekt kommt auch in den unmittelbaren lebensgeschichtlichen Umständen bei der Erzeugung von Artefakten zur Wirkung, vor allem bei den vorwiegend nichtrepetitiven Erzeugungsverfahren. Ihnen steht die im Abschnitt „Die Verschränkung von Struktur- und Nutzungsinformation im ‚objektivierten Informationsspeicher'" geschilderte Inanspruchnahme des Informationsspeichers von Automaten für die repetitiven Erzeugungsverfahren gegenüber. Das Arbeitsresultat des handgeführten Werkzeugs ist der lebensgeschichtlichen Spontaneität vielfach unterworfen. Schwankungen der Aufmerksamkeit, der Bewegungssicherheit, der Stimmung. Müdigkeit und allgemeiner Gesundheitszustand nehmen Einfluß. Dies kann sich unmittelbar im Unterschied der erzeugten Merkmale hinsichtlich Erreichung des Sollzustands bei einem einzelnen ebenso wie zwischen zwei verschiedenen Technischen Artefakten auswirken. Wenn diese Voraussetzung noch zusammentrifft mit der Verarbeitung disparitätischer Werkstoffe, ist die Entstehung des Unikats zwingende Folge.

2.3.3 Begriffsbestimmung und Erzeugung von Multiplikaten

Als **Multiplikat ist das Technische Artefakt**, spiegelbildlich zum Unikat, dadurch gekennzeichnet, daß **alle seinen Sollzustand kennzeichnenden Merkmale mit denen von vielen anderen Technischen Artefakten übereinstimmen**; es ist also mit vielen anderen technisch identisch.

Der Aufwand für die Erzeugung technisch identischer Artefakte als Sachsysteme hängt davon ab, wie viele Merkmale das Technische Artefakt besitzt, und wie gering die zulässigen Abweichungen der Merkmale von den Sollwerten bemessen sind. Eine Stahlkugel, die als Wälzkörper für ein Kugellager bestimmt ist, wird festgelegt durch den Werkstoff in eindeutiger, z. B. genormter Terminologie, (chemische Analyse, Kristallstruktur), durch den Nenndurchmesser, durch die Anforderungen an die Rundheit, also die Übereinstimmung mit der geometrisch genauen Kugelgestalt, die Rauhigkeit der Oberfläche, durch die Oberflächenhärte, schließlich durch die Toleranzen bei diesen Werten, siehe Abschnitt „Die Begriffe der Technischen Identität und Individulität". Technische Identität der Wälzkörper ist die Voraussetzung für ein reibungsarmes Kugellager mit langer Tauglichkeitsdauer. Es geht zwar nur um fünf Merkmale für die Sicherung Technischer Identität, aber der Erzeugungs- wie der Prüfaufwand steigt dramatisch, wenn die zulässigen Abmessungstoleranzen von einem Zehntel auf ein Hundertstel oder ein Tausendstel Millimeter begrenzt werden, wie es für ein kleines Hochpräzisions-Kugellager in einem feinmechanischen Gerät erforderlich sein kann. Hier muß jedoch auch auf diejenigen Multiplikate hingewiesen werden, die als Programme für Technische Artefakte der Informationstechnologie in der dafür kennzeichnenden Verschränkung von Struktur- und Nutzungs-Information im letzten Vierteljahrhundert zu einer technologisch, wirtschaftlich und gesellschaftlich kaum überschätzbaren Bedeutung gelangt sind. Die Erzeugung von sehr großen Zahlen übereinstimmender Einheiten ist mit vergleichsweise einfachen Kopierverfahren möglich.

Das Beispiel zeigte bereits, daß Multiplikate eine schwer zu überschätzende Bedeutung besitzen in Form der als „Element" bezeichneten Grundbausteine in den von ROPOHL als repräsentativ vorgestellten Sachsystemen, /9/; siehe hierzu auch Abschnitt „Die Begriffsbestimmung des Technischen Artefakts zweiter Ordnung". Hier geht es um die unscheinbaren, vollkommen unentbehrlichen, überwiegend genormten Schraubverbindungen, Dübel, Absperrarmaturen und andere Rohrleitungsbauteile, Dichtelemente, Kabel, Federn, Mauersteine, Dachziegel und so weiter ohne Ende. Im Abschnitt „Die institutionelle Bedeutung der Technischen Information" ist erörtert, welchen institutionellen Rang die Norm einnimmt, die in millionen- oder milliardenfacher Wiederholung die Erzeugung technisch identischer Artefakte bestimmt.

Die **Erzeugung von Multiplikaten**, also die Herstellung technisch gleicher Merkmale in vielfacher Wiederholung, setzt die genaue **Repetition der Arbeitsschritte** voraus, mithin die Vermeidung gerade jener Spontaneität, die vorstehend als einer der Gründe für die Erzeugung von Unikaten genannt wurde. Dieser Grund führt mit zwingender Notwendigkeit zur Nutzung derjenigen sachsystemerzeugenden Technischen Artefakte, die in hohem Maß über „objektivierte", inkorporierte Nutzungs-Information verfügen, also die **Bearbeitungs-, Montage-, Prüf- und Verpackungsautomaten**. Multiplikate entstehen auch in **Prozeßanlagen mit hoher Reproduktionsgenauigkeit** der Verfahren hinsichtlich Menge und Qualität, z.B. Anlagen der Metallurgie, der Chemie, der Zementindustrie. Menschlicher Eingriff beschränkt sich hier auf Einstellung der Automaten, Programmierung der Steuerungen, Überwachung der Funktionen, Instandhaltungsaufgaben, Bewältigung logistischer Probleme auf der Eingangsseite (Bereitstellung der Erzeugnis-Vorstufen) und Abgangsseite (Abtransport der Erzeugnisse, Reststoffe und Restenergien) der Erzeugungsanlagen.

Der **Verzicht auf Einzigartigkeit, Unverwechselbarkeit** durch differierende Merkmale wird belohnt durch den **wirtschaftlichen Vorteil der Kostensenkung** mit zunehmender Zahl technisch identischer Erzeugnisse. Zu dieser Kostensenkung trägt selbstverständlich auch die Tatsache bei, daß der Aufwand für die Erstellung der Technischen Information – Struktur, Nutzung, Instandhaltung –, also die Konstruktion, Entwicklung, Erprobung, auf entsprechend große Quantitäten verteilt und damit für die einzelne Einheit niedrig gehalten werden kann. Dieser Vorteil ist notwendige, wenn auch nicht hinreichende Bedingung dafür, daß unsere Technosphäre in reichem Maße über Multiplikate in tausend Gestalten zu bezahlbaren Preisen verfügt. Eßbestecke, Kaffeeautomaten, Fahrräder, Armbanduhren, Tonspeicher für alle Klaviersonaten Ludwig van BEETHOVENs in einer CD-Kassette samt Abspielgerät dazu, Skistiefel und Tageszeitungen, Zahnbürsten ebenso wie Fischkonserven und Gartenschubkarren – nur eine kleine Auswahl, und so weiter ohne Ende Auch hochkomplexe Technische Artefakte können als Multiplikate erzeugt werden, wenn die Kostensenkung den hohen Aufwand für die Bereitstellung weitgehend automatisierter Erzeugungsanlagen (sachsystemerzeugende Artefakte mit hohem Anteil objektivierter Nutzungsinformation) rechtfertigt.

2.3.4 Begriffsbestimmung und Erzeugung von Plurikaten

Plurikate können in zwei Formen auftreten. Sie sind entweder **Multiplikate**, die in einer vorsätzlich **beschränkten und vorzugsweise niedrigen Zahl von Einheiten** erzeugt werden. Sie entbehren also der Individualität innerhalb dieses Kollektivs, weisen sie aber gegenüber anderen vergleichbaren Technischen Artefakten auf. Oder aber sie zeigen Verwandtschaft zu den Unikaten, indem sie sowohl **übereinstimmende wie auch nicht übereinstimmende Merkmale** bzw. „**Supermerkmale**" **oder Subsysteme** besitzen. Die Vorkommenshäufigkeit eines Plurikats liegt also zwischen Eins – Vorkommenshäufigkeit des Unikats – und hohen, aber unbekannten Quantitäten – Vorkommenshäufigkeit des Multiplikats – . Die Grenze zwischen Plurikaten und Multiplikaten ist nicht quantifizierbar, im Gegensatz zur Abgrenzung beider hinsichtlich des Unikats.

Die Erzeugung von Plurikaten nutzt, als Folge der erwähnten Verwandtschaft, weitgehend die **Artefakte und Verfahren der Multiplikat-Erzeugung**. Es gibt das Phänomen der „limitierten Auflage" als Werbeaussage auch bei Artefakten, die keine Druckwerke sind und daher eigentlich nicht aufgelegt werden können, zum Beispiel bei Personenkraftwagen. Plurikate der ersten Form sind ein interessantes Betätigungsfeld für Gestalter („Designer"); ihre Entwürfe verbinden den Anspruch aesthetischer Hochwertigkeit mit dem der gewährleisteten Seltenheit, „Exklusivität", infolge geringer Stückzahl und hohem Preis: Kleidung, Lederwaren, Sportartikel, Uhren, Brillen, Möbel, Fahrräder – viel Unentbehrlichem haben sie ihren Stempel schon aufgeprägt, und alles spricht dafür, daß das Bedürfnis nach dem stilsicher Gestalteten, vergleichsweise Ungewöhnlichen, ihnen neue Aufgaben schaffen wird.

Plurikate der zweiten Form entstehen als **begrenzte Zahl von Varianten des Multiplikats** vermöge **unterschiedlicher Mischung von Merkmalen bzw. Subsystemen aus multiplikativer Erzeugung.** Das ist der Weg der Autoindustrie, beginnend bei Henry Ford, der sein Modell T nur in schwarzer Karosserielackierung verkaufte, bis zur gegenwärtigen Vielfalt in der Ausstattung von Personenkraftwagen. Durch Kombinationen bei der Wahl von Motoren, Getrieben, Karosserieformen und –farben sowie Bedienungs- wie Komfortelementen werden u. U. Tausende von Möglichkeiten „quasiunikatärer" Gestaltung geboten, mit entsprechend begrenzten Stückzahlen der Einzelvariante. Wirtschaftlichen Bedürfnissen folgt die Ausrüstungsvielfalt bei Straßenfahrzeugen aller Größen und Formen für gewerbliche Zwecke durch unterschiedliche Aufbauten auf gleichen „Plattformen", für Zwecke der öffentlichen Sicherheit beim Einsatz für Polizei, Feuerwehr, Katastrophenhilfe, Streitkräfte und so fort.

Plurikate können z.B. auch die Gebäude von Wohnsiedlungen mit übereinstimmenden Bauplänen und –beschreibungen sein, die gemäß Katalog angebotenen Garten- und Wochenendhäuser aus Holz, Wohnanhänger, Wohnmobile und andere Technische Artefakte; bei ihnen kommen auch teilautomatisierte oder rein handwerkliche Erzeugungsverfahren zum Einsatz, weil die Quantitäten den hohen Aufwand für stark automatisierte Erzeugungsanlagen nicht rechtfertigen. In der Bautechnik, auf dem Sektor der Fertighäuser, spielt die unterschiedliche Mischung von Subsystemen aus multiplikativer Erzeugung – Fenster, Türen, Treppen, Wand-, Fußboden- und Deckenelemente einschließlich der Beläge dafür, Elemente der technischen Gebäudeausrüstung und so fort – eine bedeutende Rolle, um Kostenvorteile mit einer in der Nähe des Unikats liegender Gestaltungsvielfalt zu verbinden.

2.3.5 Beeinflußbare Individuation und Technische Biografie bei Unikaten, Plurikaten, Multiplikaten

Unikate sind per se Individuen. Plurikate und Multiplikate können durch individuierende Bezeichnung, etwa Herstellernachweis bzw. zugehörige Daten (Typ, Modell, Seriennummer, Herstelldatum usf.), zu Individuen werden, vorzugsweise dann, wenn es sich um Technische Artefakte in Form von Systemen handelt.

Das Erfordernis bzw. die Wünschbarkeit dieser Individuation ist in der Regel gegeben durch wirtschaftliche Notwendigkeit (der Anspruch auf Gewährleistung kann nur über Individuation des Technischen Artefakts gesichert werden) oder Rechtsregelungen (Dokumentation für die Haftung bei Störungen oder Unfällen). Für gewisse Klassen von Multiplikaten gibt es eine auf definierte Kollektive bezogene Individuation und Dokumentation. Industriell hergestellte und verpackte Arzneimittel z.B. werden gemäß gesetzlicher Vorschrift mit einer Operations- oder Chargen-Nummer versehen, die in Verbindung mit den Aufzeichnungen des Herstellers genaue Rückschlüsse auf Datum und technische Umstände der Herstellung und Abfüllung zulassen. In vergleichbarer Weise werden industriell hergestellte oder verpackte Nahrungsmittel über den Zeitraum der gesicherten Haltbarkeit individuiert, d.h. über die Gewährleistung für das Vorliegen des Sollzustands hinsichtlich der Eignung zum Verzehr durch Menschen. Ein führender Hersteller von Mikroprozessoren hat sogar die Absicht bekanntgegeben, in Verbindung mit der Einführung einer neuen „Generation" dieser Bauelemente jedes einzelne mit einer Identifikationsnummer zu kennzeichnen, /10/.

Diese Individuation, bei der alle Merkmale bis auf eine unterscheidungsdienliche Bezeichnung übereinstimmen, ist beabsichtigt, frei wählbar und zweckmäßig; denn sie erleichtert alle Formen der Nutzung, der Instandhaltung und der Verfahren bei Ende der Tauglichkeitsdauer des Technischen Artefakts. Das Unikat hat nicht selten eine Bezeichnung, einen Eigennamen; dieser ist kein technisches Merkmal, ergänzt aber die Individuation. Die Analogie zum menschlichen Individuum ist naheliegend. Voll ausgebildete Technische Biografien (Technische Artefakte dritter Ordnung) sind eine reichere und damit vermehrt werthaltige Form, eine Individuation zu dokumentieren. Technische Biografien sind erforderlich oder wenigstens wünschbar unter den gleichen Voraussetzungen und mit entsprechend angepaßtem Informationsinhalt nach Maßgabe der Kennzeichnungsanlässe und des Merkmalsreichtums bei Technischen Artefakten. Sie erleichtern im zutreffenden Fall auch den Übergang vom ersten zum zweiten Abschnitt der Tauglichkeitsdauer des zugehörigen Artefakts erster Ordnung.

Bei multiplikativen Technischen Artefakten, die nur als Elemente (Subsysteme) Nutzung finden, wie etwa Schrauben, Scheiben, Muttern, Dichtelemente und so fort, ist diese Art von Individuation in der Regel nicht erforderlich und deshalb nicht üblich. Ausnahmen können bei Teilen vorliegen, welche für die Sicherheit eines Technischen Artefakts bedeutungsvoll sind (z.B. Verschraubungssysteme bei Druckbehältern) ; hier kann individuierende Kennzeichnung und deren Dokumentation sowohl für die Ursachenerkennung wie für die Rechtsfolgen bei Schäden oder Unfällen unerläßlich und daher rechtlich vorgeschrieben sein.

Ein besonders anschauliches Beispiel dafür, daß die Merkmale des Multiplikats und der Individualität sich nicht unter allen Bedingungen ausschließen, bilden die ausschließlich zum Zweck der Identifizierung menschlicher Individuen hergestellten Technischen Artefakte: Amtliche Personal- und Dienstausweise aller Art, Reisepässe, Kraftfahrzeug-Führerscheine, Ausweise von Körperschaften und Wirtschaftsunternehmen für Mitarbeiter, Bank- und Kreditkarten und so fort. Fälschungssichere Dokumente dieser Art werden in höchsten Stückzahlen hochautomatisiert, ohne jede Berührung durch Menschenhand, hergestellt, gleichwohl liegt das entscheidende Merkmal darin, daß der Informationsinhalt keines einzigen mit dem eines anderen übereinstimmt. Auch die technisch identischen und durch Seriennummer als zusammenhängend gekennzeichneten Banknoten gehören zu dieser Gruppe.

Andere Multiplikate vielfältiger Art, beispielsweise Druckerzeugnisse, Gebrauchsartikel aller Art, Kleidungsstücke etc. bedürfen der Kennzeichnung des Einzelexemplars nicht. Im Handelsverkehr reicht in fast allen Fällen die Individuierung über Zahlungsbelege mit den erforderlichen Informationen vollkommen für den Nachweis der Gewährleistungsverpflichtung des Herstellers/ Verkäufers aus. Dagegen ergibt sich aus dem Bedürfnis des menschlichen Individuums, seine Identität bestätigt zu finden, ein deutlicher wirtschaftlicher Anreiz zur Kennzeichung von Multiplikaten. Eßbesteck wird mit Namen oder Initialen graviert, Trinkgefäße und andere Reiseandenken werden mit Vornamen bedruckt in der Hoffnung, sie an Träger dieser Vornamen zu verkaufen. Man kann vermuten, daß die Erwerber durch die Erinnerung an Ort und Zeit des Erwerbs, verbunden mit der Identifikation über die Namenskennzeichnung, zu erhöhter Sorgfalt in Bewahrung und pfleglicher Nutzung veranlaßt werden.

Werbebotschaften auf Drucksachen, die millionenfach zum Versand kommen, werden mit Hilfe von Datenverarbeitungsanlagen individuell adressiert und mit persönlich gehaltener Anrede versehen. Die Werbetexte sind häufig so formuliert, daß der Eindruck erweckt werden soll, das betreffende Angebot, wiewohl erkennbar in großen Auflagen verteilt, richte sich in fast ausschließlicher Weise an diesen einzigen Adressaten und respektiere somit dessen Einzigartigkeit. Die geringfügigen Befriedigungen des Selbstwertgefühls, die aus der Beteiligung an dieser Art von Marktgeschehen resultieren, können freilich nicht darüber hinwegtäuschen, daß der echte Wert des Unikats oder Plurikats nicht für den Preis des mit hochrepetitiven und damit kostengünstigen Verfahren hergestellten Multiplikats zu haben ist.

2.3.6 Unbeeinflußbare Individuation und Instandhaltung

Individuation entsteht jedoch auch **unbeabsichtigt, unbeeinflußbar und zweckhemmend**; denn das Technische Artefakt besitzt, wie die Lebewesen, eine Geschichte. Die im Abschnitt „Ursachen der Abweichung des Technischen

Artefakts vom Sollzustand" in aufzählender Form genannten Wirkungen gewinnen mit dem Blick auf die Folgen beim einzelnen Technischen Artefakt neue Bedeutung. Die im Abschnitt „Disparität der Naturbereichs" vorgetragenen Argumente begründen folgende Aussage: Die **Wahrscheinlichkeit dafür,** daß an zwei oder mehr mit Ausnahme des Bezeichnungsmerkmals **technisch identischen Plurikaten oder Multiplikaten** durch Nutzung oder nutzungsfreie Zeiten genau **die gleichen Einwirkungen entstehen, ist beliebig klein.** Unsere Lebenswelt ist ständigem Einstrom dissipierter (zerstreuter) Energie ausgesetzt, die jedes örtlich entstehende Gleichgewicht unmittelbar wieder zerstört, sodaß für die hier ausschließlich interessierenden physikalischen Makrosysteme in keinem von zwei beliebigen Raumabschnitten zu irgendeinem Zeitpunkt genau übereinstimmende physikalische Zustände vorliegen können. Dies hat wiederum zur Folge, daß identische Technische Artefakte zwingend von Anfang den genannten Einflüssen unterschiedlich unterworfen sind und damit Differenzen in den Strukturen entstehen, die sich je länger, desto stärker als individuierende Merkmale zeigen. Dementsprechend unterschiedlich nach Zeitdauer oder Intensität der Nutzung treten dann auch die Kriterien auf, die Instandhaltungsmaßnahmen begründen. Durch entsprechend hochauflösende Prüfverfahren ließe sich leicht zeigen, daß jedem Schadensfall ein etwas anderes Schadensbild zugrunde liegt – ein anderes Oberflächenbild von mechanischem Verschleiß, von chemischer Korrosion, ein anderer Bruchverlauf, eine andere Verschmutzungssituation, ein anderes Schadensbild nach Überhitzung, eine andere Reststruktur in einem überlasteten elektronischen System, und so fort. Für die technische Praxis der Instandhaltung von Multiplikaten ist dies oft bedeutungslos, weil häufig mit viel gröberem Raster gearbeitet wird: Verschlissene Teile und Subsysteme werden ohne vorhergehende Feinanalyse ausgetauscht, sogar die Entscheidung zur Ausmusterung des Technischen Artefakts im Ganzen wird fallweise ohne genaue Schadensfeststellung getroffen. Derlei Entscheidungen mögen alle technisch oder wirtschaftlich begründet sein: Durch den Kostenaufwand genauester Schadensfeststellung, das Verhältnis des Aufwands für Arbeitszeit zu den Beschaffungskosten für Ersatzteile und so fort. Unbeschadet bleibt der Befund, daß die **Differenzierung der Schadensverläufe zu einer Individuation der Technischen Artefakte führt,** die freilich häufig gar nicht wahrgenommen wird. Je stärker das Technische Artefakt die Merkmale des Plurikats oder Unikats ausprägt, je höher sein wirtschaftlicher Wert liegt, desto dringender wird es auch notwendig, den Schadensumfang genau zu erkennen, zu dokumentieren und danach ein angepaßtes Vorgehen bei der Instandsetzung festzulegen. Die „Generalüberholung" eines Kreuzfahrschiffs, die Restaurierung der Fassade des Petersdoms in Rom bedürfen fallweise jahrelanger Vorbereitung und des Sachverstands vieler Experten.

Instandsetzung bewirkt aber unvermeidlich eine noch **stärkere Individuierung.** Diese beginnt im Fall von Plurikaten und Multiplikaten schon mit dem Zeitpunkt der ersten Instandsetzung. Wenn technisch identische oder teilidentische Artefakte nach unterschiedlichen Zeitspannen, gerechnet vom Beginn der Nutzung an, instandgesetzt werden, so werden weitere Unterschiede hinsichtlich des Intervalls bis zur Erfordernis zusätzlicher Instandhaltung und letztlich auch Unterschiede der insgesamt resultierenden Tauglichkeitsdauer höchst wahrscheinlich entstehen. Weiterhin ist im Abschnitt „Technologische Höherwertigkeit vermöge Instandhaltung - Instandhaltung komplexer Sachsysteme dargelegt, daß fallweise in Einzelheiten des Instandsetzungsverfahrens freies Ermessen waltet, zum Beispiel, indem beim Austausch unbrauchbarer Bauteile andere, aber gleichwertige oder sogar höherwertige Werkstoffe bei sonst übereinstimmenden Merkmalen verwendet werden. Bei durch plastische Verformung beschädigten Bauteilen ist es nur fallweise und dann mit hohem Aufwand möglich, die ursprüngliche Raumform technisch völlig identisch wiederherzustellen. Weitere Beispiele ließen sich anführen. Nutzung und Instandsetzung erzeugen wechselwirkend zeitlich fortschreitend eine wachsende Zahl unterschiedlicher Merkmale. Was der technisch identischen Einheit zu Anfang wie das sprichwörtliche Ei dem andern glich, kann zum Zeitpunkt der Ausmusterung, um im Bild zu bleiben, ungefähr den gleichen Grad räumlicher Kongruenz aufweisen wie die Eierschalen, die nach der Herstellung von Spiegeleiern übrigbleiben.

2.3.7 Technische Individuation im Alltag

Jeder kennt als Alltagserfahrung diese Sollzustandsabweichungen: Den luftlosen Fahrradreifen, das vergilbte Buch, die verkalkte Kaffeemaschine, die durchgerostete Heizungsleitung, den Riß im mürbe gewordenen Hemdenstoff, die Millionen allgegenwärtiger Folgen von im Stillen verlaufenen Zerfalls- und Ausgleichsvorgängen. Immer gibt es winzige Unterschiede beim Schimmelbelag, bei der Berostung, bei den kleinen Einbeulungen und Scheuerstellen, bei den Poren und Spalten an Stellen, die dicht sein sollten. Es zeigen sich unsere Automobile, tadellos lackiert und spiegelblank am Anfang, nach wenigen Tagen leicht oder stark bestaubt, mit kleinsten fast nicht oder auch mit deutlich sichtbaren Kratzern versehen, mit unterschiedlichen dünnsten Schichten von Rückständen getrockneter Regentropfen verunziert und auch anderweitig in differenzierter Weise vom Atem des Entropiewachstums behaucht. Jeder trägt mit an der Last der alltäglichen Instandhaltung oder Ausmusterung, an der Erhaltung oder dem Untergang der wahrlich ungezählten Individuen mit ihrer fast immer bedeutungsarmen und daher unerinnert bleibenden Tauglichkeitsgeschichte. Die Voraussetzungen dafür, daß deutliche und womöglich bleibende Spuren dieser Tauglichkeitsgeschichte entstehen, in der sich die schon anfänglich vorliegende Individuation fortschreibt, sind im Abschnitt „Das Technische Artefakt dritter Ordnung – Technische Biografie" erörtert.

2.3.8 Auszeichnung von Zeitausschnitten durch Einmaligkeit, Seltenheit und Häufigkeit Technischer Artefakte

Das Kennzeichen der Einmaligkeit ist kategorial nicht unterschieden von dem der Seltenheit, des Angetroffenwerdens Technischer Artefakte in kleiner Zahl von Exemplaren, wie es die Plurikate kennzeichnet, und von dem der Häufigkeit, also großer Zahlen von Exemplaren bei Multiplikaten: Es handelt sich um die Kategorie der Zählbarkeit, der z.B. die abzählbaren Elemente einer Menge unterliegen. Begründungen für die unterschiedliche Bewertung dieser Fallzahlen müssen außerhalb der mathematischen Kategorien liegen. Sie können gefunden werden in der allgemeinsten Kategorie, der Zeit. Das Unikat ist unter den Technischen Artefakten in doppelter Hinsicht herausgehoben: Zum einen durch Einmaligkeit in seiner informationellen (Artefakte erster und dritter Ordnung) wie in seiner materiell-energetischen (Artefakte zweiter Ordnung) Struktur; zum anderen aber durch die mit seiner Entstehung, Nutzung, Instandhaltung und schließlich Ausmusterung verbundene Auszeichnung von Zeit, Ort und Umständen als Beitrag zur Geschichtlichkeit von Leben, Gesellschaft und Technik.

Ein Beispiel soll dies deutlich machen. Innerhalb des gleichen quantitativ bemessenen Zeitabschnitts kann für den Eiffelturm in Paris der Grundstein gelegt werden, und es kann auf einem Drehautomaten das dreimillionste bis dreimillioneintausendste Exemplar technisch identischer Schrauben entstehen, wofür jeweils ein Tausendstel der Dauer dieses Zeitabschnitts benötigt wird. Diese Tausendstel-Zeitschritte sind, im Rahmen dieses Gedankengangs, unter sich nur unterscheidbar durch die Entstehung von tausend einzeln abzählbaren oder nummerierbaren Schrauben. Das mit ihnen verbundene Geschehen ließe sich ohne logische Gegengründe für beliebig lange Zeitspannen fortsetzen, solange die hinreichenden Bedingungen - Versorgung mit Vormaterial, Energie und Betriebsmitteln, hinlängliche Instandhaltung der Werkzeugmaschine - gesichert sind. Dagegen könnte ein zweiter, mit dem ersten technisch identischer Eiffelturm nur dann als zweites Unikat entstehen, wenn der erste untergegangen wäre und an der gleichen Stelle neu gebaut werden sollte: Er wäre und bliebe der zweite und damit der andere, denn die Dokumente in der Grundsteinkapsel und somit das Technische Artefakt dritter Ordnung unterschieden sich von denen des ersten.

Das Technische Artefakt kann systemtheoretisch und durchaus mit Erkenntnisgewinn betrachtet werden ohne jeden Bezug zur geschichtlichen Zeit. Aber diese Perspektive ist ergänzungsbedürftig. Technische Artefakte entstehen in der Zeit und gehen in ihr unter. In diesem Wechsel konstituiert sich nicht nur die Technikgeschichte; sie dokumentiert die Entfaltung der Fähigkeit technischer Welterschließung. Auch die Zeitgeschichte insgesamt erfährt inhaltliche Prägung insbesondere durch die Unikate. Die Unverwechselbarkeit der Technischen

Artefakte korrespondiert mit der Unverwechselbarkeit ihrer Entstehungszeit, und dies gilt auch für die Instandhaltung. Der Bau des Eiffelturms repräsentiert eben nicht nur einen bestimmten Stand technischer Leistungsfähigkeit im Stahlbau, sondern auch den Erlebniswert der Aussicht von einem 300 m hohen Turm über eine Großstadtregion, die Wirtschaftskraft und das Selbstbewußtsein Frankreichs, das in einer Weltausstellung manifestierte Repräsentationsbedürfnis der Teilnehmerstaaten, die leidenschaftlichen ästhetischen Diskussionen zur Zeit seiner Entstehung, die Persönlichkeit Gustave Eiffels und seine Überzeugungskraft bei der Durchsetzung seiner Idee, und noch andere in den letzten Jahrzehnten des 19. Jahrhunderts wirksame Geschichtskräfte. Was für Unbeteiligte skurril klingen mag, nämlich die Teilung der Zeit in Sieben-Jahres-Perioden, ist es für die Administration des Eiffelturms durchaus nicht: Alle sieben Jahre muß die Stahlkonstruktion mit einem Aufwand von 52000 kg Farbe neu gestrichen werden, um Korrosion zu verhindern, /11/. Jede Wiederholung dieser Maßnahme markiert die Fähigkeit und den Willen, vermöge Instandhaltung eine Tradition fortzusetzen, ohne die Paris und Frankreich schwer vorstellbar sind. Die Selbstverständlichkeit, mit der Reiseliteratur und Kunsthandbücher über Erhaltung, Verfall und Wiederaufbau unikatärer Bauwerke unterrichten, unterstreicht deutlich genug, wie **Individuation vermöge Instandhaltung Zeitpunkte und Zeitabschnitte** prägt und damit für Zeitgeschichte insgesamt bedeutsam wird.

2.3.9 Zusammenfassung zum Abschnitt 2.3 : Technische Identität und Individualität

Die lebensgeschichtlich entscheidende Form der Begegnung mit Technik in der Gestalt des Technischen Artefakts als individueller Einheit gebietet die systematische Entfaltung der Komplementärbegriffe technischer Individualität und technischer Identität; beide sind für Instandhaltung von großer Bedeutung. **Technische Identität ist dasjenige Maß von Übereinstimmung der in der Technischen Struktur-Information enthaltenen, den Sollzustand bestimmenden Merkmale Technischer Artefakte,** das mit dem verfügbaren Grad an Homogenität der Werkstoffe oder Rohstoffe sowie der Reproduzierbarkeit nach Maßgabe der Erzeugungsverfahren höchstens erreicht werden kann. Unter **Technischer Individualität** ist dementsprechend die **Nichtübereinstimmung eines, mehrerer oder aller Merkmale** technisch sinnvoll miteinander vergleichbarer Technischer Artefakte zu verstehen. Als **Unikat besitzt das Technische Artefakt, als System betrachtet, den höchsterreichbaren Grad Technischer Individualität.** Die Disparität des Naturganzen in der doppelten Form, daß aus ihm die Rohstoffe und Energien ursprünglich hervorgehen, und daß Technische Artefakte vielfach auch naturräumliche Gestaltung bzw. Umgestaltung voraussetzen oder einschließen, fördert oder bedingt das technische Unikat. Komplexe und multifunktionale Technische Artefakte besitzen mehr Merkmale als einfache, erleichtern also die Differenzierung, ebenso wie die anthropologisch, nämlich durch die Individualität technischer Gestalter und Gestaltungsaufgaben, bedingte Disparität des Technikbereichs. **Multiplikate stimmen in allen den Sollzustand kennzeichnenden Merkmalen überein**, sind also mit vielen anderen technisch identisch. **Plurikate** können auftreten als **Multiplikate in vorsätzlich beschränkter Zahl** oder in der **Ausstattung mit teils übereinstimmenden, teils nicht übereinstimmenden Merkmalen**. Beispiele belegen, daß Technische Artefakte aller Grade Technischer Individualität in bunter Mischung den technischen Alltag prägen. Multiplikate können mit individuierenden Merkmalen, z.B. Herstellernummern, ausgestattet werden, um rechtliche oder wirtschaftliche Nachteile der Ununterscheidbarkeit zu vermeiden. Individuation entsteht jedoch in unbeeinflußbarer Weise durch die Geschichtlichkeit des Technischen Artefakts. Sie manifestiert sich in den unterschiedlichen Ursachen der Sollzustands-Abweichung, vor allem aber auch im Ergebnis von Instandsetzungsmaßnahmen durch Differenzierung der Schadensverläufe wie auch der Instandsetzungsverfahren. Zeit, Ort und Umstände von herausragenden Instandhaltungsmaßnahmen können aber darüber hinaus bestimmte Zeitausschnitte als Ganzes in unikatärer Weise ähnlich auszeichnen, wie es am Unikat als dem einmalig vorfindlichen Technischen Artefakt deutlich wird.

2.4 INSTANDHALTUNG UND ERHALTUNGSDAUER

2.4.1 Geschichtlichkeit des Technischen Artefakts und Zeitdauerbegriffe

2.4.1.1 Brauchbarkeitsdauer, Lebensdauer

Für die folgenden Darlegungen ist besonders auf die Begriffsbestimmungen und weiteren Aussagen der Abschnitte „Ursachen der Abweichung des Technischen Artefakts vom Sollzustand" und „Instandhaltung: Begriffsbestimmung, Teilmaßnahmen, Beispiele, Toleranzen" hinzuweisen. Die für den Begriffsthesaurus der Instandhaltung mit maßgebenden Deutschen Normen 31051 und 40042 enthalten fast keine Aussagen zu einem **grundlegenden Bewertungsmaßstab für die Rechtfertigung von Instandhaltung**, nämlich den **Zusammenhang von Instandhaltung und Gesamtdauer der Funktionsfähigkeit des Sachsystems.** Hier ist auch daran zu erinnern, daß diese beiden Normen die Technische Information und die Technische Biografie als integrale Teile des Technischen Artefakts weitgehend unbeachtet lassen. Die DIN 40042, vorwiegend orientiert an der Klassifizierung von Artefakten der Elektrotechnik nach Zuverlässigkeitskriterien, bestimmt als **Brauchbarkeitsdauer** die

„Zeitspanne, während der bei gegebenem Verlauf der Beanspruchung und Einhaltung der Wartungsvorschriften die festgelegten Grenzwerte von Zuverlässigkeits-Kenngrößen in der Gesamtheit der Betrachtungseinheiten gleicher Art eingehalten werden".

Diese Kriterien liegen in einem begrenzten Bereich von Einflüssen auf den Sollzustand einerseits, in der Erstreckung auf ein Kollektiv unbestimmter Größe andererseits – beides deutlich entfernt von dem grundlegenden Aspekt der **Geschichtlichkeit des Technischen Artefakts**, der dokumentarisch in der Technischen Biografie besonders deutlich wird.

Es ist also für die vorliegende Untersuchung unerläßlich, Zeitdauerbegriffe festzulegen, die diesem Aspekt Rechnung tragen. Von der Verwendung des umgangssprachlich gebrauchten Begriffs „**Lebensdauer**" wird in der vorliegenden Untersuchung abgesehen. Der kategoriale Abgrund zwischen dem Technischen Artefakt, bestimmbar durch einen abgrenzbaren Informationsbestand hinsichtlich des Sollzustands, und dem solchermaßen nicht definierbaren Lebewesen schließt die Nutzung dieses Ausdrucks im vorliegenden Zusammenhang aus.

2.4.1.2 Instandhaltung des Sachsystems und unmittelbarer sowie mittelbarer Schaden

Instandhaltungsmaßnahmen für die Aufrechterhaltung des Sollzustands (Wartung) und für die Erkennung einer Sollzustandsabweichung (Inspektion) erfordern wirtschaftlichen Aufwand, stellen jedoch noch keinen Schaden dar. Dagegen bedeutet die zeitweilige oder dauernde mit Minderung oder Verlust der Funktionsfähigkeit verbundene Sollzustandsabweichung eines Technischen Artefakts zweiter Ordnung, eines Sachsystems, in der **wirtschaftlichen Bewertung einen Schaden**. Die Rückführung des Ist- in den Sollzustand, also die Instandsetzung, erfordert einen Aufwand, der als Maß des **unmittelbaren wirtschaftlichen Schadens** dienen kann. Mittelbarer wirtschaftlicher Schaden kann darüber hinaus in großem Umfang entstehen, wenn bei gewerblicher Nutzung Wertschöpfung durch unzulängliche oder ganz entfallende Funktionserfüllung nicht zustande kommt.

Der Begriff des Schadens wird in der vorliegenden Untersuchung mit dem Maß des Aufwands verbunden, der für die Rückführung vom Ist- in den Sollzustand (Instandsetzung) erforderlich ist. Er deckt sich also mit dem Rechtsbegriff des Schadens, der u.U. einen Anspruch auf Schadensersatz begründet. DIN 31051 bestimmt als Schaden dagegen einen technischen Zustand, der

„eine im Hinblick auf die Verwendung unzulässige Beeinträchtigung der Funktionsfähigkeit bedingt",

und verknüpft diesen Zustand mit der **Unterschreitung eines Grenzwertes des Abnutzungsvorrats**. Die Sollzustandsabweichung kann jedoch auch durch andere Ursachen als technische Nutzung eintreten, nämlich gemäß DIN 40042 durch umgebungsbedingte Beanspruchung. Ein Beispiel dafür, die Verschmutzung einer Gebäudefassade, ist im Abschnitt „Abnutzungsvorrat, Zuverlässigkeit, Verfügbarkeit" erörtert. Die bautechnischen Begriffe „Schönheitsreparatur" und „Renovierungsstau" bezeichnen die im Hinblick auf Werterhaltung begründeten, jedoch noch nicht durch Beeinträchtigung der Bewohnbarkeit, also Erschöpfung eines Abnutzungsvorrats, erzwungenen Instandsetzungsmaßnahmen.

2.4.2 Tauglichkeitsdauer, erster Abschnitt; Nutzungsdauer

2.4.2.1 Begriffsbestimmung und Erläuterung des ersten Abschnitts der Tauglichkeitsdauer

Zunächst wird der Begriff der Tauglichkeitsdauer eingeführt; er ist für zwei Zeitabschnitte zu bestimmen. Der **erste Abschnitt der Tauglichkeitsdauer eines Technischen Artefakts ist der Zeitraum, für den die Funktionsfähigkeit (Zwecktauglichkeit) nach Maßgabe der Technischen Information in ihrer ursprünglichen Festlegung des Sollzustands durch Instandhaltung aufrechterhalten wird.** Er endet für das Sachsystem durch technologisch zwingende Ursachen, durch Geltendmachung wirtschaftlicher Kriterien oder durch Wertentscheidungen. Diese Begriffsbestimmung schließt auch die Instandhaltung des Technischen Artefakts erster und dritter Ordnung mit ein, also Instandhaltung der Technischen Information als einer nach Umfang und Erkennbarkeit der ursprünglichen Fassung entsprechenden Dokumentation; ferner, falls vorhanden, die der Technischen Biografie. Beide Dokumentationen sind sowohl für eine zielführende Instandhaltung des Sachsystems wie auch für die mit der Ausmusterung zwingend verbundenen Vorgänge wertvoll, fallweise unerläßlich.

Für das Ende der des ersten Abschnitts der Tauglichkeitsdauer sind unbeeinflußbare Gründe zu unterscheiden von solchen, bei denen Ermessensspielraum besteht.

Ein zwar nicht in logisch, aber technisch-wirtschaftlich zwingender Weise unbeeinflußbarer Grund für das Ende des ersten Abschnitts der Tauglichkeitsdauer liegt darin, daß der **Sollzustand des Sachsystems infolge technologischer Ursachen nicht mehr wiederhergestellt werden** kann. Dieser Fall kann vorliegen beim Untergang des Technischen Artefakts durch Extremereignisse, Verfall oder nicht bestimmungsgemäße Nutzung, siehe hierzu auch die Darlegungen im Abschnitt „Ursachen der Abweichung des Technischen Artefakts vom Sollzustand". Ferner kann der Fall eintreten, daß Ersatzteile oder Instandsetzungsverfahren nicht mehr zur Verfügung stehen bzw. mit wirtschaftlich vertretbarem Aufwand nicht bereitgestellt werden können. Hierzu zählt auch die Kategorie Technischer Artefakte, bei denen die Systemkonzeption des Sachsystems eine Instandsetzung gar nicht zuläßt. Dies ist der Fall, wenn unlösbar verbundene, z.B. eingegossene, funktionsunfähige Bauteile nicht zerstörungsfrei zugänglich sind oder nicht ausgebaut werden können. Sicherheitsvorschriften können fallweise die Tauglichkeitsdauer dadurch als beendet bestimmen, daß die Instandsetzung bei Vorliegen bestimmter Schäden untersagt wird. Z.B. müssen sogenannte laufende Stahlseile für Aufzüge und Krane „abgelegt", das heißt ausgemustert, werden, wenn eine festgelegte Zahl von Drahtbrüchen auf eine bestimmte Seillänge von außen sichtbar ist, /1/. Begründet ist dies durch die Erkenntnis, daß eine Instandsetzung, die den Sollzustand hinsichtlich der hier geforderten hohen Sicherheitsreserven wiederherstellen würde, nicht möglich ist. Ein technologisch zwingender Grund liegt auch dann vor, wenn die bestimmungsgemäße Nutzung des Sachsystems zum Untergang führt; wobei der Terminus „Untergang" hier in Analogie zum raschen Ablauf beim Extremereignis gebraucht wird, siehe dazu auch den Abschnitt „Zeitabläufe bei der Abweichung des Technischen Artefakts vom Sollzustand". Unter diese Kategorie fallen Sprengmittel, Munition, Feuerwerkskörper, Gaspolster-Sicherungen für Fahrzeuginsassen („Airbags") und ähnliche.

Eine sehr umfangreiche Kategorie stellen diejenigen Technischen Artefakte dar, bei denen die Möglichkeit der Wiederherstellung des Sollzustands vorsätzlich durch die Systemgestaltung ausgeschlossen ist, wobei deren Tauglichkeitsdauer mit der Dauer der bestimmungsgemäßen Nutzung zusammenfällt. Hierzu zählen z.B. gefüllte, verschlossene und nicht wiederbefüllbare Verpackungs- Multiplikate mit Lebensmitteln, Arzneimitteln, Kosmetika, Hygieneartikeln, Reinigungs- und Haushaltsartikeln oder ganz allgemein mit Inhaltsstoffen, die nach Öffnung der Verpackung verbraucht (in Stoff- und Energiekreisläufe eingeführt) werden. Dazu gehören auch viele alltägliche Gebrauchsgegenstände, umgangssprachlich als „Wegwerfartikel" bezeichnet: Briefumschläge zum Einmalgebrauch, Minen für Kugelschreiber, Glühlampen und so fort.

Aufwendungen für alle Teilmaßnahmen der Instandhaltung können sich während der Nutzung des Sachsystems zu hohen Beträgen addieren, insbesondere wenn Entscheidungen über umfangreiche Instandsetzungsmaßnahmen, wirtschaftlich gesehen also hohe unmittelbare Einzelschäden, anstehen. Diese können in der Regel in einer Kostenschätzung als voraussehbar (und somit als durch Verzicht vermeidbar) oder nach Vollzug und Vorliegen der Kostenabrechnung als bereits eingetreten erkennbar werden. Wenn der Gesamtaufwand für die Instandhaltung einen aus wirtschaftlichen Gründen festgelegten Grenzwert überschreitet, der dem Sachsystem zugebilligt wird, endet der erste Abschnitt der Tauglichkeitsdauer durch Verzicht auf erneute Instandsetzung. Bei der Festlegung dieses Grenzwerts kann ein erheblicher Ermessensspielraum vorliegen. Im Rahmen des Ermessens fällt, wenn auch nicht wirtschaftlich quantifizierbar, die Erwartung ins Gewicht, daß durch weitere unvorhersehbare, auch durch vorbeugende Maßnahmen nicht auszuschließende künftige Schadensfälle die Nutzung bzw. Wertschöpfung unter ungünstigen Gesamtumständen erheblich behindert wird. Die durch wirtschaftliche Kriterien gekennzeichneten

Gründe können selbstverständlich auch gemeinsam vorliegen und führen dann mit entsprechend höherer Wahrscheinlichkeit das Ende des ersten Abschnitts der Tauglichkeitsdauer herbei.

Die vorstehend benutzte Formulierung vom Grenzwert des für die Instandhaltung zugebilligten Gesamtaufwands läßt sich so verstehen, daß freies Ermessen hinsichtlich dieses Grenzwertes waltet. Oft scheitert jedoch die Instandhaltung schlichtweg infolge mangelnder wirtschaftlicher Leistungsfähigkeit. Prominente Beispiele sind Adelsschlösser, Herrenhäuser und aufwendig gebaute Wohnvillen in Eigentum und Nutzung von Familien, deren spätere Generationen die Finanzkraft für die sehr hohen Instandhaltungsaufwendungen nicht mehr besitzen, insbesondere wenn diese zusätzlich durch hohe Erbschaftssteuern in Anspruch genommen wird. Im günstigen Fall gehen Nutzungs- oder Eigentumsrechte an öffentliche Institutionen, an den Staat, an Stiftungen der Denkmalpflege oder wirtschaftlich starke Erwerber über, im ungünstigen setzt der unwiderrufliche Verfall bzw. die Ausmusterung und damit der Untergang ein.

Das Ermessen bei der Festlegung des Grenzwerts von Instandhaltungs-Aufwendungen, dessen Überschreitung zum Verzicht auf weitere Instandhaltung führt, kann durch Wertentscheidungen stark beeinflußt werden. Im Abschnitt „Begünstigung langer Erhaltungsdauer Technischer Artefakte" werden Wertentscheidungen erörtert, welche die Fortführung der Instandhaltung begründen, fallweise über Zeiträume von Jahrhunderten und Jahrtausenden und somit verbunden mit Aufwendungen, die mangels Dokumentation, Wechsel von Währung und Kaufkraft und so fort gar nicht beziffert werden können. **Wertentscheidungen** können jedoch auch so fallen, daß durch sie der **Verzicht auf weitere Instandhaltung** begründet ist. Für ein lebenslang bewohntes und gepflegtes Wohnhaus kann dessen Eigentümer als Bewohner Opfer durch Instandhaltung geleistet haben, weil er es als mit seiner Lebensgeschichte untrennbar verbunden bewertet hat. Solche Bewertung in Form der Pflege eines familiengeschichtlichen Vermächtnisses wird vom Erben des Eigentümers vielleicht nur in Ausnahmefällen zu erwarten sein. Das Erfordernis eines nicht unwesentlichen Instandsetzungaufwands kann dann unter gegebenen Bedingungen zur Verwertung als Abbruch-Grundstück Anlaß geben. Diesem Beispiel können andere, öffentlich erörterte, zur Seite gestellt werden: Die Auseinandersetzung um die Erhaltung des durch Ausdehnung der Kohlenbergbautätigkeit gefährdeten Schlosses Cappenberg in Westfalen, /2/; die Diskussion um den teilweisen Rückzug der Bundesrepublik Deutschland aus der Denkmalpflege und die allgemeinen Schwierigkeiten bei der Erhaltung von Denkmälern, /3/; die Dynamik der Schaffung, Zerstörung und des Untergangs von Kulturdenkmälern als allgemein anzutreffendes Phänomen in Zeit- und Kulturgeschichte durch Jahrtausende, /4/.

2.4.2.2 Begriffsbestimmung und Erläuterung der Nutzungsdauer

Tauglichkeit ist die Voraussetzung der Nutzung; deshalb kann die Nutzungsdauer die Tauglichkeitsdauer höchstens erreichen, aber nicht überschreiten. Die Nutzung kann aber aus unterschiedlichen Gründen beendet werden, obwohl die Funktionsfähigkeit des Technischen Artefakts erster, zweiter und dritter Ordnung nach der Maßgabe der Technischen Information in ihrer ursprünglichen Fassung noch besteht. Daraus ergibt sich die folgende Begriffsbestimmung:

Nutzungsdauer des Technischen Artefakts ist der Zeitraum, nach dessen Ablauf die Nutzung bei nach der Maßgabe der Technischen Sachsystems-Information noch bestehender Funktionsfähigkeit vorläufig oder endgültig beendet wird. Sie endet aus rechtlichen oder wirtschaftlichen Gründen, auf Grund von Wertentscheidungen, von persönlichen Lebensumständen, durch Wegfall der Zweckbestimmung oder im Zusammenhang mit den Wirkungen geschichtlichen Wandels.

Ein rechtlich zwingender notwendiger Grund für das Ende der Nutzungsdauer liegt vor, wenn der Gesetzgeber die weitere Nutzung des Technischen Artefakts auf Grund geänderter, auf neue Erkenntnisse und Erfahrungen gestützter Bewertung der Nutzungsfolgen verbietet. Die hinreichende Bedingung liegt vor, wenn die Anpassung an die Maßgaben dieser Bewertung vermöge Instandsetzung (Umrüstung) nicht möglich ist, sei es aus technologischen, rechtlichen oder wirtschaftlichen Ursachen. Solche Bewertungen beziehen sich vorzugsweise auf Aspekte der Sicherheit, also des Schutzes von Leben und Gesundheit, und des Umweltschutzes. Der Gesetzgeber kann z.B. die zulässigen Abgasverluste bei ölbeheizten Feuerungsanlagen für bestehende und neu zu errichtende Wohngebäude senken, weil der Anstieg des Kohlendioxidgehalts der Atmosphäre durch anthropogene Emissionen sowie auch die Inanspruchnahme der Erdölreserven zurückgedrängt werden sollen. Dann entfällt der weitere Betrieb der betroffenen bestehenden Heizsysteme ungeachtet weiterhin bestehender Funktionsfähigkeit unter der Voraussetzung, daß die Heizanlagen-Industrie eine Umrüstung nicht zu vertretbaren Preisen anbietet. Hinsichtlich des wirtschaftlich vertretbaren Aufwands für eine Anpassung des Technischen Artefakts an neu gestellte Anforderungen kann allerdings Ermessen walten. Ein weiteres Beispiel mit dramatischen Begleitumständen schildert HUBIG: Den Fall einer Chemieanlage zur Herstellung von Pflanzenschutzmitteln, die wegen der von ihr schon ausgegangenen und der weiterhin ausgehenden Gesundheits- und Umweltgefahren trotz bestehender produktionstechnischer Leistungsfähigkeit stillgelegt werden mußte, /5/. Politisch stark umstritten war eine weitere Entscheidung hinsichtlich der noch verbleibenden Nutzungsdauer einer Vielzahl Technischer Artefakte, die insgesamt einen erheblichen Teil der Erzeugungskapazität für elektrischen Strom in der Bundesrepublik Deutschland ausmachen, nämlich der deutschen Kernkraftwerke. Eine politisch-wirtschaftliche Einigung zwischen der deutschen Bundesregierung und der Stromwirtschaft, in der die Nutzungsdauer („Restlaufzeit") allerdings nicht als Zeitraum, sondern im Maßstab der noch zugestandenen restlichen Stromerzeugungsmenge festgelegt wird, wurde rechtswirksam durch Überführung in gesetzliche Form vermöge Änderung des Atomgesetzes, /6/, /7/. Hier hat sich ein gegenüber der Phase des Aufbaus von Kernenergie-Kapazitäten geändertes, nicht quantifizierbares Werturteil hinsichtlich der Abwägung von Nutzungsfolgen für Sicherheit und Umwelt politisch durchgesetzt. Für die vorliegende Untersuchung ist vor allem der Aspekt von Bedeutung, daß die Betriebssicherheit völlig unabhängig von der Größe der zugestandenen restlichen Stromerzeugungsmenge bis zum letzten Betriebstag aufrechterhalten und der dafür erforderliche Instandhaltungsaufwand erbracht werden muß. Die Stillegung wird also, falls diese Bedingung erfüllt wird, in allen Fällen vollkommen funktionsfähige Anlagen betreffen. Dies galt bzw. gilt sinngemäß auch für das Kernkraftwerk in Mülheim-Kärlich in Rheinland-Pfalz, das betriebsfertig hergestellt, aber wegen Formfehlern im Genehmigungsverfahren nie in Betrieb genommen wurde. Eine Übersicht der zum Teil infolge technischer, zum Teil infolge (umwelt)politischer Begründungen stillgelegten deutschen Kernkraftwerke enthält /8/.

Andere rechtliche Gründe, z.B. Wegfall der Nutzungsrechte, mißbräuchliche Benutzung usw., können ebenfalls zur Beendigung der Nutzungsdauer führen; sie werden hier der Vollständigkeit halber erwähnt..

Der Gesamtaufwand für die Nutzung eines Technischen Artefakts (Instandhaltungs-, Personal-, Kapital-, Energie-, Umweltschutz-, Verwaltungs- und andere Kosten) ist in allen Bereichen technischer Betätigung, wo aus wirtschaftlichen oder rechtlichen Gründen Kostenkontrolle betrieben wird, für seine Nutzungsdauer von höchster Bedeutung. Für einzelne Technische Artefakte mit überschaubarer Komplexität, einzelne Maschinen, Geräte, Apparate, ist das Ende des ersten Abschnitts der Tauglichkeitsdauer als Folge der Überschreitung zugestandener Grenzkosten für Instandhaltung gleichbedeutend mit dem Ende der Nutzungsdauer: Ein alltäglicher Vorgang bei gewerblicher wie bei privater Nutzung. In einem durch marktwirtschaftlichen Wettbewerb bestimmten Wirtschaftsumfeld geht es jedoch häufig um äußerst komplexe Technische Artefakte von hohem wirtschaftlichem Wert, um Produktionsanlagen, Gebäude, Energieerzeugungsanlagen und so fort. Wenn deren Wertschöpfung für die Deckung der Kosten einschließlich einer angemessenen Kapitalverzinsung nicht mehr ausreicht, folgt oft die Entscheidung, sie teilweise oder ganz stillzulegen. Das wirtschaftliche Geschehen in den letzten Jahren des 20. Jahrhunderts mit seinen umfangreichen Umschichtungen in vielen Wirtschaftszweigen liefert viele Beispiele für die Bevorzugung von Anlagen mit größerer Erzeugungskapazität und folglich zur Stillegung kleinerer Produktionsanlagen, zum Zweck deutlicher Kostensenkung. Auch der Staat in seinen verschiedenen Gliederungen ist diesen Einflüssen insoweit unterworfen, als er sich hinsichtlich seiner wirtschaftlichen

Betätigung dem Wettbewerb unterwirft; siehe hierzu auch die Darlegungen im Abschnitt „Zwang, Herrschaft, Macht, Interesse und staatliche Wirtschaftsordnung". Die Bundesrepublik Deutschland war z.b. mit der Auflösung von Bundeswehr-Standorten, als Eigentümerin der Bundesbahn bzw. Deutsche Bahn-AG mit der Zusammenlegung von Instandhaltungswerkstätten zur Beendigung der Nutzungsdauer technisch brauchbarer Anlagen gezwungen /9/. Ein weiteres gegenwartsnahes Beispiel ist der durch ein Überangebot von Mietwohnungen gekennzeichnete Wohnungsmarkt in den neuen deutschen Bundesländern. Die Eigentümer, 1300 kommunale und genossenschaftliche Unternehmen, sahen sich durch einen Leerstand von 380000 Wohnungen und einen daraus folgenden Mietausfall von 1,6 Milliarden DM im Jahr veranlaßt, zusätzlich zu den bereits genehmigten Haushaltsmitteln die Bereitstellung weiterer Finanzhilfen für den Abriß und die werterhöhende Instandsetzung anzumahnen, /10/. Wie im Fall des ersten Abschnitts der Tauglichkeitsdauer liegt ein gewisser Ermessensspielraum vor, wenn die wirtschaftlichen Kriterien entscheiden; dieser kann aber in bedeutendem Umfang von regionalpolitischen Einwirkungen beeinflußt werden. Dies wird deutlich in vielen, hier nicht im Einzelnen zu belegenden Fällen drohender Stillegung industrieller Produktionsanlagen, damit drohender vielfältiger wirtschaftlicher Nachteile für die betroffene Region und der politisch motivierten Versuche, solches zu verhindern.

Die Dauer der Nutzung durch den ersten Nutzer wird aber nicht nur durch wirtschaftliche Kriterien, sondern auch durch Ereignisse und Einwirkungen der großen Politik beeinflußt. Als Beispiel für viele andere sei die romanische Abtei von Fontevraud angeführt, gelegen zwischen Saumur und Chinon nahe dem Loire-Tal, deren Gebäude von ihrer Gründung zu Beginn des 12. Jahrhunderts bis zur Französischen Revolution als Kloster, Krankenhaus und Grabeskirche dienten. Diese wurden durch Napoleon im Jahr 1804 nach Plünderung, Verwüstung und Brandstiftung zu einer „Anstalt für Strafgefangene" umgewandelt. Erst 1963 wurde diese Nutzung beendet, die Abtei wurde restauriert und als Denkmal zugänglich gemacht, /11/. Vergleichbar damit sind die vielen Schlösser und Parks in Europa, deren Nutzung und vielfach auch deren Eigentum bei den regierenden Monarchen und ihren Familien lag; nach dem politischen Ende der Monarchien wurden diese Anlagen überwiegend einer neuen Nutzung durch den Staat zugeführt. Da es sich vielfach um Unikate von kaum schätzbarem Denkmalwert handelte, war es oft naheliegend, sie mit ihrer Inneneinrichtung als Schloßmuseen der Öffentlichkeit zugänglich zu machen, wie es die Beispiele der Schlösser Versailles, Ludwigsburg, Sanssouci, Neuschwanstein und so fort, stellvertretend für Hunderte anderer, zeigen. In anderen Fällen wurden die Gebäude als Museen für Exponate ohne geschichtlichen Zusammenhang mit den Bauwerken, für Verwaltung und andere Zwecke weitergenutzt. Auch kirchliches Eigentum – Immobilien, Kunstwerke – war politischen und wirtschaftlichen Wechselfällen unterworfen und erhielt neue Nutzung und neue Eigentümer, was sich am Weg vieler Altäre, Skulpturen und liturgischer Gegenstände von den

Kirchen in die öffentlichen staatlichen Museen (und damit auch zur Sicherung fachlich einwandfreier Instandhaltung) verdeutlichen läßt.

Werturteile bestimmen auch in vielen nicht öffentlich bekanntwerdenden Fällen das Ende der Nutzungsdauer bei bestehender Funktionsfähigkeit. In den wohlhabenden Industrieländern setzt die vom Wettbewerb stimulierte technologisch-technische Entwicklung die vorhandene technische Ausrüstung nicht nur der Wirtschaft und der öffentlichen Hand, sondern auch der Privatpersonen bzw. der Haushalte ständig einem Vergleich aus. Das Vorhandene muß bestehen gegenüber der jeweils neuen „Generation" von Fahrzeugen, Informationstechnik, Fototechnik, Möbeln, Uhren, Kleidung, Sportartikeln und vielen anderen Artefakten aller Technikgebiete. Größere Leistungsfähigkeit, neue Nutzungsmöglichkeiten, neue Nutzungserleichterungen und Komfortfunktionen oder auch nur neue modische, also aesthetisch geprägte Varianten laden oft zum Wechsel von Alt gegen Neu ein. In den wenigsten Fällen handelt es sich hierbei um einen lebensnotwendigen Bedarf; die Entscheidung zur Beendigung der Nutzungsdauer eines voll funktionsfähig erhaltenen Technischen Artefakts aus dem Altbestand hängt also häufig vor allem von der verfügbaren Kaufkraft bzw. Kreditwürdigkeit und der Höherbewertung der technologisch überlegenen Entwicklungsstufe ab. Der Wechsel aesthetischer, emotional gefärbter Werturteile bestimmt vor allem auch die Moderichtungen bei Kleidung, Körperschmuck und so fort.

Todesfall, Eheschließung oder –trennung, Wohnsitzwechsel und andere Lebensumstände können die bisherige Nutzung beenden, unmöglich machen oder so erschweren, daß auf sie Verzicht geleistet wird; dies sogar unter der Voraussetzung, daß Instandsetzungsaufwendungen nicht oder nur in geringem Maß erforderlich sind. Durch Erbfall, Veräußerung, Verschenken läßt sich fallweise die Fortsetzung der Nutzung herbeiführen. Oft wird die Wertentscheidung so getroffen, daß dem Ende der bisherigen Nutzung keine andere Alternative folgt als die nachstehend erläuterte Ausmusterung. Wiederum in anderen Fällen finden die Artefakte eine neue Nutzung als Exponate in Regional-, Technik- und anderen Museen. Wegen des besonders engen Zusammenhangs der Instandhaltung mit Museen und Sammlungen wird dieser Aspekt im Abschnitt „Sammlungen als Technische Artefakte – Aufbau und Unterhalt als Instandhaltungsleistung" gesondert erörtert.

Ferner kommen die Fälle in den Blick, in denen die Nutzungsdauer durch die Erfüllung oder den Wegfall der Zweckbestimmung beendet wird. Die in einem anderen Vorkommen nicht verwendbaren Abbaubagger eines Braunkohlen-Tagebaus, dessen Abbau wegen Ausschöpfung der Abbaugenehmigung eingestellt werden muß, stehen dafür ebenso als Beispiel wie die umfangreichen Bestände an fertiggestellten Rüstungsgütern nach Ende der beiden Weltkriege. In diese Gruppe gehören auch die Technischen Artefakte, die in und für Laboratorien und Entwicklungswerkstätten als Manifestation neuer Technikentwicklungen erzeugt werden: Sind die von ihnen erwarteten technischen Erkenntnisse gesichert, so ist der Zweck erreicht. In diese Gruppe fallen auch Technische Artefakte, die zu Forschungszwecken schädigenden Einflüssen unterworfen werden, z.B. Fahrzeuge in sog. Crash-Tests. Die Sachsysteme werden in der Regel ausgemustert und verwertet, fallweise – wenn sie einen bedeutenden technischen Entwicklungserfolg dokumentieren - in technische Museen verbracht. Die zugehörige Technische Information kann unabhängig davon erhalten bleiben und je nach Bedeutung als Erfolgs- oder Mißerfolgswissen Teil des technologischen Gesetzes- bzw. strukturalen Regelwissens und/oder der Technikgeschichte werden. Eine eindrucksvolle Dokumentation hierzu, z. T. auch als Technische Biografie der vorgestellten Technischen Artefakte zu verstehen, ist unter dem Titel „Technik der Verlierer: fehlgeschlagene Innovationen" in /12/ zu finden.

2.4.2.3 Technische Artefakte als Wirtschaftsgüter nach Beendigung der Nutzung durch den ersten Nutzer

Funktionsfähige Technische Artefakte, die aus wirtschaftlichen Gründen vom ersten Nutzer nicht mehr genutzt werden, sind fallweise **Wirtschaftsgüter** von beachtlicher volkswirtschaftlicher Bedeutung. Der Übergang an einen neuen Nutzer eröffnet die Möglichkeit, das noch in ihnen ruhende technisch-wirtschaftliche Potential zu gebrauchen und insofern die Inanspruchnahme der Mittel für die Erzeugung neuer Einheiten zu vermeiden. Die gebrauchten Einheiten sind in der Regel kurzfristig verfügbar, was ein beachtlicher Vorteil gegenüber dem Erwerb einer neu erzeugten mit mehreren Monaten Lieferzeit sein kann. Dazu kommen erhebliche Preisvorteile, die den Einsatz z.B. einer gebrauchten Produktionsmaschine auch dann vorteilhaft machen, wenn sie nur gelegentlich bei besonders hohem Arbeitsanfall verwendet wird. Sie ermöglichen auch den wenig kaufkräftigen Nutzern in Entwicklungsländern, den Handwerksbetrieben, Unternehmensgründern oder Ausbildungsstätten, den Zugang zu der betreffenden Technik. Die größte Gebrauchtmaschinenmesse der Welt, die „Resale", in deutschen Städten wechselnd abgehalten, gestattet einen Überblick über diesen Wirtschaftszweig. Der Gesamtumsatz mit Gebrauchtmaschinen in Deutschland wird für 1998 und 2001 auf rund 30 Milliarden DM geschätzt, ein Zehntel des Umsatzes des gesamten deutschen Maschinenbaus. Der Besucherzustrom ist international, Kontakte werden über das Internet in der ganzen Welt hergestellt, verkauft wird in alle Kontinente und Staaten. Das Angebot umfaßt Einzelmaschinen aller Produktionszweige zur Erzeugung, Bearbeitung und Verpackung, Nutzfahrzeuge, Antriebs- und Energietechnik, vollständige Anlagen wie eine Schuhfabrik, eine Fabrik zur Herstellung von Kunststoffen, die komplette Ausrüstung eines Flughafens, eine Meerwasser-Entsalzungs-Anlage und vieles mehr, /13/, /14/. Gebrauchte Güterzug-Lokomotiven und –waggons ermöglichen jungen Eisenbahn-Verkehrsunternehmen den Aufbau eines Fuhrparks, der in Form neuer Einheiten ihre Finanzkraft überfordern würde, /15/. Ein großer deutscher Stahlhersteller und ein Gebrauchtmaschinenhändler kooperieren in der Online-Vermarktung von Gebrauchtmaschinen und −anlagen, beginnend mit überzähligen Produktionsanlagen und Maschinen eines Standorts im Ruhrgebiet; die Internet-Plattform des Gebrauchtmaschinenhändlers bietet die Verbindung mit 7000 aktiven Nutzern bei 600000 Zugriffen pro Woche, /16/. Auch der teils von Staatsbehörden, teils von Privatunternehmen abgewickelte Handel mit überzählig gewordenen Rüstungsgütern aller Art, Waffen, Munition, Informations- und Nachrichtentechnik, Fahrzeugen und so fort ist in diesem Zusammenhang zu nennen. In einer für Eltern von Kleinkindern interessanten Nische des Gebrauchtartikelmarktes arbeiten die Ladengeschäfte mit dem Angebot gebrauchter, gut erhaltener Kinderkleidung, Spielzeug und sonstiger Kinderartikel; Brautmodengeschäfte suchen Käuferinnen für nur einmal getragene Brautkleider; karitative Organisationen nehmen Sachspenden entegen und verkaufen sie zu sehr niedrigen Preisen an sozial Schwache; spezialisierte und unspezialisierte Gebrauchtartikelhändler runden mit ihren Läden dieses Marktfeld ab mit einem unübersehbaren Sortiment von allem, was der Mensch braucht oder zu brauchen meint.

Dazu tritt das vollkommen unüberschaubare **Marktgeschehen ohne Beteiligung gewerblicher Händler**, das zwischen Unternehmen untereinander, zwischen Unternehmen und Privatpersonen sowie zwischen Privatpersonen untereinander abgewickelt wird. Verkaufs- und Kaufangebote sind durch Anzeigen in **Tages- und Fachzeitungen** und in zunehmendem Maß mittels **Internetkontakten** auf einfache Weise möglich. Sie umfassen vom gebrauchten Personenkraftwagen oder Motorrad bis zum Wohnhaus oder Gewerbegebäude alle denkbaren Technischen Artefakte. Eine mit wachsendem Wohlstand ständig mehr in Anspruch genommene Möglichkeit, neue Nutzer für noch funktionsfähige Gegenstände zu finden, sind Sammelsysteme karitativer Organisationen, Verschenkungsangebote an Informationstafeln in Einzelhandelsgeschäften oder kommunalen Mitteilungsblättern und so fort, schließlich die schenkweise Überlassung im Familien- und Freundeskreis. Die Mobilisierung dieser Vermögensreserven durch neue Nutzer ist für die Volkswirtschaft vermutlich von vergleichbarer Bedeutung wie der vorstehend erörterte gewerbliche Handel mit gebrauchten Maschinen und Anlagen.

Die Funktionsfähigkeit im zugesicherten Umfang wird, falls Entgelt gezahlt wurde, vom Erwerber in allen Fällen vorausgesetzt. Ungeachtet des Umstands, daß die Haftung des Veräußerers rechtlich eingefordert werden kann, ist der beeindruckende Umfang der beschriebenen Nutzer- und Eigentümerwechsel nur dadurch möglich, daß **instandhaltungsbedingte Funktionsfähigkeit** in der überwiegenden Zahl der Fälle gegeben ist. **Zielführende Instandhaltung** ist damit als in erheblichem Maß notwendige **Bedingung für das Gelingen dieses Wirtschaftsgeschehens** anzusehen.

2.4.2.4 Instandhaltung Technischer Artefakte nach Beendigung der Nutzungsdauer

Die **endgültige Einstellung der Nutzung**, gegebenenfalls nach dem ein- oder mehrmaligen Übergang an neue Nutzer im Sinn des vorstehenden Abschnitts, jedoch noch vor Ablauf des ersten Abschnitts der Tauglichkeitsdauer, erfordert eine Entscheidung über den weiteren Umgang mit dem Technischen Artefakt, das in der Form des Sachsystems materiell-energetisch weiterhin vorliegt. Hierbei sind mehrere Fälle zu unterscheiden.

Der wünschenswerte Fall liegt vor, wenn für das Artefakt weiterhin Instandhaltung gemäß Abschnitt „Die Begriffsbestimmung der Instandhaltung" im Mindestumfang, nämlich des Schutzes vor vermeidbaren schädigenden Einwirkungen, geleistet wird. Falls das Artefakt unter dieser Voraussetzung mit seiner Umgebung keine praktisch ins Gewicht fallenden Quantitäten von Stoff und Energie austauscht, sind bis zur Ausmusterung keine weiteren Maßnahmen erforderlich. Das trifft bei dem einmal gelesenen, uninteressant gewordenen Buch ebenso zu wie für die alte, umständlich zu handhabende, unbenutzt bleibende Fotokamera, das eingemottete vor zehn Jahren modern gewesene elegante Damenkostüm, das Fahrrad aus Schülerzeiten mit nur 3 Gängen und so fort.

Viele Sachsysteme von großer wirtschaftlicher und umwelttechnischer Bedeutung müssen **nach Beendigung der Nutzung zur Vermeidung von Gefahren und/oder Umweltschäden mit Energie bzw. Betriebsstoffen** weiterhin versorgt werden. Fallweise erfordern sie weiterhin Instandhaltung. Ein bekanntes Beispiel dafür ist die Wasserhaltung in stillgelegten Bergwerken, eine Traditionsaufgabe des Bergbaus. Auch gegenwartsnahe neue Technologien ziehen anspruchsvolle Aufgabenstellungen dieser Art nach sich: In Hamm-Uentrop wartet Deutschlands zweiter, 1989 stillgelegter Hochtemperatur-Reaktor THTR 300 im Zustand des „Sicheren Einschlusses" auf seine Zerlegung, die nach Ablauf von 20 bis 30 Jahren und dem Abklingen der radioaktiven Strahlung auf 1% des Ausgangswerts möglich ist; sie erfordert 1,5 Millionen DM pro Jahr und die Aufsichtstätigkeit von 2 Ingenieuren, /17/. Die Zahlungsunfähigkeit des Unternehmen Iridium LLC, das ein aus 66 Weltraum-Satelliten bestehendes Mobilfunknetz betrieben hatte, führte zur Stillegung dieses Netzes mit der Folge, daß im Zeitraum von 1 bis 2 Jahren diese Funksatelliten kontrolliert zur Erde stürzen und damit technisch untergehen sollen, falls sich keine neue Nutzung finden läßt. Bis zur Entscheidung über den endgültigen Plan zur Entsorgung der Satelliten hat der Großaktionär des illiquiden Unternehmens ihre Wartung übernommen, /18/. Diese Zusage wurde offensichtlich eingehalten; es scheint sich nach Ablauf von etwas mehr als einem Jahr für das System eine wirtschaftliche Zukunft dadurch zu eröffnen, daß Mobiltelefonie für abgelegene, von den Funknetzen nicht erfaßte Regionen, für Anwendungen in der See- und

Luftfahrt, in der Exploration und Förderung von Erdöl und Erdgas, in Bau- und Forstwirtschaft und für andere Zwecke angeboten werden kann, /19/.

2.4.2.5 Unvollständige Technische Artefakte

Die Erzeugung von Sachsystemen, die endgültig nicht zum Abschluß kommt, die nie zur Erreichung einer in einer Technischen Information beschriebenen Funktionsfähigkeit führt, ist eine in der Begrenztheit menschlicher Fähigkeiten begründete und damit unvermeidliche Fehlleistung. Die Tauglichkeitsdauer ist Null. Im Falle eines Bauwerks ist dafür die umgangssprachliche Bezeichnung als „Investitionsruine" geläufig. Die vergleichsweise Häufigkeit dieses Falls ist vermutlich dadurch begründet, daß Bauwerke oft einen großen Kapitaleinsatz auch in Form von Darlehen erfordern und sich ihre Fertigstellung über längere Zeiträume erstreckt. Das Fehlen zusätzlicher Eigen- bzw. Darlehensmittel kann den Abbruch des Baugeschehens nach teilweiser Fertigstellung verursachen. Aber auch andere Gruppen Technischer Artefakte können betroffen sein. Der wirtschaftliche Zusammenbruch eines Maschinen- oder Fahrzeugbauunternehmens kann dazu führen, daß der Bestand an teilweise fertiggstellten Erzeugnissen als unverkäuflich und damit wertlos beurteilt wird; dies möglicherweise auch für den Fall der Fertigstellung im Zug des Insolvenzverfahrens. Dann ist die Ausmusterung und Verwertung der Reste ebensowenig zu vermeiden wie es der Fall war bei den unfertig gebliebenen Rüstungsgütern aller Art in den Waffenfabriken des Deutschen Reichs am Ende des zweiten Weltkriegs. Diese Beispielfälle zeigen, daß als **Bedingungen der Erzeugung unvollständiger Artefakte** wirtschaftliche Fehleinschätzungen, unbeeinflußbare Wechselfälle der Wirtschaftskonjunktur, persönliche Lebensumstände wie Krankheits- oder Todesfälle ebenso in Betracht kommen wie politische, militärische und andere gesellschaftliche Ereignisse. Für die Verwertung nach der Ausmusterung gelten die Darlegungen des folgenden Abschnitts sinngemäß. Ergänzend ist der Hinweis geboten, daß in allen genannten Fällen die Technische Information unabhängig vom Sachsystem wirtschaftlichen, militärischen oder auch historischen und damit gesellschaftlichen Wert aufweisen und damit die Voraussetzungen zu weiterer Erhaltung bieten kann. Ferner ist anzumerken, daß die im 18. und 19. Jahrhundert als Bestandteile aufwendiger Parks und Gärten beliebten „künstlichen Ruinen" nicht unter den Begriff der unvollständigen Technischen Artefakte fallen, da sie nach Maßgabe eines Architektenentwurfs errichtet wurden und als Elemente technischer Landschaftsgestaltung eine Funktion erfüllten.

2.4.2.6 Ausmusterung und Untergang Technischer Artefakte, Kreislaufwirtschaft und Entsorgung der Reste

Die **Ausmusterung** folgt dem **Ende der Tauglichkeitsdauer**; (der Übergang vom ersten in den zweiten Abschnitt der Tauglichkeitsdauer wird nachstehend erörtert). Sie folgt auch dem endgültigen **Verzicht auf weitere Nutzung**, wenn das einfache Vorhandensein des Sachsystems nicht mehr hingenommen wird. Dieser Fall liegt zum Beispiel vor, wenn der vom ungenutzt bleibenden Sachsystem beanspruchte Raum freigemacht werden soll, wenn Interesse an den wirtschaftlichen Restwerten des Sachsystems besteht, wenn aesthetische oder lebensgeschichtlich bedingte, auch emotionale Gründe gegen den weiteren Verbleib vorliegen.

Die **Ausmusterung** führt unter diesen Voraussetzungen zum **Untergang des Technischen Artefakts als System** und somit als individueller Einheit; für sie wird die Rückkehr zum Sollzustand unwiderruflich unmöglich. Dieses **Gegengeschehen zur Instandhaltung** wird in der vorliegenden Untersuchung erörtert, weil es mit Instandhaltungszielen und -verfahren in einigen Aspekten in engem Zusammenhang steht und daher als **Grenzfall der Instandsetzung** zu betrachten ist. Zunächst ist zu entscheiden, ob **Verwertungsmöglichkeiten** bestehen, deren Wahrnehmung sowohl aus wirtschaftlichen Gründen wie auch zur Entlastung der Kapazitäten für die Aufnahme stofflicher und energetischer Reste (**Entsorgung**) geboten ist.

Oft besteht die Möglichkeit einer Zerlegung des Sachsystems in stoffliche und energetische Bestandteile, für die immer noch eine Nutzungsmöglichkeit besteht. Fallweise kann man Werkstoffe, Einzelteile oder Baugruppen gewinnen, die noch ihrem jeweiligen Sollzustand entsprechen oder mit vertretbarem Aufwand instandzusetzen sind, sich somit wiederum zur Instandsetzung eines technisch identischen Artefakts eignen. Autoverwerter bieten z.B. Zugang zu solchen Teilen für Fahrzeuge alter Jahrgänge, wofür andere Bezugsquellen nicht mehr bestehen, durch Ausbau aus zur Verschrottung anstehenden Einheiten. Das mit dem bildhaften Ausdruck „Kannibalisierung" gekennzeichnete Verfahren, aus brauchbaren Resten teilzerstörter Panzerkampfwagen, Flugzeuge, Lastkraftwagen usw. „neue" funktionsfähige Einheiten zusammenzubauen, wurde im Zweiten Weltkrieg nicht selten angewandt, wenn der Nachschub neuer Kampfmittel oder Ersatzteile ausblieb. Selbst in Friedenszeiten kann der Mangel an Haushaltsmitteln einen Staat zu diesem Mittel greifen lassen, um beispielsweise die Einsatzfähigkeit von Kampfflugzeugen zu sichern, /20/. Wegen Verschleiß ausgemusterte Verbrennungsmotoren für Kraftfahrzeuge werden vollständig zerlegt, die Subsysteme wie Gehäuse, Kolben, Kurbelwellen usw. soweit möglich aufgearbeitet, im erforderlichen Umfang durch neu erzeugte Teile vervollständigt und zu „Austauschmotoren" zusammengebaut, für die wiederum Gewährleistung in Analogie zu neu erzeugten Motoren übernommen wird. Verwertung auf dem Umweg über Zerlegung ist auch bei Technischen Artefakten von sehr großen Abmessungen und Gewichten nicht unüblich, sie wird sogar als „Attraktiver Nischenmarkt" gekennzeichnet: Unwirtschaftlich arbeitende Hochöfen der deutschen Stahlindustrie werden zerlegt und in fernöstlichen Ländern wieder aufgebaut; hierfür steht das Beispiel eines 22000 t wiegenden Hochofens, der mit Gesamtkosten von 400 Millionen DM in China betriebsbereit neu aufgebaut wurde, /21/.

Die Verwertung durch (möglichst wenig schädigende) Zerlegung, Instandsetzung brauchbarer Subsysteme und deren Kombination zu neuwertig aufgearbeiteten Technischen Artefakten ist z. B. auch für Rohrleitungs-Absperrarmaturen als „Recycling" beschrieben, /22/. Hier wird deutlich, daß diese Verwertungstechnik sich im technischen Vollzug nicht scharf von der ganz alltäglichen Instandsetzung abgrenzen läßt, die häufig auch Zerlegung voraussetzt. HUBIG befaßt sich technikphilosophisch mit dem **Prinzip der Kreislaufwirtschaft** an Hand von Beispielen unter dem Aspekt der Technikbewertung in Unternehmen wie auch unter dem der „Nachhaltigen Entwicklung" und der Aktualität aristotelischen Denkens. Hierbei kommen auch schwerwiegende Einwände gegen Kreislaufwirtschaft in bestimmten Anwendungen (Abwasserreinigung, Chlorchemie, Plutoniumkreisläufe in der Kernenergiegewinnung) zur Sprache, /23/. An vorgeblichen Defiziten bei der Anwendung der (Stoff-) Kreislaufwirtschaft in kleineren und mittleren Unternehmen wurde Kritik geübt mit der Frage

„Was spricht eigentlich dagegen, Teile wie Turbinen...oder ganze Verpackungsmaschinen nach ihrer Nutzungsphase zurückzunehmen und wieder zu verwerten? In der Investitionsgüterindustrie sind geschlossene Produktkreisläufe noch kein Thema..."

Hier wird übersehen, daß die oben geschilderte gewerbliche Verwertung gebrauchter funktionsfähiger Technischer Artefakte genau so wie auch das ganz alltägliche Instandsetzungsgeschehen in der Wirtschaft unter Verwendung aller noch nutzbarer Subsysteme nach ökonomischen Kriterien der Zielsetzung der Kreislaufwirtschaft uneingeschränkt dient, /24/.

Auch in der Bauwirtschaft ist die Verwertung nach der Zerlegung bedeutungsvoll. Hunderttausende der sogenannten „Trümmerfrauen" waren in Deutschland nach Ende des Zweiten Weltkriegs damit beschäftigt, brauchbare Mauersteine aus dem Schutt zu bergen und durch Abklopfen des Mörtels für die Verwendung bei der Instandsetzung der durch Bombenangriffe und Artilleriefeuer beschädigten Wohngebäude vorzubereiten. Ein Kölner Architekt hat das dieser Notmaßnahme entstammende Baumaterial für seine Bauten zum bevorzugten erhoben und damit die „Kölner Schule" begründet, /25/. Die Gewinnung von Baumaterial und Bauelementen (Türen, Beschläge, ornamentierte Steine und Balken) aller Art aus der Abtragung historischer Bauten ist ein eingeführter kleiner Wirtschaftszweig, repräsentiert durch den Unternehmerverband Historischer Baustoffe, /26/. Die naheliegende Verwendung dieser historischen Baustoffe liegt sicherlich in der Restaurierung alter erhaltenswerter, vorzugsweise denkmalgeschützter Gebäude.

Die Zerlegung von Sachsystemen als technischer Vorgang stellt fallweise eine vergleichbare technologische Herausforderung dar wie der Zusammenbau und ist deshalb Thema von Forschungsvorhaben an mindestens einer deutschen Technischen Universität. Mit Neuentwicklungen für solche Aufgabenstellungen, auch wenn sie unscheinbar anmuten, können bedeutende wirtschaftliche Vorteile erzielt werden. Als Beispiel dient ein druckluftgetriebener Demontageschrauber, dessen Werkzeug als hochfrequent schlagender Meißel und Schraubendreher arbeitet; es stellt sich einen Schlitz zur Krafteinleitung in die Schraube unabhängig von deren Form selbst her und erübrigt damit den zeitraubenden Wechsel der an unterschiedliche Schraubenköpfe angepaßten Schraubendrehwerkzeuge, /27/. Nach Quantität und Qualität kaum mit anderen Aufgabenstellungen vergleichbar ist die Zerlegung von Kernkraftwerken, /28/. Für Arbeiten in flüssigkeitsgefüllten Bereichen von Kernkraftwerken wurde ein Tauchroboter entwickelt, der sich sowohl mit Sensoren für Meßzwecke wie auch mit beliebigen Werkzeugen wechselnd bestücken läßt und durch Ausrüstung mit Kontakt-Lichtbogen-Metallschneider, Schneid- und Plasmabrennern für Instandhaltungs- wie auch für Abbrucharbeiten geeignet ist, /29/. Das vorstehende Beispiel zeigt überdies auch das im Abschnitt „Der technisch-technologische Rang der Instandhaltung" erörterten Merkmal der Hochwertigkeit.

Insoweit wie eine Verwertung des Sachsystems durch Zerlegung und Rückführung in eine mit der bisherigen Zweckbestimmung übereinstimmende oder ihr naheliegende Nutzung nicht möglich ist, liegen stofflich und energetisch bestimmbare Reste vor. Sie sind in der Bundesrepublik Deutschland nach Maßgabe der Rechtsvorschriften für die Abfallwirtschaft zu behandeln. Beim Blick über die Grenzen der hochentwickelten Industriestaaten wird jedoch deutlich, daß je nach Wirtschaftskraft der Regionen Reststoffe durchaus auch als weiterhin nutzbares Wirtschaftsgut in Frage kommen. Die in Deutschland zum Metallschrott geworfene Konservendose kann in Elendsvierteln der sogenannten Entwicklungsländer als Baustoff einer primitiven Behausung dienen. Weitere Erörterungen hierzu überschreiten die Themenstellung der vorliegenden Untersuchung. Nur ein kurzer Hinweis auf die Bedeutung der Kreislaufwirtschaft für die Gewinnung wichtiger Werkstoffe scheint geboten. Der auf die Stahl-Recycling- und Entsorgungsunternehmen der Bundesrepublik Deutschland mit 35000 Beschäftigten und 20 Milliarden DM Jahresumsatz entfallende Anteil der Stahlerzeugung beträgt 42%; seine Rohstoffquelle ist Schrott, /30/. Für Kupfer ergab sich ein noch höherer Anteil des Schrotts; er betrug in der Bundesrepublik Deutschland im Jahr 1999 391000 Tonnen, zu vergleichen mit 305000 Tonnen Erzeugung aus Erz, /31/. Die Nutzung der energetisch bestimmbaren Reste, vor allem des Heizwerts bei Verbrennung in einer energieverwertenden Anlage, bedeutet die Rückführung in technische Energiekreisläufe.

Abschließend ist noch eine Form von Ausmusterung zu erwähnen, die keinen Aufwand erfordert; es handelt sich um jene Sachsysteme, die sich selbst und damit dem Verfall überlassen werden. Dazu zählt die vor hundert Jahren noch benutzte hölzerne Heuhütte auf einer Kärntner Bergwiese ebenso wie das gesunkene und nie geborgene Schiff auf dem Meeresgrund. Die Dokumentation des Verfallsgeschehens auf Fotoaufnahmen vom Bergurlaub und der gelegentliche Besuch des Schiffswracks durch einen Freizeit-Taucher stellen Grenzfälle von Verwertung dar, die nicht weiter zu erörtern sind.

2.4.3 Tauglichkeitsdauer, zweiter Abschnitt

2.4.3.1 Übergänge zwischen den Abschnitten der Tauglichkeitsdauer und Technische Identität

Das Ende des ersten Abschnitts der Tauglichkeitsdauer ist, wie dargelegt, an die Bedingung gebunden, daß weitere Instandsetzungsaufwendungen für die Erhaltung der Funktionsfähigkeit nach Maßgabe der Technischen Information **in ihrer ursprünglichen Fassung** nicht mehr geleistet werden. Die Technische Information in ihrer ersten Fassung modelliert Struktur und Funktion des Sachsystems, so wie es **ursprünglich** nach der Zielsetzung der technischen Urheber beschaffen sein sollte. Die Ausmusterung mit ihren vorstehend erörterten Abläufen und Folgen ist jedoch keine zwingende Konsequenz, wenn der erste Abschnitt der Tauglichkeitsdauer sich als beendet erweist. Vielmehr ist jetzt in vielen Fällen eine **wertorientierte Beurteilung des Technischen Artefakts** daraufhin geboten, ob durch die **Investition einer wesentlichen Änderung** ein zweiter Abschnitt der Tauglichkeitsdauer erreicht und wie diese gerechtfertigt werden kann.

An dieser Stelle ist festzuhalten, daß **hinreichende Voraussetzungen für den Übergang vom zweiten in den dritten oder noch weitere folgende Abschnitte** der Tauglichkeitsdauer durchaus vorliegen können, wenn diese Fälle auch sehr selten sein mögen. Alle Aussagen zum ersten Übergang gelten sinngemäß auch für die weiteren Übergänge; die Tauglichkeitsdauer endet entsprechend mit dem Ende ihres letzten Abschnitts.

Bei der Beurteilung wird in vielen Fällen der **wirtschaftliche Wert** vorrangig betrachtet. Dies bedeutet die Abwägung, ob durch die Investition nach den betriebswirtschaftlichen Regeln des effizienten Kapitaleinsatzes eine bessere Nutzung des noch im Technischen Artefakt gebundenen Restkapitals erzielt werden kann als durch die Verwertung nach Maßgabe des **Vorrangs der Kreislaufwirtschaft**. Darüber hinaus kommen aber alle im Abschnitt „Begünstigung langer Erhaltungsdauer Technischer Artefakte" erläuterten Kriterien für den Vollzug oder die Vermeidung der Verwertung und damit des Untergangs in Betracht; sie können einzeln, gemeinsam und natürlich auch in gleichzeitiger Verbindung mit wirtschaftlich bestimmten Restwerten vorliegen.

Die wesentliche Änderung kann gegen die unwesentliche nicht genau abgegrenzt werden. Unter den Begriff der **unwesentlichen Änderung** fällt die werterhöhende Instandsetzung, wie sie im Abschnitt „Technologische Höherwertigkeit vermöge Instandhaltung – Instandhaltung komplexer Sachsysteme" beschrieben ist. Die Funktionsfähigkeit bleibt durch sie länger erhalten oder/und sie wird verbessert, aber weder in ihrem Umfang noch in ihrer Eigenart verändert. Die wesentliche Änderung des Sachsystems setzt ihre Vorwegnahme durch eine wesentlich geänderte Technische Information voraus und muß auch in die Technische Biografie aufgenommen werden. Damit ergibt sich die **Begriffsbestimmung: Für die Tauglichkeitsdauer kann ein zweiter Abschnitt** (und fallweise können weitere Abschnitte) durch **wesentliche Änderung des Technischen Artefakts** (erster und zweiter Ordnung) herbeigeführt werden. Für den Vollzug der wesentlichen Änderung sind Wertentscheidungen bestimmend.

Unwesentliche und in verstärktem Maße die wesentlichen Änderungen lassen sich auf geänderte oder/und neu hinzugekommene Merkmale zurückführen. Individuation wird also erzeugt oder verstärkt, die **technische Identität** im engeren Begriffsverständnis **kann nicht erhalten** bleiben. Z.B. können Multiplikate durch wesentliche Änderungen zu Plurikaten oder Unikaten werden. Durch die **Technische Biografie** kann jedoch der **Übergang eines Individuationszustandes in einen anderen** so dokumentiert werden, daß in ihr – und nur in ihr - eine gewissermaßen **höherstufige, im Informationspotential der Technischen Biografie niedergelegte technische Identität** erkennbar wird. Auch in dieser Hinsicht sind die im Abschnitt „Begünstigung langer Erhaltungsdauer Technischer Artefakte" erörterten Wertentscheidungen von Bedeutung. Wenn sie dem Technischen Artefakt geschichtlichen Rang verleihen, wird die Technische Biografie und damit das Vorliegen dieser höherstufigen technischen Identität Teil der Zeit-, Technik-, Wirtschafts- oder Kulturgeschichtsschreibung. **Technikaffirmation** (siehe hierzu den Abschnitt „emotionale affirmative Zuwendung – Technikaffirmation") kann mit dem oder ohne das Vorliegen einer dokumentierten Technischen Biografie diese höherstufige technische Identität herbeiführen, indem sie die Einführung geänderter oder zusätzlicher Merkmale als emotional unbeachtlich negiert. Für die Wahrnehmung des Papstpalastes in Avignon in nach Maßgabe der Technischen Biografie und damit **geschichtlich gegebener technischer Identität** ist es bedeutungslos, daß der Neue Palast die alte Palastanlage fast auf das Doppelte erweitert hat und beide Bauabschnitte in der Eigenart der Architektur stark voneinander abweichen, /32/. Diese höherstufige technische Identität wirft jedoch keine neuen Fragestellungen zum Aspekt der Instandhaltung auf und bedarf daher hier keiner weiteren Erörterung.

2.4.3.2 Beispiele für den zweiten Abschnitt der Tauglichkeitsdauer

Die einfachen Kriterien großer Abmessungen oder hohen wirtschaftlichen Restwerts lassen sich gut veranschaulichen an Hochseeschiffen. Das Passagierschiff

„Queen Elizabeth 2" wurde nach 20 Betriebsjahren in einem dem Neubau vergleichbaren Umfang instandgesetzt: Neue Maschinenanlage, wodurch die QE 2 zum schnellsten Passagierschiff überhaupt wurde; neue luxuriöse innenarchitektonische Ausstattung; neue Schiffsführungs- und Navigationstechnik und vieles mehr. Der Aufwand für Instandhaltung und Modernisierung entsprach dem Zehnfachen des ursprünglichen Herstellungsaufwands, /33/. Eine vielleicht noch schwierigere Aufgabe bestand darin, ein ursprünglich als Ostseefähre gebautes Schiff aufzuschneiden, um einen 34 m langen Mittelteil zu verlängern und als Luxus-Kreuzfahrschiff zu vervollständigen, /34/. Als geradezu faszinierendes Geschehen kann man die Umgestaltung des 1985 stillgelegten Hüttenwerks Duisburg-Nord zu einem Landschaftspark im Rahmen der Internationalen Bauausstellung Emscher Park (IBA) bezeichnen. Das Technische Artefakt wurde überformt vermöge Naturgestaltung in Form natürlichen Bewuchses durch Birken und Weiden sowie über dreihundert verschiedene Farn- und Blütenpflanzen, ferner bereichert durch Ansiedlung von sechzig Vogel- und dreizehn Tagfaltersorten, seltenen Reptilien und Amphibien. Die Öffnung des Technischen Artefakts als naturnaher Lebensraum war in diesem Fall nicht der Weg zum Untergang, sondern der Anfang des Wegs zur Umformung in eine Zone mit der Bezeichnung „Industrienatur", die zum Kernbestand des Landschaftsparks gehört. Die Hüttenanlage wird als Themenkern des Parks weitgehend erhalten, einzelne Gebäude werden für neue Nutzungen umgebaut: Das Magazin dient nun als Gaststätte und Ausstellungsraum, das Verwaltungsgebäude als Jugendgästehaus; Gebläsehalle und Pumpenhaus als Veranstaltungsräume, die Kraftzentrale als Ausstellungs- und Konzerthalle. Ein Gasometer wurde durch Flutung zum Tauchturm, die rauhen Wände der Erzbunker dienen als Klettergarten und so fort, /35/. In Oberhausen wurde, ebenfalls als Teil der IBA, ein Gasometer zum Ausstellungsraum, der auch für ein Kunstprojekt in Form einer 30 m hohen Mauer aus Ölfässern vorgesehen war, /36/. Die Stiftung Industriedenkmalpflege und Geschichtskultur hat mit der Nutzung der stillgelegten Kokerei Zollverein in Essen für Ausstellungen, eine Kochwerkstatt, ein Schwimmbecken und der Vorbereitung weiterer Projekte begonnen, /37/. In einem früheren Umspannwerk in Recklinghausen wurde ein Industriemuseum eingerichtet, das die Nutzung elektrischen Stroms zum Thema hat, /38/. Die Überführung Technischer Artefakte in einen zweiten Abschnitt der Tauglichkeitsdauer wird durch eine besonders zielführende Gestaltung staatlicher Organisation wesentlich unterstützt, nämlich die Zusammenführung der Zuständigkeiten für Denkmalpflege und für Stadtentwicklung, wie es im Bundesland Nordrhein-Westfalen der Fall ist.

„In über tausend Fällen erwies sich, daß nach sorgfältigem Überlegen für fast jede alte ‚Hülle' eine interessante Nutzung gefunden werden konnte, und dies stets zu wirtschaftlichen Bedingungen, die jedem Vergleich mit einem Neubau und einer Neuorganisation standhalten", /39/.

Ein ungewöhnliches Beispiel vereinigt ebenfalls eine gegenwartsbezogene neue Nutzung mit der Pflege der Technikgeschichte: Nahe dem Gollenberg in Brandenburg, wo Otto LILIENTHAL beim Segelflug abstürzte und sich tödlich verletzte, wurde ein ausgemustertes Verkehrsflugzeug sowjetrussischer Herkunft als Museumsflugzeug aufgestellt und als Standesamt eingerichtet, das sich großen Zuspruchs erfreut, /40/. Der Einfallsreichtum bei der Findung von Zwekken, die einen zweiten Abschnitt der Tauglichkeitsdauer rechtfertigen, scheint mit der Identifizierung neuer Industriedenkmäler Schritt zu halten.

Von den zahlreichen Beispielen des Eintritts in den zweiten Abschnitt der Tauglichkeitsdauer bei Bauwerken seien hier nur wenige genannt: Die Gebäude einer früheren Munitionsfabrik in Karlsruhe wurden zu einem Zentrum für Kunst- und Medientechnologie, /41/; 10 denkmalgeschützte Gebäude in Freising in Bayern wurden nach 90 Jahren Nutzung als Kaserne zu Wohnungen umgebaut, /42/; in einem zur Leserdiskussion auffordernden Beitrag wird die Verbindung alter Bausubstanz mit moderner Architektur, durchweg verknüpft mit einer neuen Nutzung, beschrieben: Das Bürohaus „Auferstehungskirche" in Köln; eine Europäische Jugendbildungsstätte unter Einbeziehung der Ruinen eines Zisterzienserklosters in Volkenroda/Thüringen; das jetzt als Verwaltungsgebäude genutzte Schloß in Saarbrücken; der Umbau des früheren Armeemuseums in München zum Gebäude der Staatskanzlei; das jetzt als Museum dienende Schloß in Rheydt, /43/. Weithin bekannte Beispiele sind auch in Frankfurt die Paulskirche, von der Gemeindekirche zum öffentlichen Versammlungsraum und zur Gedenkstätte für die Bemühungen der Frankfurter Nationalversammlungen um einen parlamentarisch verfaßten gesamtdeutsches Staat umgewandelt, und die Hauptwache, im Zweiten Weltkrieg durch Fliegerbomben schwer beschädigt und nach dem Wiederaufbau als Café eingerichtet und genutzt. (Bilder 2.4.3.2- 1 bis 2.4.3.2-3).

Als Grenzfälle im vorliegenden Zusammenhang sind zwei Artefakte zu betrachten, denen eine zweite „Tauglichkeitsdauer" in einem erweiterten Verständnis zuzuerkennen ist, obwohl sie keine erste hatten. Der nie in Betrieb gegangene Schnelle Brüter in Kalkar wurde in einen Freizeitpark umgewandelt, /44/. Eine Porträtbüste von Adolf HITLER wurde umgearbeitet und trug dann die Züge von Konrad Adenauer – ein Verfahren, das als Fortsetzung einer alten Tradition von Umschreibung der Geschichte durch Umarbeitung von Kultbildern zu sehen ist und, mit allen Vorbehalten, da ja Kunstwerke nicht im Sinn Technischer Artefakte genutzt werden, das Streben nach Erhaltung durch wesentliche Änderung auch bei künstlerischen Artefakten belegt, /45/.

2.4.4 Biografische Dauer, Erhaltungsdauer, Technische Dauer

Der **Untergang des Sachsystems** begründet, wie dargelegt, keineswegs zwingend den der zugehörigen Technischen Information und vor allem nicht den der

Bild 2.4.3.2-1 Beispiel für den zweiten Abschnitt der Tauglichkeitsdauer eines Gebäudes: Europäische Jugendbildungsstätte in Volkenroda/Thüringen (ehemaliges Gebäude eines Zisterzienserklosters).

Kommentar: Durch Wiederaufbau eines fast völlig zerstörten Bauwerks, wobei brauchbar erhaltene Gebäudereste mit modernen Architekturelementen verbunden werden, entstehen neue Nutzungsmöglichkeiten.

Bild 2.4.3.2-2 Beispiel für den zweiten Abschnitt der Tauglichkeitsdauer eines Gebäudes: Bürohaus „Auferstehungskirche" in Köln. Siehe hierzu auch den Kommentar zu Bild 2.4.3.2-1.

Bild 2.4.3.2-3 Umfassender Umbau eines Gebäudes für die Nutzung als Bürohaus. Washington, D.C., USA.

Kommentar: Die Fassade wird während der Arbeiten im Innenbereich durch ein Stahlgerüst abgefangen und anschließend mit dem Innenbereich wieder verbunden, bleibt also erhalten.

Technischen Biografie. Bereits im Abschnitt „Übergänge zwischen den Abschnitten der Tauglichkeitsdauer und Technische Identität" wurde darauf hingewiesen, daß die Technische Biografie inhaltlich in die Geschichtsschreibung, insbesondere in die Technikgeschichtsschreibung, aufgenommen werden kann, wenn das Technische Artefakt geschichtlichen Rang besitzt. Dieser Rang wird aber gerade dadurch gekennzeichnet, daß er auch nach dem Untergang des Sachsystems weiter erhalten bleibt. Die im Alten Testament enthaltene Technische Biografie des Tempels in Jerusalem unterrichtet bis zum heutigen Tag von der Entstehung, vom Glanz und vom Untergang dieses sakralen Bauwerks als Sachsystem. Oft wird im allgemeinen Bildungsschrifttum als eines der sogenannten sieben Weltwunder des Altertums die 33 m hohe Bronzestatue des Sonnengottes am Hafeneingang von Rhodos erwähnt, der sogenannte Koloß von Rhodos; siehe hierzu auch den Hinweis im Abschnitt „Das Technische Artefakt dritter Ordnung – Technische Biographie". Die Statue ist im Hinblick auf das seinerzeit höchst innovative Herstellungsverfahren nicht nur in der technikgeschichtlichen Literatur behandelt, /46/, sondern auch in einem aktuellen Beitrag einer Wochenzeitung für Ingenieure zum Thema Verwertung von Kupferschrott, /31/. Solange nachgewiesen werden kann, daß ein individuelles Technisches Artefakt zwar als Sachsystem untergegangen, aber noch nicht aus dem kollektiven Gedächtnis der Menschheit verschwunden ist, steht die Vernichtung seiner Technischen Biografie noch aus. Das Technische Artefakt liegt vermöge seiner **Biografischen Dauer als dokumentiertes** noch vor. Erst mit dem Erlöschen dieses Nachweises ist das Technische Artefakt in das Nichts des geschichtlich nicht mehr Gewußten, als vorhanden (gewesen) nicht mehr Erkennbaren, abgesunken.

Die Gültigkeit des Begriffs Biografische Dauer erstreckt sich auch auf die Archäologie. Radarwellen von 380 bis 450 Mhz, abgestrahlt von Flugzeugen oder Weltraumsatelliten, werden tief in der Erde reflektiert und machen dadurch Bodenstrukturen und auch einzelne Gegenstände sichtbar, /47/, /48/. Andere Verfahren nutzen Thermolumineszenz, /49/, Magnetometrie und Luftbildprospektion, /50/. Mit solchen Verfahren lassen sich Dokumente erzeugen, die den Nachweis von ohne instrumentelle Mittel nicht erkennbaren Bodendenkmalen wie Grabanlagen, Tempel, Siedlungen, Straßen und so fort leisten. Sie werden somit Teil der Technischen Biografie dieser Artefakte und beweisen deren Biografische Dauer auch dann, wenn diese Dokumentationen nicht zur Freilegung und anschließenden Instandhaltung der Sachsysteme führen, was einem neuen Abschnitt der Tauglichkeitsdauer (als Museums-Exponate bzw. als Objekte archäologisch-technikgeschichtlicher Forschung) gleichkäme.

Allgemeine Kenntnisse und begründete Vermutungen der Archäologen über mögliche Fundorte sind als **unspezifischer Teil der Technischen Biografie** der dann tatsächlich bewerkstelligten Funde zu betrachten. Solches Wissen bzw. Vermuten begründet besondere Vorsicht bei der Bewegung oberer Erdschichten, die zu sensationellen Funden führen kann: Freilegung des ältesten erhaltenen Holzbauwerks der Welt, eines 7000 Jahre alten Brunnens, beim Kiesabbau nahe Erkelenz in der Aachener Region, /51/; Fund von sieben 400000 Jahre alten, zur Jagd genutzten Wurfspeeren des homo erectus, Teil eines Fundes von 20000 Objekten, in einem Braunkohlen-Tagebau des Helmstedter Reviers, /52/. Die ältesten bekannten Technischen Artefakte, von Vormenschen bearbeitete Steingeräte vom Ufer des Rudolfsees in Afrika, sind über 2 Millionen Jahre alt, /53/.

Nicht nur Bodenschichten, sondern auch Meere, Seen und andere Oberflächengewässer verbergen Technische Artefakte vor dem unbewaffneten Auge: Versunkene Schiffe, durch Erdbeben im Meer versunkene Gebäude werden zugänglich für Bergungsversuche, wenn hinlängliche Informationen zu Ort, Zeit und Umständen des Extremereignisses in der Technischen Biografie die Biografische Dauer sichern.

Es ist hier deutlich zu machen, daß die Biografische Dauer **mit dem Beginn des Erzeugungsprozesses einsetzt**. Dieser endet, wenn der Sollzustand und damit die volle Funktionsbereitschaft erreicht ist. Dieser Zeitraum könnte als **Erzeugungsdauer** bezeichnet werden, er kann fallweise sehr lange währen, wie im Beispiel des Kölner Domes mit seiner jahrhundertelangen Bauzeit. Daran schließt sich die Tauglichkeitsdauer, in ihr ist die Nutzungsdauer enthalten. Am Ende des 1. Abschnitts kann mit einer wesentlichen Änderung (hierfür wird die **Änderungsdauer** in Anspruch genommen) ein 2. Abschnitt der Tauglichkeitsdauer begründet werden usf., bis zum endgültigen Untergang des Technischen Artefakts zweiter und/oder erster Ordnung. Für den Gesamtzeitraum vom Beginn des anfänglichen bis zum Ende des letzten Abschnitts der Tauglichkeitsdauer wird der Ausdruck **Erhaltungsdauer** vorgeschlagen. Dieser Begriff wird eingeführt, um der zu Beginn dieser Untersuchung vorgestellten Eigenart des Technischen Artefakts gerecht zu werden: Daß es aus drei integralen Komponenten besteht, deren Dauer teilweise oder ganz in gleichen Zeiträumen zusammenfallen und ebenso in verschiedenen Zeiträumen liegen kann. Die Geschichtlichkeit des Technischen Artefakts, die schon für das isoliert betrachtete Sachsystem viele Fragen aufwirft, gewinnt in der Anerkennung dieser unterschiedlichen Verläufe erst ihr vollständiges Profil. Weiterhin scheint es gerechtfertigt, einen **Sammelbegriff** für die quantitativ und qualitativ sehr unterschiedlichen Ausprägungen der Dauer Technischer Artefakte einzuführen; der Ausdruck **Technische Dauer** bietet sich hierfür als naheliegend an. Das Schema, Bild 2.4.4 - 1, verdeutlicht die Zusammenhänge.

2.4.5 Die Frage nach der Endlichkeit der Mittel

Die vorgetragenen Überlegungen hatten zum gedanklichen Mittelpunkt die Geschichtlichkeit des Technischen Artefakts als Grundlage der Instandhaltung, unter dem besonderen Gesichtspunkt der Bestimmung und Erläuterung verschie-

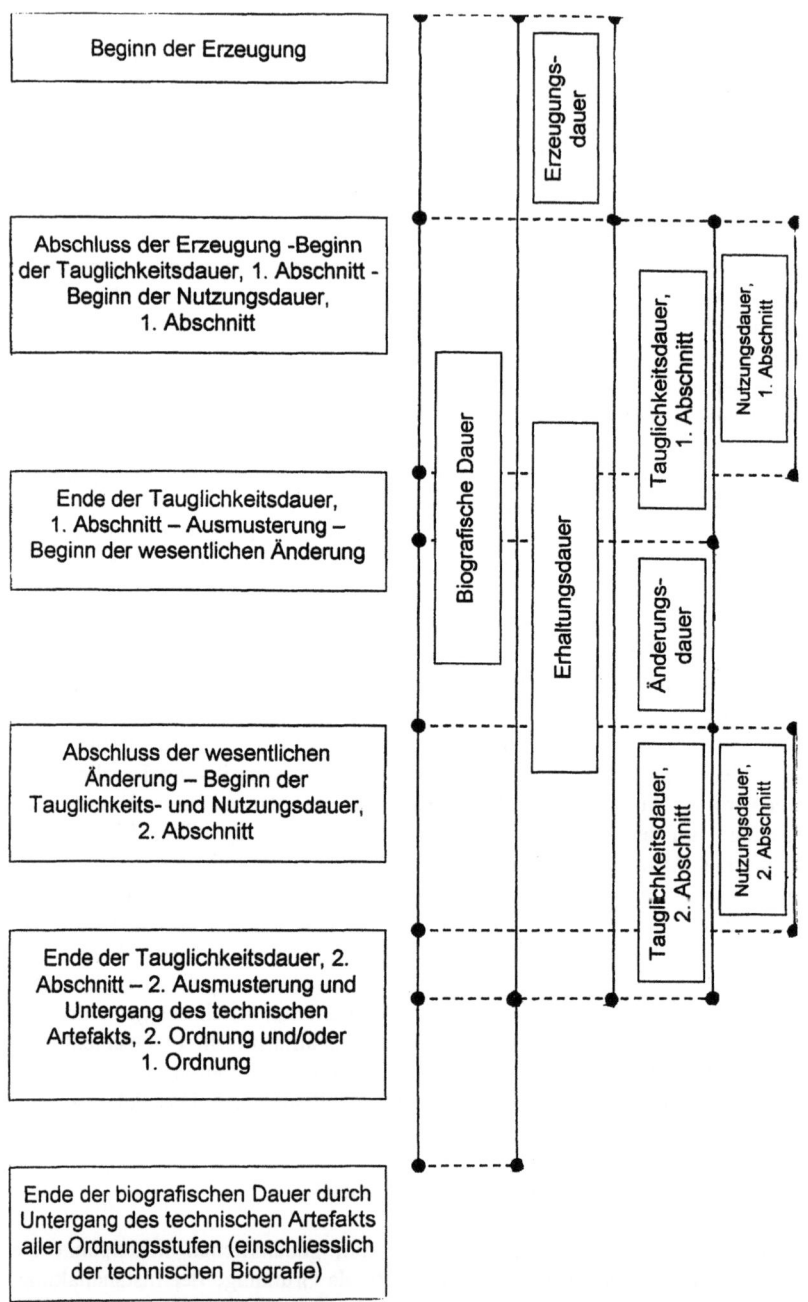

Bild 2.4.4-1 Zeitdauerbegriffe bei der Erhaltung Technischer Artefakte.

dener Ausformungen des Zeitdauerbegriffs für dieses Geschehen. Dabei wurde mehrmals auch der **Aufwand als eine die Technische Dauer stark beeinflussende Wirkungsgröße** eingeführt. Der Begriff des Aufwands sollte, was bisher nicht geschah, nunmehr erläutert und in einen umfassenderen Zusammenhang mit Technischer Dauer gebracht werden, wobei ein der Anschaulichkeit vollständig entzogener Zeithorizont von zwei Millionen Jahren den Maßstab zeitlicher Projektion liefert.

Endlichkeit der Zeitdauer, auch einer sehr langen, bedingt Endlichkeit der materiell-energetischen, im Sachsystem repräsentierten Mittel. Der Sprachgebrauch bringt Aufwand vor allem mit Finanzmitteln in Zusammenhang. Die Mittel technischer Gestaltung und Erhaltung umfassen aber mehr, nämlich die Verfügung über Energien, Rohstoffe, Werkstoffe. Mittel im weiteren Sinn kann auch der Raum sein: Die Verfügung über Teile der festen oder wasserbedeckten Erdoberfläche, aber auch die Tiefe des Erdballs, der Ozeane und sogar des Luft- und Weltraums. Sicherlich können Mittel mit einer gewissen Ungenauigkeit **zu einem gegebenen Zeitpunkt** quantitativ erfaßt oder geschätzt werden und erfüllen damit das Kriterium der Endlichkeit. Wird aber statt eines festen Zeitpunktes oder eines kurzen, aus der jeweiligen Gegenwart heraus extrapolierten Zeitabschnittes eine immer längere, im Extremfall auf Hunderte oder gar Tausende von Jahren und noch darüber ausgedehnte Zukunft betrachtet, so fällt die Möglichkeit einer quantitativen sinnvollen Aussage wegen der Offenheit der Zukunft weg.

Die immateriellen Mittel, also das technische Wissen und Können, aber auch die handlungsleitenden Wertentscheidungen, entziehen sich der Quantifizierung. Gerade in der vorliegenden Untersuchung ist der Hinweis geboten, daß die **Möglichkeit der Quantifizierung ein Kriterium der Endlichkeit** ist. Quantifizierbarkeit ist in großem Umfang ein Merkmal des grundlegenden Instandhaltungsschrittes, des Soll-Ist-Vergleichs.

Vorhaben mit dem Ziel der Schaffung Technischer Artefakte sehr großen Umfangs oder Werts, - ein Dombau, die Trockenlegung eines großen Meeresgebiets, eine umfangreiche Flußregulierung oder Wiederaufforstung, eine Staudammanlage, eine Weltraumstation – werden fallweise in Gang gebracht in der Erwartung, daß die am Beginn stehende Generation den Abschluß des Vorhabens nicht erleben wird. Es besteht dann eine grundlegende Ungewißheit, ob die Nachfahren sich der eigenen Zielsetzung anschließen, ob das Vorhaben vielleicht eine völlig andere Gestalt gewinnt, mit anderen technischen Mitteln weitergeführt oder unvollendet abgebrochen wird. Dies ändert zwar nichts daran, daß auch im Idealfall einer Vollendung der ursprünglichen Absicht die dafür eingesetzten Mittel, sofern sie überhaupt quantifiziert werden können, endliche Summenwerte haben werden. Aber die Abgrenzung dieser Mittel wird mit dem Zeitfortschritt immer unschärfer, weil unvermeidlicherweise die bereits als Teile des Projekts entstandenen Technischen Artefakte, je längere Zeit bis zur Gesamt-Fertigstellung verstreicht, immer mehr Instandhaltungsaufwand erfordern. Grenzfälle wie der teilweise Einsturz einer Kathedrale vor der Fertigstellung, deren zerstörte Bereiche neu errichtet werden müssen, verdeutlichen die Problematik. Der Fluß von Geldmitteln für das Projekt ist in der Regel anfangs stark für die Herstellung und kommt dann zum Erliegen, während der anfangs geringe Finanzstrom für die Erhaltung, wenn und solange diese gelingt, in grober Annäherung stetig und wachsend erhalten bleiben muß, um die Erhaltung zu sichern. Insoweit ist die Redeweise von der Endlichkeit der Mittel mit einem deutlichen Fragezeichen versehen. Es erscheint ausgeschlossen, heute vorauszusagen, welche Technischen Artefakte aus unserer Gegenwart nach welcher Zehnerpotenz von Jahren noch erhalten sein und Aufwand vieler Mittel für Instandhaltung erfordert haben werden, und noch weniger, welchem Zweck sie dann dienen. Möglicherweise markieren Deponiebehälter mit abgebrannten Kernbrennstoffen, die eine Tauglichkeitsdauer von 10000 oder mehr Jahren aufweisen (müssen), in dieser Hinsicht die weiteste Erstreckung unseres Zeithorizontes. Schon dieses Beispiel belegt, daß der Umgang mit sehr großen Werten Technischer Dauer keine lebensferne Gedankenspielerei ist. Ein zweites wird vorgestellt in Gestalt einer Zeituhr mit dem Namen „Uhr des langen Jetzt".

„'Ich möchte den Vorschlag machen, eine große (man denke an Stonehenge) mechanische Uhr zu bauen, die ihre Energie aus den jahreszeitlichen Temperaturschwankungen bezieht. Sie tickt einmal im Jahr, schlägt einmal im Jahrhundert, und der Kuckuck kommt zu jeder Jahrtausendwende heraus'"...Sie soll mindestens zehntausend Jahre halten...Diese Uhr ist noch nicht gebaut worden, aber man hat bereits ein Stück Land in Nevada gekauft, die Konstruktionszeichnungen sind fertig, und die Herstellung der Bauteile hat begonnen", /54/.

Die erwartete Tauglichkeitsdauer dieses Projekts läßt nur einen einzigen beschreibbaren Bezug zu künftigen Generationen zu, nämlich die Hoffnung oder Erwartung, daß diese Wertentscheidung, eine Uhr des langen Jetzt besitzen zu wollen, auf nicht absehbare Zukunft aufrechterhalten.

Die Überlegungen lassen sich wie folgt zusammenfassen: Die Beurteilung Technischer Artefakte unter dem Aspekt der Endlichkeit der Mittel für Instandhaltung muß die mangelnde Zuverlässigkeit jeder Zahlenangabe hinnehmen, welche sich aus der Einbeziehung der offenen Zukunft und der unbestimmten, fallweise über Jahrmillionen reichenden Erhaltungsdauer Technischer Artefakte ergibt. Die lebensgeschichtlich naheliegende Anschauungsweise, mit dem Begriff der Endlichkeit nur einigermaßen überschaubare oder gar mit der Jahreszahl menschlicher Lebenserwartung in Einklang stehende Größen und Zahlen zu verbinden, ist hier fehl am Platz.

2.4.6 Zusammenfassung des Abschnitts 2.4 : Instandhaltung und Erhaltungsdauer

Instandhaltung erwies sich als ein technisches Handeln, in dem die Geschichtlichkeit des Technischen Artefakts besonders deutlich wird, spiegelbildlich zu seiner Entstehung. Deshalb ist die Festlegung einiger Zeitbegriffe geboten. Die **Tauglichkeitsdauer** eines Technischen Artefakts ist der Zeitraum, für den die Zwecktauglichkeit durch Instandhaltung ohne wesentliche Änderung der durch Erzeugung geschaffenen Merkmale aufrechterhalten wird. Die Tauglichkeitsdauer kann mehrere Abschnitte umfassen. Die Kriterien, nach denen das Ende eines Abschnitts der Tauglichkeitsdauer bemessen wird, unterliegen weiten Ermessensspielräumen. Sie sind vorwiegend, aber keinesfalls ausschließlich, wirtschaftlicher Natur. Auf den ersten Abschnitt der Tauglichkeitsdauer folgt die **Ausmusterung**. Sie führt entweder zum **Untergang** oder zu einem einem zweiten Abschnitt, wobei eine nicht ausschließlich technisch und wirtschaftlich geprägte Wertsetzung oft als Maßstab dient; dies kann mit einer wesentlichen Umgestaltung des Technischen Artefakts verbunden sein. **Nutzungsdauer** ist der Zeitraum, für den ein Technisches Artefakt nach der Maßgabe seiner Zweckbestimmung genutzt wird; die Tauglichkeit kann über die Nutzungsdauer hinaus erhalten bleiben. Alle Zeitdauerbestimmungen gelten für Technische Artefakte erster, zweiter und dritter Ordnung. Beispiele solcher Umgestaltung sind vielfach, vor allem aber bei Bauwerken zu finden. Die **Erhaltungsdauer** umspannt den gesamten Zeitraum vom Abschluß der Erzeugung, also vom Beginn des ersten, bis zum Ende der letzten Abschnitts der Tauglichkeitsdauer. **Biografische Dauer** ist der Zeitraum, innerhalb dessen ein Technisches Artefakt, auch nach seinem Untergang als Sachsystem, noch eine Existenz in Form einer Technischen Biografie besitzt. Sie endet also mit dem endgültigen Untergang des Technischen Artefakts einschließlich seiner Technischen Biografie, das heißt jeglicher Erinnerung und Dokumentation seiner gewesenen Existenz.

Damit hängt eng zusammen die Frage nach der Endlichkeit der für Instandhaltung zur Verfügung stehenden Mittel. Diese ist sicher gegeben zu einem bestimmten Zeitpunkt oder eines sehr beschränkten Zeitraums, im strengen Sinn von Endlichkeit auch für eine offene Zukunft. Der Befund jedoch, daß Technische Artefakte eine Erhaltungsdauer von sogar Tausenden bis Millionen von Jahren erreichen können, führt in Verbindung mit der Unvorhersehbarkeit der Zukunft zu dem Schluß, daß der Aufwand für die Erhaltung eines Technischen Artefakts – und damit seine Erhaltungsdauer – nur mit einem unbeeinflußbaren Grad von Ungenauigkeit genannt werden kann.

2.5 BEGÜNSTIGUNG LANGER ERHALTUNGSDAUER TECHNISCHER ARTEFAKTE

2.5.1 Gesetzmäßigkeit und Handlungsentscheidung bei der Sicherung und Gefährdung Technischer Dauer

2.5.1.1 Rechtfertigung des Aufwands für die Erreichung Technischer Dauer

Von der Kategorie der Zeit wird sowohl die Erhaltungsdauer eines Technischen Artefakts umfaßt wie auch die Handlungsvollzüge der Instandhaltung, die Erhaltung begründen. Alle Formen Technischer Dauer, - Tauglichkeits-, Nutzungs-, Erhaltungs- und Biografische Dauer- liefern einen wesentlichen, wenn auch nicht den einzigen Maßstab für Intensität und Erfolg von Instandhaltung. Zahlenmäßig festlegbare Werte Technischer Dauer belegen auch die an anderer Stelle in dieser Untersuchung erkennbare Bedeutung der **Quantifizierbarkeit** in der technikphilosophischen Argumentation. Die **quantitative Beurteilung nach der erreichten Tauglichkeits- bzw. Erhaltungsdauer**, die inhaltlich von der Technischen Biografie beschrieben wird, liefert eine einfache Kennzahl. Diese betrifft jedoch nur einen **einzigen Parameter** und beschreibt vor allem **nicht, welcher materielle und immaterielle Aufwand** erforderlich war, um das Instandhaltungsergebnis zu erreichen; siehe hierzu auch die Argumente des Abschnitts „Die Frage nach der Endlichkeit der Mittel". Einfache Technische Artefakte wie die Lesesteinmauern auf den Aran-Inseln in Irland, Umwallungen prähistorischer Fluchtburgen, sind mehrere Jahrtausende alt; Steinmaterial und robuste Struktur bieten wenig Angriffsmöglichkeiten für Wind und salzhaltige Meerwasser-Aerosole. Mit einfachen Handgriffen können herausgefallene Steine wieder eingefügt werden: Vermutlich liegt darin ein wesentlicher Grund für den vorzüglichen Erhaltungszustand dieser Denkmale. Der Kölner Dom dagegen mit seiner reichen Oberflächengliederung und seiner Empfindlichkeit gegenüber Verfall durch Schadstoffe in der Luft sowie durch Mikroorganismen erfordert, obwohl das Bauwerk insgesamt nur wenige und seit seiner Fertigstellung noch keine zwei Jahrhunderte alt ist, einen erheblichen Aufwand an Fachwissen und -können von Restauratoren. Dennoch besteht in beiden Beispielfällen die in der öffentlichen Diskussion derzeit nicht angefochtene **gesellschaftliche Zustimmung dafür, diesen so sehr unterschiedlichen Aufwand zu leisten**. Wie läßt sich diese Bereitschaft rechtfertigen? Lassen sich Merkmale Technischer Artefakte finden, die diese Bereitschaft in handlungsentscheidender Weise begünstigen?

Eine vertiefte Untersuchung dieser Frage führt zunächst zu dem Befund, daß Technische Artefakte nicht nur, nach HEIDEGGER, der instrumentalen Kategorie angehören, ein Mittel zu sein, sondern auch der zeitlichen Kategorie, im **Streben nach Gewinnung oder Fortführung von Dauer,** eine Ursache ihrer Entstehung zu haben. Die Argumentation hierzu führt allerdings an die Grenze zwischen Technik- und Geschichtsphilosophie und wird daher in dieser Untersuchung nicht weiter erörtert.

2.5.1.2 Instandhaltung als Fortschrittsfeind ?

Es gibt allerdings einen Einwand gegen die in dieser Untersuchung vertretene These, daß dem Technischen Artefakt als individueller Einheit Dauer wesensmäßig zugehörig und daß diese Dauer (die allerdings fallweise nur eine kurze Zeitspanne umfaßt) durch Instandhaltung zu sichern sei. Wenn diese Dauer und damit der in dieser Einheit repräsentierte technologische Stand begünstigt wird, so schließt dies - nach der Maßgabe dieser Dauer - immer auch die Ablehnung eines anderen Artefakts mit ein, das ersatzweise an die Stelle der in ihrer Dauer begünstigten Einheit treten könnte, aber möglicherweise einen höheren technologischen Stand repräsentiert. Diese technologische Überlegenheit würde sich in neuen oder erweiterten Handlungsmöglichkeiten oder auch in einer besseren Umsetzung der Wertvorstellungen in VDI 3780 Technikbewertung zeigen. In polemisch vereinfachter Ausdrucksweise erscheint **Instandhaltung** unter dieser Voraussetzung als **fortschrittsfeindlich**. Dem wäre abzuhelfen, indem „Verschleißfaktoren" ausdrücklich als Merkmale Technischer Artefakte vorgesehen werden, die durch Abkürzung der Tauglichkeitsdauer die Ausmusterung erzwingen und die ersatzweise Nutzung weiterentwickelter Technologie damit ermöglichen. Dieser Einwand ist keineswegs akademisch weltfremd. Er fand in den USA als wirtschaftstheoretisch begründete Empfehlung der „geplanten Veraltung" Eingang in die technisch-wirtschaftliche Praxis, wie nachstehend im Abschnitt „Werte und Interessen bei Schaffung günstiger Voraussetzungen für Instandhaltung" dargelegt wird. Dort werden auch die auf diesem Einwand bzw. die auf den Gegenargumenten beruhenden Unternehmensstrategien erörtert. Zusätzlich ist aber hier an die Befunde der Abschnitte „Technologische Höherwertigkeit vermöge Instandhaltung – Instandhaltung komplexer Sachsysteme" und „Übergänge zwischen den Abschnitten der Tauglichkeitsdauer und Technische Identität" zu erinnern, wonach durch Handlungsmöglichkeiten unterschiedlichen Umfangs in der Instandhaltung die **Zielsetzungen längerer Tauglichkeitsdauer und technologischer Höherwertigkeit gemeinsam** verfolgt werden können. Ergänzend sei darauf hingewiesen, daß die Zulassung absichtlich eingeprägter Verschleißfaktoren in VDI 3780 nicht vorgesehen und damit innerhalb dieses Wertekatalogs keine technisch akzeptable Zielsetzung ist.

2.5.1.3 Klassenbildung für die Begünstigung langer Erhaltungsdauer vermöge
 Wertentscheidungen

Technische Artefakte unterscheiden sich, wie gezeigt, hinsichtlich ihrer wesensbestimmenden Dauerhaftigkeit nicht; sehr wohl aber hinsichtlich der Länge dieser Dauer und des Aufwandes, diese zu sichern. Demnach kann weiterer Aufschluß über Instandhaltung erwartet werden durch die anfangs aufgeworfene Frage nach Merkmalen, die Dauer fördern. Und die eben angestellten Überlegungen enthalten auch den Umriß einer Antwort: Es muß sich um Merkmale handeln, welche die Dauer Technischer Artefakte mit der Dauer anderer Gegenstände oder Prozesse der technischen Lebenswelt verknüpfen. Dabei sind hier unter Prozessen ganz allgemein Geschehnisse, also auch solche kognitiver und emotionaler Art – Denkhandlungen, Gefühle – zu verstehen, die Dauer besitzen oder einfordern. Bei diesem Gedankenschritt ist ein starker Vorbehalt zum Gebrauch des Begriffs „Merkmal" zu diskutieren.

Im Abschnitt „Die Technische Struktur-Information als Dokumentation des Sollzustands" werden **Merkmale als Informationen über Technische Artefakte erster und zweiter Ordnung** vorgestellt, deren Struktur-Analogie durch ein Modellverhältnis veranschaulicht wird. Diese Merkmale gehören dem Technischen Artefakt als individueller Einheit an. Die Verknüpfung der Dauer eines Technischen Artefakts mit der Dauer dessen, was ROPOHL die System-Umgebung nennt, ist auch an die dieser System-Umgebung entstammenden Bedingungen gebunden. Diese können die Merkmale des Technischen Artefakts einschließen, aber auch weit darüber hinausgehen, indem sie von Wertentscheidungen bestimmt werden, die sich auf diese Merkmale beziehen. Solche Wertentscheidungen werden im Folgenden dargestellt in Form der Zugehörigkeit zu Klassen Technischer Artefakte mit kennzeichnenden Klasseneigenschaften. Diese Klasseneigenschaften treten nun an die Stelle der Merkmale, von denen der Gedankengang ausging. Vier solcher Klassen sind vorzustellen. Sie lassen sich allerdings nicht genau voneinander abgrenzen, - was für die weiteren Überlegungen folgenlos bleibt -, und ihre Eigenschaften können auch zu mehreren gleichzeitig vorliegen. Die **Zugehörigkeit zu einer dieser Klassen begünstigt Instandhaltung, die der zeitlichen Fortdauer der Artefakte** dient, was wiederum die **Fortführung der Instandhaltung** rechtfertigt. Der Bedingungs-Zusammenhang zwischen den auf **Wertentscheidungen basierenden Klasseneigenschaften** und dem durch **seine Bindung an die Zeit bestimmten Prozeß der Instandhaltung** ist grundlegend für die Erhaltungsdauer zahlloser Technischer Artefakte. Dies gilt besonders für die Gruppe der Artefakte, die durch eine Technische Biografie dokumentiert sind, und innerhalb dieser Gruppe wieder für diejenigen, die als individuelle Einheiten Gegenstand der Technik- und Zeitgeschichtsschreibung wurden. Wenn man den kategorialen Unterschied zwischen Eigenschaft und Prozeß außer acht lassen könnte, so wäre die saloppe Kennzeichnung dieses Bedingungs-Zusammenhangs als „positive Rückkopplung" vertretbar.

Freilich ist infolge der fundamentalen Komplexität des Geschichtsverlaufs diese „positive Rückkopplung" immer gefährdet durch systemzerstörende Einwirkung. Insbesondere der Abschnitt „Extremereignisse als Ursachen für Zerstörung und Untergang" zeigt die Zerstörungs- und Untergangspotentiale auch für langfristig erhaltenswerte Technische Artefakte und belegt damit, daß die Erhaltungskraft der Instandhaltung endlich ist.

2.5.2 Unentbehrlichkeit im gesellschaftlichen Lebensvollzug

Gewißheit über die Endlichkeit des Einzellebens, über die immerwährende Bedrohung durch die grundlegende Unvermeidbarkeit wie auch durch das niederdrückende Nichtwissen vom Zeitpunkt des Einzeltodes, überschattet das Dasein des menschlichen Individuums, sobald es das erforderliche Reifestadium erreicht hat. Aber der Mensch hat dieser lebensüberschattenden Verbindung von Wissen und Nichtwissen die **Weiterreichung des Überlieferbaren** in der Generationenfolge entgegenzusetzen; und diese kann nur geschehen in der überindividuellen Dauer der Gesellschaft. Gesellschaft aber als einzige Existenzform, in der **Gewähr für die Dauer des Überlieferbaren**, also für Geschichte, gesucht werden kann, ist nicht denkbar ohne Sicherung und Begleitung; nicht ohne Repräsentation der **Zusammengehörigkeit im gemeinsamen Lebensvollzug durch Technische Artefakte**. Es ist gleichgültig, wie die gesellschaftliche Bindung zustande kommt: In der Ordnungsform des Staats oder einer Staatengemeinschaft, eines Landes, einer staatlichen oder religiösen Gemeinde, durch eine wirtschaftlich begründete Gemeinsamkeit wie in den Handwerkerzünften oder durch Zusammenschluß unter kultureller Zielsetzung, wie in Abschnitt „Stiftung von Gemeinschaft durch Instandhaltung" erörtert. Überindividuelle Dauer wird manifest in den Technischen Artefakten, die allen Individuen der Gesellschaft oder der Gruppe in gleicher Weise zugänglich und verfügbar sind: Straßen und andere Verkehrsanlagen, öffentliche Gebäude und Anlagen für Versammlungen, Feste, Gottesdienste; in Kirchen und Tempeln ebenso wie in Zunfthäusern, Markthallen, Schul- und Hochschulgebäuden, Arenen, Konzert- und Theaterbauten, Ausstellungsgebäuden, Foren, zoologischen Gärten, öffentlichen Parkanlagen, Anlagen zur Versorgung mit Trinkwasser und Energien und anderen vergleichbaren Einrichtungen. Der Wertekatalog der VDI 3780 Technikbewertung bezieht den gesellschaftlichen Lebensvollzug mit der Nennung von gesamtwirtschaftlichem Wohlstand, Lebenserhaltung der Menschheit, Persönlichkeitsentfaltung und Gesellschaftsqualität, Solidarität und Kooperation, sowie Ordnung, Stabilität und Regelhaftigkeit, durchaus mit ein.

Ununterbrochene Nutzung dieser Technischen Artefakte verbindet die Kategorien Gesellschaftlichkeit und Dauer. Straßenzüge innerhalb von und als Verbindung zwischen Siedlungen und Regionen, - auch wenn die Straßenbautechnik wechselnden, steigenden Anforderungen und Möglichkeiten gerecht werden muß -, haben seit Hunderten, manchmal seit Tausenden von Jahren den gleichen Verlauf. Arenen aus Römerzeiten dienen und dienten heute wie damals der Unterhaltung Tausender von Besuchern. Kirchen und Tempel verkörpern religiöse Identität in grundlegend unterschiedlichen Geschichtsepochen. Schiffe kommen an und fahren ab von den immer wieder erneuerten Kaimauern von

Häfen, die schon im Altertum an der gleichen Stelle dem gleichen Zweck dienten. Technische Artefakte, die der Gesellschaft insgesamt dienen, geben die Wege vor und bestimmen die Ziele für das Handeln ungezählter Individuen aus vielen Generationen. Sie repräsentieren Selbstverständlichkeit, unbezweifelte Bestätigung dessen, was für einen geordneten gemeinsamen Lebensvollzugs als zweckdienliche technische Gestaltung geschaffen wurde. Jede neue Generation, die sich dieses technische Erbe zu eigen und zunutze macht, vertieft und verstärkt den geschichtlichen Rang dieser Technischen Artefakte und ihres Beitrags zum kulturellen Selbstverständnis der Gesellschaft in ihrem Widerstand gegen die verfallsfördernde Macht des bloßen Zeitablaufs. Beharrlichkeit, fallweise auch Opferbereitschaft bei der Instandhaltung ist notwendige Bedingung dafür, daß diese Dauer erreicht wird.

2.5.3 Technische Hochwertigkeit

Auch Technische Hochwertigkeit ist im Wertekatalog der VDI 3780 deutlich miterfaßt, wenn auch nicht unter dieser Bezeichnung. Die Begriffe Perfektion, Zuverlässigkeit, Lebensdauer, technische Effizienz, Wirtschaftlichkeit und Sicherheit kommen dem in dieser Untersuchung vorgestellten Begriff der technischen Hochwertigkeit vielleicht am nächsten.

Technische Hochwertigkeit beginnt mit der Wahl hochwertiger Werkstoffe, also solcher, die sich technologisch durch besonders geschmeidige Anpassung der Werkstoffeigenschaften an die Aufgabenstellung, nach Maßgabe langer Erhaltungsdauer, und fallweise auch aesthetisch durch ansprechendes Aussehen insbesondere der Oberfläche auszeichnen. Von großer Bedeutung ist funktional wie aesthetisch die Korrosions- und Erosionsbeständigkeit. Darunter versteht man die im Werkstoff selbst begründete Eigenschaft, sich auch langzeitig wenig zu ändern durch chemisch aggresives Klima (z.B. tropische Luftfeuchtigkeit, Meeres-Umgebung), durch mechanischen Abtrag (z.B. in Achs- und Wellenlagerungen), durch extreme Temperaturen (Wüsten- und Polarzonen). Besonders bedeutungsvoll ist dieses Merkmal dort, wo vergleichbare Schadensursachen in Anlagen der Prozeßindustrie, Chemie usf. in Kombination vorkommen. Das Merkmal der Hochwertigkeit betrifft sowohl die Oberflächenstruktur wie den Werkstoff-Innenbereich eines Bauteils. Hochwertige korrosionsfeste Metalle wie Gold, Silber, Platin (für Schmuck, Uhren und technischen Einsatz), Chrom-Nickel-legierte Stähle, aber auch keramische Werkstoffe, z.B. Porzellan, Verbundstoffe wie Email auf Stahl oder Edelmetallen, ferner Naturwerkstoffe wie etwa besonders dichte, harte tropische Hölzer, Marmor, Granit und andere Gesteinsarten, vereinigen in sachgemäßer Verarbeitung aesthetische Qualität mit Werkstoff- Beständigkeit gegen verschiedene Schadenseinflüsse. Naturwerkstoffe verleihen dem Technischen Artefakt überdies den im Abschnitt „Disparität (Uneinheitlichkeit) des Naturbereichs" erörterten kulturellen Reiz durch den Reichtum differierender Merkmale.

Hochwertige Werkstoffe kommen jedoch nur dann angemessen zur Geltung, wenn Entwurf, Konstruktion und Gestaltung, dokumentiert in der Technischen Struktur-Information, allen Anforderungen der Aufgabenstellung und dem Stand des technischen Wissens entsprechen. Es ist ein Wesensmerkmal herausragender technischer Gestalter, diesem Anspruch gerecht zu werden.. Den gleichen Rang muß auch die technische Ausführung in der Erzeugung erreichen. Der Qualitätsmaßstab gilt für den ausführenden, das heißt herstellenden Techniker ebenso wie für den Gestalter. Handelt es sich um Bauwerke, so muß sich auch der Bauplatz durch Lage und angemessene Größe auszeichnen. Die Erfüllung jeder einzelnen Voraussetzung bedeutet hohen wirtschaftlichen Aufwand, denn immer handelt es sich um die Bereitstellung knapper Güter. Technische Hochwertigkeit wird also tendenziell selten anzutreffen sein. In Verbindung mit Hochwertigkeit von Entwurf, Konstruktion und Gestaltung ist unter diesen Voraussetzungen das Technische Artefakt mit großer Wahrscheinlichkeit ein Unikat oder wenigstens ein Plurikat. Die Instandhaltung wird schon dadurch entscheidend erleichtert, daß Werkstoff-Beständigkeit gegen viele Formen der Belastung einen vergleichsweise langsamen Verlauf der Abnutzung nach sich zieht und somit dem Verfall entgegenwirkt. Technische Hochwertigkeit sichert daher nicht nur lange Tauglichkeitsdauer in allen ihren Aspekten; sie hält auch den Instandhaltungsaufwand klein im Verhältnis zum Aufwand, der für die Erzeugung des Technischen Artefakts notwendig war. Dieser Umstand trägt mit dazu bei, daß Instandhaltung bei technisch hochwertigen Artefakten auch langzeitig mit wirtschaftlich vertretbarem Aufwand geleistet werden kann. Technische Hochwertigkeit, Unikats- oder Plurikats- Charakter und lange Tauglichkeits- bzw. Erhaltungsdauer sind somit Merkmale, die sich gegenseitig fördern.

Die Qualität der technischen Hochwertigkeit kann aber auch ein Merkmal einschließen, das auf den ersten Blick nicht unmittelbar gerechtfertigt scheint. Damit ist technischer Aufwand gemeint für eine **Beschaffenheit, die über die begrenzten Forderungen der Zweckbestimmung hinausgeht.** Solche Forderungen sind in aller Regel wirtschaftlich durch den zugestandenen Aufwand, also vor allem durch den Preis, limitiert. Unter besonderen Umständen wird ein Mehraufwand aber dennoch erbracht und ermöglicht dann aus Gründen und in einer Weise, die zum Zeitpunkt der Herstellung nicht genau voraussehbar waren, eine technische Wertsteigerung, die der Betriebswirt als Aufdeckung einer stillen Reserve kennzeichnen würde: Durch eine anderweitig nicht erreichte Verlängerung der Tauglichkeitsdauer, durch zusätzliche Nutzungsmöglichkeiten ohne Überschreitung der ursprünglichen Zweckbestimmung, durch höhere Belastbarkeit z.B. gegenüber Schädigung bei nicht vorhersehbaren Extremereignissen, wie auch für den im Abschnitt „Nicht bestimmungsgemäße Nutzung" erörterten Fall, durch geringeren Instandhaltungsaufwand oder andere Nutzungsvorteile. Dieser Aufwand kann viele Formen annehmen, zum Beispiel eine über das Mindestmaß hinausgehende Dimensionierung von Wandstärken, Durchmessern und anderen funktionsbedeutsamen geometrischen Größen; die Verwendung höherwertiger Werkstoffe an Bauteilen, die dies nicht notwendig erfordern, und so weiter.

Ein anschauliches Beispiel bietet die Instandsetzung der 1911-1913 erbauten, über den Nord-Ostseekanal führenden Rendsburger Stahl-Eisenbahnbrücke mit einem Aufwand von 130 Millionen DM. Verrostung und mechanische Schäden erforderten eine Sanierung, die wegen der hohen Kosten Anlaß gab zum Vergleich mit kompletter Erneuerung der Brücke oder Ersatz durch ein Tunnel. Wesentlich für die Entscheidung zugunsten der Instandsetzung war der Umstand, daß der Erbauer der Brücke einen Sicherheitszuschlag von 20% bei den kräfteübertragenden Teilen berücksichtigt hatte, um für eine künftig erforderliche „Ertüchtigung" der Brücke gute Voraussetzungen zu schaffen. Die sanierte Brücke entspricht nun trotz den gestiegenen Anforderungen (zusätzliche Horizontalkräfte, herrührend aus modernen Bremssystemen) den Merkmalen der Streckenklasse D 2 und kann demgemäß eingleisig befahren werden, was sich durch angepaßte Fahrplangestaltung erreichen läßt, /1/.

Ein anderes Beispiel läßt sich aus der handwerklichen Herstellung anführen. Handwerklicher Berufsstolz verlangte, - oder verlangt noch -?, daß das Arbeitsergebnis auch dort nicht nur gut aussieht, sondern auch gut ist, wo man nicht hinschaut, wo eine Qualitätsprüfung durch den Nutzer unwahrscheinlich ist. Die Rückwand eines nach Einzelentwurf vom Schreiner hergestellten Bücherschranks kann aus einer billigen, lediglich auf der inneren Sichtseite furnierten Sperrholzplatte bestehen oder aber, wie die ständig der Sicht ausgesetzten Teile, aus gemasertem Massivholz. Im ersten Fall wird der Zweck genau erfüllt, im zweiten wird eine mögliche Zusatztauglichkeit gegeben, indem der Schrank eines fernen Tags, vielleicht erst durch Erben des ursprünglichen Auftraggebers, sichtbar von allen Seiten als Raumteiler Aufstellung finden kann.

Entscheidende Bedeutung erlangt technische Hochwertigkeit immer dann, wenn das Ende der Tauglichkeitsdauer erreicht und die Frage zu entscheiden ist, ob das Technische Artefakt ausgemustert wird oder einer neuen Nutzung zugeführt werden kann. Diese Situation ist auf Grund der vergleichsweise langen Brauchbarkeit und des finanziellen Wertes vor allem bei Gebäuden gegeben. Je höher durch architektonische Qualität, wertvolle Werkstoffe und handwerkliche Sorgfalt die Werthaltigkeit trotz Beendigung der bisherigen Nutzung zu bemessen ist, desto größer die Wahrscheinlichkeit, daß auch um den Preis beachtlicher Umbaukosten die Zerstörung vermieden werden kann. Die Baugeschichte der Bundesrepublik Deutschland in den letzten Jahrzehnten weist nicht nur zahlreiche Beispiele höchst bedauerlicher Vernichtung erhaltenswerter Bausubstanz auf, sondern auch viele gelungene baulicher Umgestaltungen für eine neue Nutzung, bei denen architektonisch überzeugende Lösungen mit einer reizvollen Verbindung alter und neuer Stilelemente gelungen sind.

Viele der im Abschnitt „Beispiele für den zweiten Abschnitt der Tauglichkeitsdauer" vorgestellten Fälle eines, metaphorisch gesprochen, „neuen Lebensabschnitts" sind dadurch gekennzeichnet, daß technische Hochwertigkeit den Aufwand für eine Umgestaltung in erheblichem Umfang rechtfertigte.

Die Erwähnung von Schmuck, kostspieligen Uhren und Porzellan lenkt den Blick auf einen neuen, dennoch naheliegenden Aspekt, den sachlichen Zusammenhang der Begriffe technische Hochwertigkeit und Luxus. Diese Verbindung wird im Abschnitt „Entfremdung, Askese, Luxus" diskutiert. Als **Luxus** wird ein **durch Askese ermöglichter Aufwand bei Technischen Artefakten** betrachtet, der durch Merkmalsreichtum zur Werthaltigkeit führt. Er wird mit technischer Hochwertigkeit über die Notwendigkeit der Instandhaltung so verknüpft, daß nun eine begriffliche scharfe Trennung beider weder möglich noch notwendig erscheint.

Mit zunehmender Komplexität Technischer Artefakte gewinnt ein Strukturmerkmal mit der emotional geprägten Bezeichnung „Reparaturfreundlichkeit" wachsende Bedeutung sowohl hinsichtlich des wirtschaftlichen Aufwands für die Instandhaltung wie auch für die dadurch unmittelbar und mittelbar begünstigte Verlängerung der Tauglichkeitsdauer. Das technische Regelwissen, wie ROPOHL es nennt, des Entwerfers (Konstrukteurs, Architekten, Anlagenplaners und so fort) muß die Kenntnis der zu erwartenden häufigen, seltenen und sogar der wenig wahrscheinlichen Instandhaltungs-, insbesondere Instandsetzungsarbeiten mit einschließen und diese nach Maßgabe des technologischen Entwicklungsstands erleichtern. Die Vielfalt der im Einzelnen gebotenen technischen Konzepte für diese Zielsetzung entspricht der Vielfalt der Technischen Artefakte. Für die Teilmaßnahmen Wartung, Inspektion und Instandsetzung kommen teils übereinstimmende, teils unterschiedliche technische Lösungen in Betracht. Allgemein ist örtliche Zugänglichkeit von Subsystemen ebenso wichtig wie die Möglichkeit, ein System nicht nur „zerstörungsfrei" (gemeint ist: schadenvermeidend), sondern auch mit wenig Aufwand in Subsysteme zu zerlegen. Das betrifft etwa im Maschinen- und Fahrzeugbau die rasche und einfache Gewinnung von Informationen über Strukturen und Funktionen durch Sichtprüfung oder instrumentelle Prüfung („Diagnose-Systeme"), die erleichterte Zufuhr und Abfuhr von instandhaltungs-beeinflussenden Betriebsmitteln wie Schmier- und Hydraulikflüssigkeiten, die Vermeidung von nicht lösbaren Verbindungen (Schweißung) zugunsten lösbarer (Schraubung), die Identifizierung von Subsystemen, die im Schadensfall als Ganzes herausgelöst und in der Werkstatt unter günstigen Arbeitsbedingungen instandgesetzt oder durch funktionsfähige ersetzt werden können, und andere mehr. Auch unscheinbare Maßnahmen, z.B. langfristig gut lesbare Kennzeichen an Bauteilen, können zur technischen Hochwertigkeit beitragen. Ein weiterer Beitrag ist die möglichst weitgehende Verwendung genormter, d.h. multiplikativ und damit kostengünstig erzeugter und vorgehaltener Einzelteile und Baugruppen, für die im Schadensfall Ersatzeinheiten zum Austausch leicht zu beschaffen sind. Zusätzlich ist hier der Hinweis geboten, daß viele die Reparaturfreundlichkeit unterstützenden Merkmale und Maßnahmen auch der Verwertung nach Ausmusterung zugute kommen: Zerlegbarkeit, Kennzeichnung, Standardisierung erleichtern, wie die Erörterung im Abschnitt „Ausmusterung und Untergang Technischer Artefakte, Kreislaufwirtschaft und Entsorgung der Reste" zeigt, ganz erheblich die Rückführung in technische Kreisläufe. Beispiele solcher technischer Maßnahmen bei einem neu eingeführten Personenwagenmodell werden in /3/ vorgestellt.

2.5.4 Unikate, Denkmale

Zum Gebrauch des Terminus „Unikat" ist eine Erläuterung geboten. Auch bei Multiplikaten bzw. Plurikaten ist die Zugehörigkeit zur Gruppe der Unikate **im weiteren Sinn der Begriffsbestimmung** teils schon gegeben durch individuierende Kennzeichnung, teils durch unbeeinflußbare Wirkungen der Nutzung, der Instandhaltung oder des Verfalls (in diesem Fall: Individuierende, im Zeitverlauf hinzutretende Merkmale). Die Gründe dafür werden im Abschnitt „Technische Identität und Individualität" vorgestellt. Die nachfolgenden Darlegungen beziehen sich in erster Linie auf diejenigen Unikate, auf die der Begriff vom Beginn der Funktionsfähigkeit an **uneingeschränkt** zutrifft. Die Einbeziehung von Multiplikaten und Plurikaten in diejenige Klasse Technischer Artefakte, deren Eigenschaften sie, fallweise erst im Zeitverlauf, zu Unikaten oder Denkmalen machen, wird nachfolgend im Abschnitt „Zuordnung von Merkmalsreichtum und Technischer Dauer" erörtert.

In den Abschnitten „Begriffsbestimmung und Erzeugung von Unikaten" und „Tauglichkeitsdauer, zweiter Abschnitt" sind unter den Aspekten **Erläuterung des Unikatsbegriffs** sowie **Übergang in den zweiten Abschnitt der Tauglichkeitsdauer** Technische Artefakte sehr unterschiedlicher Gruppen aufgeführt: Gebäude aus Früh- und Hochkulturen (Megalithbauten, Pyramiden, Chinesische Mauer), Gebäude aus jüngerer Vergangenheit (der Eiffelturm in Paris, Museen in gegenwartsnahen und historischen Gebäuden, Teile von Museumsdörfern, Schlösser, Adels- und Herrenhäuser, bürgerliche Wohnhäuser, Kirchen- und Klostergebäude, Kasernenbauten, Munitionsfabrik-Gebäude, historisches Wachhaus, Verwaltungs- und Hotelhochhäuser mit ungewöhnlichen Abmessungen); Anlagen der Metallurgie- und Energietechnik (Kraftwerke, Hochofen, Hüttenwerk, Kokerei, Gasometer, Umspannwerk); Verkehrsmittel (Prototyp Personenwagen, Fahrgastschiffe, Verkehrsflugzeug); informationstechnische Anlagen (Satelliten-Funksystem); sachgegenständliche Kirchenausstattung (Altäre, Skulpturen, liturgische Gegenstände); Gegenstände des persönlichen Bedarfs (Schmuck, Kleidung, Einrichtungsgegenstände); Forschungsanlage (Large Hadron Collider des CERN); archäologische Funde aus Früh- und Vorgeschichte. Für alle diese Artefakte könnte man begründen, daß und warum sie die

Klasseneigenschaften der Unikate besitzen, also gemäß der Begriffsbestimmung nur mit sich selbst identisch sind. Die meisten von ihnen besitzen **zusätzlich die Eigenschaften der vorstehend beschriebenen Klassen der Unentbehrlichkeit im gesellschaftlichen Lebensvollzug und der technischen Hochwertigkeit.** Es gelten also die vorgetragenen Argumente hinsichtlich der Begünstigung von Instandhaltung auch für diese Unikate. Auch ist erkennbar, daß die Repräsentation mancher technischer Merkmale durch die vergleichsweise einfache Kennziffer des besonders **hohen absoluten oder relativen wirtschaftlichen Aufwands für die Erzeugung** in vielen Fällen zutrifft. Demnach ist fallweise der Umkehrschluß auf die Zugehörigkeit zur Gruppe der Unikate erlaubt. Die nächste Frage gilt dann der zugrundeliegenden Wertentscheidung wirtschaftlicher, aesthetischer, religiöser, historischer, kultureller, gesellschaftlicher, lebensgeschichtlicher oder auch technisch-wissenschaftlicher Art, die für alle aufgeführten Beispiele unschwer zu beantworten wäre.

Ist mit diesen Hinweisen schon die ganze Begründung geliefert, warum ein Unikat – auch wenn es nicht die Eigenschaften der in den vorstehenden Abschnitten diskutierten Klassen aufweist – Instandhaltung begünstigt -?- Wobei, wohlgemerkt, die Begünstigung über den allgemein im Wesen des Technischen Artefakts als eines zur Dauer bestimmten Gegenstands begründeten Umfang hinausgeht, und sei dies nur in der Minimalform des Schutzes vor Verfall ? Wo liegt der tiefere Grund dafür, daß ein Technisches Artefakt, das nur mit sich selbst technisch identisch ist, eine längere Technische Dauer erreichen sollte als eines, das mit tausend anderen die Technische Identität teilt? Dafür bietet sich eine Antwort an, als Hypothese, die psychologischer Fundierung bedarf: Sie deutet auf die **Selbstwahrnehmung des Menschen als Individuum hin.** Der voll bewußte erwachsene Mensch erlebt sich als einmalig, übereinstimmend nur mit sich selbst, seinen Eigenschaften, seinen Erfahrungen, seinen Erinnerungen; und dies trifft auch zu für eineiige Zwillinge, mindestens hinsichtlich ihrer in der Regel unterschiedlichen Lebensgeschichte. In gleicher Weise erlebt er die im Abschnitt „Disparität (Uneinheitlichkeit) des Naturbereichs" erörterte Unwiederholbarkeit beliebiger Ausschnitte seiner räumlichen und zeitlichen Umgebung. Daher scheint es mindestens naheliegend, zu vermuten, daß technisch identische Artefakte, vor allem, wenn sie gleichzeitig und in großer Zahl wahrgenommen werden, eine **Empfindung von Wesensfremdheit** auslösen, sogar übergehend in eine Art leisen Grauens, wenn z.B. Lebewesen in einer nur durch Kostenrechnung gerechtfertigten Weise mit Multiplikaten zwangsweise verbunden werden. Es ist vielleicht mehr als eine unbewiesene Behauptung, daß der Abscheu des Sensiblen vor den Legehennen-Batterien nicht nur vom kreatürlichen Mitgefühl herrührt, sondern daß diese **Lebewesens-Fremdheit multiplikativer Technik** mitwirkt. Ebenso kann man es als plausibel werten, daß das Unikat dem Menschen gefühlsmäßig deshalb nähersteht, weil es leicht **als individuelle Einheit identifiziert** werden kann. Alle Begegnungen von Mensch und Technischem Artefakt in Erzeugung, Nutzung,

Instandhaltung und schließlich Ausmusterung sind ja immer mit Identifizierung verbunden. Jede Identifizierung ist auch ein, wenn auch vielleicht geringfügiges, lebensgeschichtliches Ereignis und schafft eine **Empfindung von Verbundenheit**. Weiterhin kann man ein Wertempfinden vermuten für den Umstand, daß **Unikate häufig mit Technischen Biografien ausgestattet** sind und, wie mehrfach erörtert, die Technische Biografie möglicherweise eine Bereicherung der Technik- oder Zeitgeschichte liefert. Diese Argumente deuten vor allem auch auf das Phänomen der Technikaffirmation, das im nächsten Abschnitt ausführlich erörtert wird.

Zu der hier erörterten Klasse Technischer Artefakte gehören auch die Denkmale. Eine Begriffsbestimmung für Kulturdenkmäler (gleichsinnig gebraucht mit „Denkmäler") findet sich im Denkmalschutzgesetz des Bundeslandes Baden-Württemberg von 1971:

„'Kulturdenkmäler im Sinn dieses Gesetzes sind Sachen, Sachgesamtheiten und Teile von Sachen, an deren Erhaltung aus wissenschaftlichen, künstlerischen oder heimatgeschichtlichen Gründen ein öffentliches Interesse besteht'". Sachen können Gebäude, deren Ausstattungsstücke, Brunnen, Bildstöcke usw. sein, Sachgesamtheiten ganze Baugruppen, Straßen, Plätze, ja sogar Ortsteile und Sachteile, z. B. das Portal eines sonst nicht schützenswerten Gebäudes...Da die Denkmalschutzgesetze zugleich Ausgrabungsgesetze sind, behandeln sie auch die Bodendenkmäler und Grabungsschutzgebiete, /3/.

Seltsamerweise ist in dieser Begriffsbestimmung in einem Bundesland mit langer und reicher Technikgeschichte das **technische Denkmal** nicht ausdrücklich berücksichtigt worden. **Denkmalpflege ist die kulturell begründete und als Denkmalschutz auch gesetzlich geregelte Erhaltung von Denkmälern.** Denkmäler in diesem Sinn sind ausschließlich Artefakte, zum erheblichen Teil Technische Artefakte. Es ist bemerkenswert, daß sich das öffentliche Interesse an Sachen heftet, während für **Traditionselemente des Kulturlebens**, die ebenfalls erhaltenswert erscheinen, beispielsweise das im Vortrags-Repertoire von Gesangvereinen lebendige **Volksliedgut** einer bestimmten Region, keine vergleichbaren staatlichen Erhaltungsverpflichtungen kodifiziert sind.

Der Denkmalschutz als staatliche Aufgabe ist in der Bundesrepublik Deutschland durch Bundesrecht, durch Denkmalschutzgesetze der Länder bzw. Landesverfassungen, durch Landesbauordnungen, Ortsstatuten, Gemeindeordnungen und das aus früheren Rechtsordnungen erhalten gebliebene Fideikommißrecht geregelt. Internationale Rechtsregelungen betreffen den Schutz von Denkmälern bei bewaffneten Konflikten durch die Haager Konvention von 1954, ferner sind von Bedeutung das Europäische Kulturabkommen von 1954, das Europäische Übereinkommen zum Schutz archäologischen Kulturguts von 1969 und das UNESCO-Übereinkommen zum Schutz des Kultur- und Naturerbes der Welt von 1972. Aus diesen Regelungen geht hervor, daß **Denkmale unentbehrlich sind im gesellschaftlichen Lebensvollzug.** Dieser Sachverhalt wird in Denkmalschutzgesetzen mit dem Begriff des öffentlichen Interesses umschrieben. Er liefert die Begründung für die gesetzlichen Regelungen und, in deren Folge, die finanziellen Aufwendungen, mit denen der Staat fallweise die Erhaltung dieser Klasse Technischer Artefakte sichert. Öffentliches Interesse wird begründet durch die genannten drei Kriterien, die in sehr allgemeiner Weise auf Wertentscheidungen hindeuten, um zu vermeiden, daß das Denkmal zirkulär als dasjenige Technische Artefakt definiert wird, dessen Zweck in seiner Erhaltung liegt. Die oben zitierte Begriffsbestimmung verlangt nicht, daß ein Denkmal historisch alt sein muß. Sie bietet die theoretische Möglichkeit, ein heute feierlich eröffnetes neues Theatergebäude von besonderem architektonischem Rang am darauffolgenden Tag als erhaltenswert wegen seiner künstlerischen Qualität unter Denkmalschutz zu stellen. In der vorliegenden Untersuchung würde dieses fiktive Gebäude zunächst unabhängig von seinem Alter als Unikat, technisch hochwertig und dem gesellschaftlichen Lebensvollzug dienend, eingeordnet und aus den vorgetragenen Gründen als instandhaltungsstimulierend bewertet. Es ist naheliegend, innerhalb der Menge der Unikate die Teilmenge der historisch alten Unikate als Denkmal-Kandidaten auszuzeichnen, wie es in /4/ geschieht. Hier wird das **Denkmal**, wiederum abgesetzt von den unikatäre Qualität vortäuschenden Nachahmungen (Replikaten), vor allem als **das Sachsystem vorgestellt, dessen Technische Biografie Teil einer mit Anteilnahme nachvollzogenen Geschichte ist.** Diese Geschichte kann sich in verschiedenen Zweigen entfalten, wofür Zeit-, Technik-, Kunst- und Kultur-, Wirtschafts- und Sozialwie auch Regionalgeschichte als Beispiele stehen. Die oft auftretenden Schwierigkeiten bei der Erkennung bzw. Wiederherstellung des Sollzustands des Denkmals müssen durch eine Interpretationsleistung als Teil der Instandhaltung überwunden werden. Die Begründung des Interpretations-Ergebnisses liegt dann in der Berücksichtigung derjenigen Erkenntnisse, die sich aus dem Gesamtzusammenhang der Geschichte ergeben. Das als Denkmal qualifizierte Technische Artefakt zeigt sich dann als sachsystemisch wie auch informationell vorliegendes Element dieser Geschichte.

Historische Denkmäler sind zwar überwiegend, aber keineswegs ausschließlich Unikate. In Vor- und Frühgeschichtsmuseen trifft man häufig genug auf Plurikate, z.B. kleine Schmuckstücke, Pfeilspitzen, Spinnwirtel und ähnliche Objekte, ferner auf Bauelemente wie Dach- oder Mauerziegel, Rohrleitungsstücke aus Ton und so fort, die nach Maßgabe der in diesen Geschichtsepochen zur Verfügung stehenden Erzeugungsverfahren als Multiplikate anzusehen sind.

Ein bei weitem noch nicht genügend beachtetes Argument für Denkmalpflege, das in der vorliegenden Untersuchung im Abschnitt „Beispiele für den zweiten Abschnitt der Tauglichkeitsdauer" in seiner Gültigkeit belegt ist, wird in /5/ vorgetragen:

„Die neue Grundsatzdebatte um den Denkmalschutz kommt nicht überraschend ...Als grüne Spitzenpolitikerin müßte... eigentlich wissen, daß der Erhalt von Bausubstanz im Vergleich zum Neubau immer die bessere ökologische Bilanz aufweist, und dies selbst dann, wenn ein nutzloses Gebäude ganz einfach nur stehen bleibt. Insofern ist Denkmalschutz eine Verfahrensregel, die verantwortungsbewußtem Umgang mit der Umwelt eine wesentliche Stütze gibt".

Einen interessanten Ausschnitt aus der – selbst der Technikgeschichte angehörigen – Geschichte der Bemühungen um die Erhaltung technischer Kulturdenkmale, der die Zusammenarbeit des Vereins Deutscher Ingenieure, des Deutschen Bundes Heimatschutz und des Deutschen Museums in München in den Mittelpunkt stellt, bietet /6/.

2.5.5 Emotionale affirmative Zuwendung (Technikaffirmation)

2.5.5.1 Technikkritik und Technikaffirmation

Technikphilosophie nimmt vielfach die Form der Technikkritik an. Geistesgeschichtlich begründete Argumente werden ebenso vorgetragen, wie gefühlsbetonte Naturverherrlichung zu Wort kommt. Äußerungsformen von Technikkritik umfassen Gewaltanwendung in Zerstörungsakten und Demonstrationen gegen Technische Artefakte ebenso wie die Mobilisierung technikfeindlicher Emotionen in Büchern, Presse, Rundfunk und Fernsehen, in politischen und anderen öffentlichen Debatten. Technikphilosophie mag sich zur Würdigung aller gegenwartsnahen und historischen Formen der Technikkritik verpflichtet fühlen; aber sie muß auch die gegensätzliche Position mitbetrachten, die zustimmende emotionale oder affirmative Zuwendung zum Technischen Artefakt, kurz Technikaffirmation oder Affirmation.

Man könnte über **affirmative Zuwendung zur Technik insgesamt** diskutieren. Darin wären alle Aspekte von Technik mit eingeschlossen, von der Technikwissenschaft über die Technikgeschichte, techniksoziologische und wirtschaftliche Aspekte, die verschiedenen Gebiete und Formen der Technik, alle Phasen der Entstehung, Entwicklung, Anwendung und Vernachlässigung von Technik, von Idee und Konstruktion bis zu Nutzung und Untergang, ja schließlich unter Einbeziehung der Technikphilosophie selbst. Liegt nicht schon in der etymologischen Herkunft des Begriffs Technikphilosophie, Liebe zum Wissen über Technik, eine klare Aussage über affirmative Zuwendung zu ihrem Gegenstandsgebiet? So reizvoll diese allgemeinste Fragestellung wäre - sie überschreitet erheblich das vorliegende Thema. Der Begriff der affirmativen Zuwendung wird deshalb hier bewußt auf das individuelle Technische Artefakt bezogen, an dem sie deutlich wird. Auch wird die Affirmation hier deutlich unterschieden von der vielberufenen **Technikakzeptanz**. Der Begriff Technikakzeptanz wird derzeit so gebraucht, daß von einer unbestimmten Öffentlichkeit, worunter man auch Meinungsbildner und Meinungsmultiplikatoren verstehen kann, bestimmte vorzugsweise neue Technologien ohne in der Öffentlichkeit erkennbaren Widerstand gegen ihre Nutzung hingenommen werden; im Unterschied zur gewaltförmig oder gewaltlos auftretenden **Technikkritik**.

2.5.5.2 Technikaffirmation als psychologisches und soziales Phänomen; das Technische Anthropoid

Technikaffirmation ist hingegen eine am einzelnen menschlichen Individuum beobachtbare entschiedene, dauerhafte und in aktivem Handeln erkennbare wertbetonte Haltung. Technikaffirmation ist ein psychologisches und soziologisches Phänomen, eindeutig zu erkennen, keinesfalls beschränkt auf oder verstärkt zu beobachten bei bestimmten gesellschaftlichen Gruppen oder gar bei Berufstechnikern. Sie ist deshalb auch nicht zu verwechseln mit dem Verhältnis von Technikern zu ihrem Beruf, mit deren Persönlichkeitsstruktur, mit den Beweggründen, einen technischen Beruf zu ergreifen, mit Erfüllungen und Enttäuschungen in ihrer Berufsarbeit. Man könnte zwar Rudolf DIESEL als Kronzeugen für Technikaffirmation benennen, wenn er über die entscheidende Hilfe durch das einjährige Studium des Maschinenelemente-Lehrbuchs von BACH berichtet:

„Diese Zeit war aber nicht verloren, denn danach konnte ich – so glaubte ich wenigstens – konstruieren; ich hatte aus dem Buch gelernt, förmlich mitzufühlen, was in jedem Maschinenorgan vor sich geht, wie ein Turner bei seinen Übungen fühlt, wie seine Glieder gedehnt, gedrückt, gebogen werden; die Maschine war mir ein lebendes Wesen geworden, das ich ganz verstand und mit dem ich mich eins fühlte", /7/.

In diesem Bericht wird eine den technischen Gestalter kennzeichnende Form von Technikaffirmation angesprochen. Für die vorliegende Untersuchung ist weder diese techniksoziologische noch eine psychologische analytische Vertiefung des Phänomens das Thema. Der Aspekt wird rein beobachtend und ohne jeden Anspruch auf Vollständigkeit behandelt, er interessiert hier nur, weil Technikaffirmation ein ganz wesentlicher Beweggrund für Technikerhaltung ist. Lieblinge erfahren Zuwendung, und technische Zuwendung ist Nutzung und vor allem Pflege, somit Instandhaltung. Durch diese Zuwendung gewinnt auch das Plurikat oder Multiplikat die Qualität des Unikats insofern, als seine rein technisch gegebene Ersetzbarkeit – jedes Motorrad z. B. kann unter dem Aspekt der Nutzung durch ein in Bau und Erhaltungszustand gleiches ersetzt werden – bedeutungslos wird gegenüber der **emotional verankerten Unersetzbarkeit** eines individuellen Technischen Artefakts Die Begriffe „Wartungsfreundlichkeit" und „Reparaturfreundlichkeit" beschreiben zwar eine durch die Erfordernisse der Instandhaltung geprägte technische Beschaffenheit. Sie assoziieren aber durch die dem Gefühlsleben entstammende Wortwahl recht deutlich ein kategorial anderes, Nutzung und Nutzen übersteigendes Verhältnis zum Technischen Artefakt.

Technikaffirmation verleiht dem Technischen Artefakt eine Art symbiotischer, auf den Nutzer und Instandhalter gerichteter Animation. Diese schließt die bestimmungsgerechte Nutzung des Technischen Artefakts mit ein. Sie geht aber weit darüber hinaus, indem sie den Graben zwischen dem lebenden, beseelten Menschen und der ihm nach vielfach erhobener technikphilosophischer Klage angeblich entfremdeten Technik nicht zuschüttet, wohl aber überbrückt. Wenn man verhaltenspsychologische Vergleiche heranziehen will, was durch viele Erscheinungsformen der Technikaffirmation sehr naheliegend ist, so könnte man am ehesten von einem asymmetrischen Partner-Verhältnis sprechen. Der Partner Mensch projiziert Züge des Menschseins, einschließlich erotischer Merkmale, in den Partner Technisches Artefakt hinein; dessen Beitrag zur Partnerschaft ist jedoch eingeschränkt auf Abläufe gemäß der Gesetzlichkeit von Natur- und Technikwissenschaft. Für das Technische Artefakt, insoweit es für dieses Partnerschaftsverhältnis in Anspruch genommen wird, scheint die in der vorliegenden Untersuchung gebrauchte Bezeichnung **Technisches Anthropoid** angemessen – ein technisches Gebilde mit bestimmten menschenähnlichen Wesenszügen.

Das Technische Artefakt kann zum Objekt von Bewunderung werden, die mehr ist als bloße Anerkennung für technische Perfektion, für aesthetisch beeindruckende Harmonie zwischen Funktion und Form, für quantitative Merkmale wie Leistung, Geschwindigkeit oder Datendurchsatz. Technikaffirmation, für deren Äußerung bezeichnenderweise auch der Begriff „Kult" gebraucht wird, nimmt gelegentlich sogar die Form der Verehrung des Technischen Artefakts an. Dennoch bleibt sie abgrenzbar zur Religiosität. Das Technische Artefakt wird nicht ineins gesetzt mit der Potenz der Erschaffung oder Entstehung von Welt, mit der Setzung von Ordnung, Wert und Sinnhaftigkeit in Geschichte und Natur, mit der Überwindung von Zeit und Endlichkeit, mit der Ursache für den Reichtum des Seins, für die Personalität des Menschen und für seine Sehnsucht, Personalität auch in der Transzendenz wiederzufinden. Auch der Begriff „Fetisch" trifft nicht das Phänomen. Der Fetisch ist ein Technisches, möglicherweise auch ein Künstlerisches Artefakt, dem eine außernatürliche Macht persönlicher oder unpersönlicher Art zugeschrieben wird. Dabei ist einerseits der Glaube an allenthalben wirkende Zauberkräfte wirksam, andererseits liegt auch Verfügungsgewalt des Menschen vor, der den Fetisch z.B. durch Geschenke aktivieren und einen unwirksamen Fetisch durch einen anderen ersetzen kann.

Keine Übereinstimmung besteht zwischen Technikaffirmation und dem von ROPOHL als „soziotechnische Identifikation" beschriebenen systemtheoretisch analysierten Phänomens des Übergangs von Handlungsfunktionen vom Menschen auf die Maschine. Dieser Übergang kann anschaulich dargestellt werden in einer Matrix von Technisierungsstufen einerseits – von der Handarbeit zur automatisierten Maschinenarbeit – und Teilfunktionen der Arbeit andererseits – sowohl in der stofflichen und energetischen Ausführung wie auch in den begleitenden Informationsvorgängen, /8/. In der Begrifflichkeit der vorliegenden Untersuchung wird dieses grundlegende Geschehen im Abschnitt „Verschränkung von Struktur- und Nutzungsinformation im ‚objektivierten Informationsspeicher'" beschrieben, wobei jedoch jegliche Einschränkung auf Maschinen entfällt. Die Darlegungen gelten in vollem Umfang auch für Fahrzeuge aller Art, Informationstechnik, technische Gebäudeausrüstung und jedes andere Technikgebiet.

Technikaffirmation verdeutlicht und betont bestimmte Einflüsse der Technik auf den menschlichen Lebensvollzug und sagt damit etwas aus über die symbiotische Entwicklung von Mensch und Technik, aber sie überschreitet weder im Handeln noch im Denken oder Fühlen diese Grenze. Untersuchungen, die sich mit strukturellen Übereinstimmungen zwischen klassischen und transklassischen Maschinen, gesellschaftlichem Handeln, Computertechnik und menschlichem Denkvermögen befassen, /9/, sprechen auch bestimmte Grenzfälle dessen an, was hier gemeint ist. Welche soziologischen Phänomene rechtfertigen nun den Begriff der Technikaffirmation?

2.5.5.3 Technikaffirmation und Namensgebung

Auffallend häufig ist Technikaffirmation bei Verkehrsmitteln. Symbiotische Affirmation ist zu beobachten bei der Handlung, die auch am Beginn menschlichen Lebens in der Gesellschaft steht: Der Namensverleihung. Lastwagen, Personenwagen, Motorräder, große Schiffe und kleine Boote, Eisenbahnzüge, Flugzeuge erhalten nicht nur Unterscheidbarkeit durch Registerzeichen, vielmehr Identität durch Namen: Personennamen, Namen von Städten und Regionen, mythologische Namen, Phantasienamen, Kosenamen. Die Identifizierung mit Angehörigen des Namengebers liegt oft klar zutage. Die Schiffstaufe, eine an den Abschluß der Erzeugung des Technischen Artefakts gekoppelte Nachahmung des christlichen Taufsakraments, vollzieht Namensgebung als gesellschaftliches Ereignis in zeremonieller Feierlichkeit und schließt oft Repräsentanten von Staat und Gesellschaft als profane Vertreter der Glaubensgemeinde in die emotionale Verbundenheit mit dem neu in Funktion getretenen Artefakt ein. Im Begriff der „Jungfernfahrt" wird die **technische Anthropomorphie** nochmals gesteigert.

Auch Waffen tragen Namen. Ein deutsches bodengestütztes Flugabwehr-Raketensystem trug die Bezeichnung „Roland". Bekanntestes Geschütz im Ersten Weltkrieg war der von Krupp gebaute Mörser, Kaliber 42 cm, die sogenannte „Dicke Berta"; ein deutsches Eisenbahngeschütz im Zweiten Weltkrieg mit Kaliber 81,6 cm hieß „Dora". Selbst die zerstörungskräftigsten bisher eingesetzten Waffen erschienen denen, die Umgang mit ihnen hatten, vertraut genug, um ihnen Kosenamen zu verleihen. „Little boy" hieß die gegen Hiroshima eingesetzte Uran- Atombombe, „Fat man" die über Nagasaki gezündete Plutoniumbombe. Einen makabren Grenzfall von Technikaffirmation stellt die Begeisterung dar, die auf die Zündung von jeweils fünf Atom-Sprengköpfen in Indien und kurz darauf in Pakistan folgte, /10/, /11/. Die leitenden Physiker wurden in der Öffentlichkeit ihrer Staaten mit Lob überschüttet und mit Süßigkeiten gefüttert. Wenn schon die Sprengsätze keine Namen erhielten, dann doch die zu ihrem Transport vorgesehenen Raketen: „Agni" (Feuer), „Prithwi" (Erde) auf indischer Seite, „Ghauri" (muslimischer Herrscher, Eroberer Delhis) auf pakistanischer Seite. Die publizistische Begleitung dieser Vorgänge lieferte weitere Beiträge zur Frage der Namensgebung von Waffen, indem die Frage gestellt wurde: Warum, wenn schon von islamischen Waffen die Rede war, amerikanische Atombomben nicht als „christliche", die 200 Atombomben Israelis nicht als „jüdische", die Waffen der ehemaligen Sowjetunion nicht als „kommunistische" benannt würden:

„Seit wann besitzen Bomben eine Religion, einen Glauben oder ein Dogma ?", /12/.

2.5.5.4 Technikaffirmation bei Motorfahrzeugen

Unterhaltungswert, Befriedigung der Schaulust, Staunen vor ungewohnten Dimensionen, behagliche Anschaulichkeit bei der Vorführung technikgeschichtlicher Entwicklungsschritte, scheinreligiöse Verehrung - alles herausgerufen vom Kraftfahrzeug, dem Inbegriff des durchgängig verbreiteten besonders leistungsfähigen Individual-Verkehrsmittels. Schon die Überschriften der Belegstellen sprechen für sich: „Das Auto passend zum Kult", /13/, (Bericht über das neu angebotene Modell „New beetle" des Volkswagen- Konzerns, das an die Formgebung des in mehr als 20 Millionen Exemplaren verbreiteten ersten Volkswagens „Käfer" erinnert); „Faszination ist hier auch eine Frage der Abwesenheit von Anbetung", /14/, (Technikbericht über den Sportwagen Ferrari 456); „Lauter strahlende Fixsterne am Autohimmel - Kraft, Geschwindigkeit, Schönheit und Kommerz", /15/, (Bericht über eine Ferrari- Ausstellung in Florenz); „Wenn sich Liebe zur Ekstase verdichtet - ein Concours d' Elegance", /16/, (Bericht über ein Treffen von Auto-Veteranen in Kalifornien). Technikjournalisten verleihen mit entwaffnender Unbefangenheit den Kraftfahrzeugen menschliche Charakterzüge, materielle anthropomorphe Formgebung und transzendente Existenzbereiche:

„Die Kotflügel zeigen unsinnig pralle Bizeps und werfen sich mit aufreizenden Hinterteilen aggressiv- feminin in Positur;.... Diese Autos sind virtuelle Existenzen, deren Potential den Alltag übersteigt: Transzendente Wesen, deren Reich nicht mehr ganz von dieser Welt ist;...So rufen die schönen, unnützen Luxusgeschöpfe die andere, die Nachtseite der instrumentellen Vernunft in Erinnerung: Sie markieren die Grenze zwischen Genialität und Irresein, die nur Autoingenieure und Künstler straffrei übertreten dürfen, /15/. Ferrari ohne Hingabe ist wie Espresso ohne Kaffee"... „Sportcoupés mit aus der Mode gekommenen Schlafaugen-Scheinwerfern und einem schlichten Heck, das mehr verhüllt als verführt ...Man stellt sich einen Ferrari heißer, schärfer und auch böser vor...Kein Modell der Marke wird ähnlich häufig von Frauen gekauft wie er. Und, wir sagen mal so, er muß schon deshalb ein sanftes und faszinierendes Auto sein", /14/.

Die werbliche Nutzung der Stromlinienform mit ihrer animistischen Anmutung von Dynamik ist naheliegend. Die oben zitierten Formulierungen sind als Belege für markant ausgeprägte Technikaffirmation bemerkenswert, weil die Motorjournalisten nicht nur die Empfindungen der Bewunderer dieser Fahrzeuge glaubhaft wiedergeben, sondern sich auch selbst völlig distanzlos damit identifizieren; obwohl klar sein muß, daß solche Assoziationen viel eher unter der Rubrik „Auto-Lyrik" in den Literatur- als in den Technikteil einer seriösen Tageszeitung passen würden. Die kommerzielle Werbung spricht vollständig unbefangen die **Emotionalität des potentiellen Käufers** an. Der Werbeprospekt eines bekannten deutschen Autoherstellers zeigt die Begriffe „Auftritt", „Gefühl", „Dynamik" in herausgehobener Stellung, umgeben von passenden Fahrzeugfotos und ergänzt durch Werbetext; im hinteren Teil der Schrift stehen sich auf zwei Seiten Frage und Antwort gegenüber:

„Form folgt der Funktion? – Ja.- Weil die Funktion aus sehr viel mehr als mechanischen Prozessen besteht. Auch die emotionale Befriedigung ist eine Funktion guten Designs, /17/.

Ein bedeutender deutscher Automobilhersteller hat eine Anlage errichtet mit dem Namen „Autostadt", die wirtschaftlich begründet ist durch das Anliegen, den Käufern die Abholung eines Neufahrzeugs im Werk nicht nur zu ermöglichen, sondern zu einem einmaligen Erlebnis zu machen. Die Anlage wartet auf mit einer Fülle von Informations- und Unterhaltungsmöglichkeiten unter Nutzung aller brauchbaren Medien. Im Mittelpunkt stehen das Herstellungsprogramm des Autokonzerns und das Thema der Mobilität als fundamentales gesellschaftliches Bedürfnis. Technische Einrichtungen für die Hauptfunktion Fahrzeugauslieferung, multimediale Exponate, Gebäude- und Landschaftsarchitektur, gastronomische Einrichtungen, Spielanlagen für Kinder und ein Luxushotel vereinigen sich zu einer „Totalinszenierung", deren Zweck in klar erkennbarer Weise darin besteht, Technikaffirmation hervorzurufen und zu fördern.

„Was aber beispielsweise Kritiker stört, sind Assoziationen der Autostadt mit religiösen Gebäuden: die Fahrzeugtürme als Tempel einer Religion um das Automobil. Dazu wird der Verdacht geäußert, die Autoindustrie erwecke mit der Emotionalisierung ihrer Produkte Begierden, deren Ausleben dem Gemeinwohl keineswegs förderlich sei", /18/. „Statt allein Produkte anzupreisen, also auf die alleinige Wirkung sozial und emotional bestimmter Objekte zu setzen, sucht man den potentiellen Kunden in der Autostadt in komplexe Erlebniswelten und einfühlsame Fiktionen zu entführen. Lernte schon die postmoderne Baukunst von Las Vegas, so ist es jetzt der kulturell unterfütterte Animationsbetrieb. Architektur, Kunst, Landschaftsgestaltung, Gastronomie und multimediale Inszenierung orientieren sich dabei nicht mehr zuallererst am Wunschobjekt Auto, sondern arbeiten an einer generellen Umwertung gesellschaftlicher und individueller Werte. Und ins Werk gesetzt wird dies aesthetisch. ...Es geht um nicht weniger als eine sympathetische Präsentation der selbst bewegten Kultur, um den Entwurf eines Gesamtkunstwerks, das alle Sinne anspricht und an die Stelle von Argumenten angenehme Gefühle treten lässt", /19/.

Technikaffirmation erstreckt sich nicht nur auf das Fahrzeug, sondern fallweise auch auf das Hersteller- Unternehmen. Der Automobilhersteller Rolls- Royce wurde im Zusammenhang mit dem Verkauf an den Volkswagen- Konzern als britisches Kulturgut bezeichnet, Teil des britischen Erbguts und Objekt britischen Stolzes, /20/. Wer in Indien oder Indonesien die über und über bemalten, mit zusätzlichen Hupen, Fransenvorhängen, Troddeln und verchromten Leisten ausgestatteten Lastkraftwagen gesehen hat, die dort den Verkehrsalltag bestimmen, hat das anschaulichste Beispiel dafür, daß der Eigentümer oder Fahrer in seinem Fahrzeug weit mehr und anderes erblickt als eine Maschine für den Gütertransport auf Straßen.

Instandhaltung ist unauffälliger, aber unentbehrlicher Teil der Technikaffirmation. Die Instandsetzung technisch veralteter, dennoch weiter genutzter Verkehrsmittel erreicht den Rang eines eigenen kleinen Wirtschaftszweigs. Es entstehen Kauf- und Tauschmärkte für Ersatzteile, die für Technische Artefakte mit Museumsreife nur auf diesen **Seltenheitsbasaren** zu erhalten sind – gleichgültig ob es sich um Straßenfahrzeuge, landwirtschaftliche Traktoren, Schiffe oder Oldtimer- Flugzeuge handelt. In den Neuengland-Staaten der USA ist es nichts Ungewöhnliches, die Erinnerung an vergangene Kriege zu pflegen durch einen Panzerkampfwagen oder ein Jagdflugzeug, in bestem Erhaltungszustand im Vorgarten zur öffentlichen Wahrnehmung aufgestellt. Die Pflege metallischer Oberflächen, blank belassen als Messing, lackiert, veredelt durch Chrom oder Cadmium, erinnert aufdringlich an menschliche kosmetische Sorgfalt. Finanzielle und immaterielle, als Zeitaufwand und Sorgfalt dargebrachte Opfer für die Instandhaltung technikaffirmativ adoptierter Technischer Artefakte sind ebenso beeindruckend wie widerständig gegenüber statistischer Erfassung.

Technische Artefakte stiften nicht nur abstrakt wahrgenommene Gemeinsamkeit, sondern unmittelbar empfundenes Gemeinschaftsgefühl. LKW- Fernfahrer üben berufliche Solidarität über die Grenzen von Unternehmensgröße, Nationalität, Fabrikat des Fahrzeugs und gefahrener Route hinaus. Fernfahrerstreiks in Frankreich zeigten mehrfach die politische Dimension dieser Solidarität. Motorradfahrer liefern für soziologische Untersuchungen zur Gruppenbildung und Gruppendynamik reiches Material. Mobile und stationäre „Biker"- Treffs, mit Gottesdiensten zu Beginn und Ende der Saison, sind in der freundlichen Jahreszeit auf Straßen und Parkplätzen vielfach anzutreffen. Motorradfahrer grüßen einander, wenn auch nicht ausnahmslos: Man kann lernen, daß Benutzer des Fabrikats „Harley-Davison" eine elitäre Kleinwelt auf zwei Rädern mit Motor bilden und den Fahrern anderer Marken keinen Gruß gönnen. Weitere Feinheiten gesellschaftlicher, durch Technikaffirmation begründeter und vermöge Instandhaltung gefestigter Strukturbildung würden sich bei genauerer Analyse mit hoher Wahrscheinlichkeit offenbaren.

2.5.5.5 Technikaffirmation, Bauen und Wohnen

Es scheint es zunächst nicht naheliegend, daß zu unscheinbaren Objekten der Wohnungsausstattung eine emotionale Bindung wachsen soll. Den Beweis dafür, daß auch hier der Weg zum Kunden über Technikaffirmation gesucht wird, liefert das Zeitungsinserat einer Werbeagentur:

„Wir haben die Erco-Leuchten GmbH, Lüdenscheid, bei der Emotionalisierung der Marke Erco beraten und betreuen die Unternehmens- und Produktkommunikation in 15 Ländern. ERCO - die vierte Dimension der Architektur", /21/.

Begriffe wie Liebe, Ekstase, Faszination, Anbetung, Kult, Schönheit, Eleganz, Fixstern, Himmel bezeichnen einen Bereich des Unalltäglichen, Ungewöhnlichen, Erhabenen, der Entrückung, des Unerreichbaren und vorzugsweise dem Gefühl und der Anschauung, weniger dem Verstand Zugänglichen. Einen anderen Aspekt entfaltet Technikaffirmation im schlichten Alltagsbereich des Wohnens. Mit dem Begriff des „Vaterhauses" ist zwar nur ein Gebäude beschrieben, in dem man zusammen mit dem Vater und der Familie gelebt hat; aber die Bezeichnung haftet dem Haus auch noch und sogar gerade dann noch an, wenn der Vater nicht mehr lebt. Dieses Technische Artefakt repräsentiert die Erinnerung an die vorangegangene Generation, es ist mehr als eine Immobilie. Über ihren kommerziellen Wert verfügt man, wenn die wirtschaftlichen Umstände es zulassen, eben nicht immer nur nach rein wirtschaftlichen Gesichtspunkten. Warum tragen die Verwaltungsgebäude weiblicher Orden für Krankenpflege oder für geistliche Berufe die Bezeichnung „Mutterhaus"? Das Technische Artefakt vertritt ein Prinzip der Fürsorge für die Lebenssituationen Krankheit, Alter, Berufsunfähigkeit; so wie die Mutter das Prinzip der Fürsorge in allen kindlichen Notlagen vertritt.

Eine Kirche ist ein Gotteshaus, weil das Technische Artefakt „kirchliches Versammlungsgebäude" selbst dann, wenn es nicht durch künstlerische Gestaltung herausragt, die Fähigkeit hat, Hingabe und Opferbereitschaft für das Transzendente in den technischen und wirtschaftlichen Aufwendungen für den Bau anschaulich werden zu lassen. So lange es gottesdienstlichen Zwecken dient, verleiht die lebendige Zwiesprache der Gemeinde mit der Gottheit dem Gebäude die Würde, die sich in der ausdrücklichen kirchlichen Weihe und der Möglichkeit der Entweihung ausdrückt. Zwar können teilweise oder ganz religionsfremde Beweggründe für einen Kirchenbau ausfindig gemacht werden: Etwa das Repräsentationsbedürfnis wohlhabender Bürgerstädte, dem manche gotische Kathedrale mit zu verdanken ist; der Wunsch adeliger und nichtadeliger Kapellen- und Klösterstifter nach Verewigung ihres Namens; das Bündnis religiösen und nationalen Gemeinschaftsgefühls nach einem verlorenen Krieg als Motivation für einen Kirchenbau wie bei der Basilika Sacre Coeur auf dem Montmartre in Paris. Das Technische Artefakt mag seine Entstehung und Gestaltung einem ganzen Bündel von Beweggründen verdanken; in der Technikaffirmation fließen sie alle ineinander.

Es ist naheliegend, den Hinweisen auf Technikaffirmation nicht nur am Beispiel der Kirchenbauten nachzugehen, sondern auch bei anderen für den gesellschaftlichen Lebensvollzug unentbehrlichen Einrichtungen; Technikaffirmation kann sich wiederum zusätzlich auf die Qualifikation als Unikat oder auf technische Hochwertigkeit stützen. So kommt zum Beispiel gemeinschaftliche Anhänglichkeit an prachtvolle Renaissance- oder Barock- Rathäuser in den Blick, an die mit einer Fülle von Gemeinschaftserlebnissen verbundenen Konzertgebäude, Theaterbauten und Sportarenen. Als abschließendes Beispiel dieser Kategorie sei die im September 1996 dem Verkehr übergebene Erasmus- Brücke über die Maas in Rotterdam genannt, die anläßlich der Ein„weihung" durch die niederländische Königin - der Begriff assoziiert kirchliche Würde des Bauwerks - von Hunderttausenden von Niederländern besichtigt wurde und als Thema für Auftragsgedichte ebenso diente wie als Vorbild für Vergleiche mit den „Beinen von Marlene" (der Filmschauspielerin Marlene Dietrich), einem Schwan oder einer Zahnbürste, /22/.

2.5.5.6 Die Welt der Technik im Miniaturmaßstab

Ein von der Technikphilosophie bisher völlig unbeachtetes Phänomen ist die Welt der Technikmodelle, deren Entstehung ohne den starken Antrieb durch Technikaffirmation völlig undenkbar wäre. Technikaffirmation zeigt hier so deutlich wie sonst kaum auch ihre wirtschaftliche Bedeutung; rund 740 Millionen Deutsche Mark gaben die Modellbaufreunde 1997 für Modell- Eisenbahnen und weitere 500 Millionen für Autos, Flugzeuge und Schiffe aus. Der Aufwand für Kinderspielzeug in Form von Technikmodellen ist hierbei nicht mitgerechnet, /23/. Wiederum sind es bewegliche Technische Artefakte, originalgetreue Modelle von Eisenbahnen, Kraftfahrzeugen aller Art, Flugzeugen und Schiffen, die stellvertretend für die ganze Technosphäre eine Technikwelt in Miniaturausgabe zeigen. Eine einzelne Modell- Eisenbahnanlage bildet auf 500 qm Fläche einen Großteil Thüringens ab, läßt 120 Modellzüge verkehren und erforderte einen Aufwand von 3,5 Millionen DM, /24/. Dampf als Antriebsmittel für Maschinen und Fahrzeuge stand im Mittelpunkt einer Modellschau, /25/. Der Instandhaltungsaufwand solcher zum Teil mit Tausenden empfindlicher, feinwerktechnisch anspruchsvoller Bauelemente ausgestatteten Anlagen ist beträchtlich. Im Freizeitpark „Minimundus" in Klagenfurt/Kärnten, als Beispiel für viele andere, sind Bauwerke und andere Anlagen aus allen Erdteilen als originalgetreue Modelle zu Hunderten zu sehen und finden regen Zuspruch. Technikaffirmation wird auf dem Weg über Modelle vollkommen zwanglos auf

Kinder übertragen, die als neue Generation von Technikgestaltern und Techniknutzern, als Beobachter und Mitbeteiligte von Instandhaltung schon herangewachsen sind, ehe sie technikkritisch denken lernen. Dieser interessante soziologische Effekt kann hier leider nicht weiter verfolgt werden.

Daß Modellbau nicht nur eine durch selbstlose Hingabe an die Welt der Technik im Kleinen gekennzeichnete Freizeitbeschäftigung ist, wird in /26/ deutlich. Modellbauer sind mit ihrer speziellen Leistung, der „Visualisierung", also Veranschaulichung, geschätzte Partner bedeutender Industrieunternehmen. Modelle Technischer Artefakte haben sich, vermutlich durch die stärkere Wirkung der echten räumlichen Wahrnehmung, gegenüber der Computer-Animation behauptet. Dabei kann es um ein Modell des größten Hydraulikbaggers der Welt ebenso gehen wie um eine Modellbau-Eisenbahn, die zeigt, wie 120 m lange Eisenbahnschienen auf 12 Schwerlast-Eisenbahnwaggos vom Stahlwerk zur Streckenbaustelle transportiert werden und sich dabei in den Kurven des Schienenstrangs durch ihre Elastizität winden wie eine Schlange. Die geschichtliche Dimension dieses Technikzweigs wird deutlich in dem Hinweis, daß der römische Kaiser Nero ein Modell der Stadt Rom hatte bauen lassen, demnach eine mindestens 2000 Jahre alte Tradition vorliegt. Diese zeigt sich überdies in reichem Maße durch Exponate archäologischer Museen, in Form von Bronze- und Tonmodellen von Wagen, Gebäuden und Geräten, wie sie auch als Grabbeigaben vielfache Verwendung fanden.

2.5.5.7 Das Technische Anthropoid als Objekt von Grenzüberschreitungen

Technikaffirmation wurde in der obigen Erörterung ihrer sozialen und psychologischen Aspekte klar vom Bereich der Religiosität abgegrenzt. Die Begründung dieser bewußten Einschränkung liegt darin, daß der Reichtum und die Wandelbarkeit des menschlichen Gefühlslebens eine vollkommen hinlängliche Grundlage liefert für die beschriebene virtuelle Partnerschaft, für das symbiotische Verhältnis zwischen Nutzer und Technischem Artefakt, die zur Begriffsbildung des Technischen Anthropoids führen. Es bedarf infolgedessen keiner Überzeugung von der echten Beseelung Technischer Artefakte, keiner animistischen Verschmelzung ihrer Wesenszüge mit Wesensmerkmalen des Menschen, um die oben beschriebenen psychosozialen Resultate zu zeitigen. Diese Einschränkung entspricht einem Grundverständnis von Technik als Resultat menschlicher Handlungen, in denen mythologische oder animistische Wirkungsgrößen keinen Platz haben. Dieses Grundverständnis, davon geht die vorliegende Untersuchung aus, wird von der seriösen Technikphilosophie der Gegenwart in keiner technisch kompetenten Region der Erde bestritten. Daß aber dieses Grundverständnis keinesfalls zu allen Zeiten und in allen Regionen gegeben war, zeigt ein kurzer Blick in den asiatischen Raum.

„Kazuhiko Komatsu untersucht das in Japan in Zeiten der Einwegprodukte und Massenfertigung weithin vergessene Phänomen der ‚Haushaltsgeister'. Der im vierzehnten Jahrhundert aufgekommene Glaube, daß Geschirr und Gerätschaften des Alltags, die über Jahre ihren Dienst geleistet haben, ein Geist innewohne, mit dem pfleglich umzugehen sei, geht auf taoistische, schintoistische und buddhistische Folklore zurück. Der Kulturanthropologe bemerkt in den traditionellen Sagen und Legenden eine graduelle Animation und Emanzipation der Objekte...Beim Aussortieren insbesondere handgemachter Dinge überkam den Eigentümer ein ‚ushirometasa' (jemandes Blick hinter seinem Rücken spüren) genanntes Gefühl. Der rächende Blick des derart entsorgten Geistes ließ den Benutzer noch im Akt des Wegwerfens erstarren. Folgerichtig ersannen die Inhaber Kulte und Gedenkfeiern zur Mäßigung der den unscheinbaren Objekten innewohnenden Dämonen.... ‚Wenn die Gebrauchsdinge hundert Jahre alt werden,...,dann nehmen sie einen Geist an und fangen an, den Leuten Streiche zu spielen'".

Unter Gebrauchsdingen sind Artefakte, beispielsweise beseelte Eisentöpfe, Holzschuhe, Schirme, Werkzeuge, Musikinstrumente wie Laute oder Koto und zweckentfremdete priesterliche Requisiten zu verstehen.

„Der Verselbständigung der Haushaltsgehilfen aber galt es besänftigend entgegenzuwirken. So begingen die alten Haushalte Niigatas den ‚Neujahrstag der Gebrauchsdinge' mit Reinigungszeremonien. Das Darreichen von Opfergaben wie Blumen oder Sake sowie das Absingen von Sutras bei altersbedingter Entledigung galt als trostbringender Ausdruck das Dankes für die ‚Jahre der Partnerschaft'. Wurden die Geräte verehrt und in Ehren gehalten, so glaubte man, konnten sie die Buddhaschaft erlangen und in die nächste Welt übergehen", /27/.

Das gemeinsame Merkmal dieser Kulturtradition und der Technikaffirmation im oben erörterten Sinn ist in der Zuwendung vermöge Instandhaltung gegeben, der nächstliegenden Interpretation für die Bedeutung von „Verehrung" und „in Ehren halten". Der vorsätzliche Abbruch der Instandhaltung, die Ausmusterung und Entsorgung, begründet in diesem animistischen Weltverständnis eine Schuld, die durch Opfer abgetragen werden muß; das rituell tadelfreie Opfer aber kann den beseelten Dingen sogar die Buddhaschaft verleihen. Die Überzeugung, daß Technische Artefakte Existenz und Bedeutung in einer transzendenten Welt besitzen und Voraussetzungen geschaffen werden müssen, daß sie deren teilhaft werden, findet sich auch in der kulturellen Tradition der Bronzezeit: Geräte und Waffen, sogar ein ganzer Streitwagen wie im Fall des Keltenfürsten von Hochdorf in Baden-Württemberg, wurden mit dem Toten zusammen bestattet. In all diesen Fällen liegt ein kulturell bestimmtes Verständnis von Instandhaltung vor, wenn dieses auch eine Überschreitung der in der vorliegenden Untersuchung selbstgesetzten Grenze bedeutet.

Als zweites Beispiel für eine Grenzüberschreitung in der Technikaffirmation sei hier ein von der japanischen Firma Sony entwickelter „Autonomer Unterhaltungsroboter" erwähnt, der Roboterhund „Aibo" (Artificial Intelligence Robot – außerdem auf Japanisch: Gefährte).

„Aibos Verhalten ist in bestimmten Grenzen autonom, das heißt, er verhält sich wie ein intelligentes Wesen, kann sich mit 18 Gelenken auf natürliche Art bewegen, hat Sinnesorgane in Form zweier in den Ohren sitzender Mikrofonkapseln, einer Videokamera, eines Berührungs- und eines Beschleunigungssensors. Mit seinen Augen kann er Emotionen ausdrücken: Grün bedeutet Frohsinn, rot Zorn oder Unwohlsein...In Aibos Gehirn gibt es ein kybernetisches Gefühlsmodell, das die Dimensionen Glück, Trauer, Überraschung und Ärger umfaßt, und ein Instinktmodell, das aus den Komponenten Liebe, Entdeckung, Bewegung und Hunger (nach Ladestrom) besteht...Je nach Zuwendung entwickelt es sich schneller oder langsamer, lernt viel oder wenig...Toshitada Doi, als Corporate Senior Vice President verantwortlich für das Aibo-Projekt, erzählt, er habe seinem Zögling innerhalb von drei Tagen beigebracht, nicht mehr in einer bestimmten Zimmerecke zu spielen, /28/.

Es fällt nicht schwer, gerade in der geschilderten Partnerschaft mit diesem Technischen Artefakt Technikaffirmation in reiner Form und gleichzeitig eine Fortsetzung der vorstehend beschriebenen animistischen Tradition zu erblicken. Im Vergleich dazu wirkt ein technologisch bestimmt nicht zurückstehender vom Deutschen Zentrum für Luft- und Raumfahrttechnik entwickelter Roboter, der mit an neuronalen Strukturen erinnernden, lernfähigen Steuerungskonzepten ausgestattet ist, geradezu vitalschwach; seine harmonischen Bewegungen

„machen ihn zum echten Sympathieträger",

wenn er zum Beispiel auf Zuruf Kaffee holt, /29/.

2.5.5.8 Versuch einer Begründung für Technikaffirmation

Wie läßt sich Technikaffirmation und die damit systematisch als unentbehrlich verknüpfte Instandhaltung aus dem Wesen der Technik heraus verstehen? Warum geht das Verhältnis des Nutzers zu einem Technischen Artefakt, wie die Beispiele zeigen, oft weit hinaus über die kalte und distanzierte Inanspruchnahme der technischen Funktion; warum entstehen überhaupt Technische Artefakte wie etwa Technikmodelle, deren Funktion, auf den ersten Blick jedenfalls, über bloßen Zeitvertreib, bloße Unterhaltung nicht hinauszugehen scheint? Warum streichelt der Ehemann, nach der ironischen Redensart, die Lokomotive an der Spitze des Eisenbahnzugs, in dem seine nach ihrem Besuch abreisende Schwiegermutter sitzt? Die ausführliche Antwort würde eine Kurzfassung und Interpretation aller möglichen Technikdeutungen erfordern, wie sie im deutschsprachigen Schrifttum von vielen in der vorliegenden Untersuchung erwähnten Technikdenkern geleistet wurde. Vielleicht ist aber eine Welt von Denkanstrengungen gar nicht erforderlich. Die aufgezeigten Beispiele belegen ganz einfach, daß Technische Artefakte durch schnellen, mühelosen Ortswechsel den ansonsten ortsgebundenen Lebensvollzug bereichern, daß lebendig, anschaulich gemachte Technikgeschichte die Schaulust befriedigt und Unterhaltungswert bietet, daß über Technische Artefakte Gemeinschaftserlebnisse mobilisiert und bestätigt werden, in denen der Einzelne sich aufgenommen, gesichert und anerkannt fühlt. In der Welt der Technikmodelle einschließlich des technischen Kinderspielzeugs endlich gewinnt Technik die sonst schnell verlorengehende Übersichtlichkeit und Anschaulichkeit zurück, Komplexität wird auf der Ebene des Spiels wohltuend und dem eigenen Gestaltungsbedürfnis entgegenkommend reduziert.

Technikaffirmation steht also im Zusammenhang mit Grunderlebnissen:
- Selbststeigerung durch die Überwindung des Raums in kurzer Zeit;
- Reichtum der nunmehr zugänglichen Weltbereiche und Informationen;
- Entlastung durch gesellschaftliche Gemeinsamkeit, in der so viele Fragen, Zweifel, Bemühungen um Entscheidungsgründe und Denkanstrengungen ihre Bedeutung verlieren, weil Antworten geliefert werden, noch ehe die Fragen gestellt sind;
- Sinnlich wahrnehmbare Vereinfachung der Technikwelt, Zurückgewinnung ihrer Übersichtlichkeit, ihre Zugänglichkeit für selbsteigene Gestaltung und Umgestaltung;
- Selbstwahrnehmung in den Funktionen von Robotern, die menschliches Handeln in primitiver Form nachahmen.

Das alles läßt sich zusammenfassen in der Schlußfolgerung, daß Mensch und Technik symbiotisch in Entstehung, Nutzung und Instandhaltung zusammen- und wechselwirken, und daß diese Zusammen- und Wechselwirkung nicht nur als entwicklungsgeschichtliche Konstante von allen Anfängen des homo faber bis zur Gegenwart zu gelten hat. Vielmehr ereignet sie sich, soweit wir heute urteilen können, mit beeindruckender Selbstverständlichkeit bei jeder Generation aufs Neue.

2.5.6 Unikate, Plurikate, Multiplikate und die Verschiebung von kurzer zu längerer Erhaltungsdauer

2.5.6.1 Zuordnung von Merkmalsreichtum und technischer Dauer

Für Unikate wurde oben begründet, daß sie günstige Voraussetzungen für das Erreichen langer Erhaltungsdauer besitzen; insbesondere, wenn sie gleichzeitig andere Merkmale aufweisen - Unentbehrlichkeit im gesellschaftlichen Lebensvollzug, technische Hochwertigkeit und Bezugsobjekt von Technikaffirmation. Es könnte der Umkehrschluß gezogen werden, daß Plurikate und Multiplikate die Voraussetzungen für lange Erhaltungsdauer gar nicht oder nur in sehr geringem Maß aufweisen. Dieser Umkehrschluß ist jedoch unzulässig; Beispiele wurden bei der Erörterung der Technikaffirmation bereits genannt. Es gibt keine naturwissenschaftlich begründbare Grenze für die Erhaltungsdauer Technischer Artefakte, mit der einzigen sehr abstrakten Einschränkung der Endlichkeit aller stofflichen, materiellen und informationellen Mittel, die der Instandhaltung zur Verfügung stehen. Innerhalb dieser Grenze wird jedoch eine unendliche Vielfalt von technischen, wirtschaftlichen, gesellschaftlichen Gründen und Wertsetzungen wirksam für die beobachtbaren Abstufungen in Aufwand und Ergebnis der Instandhaltungsbemühungen. Bedeutsam für Technik als Praxis und als Wissenschaft wie auch für Technikgeschichte ist hierbei auch der Umstand, daß die Verfahren der Konservierung und Restaurierung, also der Instandhaltungstechniken für kulturell herausgehobene Technische Artefakte, jetzt schon erstaunlich leistungsfähig sind und weiter verbessert werden – die Zugänglichkeit zu den Objekten wird ausgedehnt, die Anpassung und Verfeinerung der Methoden gesteigert.

Es ist demgemäß nach Bedingungen dafür zu fragen, die auch für Plurikate und Multiplikate eine lange Tauglichkeits- bzw. Erhaltungsdauer begünstigen. Die Argumentation wird zunächst in der Form geführt, daß in einer Matrix Beispiele für die Zuordnung verschiedener Stufen technischer Dauer zu den nach Merkmalsreichtum unterschiedenen Gruppen Technischer Artefakte genannt werden. Es zeigt sich hierbei, daß Verschiebungen von kurzer und mittlerer zu mittlerer und langer Dauer möglich sind. Instandhaltung erweist sich hierbei als notwendige, jedoch nicht hinreichende Bedingung. Hierbei haben wir uns daran zu erinnern, daß bei ortsbeweglichen Technischen Artefakten schon der Verzicht auf Ausmusterung (Untergang, Recycling, Teilerhaltung), also die schlichte Aufbewahrung, der räumlich-zeitliche Verbleib zunächst ohne Rücksicht auf Gründe und Folgen, seiner Wirkung nach eine Maßnahme der Instandhaltung bedeutet.

2.5.6.2 Die Matrix der Beispiele

Im Zusammenhang mit der Erörterung der Nutzungsdauer bei technikimmanenter Instandhaltung wurde gezeigt, daß Tauglichkeits- wie Nutzungsdauerwerte von mehreren Tausend Jahren für einzelne Technische Artefakte, Unikate, erreicht wurden. Die für so eindrucksvolle Zeiträume förderlichen Voraussetzungen sind am Beginn dieses Abschnitts erörtert; das im Folgenden genannte Beispiel mag jedoch zeigen, wie groß der Rahmen bei der Quantifizierung der „langen" Dauer sein sollte: Einige hundert bis einige tausend Jahre. Am anderen Ende der Skala liegen die Werte für „kurz"; hier sollen Werte von einem bis zu zehn Jahren vorgeschlagen werden. Der Mittelbereich liegt damit auch fest. Die Willkür dieser Bemessung ist klar, objektive Maßstäbe lassen sich kaum finden; doch kann man den Gedankengang auch bei anfechtbarer Wahl der Zeitdauerwerte erläutern.

	UNIKAT	PLURIKAT	MULTIPLIKAT
KURZ	Windrad	Briefpapier	Tageszeitung
MITTEL	Wohnhaus	Serien- PKW	Briefmarkensammlung
LANG	Ponte S.Angelo	Gutenberg-Bibel	Wissenschaftl. Wörterbuch

UNIKAT - KURZE DAUER:		Gebasteltes Windrad als Kinderspielzeug
MITTLERE DAUER:		Wohnhaus nach Architektenentwurf
LANGE DAUER:		Ponte Sant' Angelo in Rom

PLURIKAT - KURZE DAUER: Briefpapier mit Absender-Aufdruck für privaten Briefwechsel
MITTLERE DAUER: Serien- Personenkraftwagen mit individueller Ausstattung nach Katalog- Vorgaben
LANGE DAUER: Gutenberg- Bibel

MULTIPLIKAT - KURZE DAUER: Tageszeitung; fehlerlose einzelne Briefmarke aus aktueller Serie
MITTLERE DAUER: Taschenbuch; fehlerlose Briefmarken aus aktueller Serie als Bestandteil systematisch angelegter Sammlung
LANGE DAUER: Wissenschaftliches Wörterbuch der Lateinischen Sprache in antiquarischer Qualität

Verschiebungen von kurzer zu mittlerer und von mittlerer zu langer Dauer sind möglich und von technikphilosophischer Bedeutung. Sie werden im Folgenden an Hand der Beispiele erörtert.

UNIKATE:

Das einfache Windrad mit hölzernem Mast, hölzernem Flügel und einer aufgebogenen Büroklammer als Drehachse, das der Vater für seinen vierjährigen Liebling beim Strandurlaub bastelt, wird den Sommer kaum überleben. Handelt es sich bei dem Bastelprodukt jedoch um ein Exemplar aus dem Wettbewerb der Physik-Nobelpreisträger Niels Bohr und Werner Heisenberg mit dem Überlieferer der Anekdote, Carl Friedrich von Weizsäcker, der Niels Bohr als Gewinner sah, indem seine extrem einfache, aber äußerst maßgenau ausgeführte Konstruktion den besten Wirkungsgrad zeigte, dann steht das Windrad vielleicht noch nach vielen Jahrzehnten im Niels Bohr- Haus in Kopenhagen – es besitzt die Merkmale des Unikats und der technischen Hochwertigkeit.

Ein durchschnittliches Einfamilien- Wohnhaus in einem Industriestaat wird vermutlich kaum älter als hundert bis hundertfünfzig Jahre, weil geänderte Bedürfnisse, die Art des Grundstücks, die starke Abnutzung oder andere Gründe den Abbruch nahelegen. Ist es jedoch hochwertig errichtet, wird es ständig gepflegt, zum Bestandteil eines denkmalgeschützten Kollektivs gemacht oder durch beharrliche Nutzung in einer Familie über Generationen hinweg zum familiengeschichtlichen Schmuckstück erhoben, so kann es ein Mehrfaches der durchschnittlichen Tauglichkeitsdauer erreichen - der Blick in viele historische Ortskerne von Dörfern und Städten in Europa und Übersee beweist es. Auch in diesem Beispiel treten technische Hochwertigkeit, Unikatscharakter und Technikaffirmation zusammen, um eine unüblich lange Tauglichkeitsdauer zu begründen.

Eine Erhaltungsdauer von nicht mehr abschätzbarer Länge unter der Voraussetzung zielführender Instandhaltung haben technik- und kunstgeschichtlich einmalige Artefakte wie die noch gebrauchsfähigen drei zentralen Bogen der von Kaiser Hadrian im Jahr 126 n. Chr. erbauten Straßenbrücke Sant' Angelo in Rom zu gewärtigen. Diese Brücke besitzt überdies als Teil einer lebhaft benutzten Verkehrsachse heute noch hohe Bedeutung im gesellschaftlichen Lebensvollzug.

PLURIKATE:

Bedrucktes Briefpapier geht unter, wenn der Brief nicht mehr aufbewahrt wird; bei privatem Briefwechsel, wo keine gesetzliche Aufbewahrungspflicht besteht, wohl selten länger als ein Jahr. Die Bedeutung, die es durch die Persönlichkeit des Schreibers oder die Gewichtigkeit des Inhalts erlangt, macht es aber unter Umständen zum materiellen Träger eines historischen Dokuments mit kaum abschätzbarer Nutzungsdauer als Museumsexponat; dies umso eher, wenn Papiersorte, Typographie und Drucktechnik hochwertig sind. Die Art der Nutzung verwandelt das Plurikat in ein Unikat.

Personenkraftwagen erreichen in wohlhabenden Industriestaaten eine Tauglichkeitsdauer von vielleicht zehn und einigen, selten mehr als fünfzehn oder zwanzig Jahren. Das Interessante sind nicht die jährlichen Millionen von Verschrottungsfällen, sondern die überlebenden Veteranen, aus Plurikaten unmerklich zu Unikaten geworden durch beharrliche Instandhaltung. Am Anfang steht die wertorientierte Zuwendung zum Technischen Artefakt, das nach dem Willen des Instandhalters weder den ursprünglichen Glanz noch die ursprüngliche Leistungsfähigkeit einbüßen soll. Technologische Hochwertigkeit bietet die Gewähr für ein wirtschaftlich interessantes Verhältnis zwischen Instandhaltungsaufwand und Werteerhalt; sie unterstützt die werteerhaltende Zuwendung dauerhaft, deshalb sind sehr viele „Veteranenfahrzeuge" große, sportliche, aufwendig ausgestattete Fahrzeuge führender Hersteller. Daraus erwächst nun der Oldtimer, dem wiederum wertorientierte Zuwendung begeisterter Rallye-Zuschauer zuteil wird. Es folgt die wirtschaftliche Tatsache, daß die unablässige Pflege dem Veteranen-Fahrzeugmarkt ein Artefakt mit einem Handelswert zugeführt hat, bei dem der Zusammenhang mit dem ursprünglichen Erwerbsaufwand kaum noch erkennbar ist. Am Ende steht das Unikat, das Museumsauto der Pioniere, der Daimler, Benz, Ford, Renault, das längst in ein zweites Jahrhundert der Tauglichkeitsdauer mit offenem Ende eingetreten ist. Darin gleicht es den zwölf Exemplaren der Gutenberg- Bibeln in Pergamentdruck, die in besitzerstolzen

Museen auf unabsehbare Zeiten als Kulturleistung ersten Rangs bewahrt werden.

MULTIPLIKATE:

Die Tageszeitung ist das einleuchtende Beispiel für Kurzlebigkeit eines Technischen Artefakts; am Tag nach der Ausgabe liegt sie in der Regel beim Altpapier. Der so bekundeten Geringschätzung steht jedoch der Wert gegenüber, den sie unter besonderen Umständen als historisches Quellendokument, mithin als Unikat, ohne zusätzlichen wirtschaftlichen Aufwand gewinnen kann. Ganze Jahrgänge können archiviert oder nach Themen ausgewählte Ausschnitte können zur Sammlung gebündelt werden. In ihr läßt sich das politische, wirtschaftliche, gesellschaftliche oder kulturelle Geschehen in der Darstellungsform des Pressejournalismus, zusätzlich auch durch Fachautoren, die in der Presse zu Wort kommen, über Jahre oder Jahrzehnte nachvollziehen. Ordentliches Zeitungspapier, deutlicher Druck in angenehmer Typographie laden eher zum Anlegen einer solchen Sammlung ein als ein technisch minderwertiges Periodikum. Das Gleiche gilt in noch stärkerem Maß von der Ausführlichkeit, Verläßlichkeit und guten Sprachgestalt des Inhalts, also der journalistischen Qualität. Vergleichbar verhält es sich auch bei den Briefmarken, die als kleine Kunstwerke entworfen und in Millionenauflage ihrem Zweck als Zahlungsbestätigung für eine Dienstleistung der Briefpost zugeführt werden. Sie sind nach Gebrauch entwertet, wie der Fachausdruck lautet, aber nicht wertlos für Sammler. Diese bauen aus gestempelten oder auch aus druckfrischen Marken Kollektionen auf, mit denen sich durch Glück und Ausdauer Erlöse in der Höhe eines Vielfachen des ursprünglichen Erwerbsaufwandes erzielen lassen, und die dann auch eine entsprechende Nutzungsdauer aufweisen. Enthält aber eine solche Sammlung viele alte und - hier gleichbedeutend - seltene Ausfertigungen, so ist auch in diesem Fall die Erhaltung auf nicht absehbare Zukunft zu erwarten. Gute Qualität in Papier und Druck bietet auch hier verläßliche Grundlagen für lange Erhaltungsdauer. In beiden Fällen verliert das Multiplikat sein bestimmendes Merkmal, in hochrepetitivem Herstellungsverfahren nur durch die Wirkung der reinen Auflagenzahl relative Wertlosigkeit von vornherein erlangt zu haben. Als Baustein einer Sammlung wird es zum Unikat und damit wertvoll.

Ein „Lateinisch- Deutsches Handwörterbuch, nach dem heutigen Standpunkte der lateinischen Sprachwissenschaft ausgearbeitet von Dr. Karl Ernst Georges, Neunte gänzlich umgearbeitete Auflage des „Scheller- Lünemannschen Handwörterbuches, in der Hahn'schen Verlags- Buchhandlung erschienen in Leipzig 1843", gebunden in Pappe, Lederrücken, goldener Rückendruck, ist als Multiplikat anzusprechen; ein im Erscheinungsjahr durchaus nicht sensationelles Erzeugnis eines wissenschaftlichen Verlags. Wie naheliegend ist es, daß der vergilbte Band spätestens beim zweiten Erbfall untergeht, weil es anderthalb Jahrhunderte nach dem Erscheinungsjahr sehr wenig wahrscheinlich ist, jemanden zu finden, der das Wort zythum („eine Art Gerstentrank bei den Ägyptern"), eines von mehr als siebentausend Stichworten auf 1822 Seiten, übersetzen möchte? Der hier als Beispiel dienende Band ist jetzt mehr als einhundertundfünfzig Jahre alt und es ist nicht ausgeschlossen, daß er weitere hundert erlebt. Vorzügliche Typographie und Druckqualität, lesbar erhaltenes Druckpapier, ein immer noch unverletzter Einband und der schöne Golddruck auf dem Lederrücken treten zur wissenschaftlichen Qualität des Inhalts hinzu. Das Merkmal der technischen Hochwertigkeit, zusätzlich zur inhaltlichen, war also von Anfang an vorhanden, und die hohe Wahrscheinlichkeit, daß nur noch wenige Exemplare oder gar nur noch dieses eine erhalten geblieben sind, macht es zum vermutlichen Unikat. Das Buch hat also im Buchhandel antiquarischen Wert, es ist ein Objekt der Bibliophilie, der Technikaffirmation in ihrer speziellen auf Bücher gerichteten Form, und muß durch besonders sorgfältige Aufbewahrung vor Schäden geschützt werden.

ZUSAMMENFASSUNG

Artefakte von üblicherweise kurzer Dauer - Windrad, Briefbogen, Tageszeitung- können mindestens mittlere Dauer erreichen; solche von üblicherweise mittlerer - Wohnhaus, Personenkraftwagen, Briefmarkensammlung - können zu langer oder sehr langer technischer Dauer gedeihen. Für Artefakte, die jetzt, am Beginn des 3. Jahrtausends n.Chr., Tauglichkeitsdauerwerte von hundert und mehr bis zu tausend und mehr Jahren aufweisen, ist für die weitere Dauer der Erhaltung, wie erläutert, keine erfahrungswissenschaftlich begründbare Grenze sichtbar. Vielmehr muß diese Grenze im Zusammenhang mit der weiteren Dauer einer Kultur gesehen werden, in der die Erhaltung von Technik einen angemessenen Rang neben Schaffung und Nutzung einnimmt.

2.5.7 Zusammenfassung des Abschnitts 2.5 : Begünstigung langer Erhaltungsdauer Technischer Artefakte

Technische Artefakte werden geschaffen, um **Dauer zu gewinnen oder fortzuführen**. Diese empirisch erkennbare Gesetzmäßigkeit läßt sich zurückführen auf eine höherstufige Wertentscheidung des Inhalts, daß Technik sein soll und daß sie so sein soll. Die Allgemeinheit dieser Handlungsentscheidung liefert jedoch keine Begründung für die erheblichen **Unterschiede, die für vergleichbare Technische Artefakte bei der Erreichung von Tauglichkeits-, Nutzungs- und Erhaltungsdauer** zu erkennen sind. Sie erklärt auch nicht die starke **Differenzierung im materiellen und immateriellen Aufwand**, der für lange Erhaltungsdauer Technischer Artefakte gleicher oder auch verschiedener Art erforderlich ist. Es entsteht also die Frage nach den **Merkmalen, die insbesondere eine lange Erhaltungsdauer begründen**. Ausgeschieden bleibt hierbei die individualpsychologische Determination bei der technischen Handlungsentscheidung, da sie nicht verallgemeinerungsfähig ist. Wesentlich ist aber der

Hinweis auf die **„positive Rückkopplung"** zwischen **Instandhaltung und langer Erhaltungsdauer**: Das Vorliegen der genannten Merkmale gibt Anlaß zu langer Erhaltungsdauer, und die schon erreichte lange Erhaltungsdauer stimuliert deren weitere Verlängerung. Hier muß jedoch an das eingangs erwähnte Spannungsverhältnis zwischen Erzeugung und Instandhaltung erinnert werden. Instandhaltung hat für das Technische Artefakt als individuelle systemhafte Einheit zur Folge, daß es, bildlich ausgedrückt, den Platz besetzt, den eine technologisch überlegene, z. B. ökologisch verbesserte neu erzeugte Einheit einnehmen könnte. Die Ausstattung mit „Verschleißfaktoren", die systematisch der „Fortschrittsfeindlichkeit" der Instandhaltung durch absichtliche Verkürzung der Tauglichkeitsdauer entgegenwirken, wurde zeitweise in den USA wirtschaftswissenschaftlich als wünschenswert begründet. Dem ist zu entgegnen, daß das Spannungsverhältnis, das man auch als Zielkonflikt kennzeichnen kann, jedenfalls hinsichtlich der einer technologischen Entwicklung unterworfenen Merkmale zweifellos erhalten bleibt. Jedoch können Instandsetzungsmaßnahmen, die zu technisch-technologischer Höherwertigkeit führen, einer anspruchsvolleren technischen Zielsetzung in einem bestimmten Umfang auch gerecht werden. Im Wertekatalog der VDI-Richtlinie 3780 Technikbewertung ist die vorsätzliche Ausstattung mit Verschleißfaktoren als technisch akzeptable Zielsetzung nicht vorgesehen.

Als begünstigende, wenn auch nicht kausal verursachende Merkmale für lange Erhaltungsdauer werden vorgestellt und erläutert: Die **Unentbehrlichkeit im gesellschaftlichen Lebensvollzug**, also das, was wir heute Infrastruktur nennen; die **technische Hochwertigkeit**; die Qualifikation als **Unikat oder Denkmal**; und schließlich das schwierig zu fassende Phänomen, daß das **Technische Artefakt als Technisches Anthropoid** auftreten kann. Dieser Terminus wird in der vorliegenden Untersuchung vorgeschlagen und soll den sozialen und psychologischen Sachverhalt der **Technikaffirmation** kennzeichnen: Vielfach entsteht zum Technischen Artefakt ein emotional geprägtes asymmetrisches virtuelles Partnerverhältnis, das zusätzlich zur Nutzungsfunktion wirkt und Instandhaltung wesentlich stimuliert. Die kommerzielle Werbung macht sich diese virtuelle Partnerschaft zunutze und spricht ganz offen von der **Emotionalisierung** der Technischen Artefakte. Einige in der vorliegenden Untersuchung vorgetragene Gedanken zum Zusammenhang von Technikaffirmation und psychosozialen Grunderlebnissen können allerdings nicht den Anspruch erheben, dieses im Grenzgebiet von Technikphilosophie, Soziologie und Psychologie liegende Phänomen in seinem vollen Umfang zu analysieren. Ergänzend wird in Form von Beispielen der Nachweis geführt, daß Unikate, Plurikate und Multiplikate unter bestimmten Voraussetzungen in gleicher Weise kurze, mittlere und lange Erhaltungsdauer erreichen können.

2.6 SAMMLUNGEN ALS TECHNISCHE ARTEFAKTE - AUFBAU UND UNTERHALT ALS INSTANDHALTUNGSLEISTUNG

2.6.1 Das Phänomen Sammlung als Thema der Technik

2.6.1.1 Unikate, Plurikate, Multiplikate als Sammlungsobjekte – Sammlungen als Unikate

Im Abschnitt „Unikate, Plurikate, Multiplikate und die Verschiebung von kurzer zu längerer Erhaltungsdauer" wurde erörtert, wie geringwertige Multiplikate, z.B. Tageszeitungen oder Briefmarken, als **Elemente einer geordneten Sammlung den Wert eines Unikats** gewinnen können. Diese Elemente werden zunächst der Ausmusterung entzogen, aufbewahrt; also allein schon dadurch instandgehalten, wenn auch mit einem geringen Grad von Sicherheit hinsichtlich der Dauer dieser Aufbewahrung. Erst durch die planmäßige räumliche oder funktionale Zusammenführung und die dadurch mögliche **Reihung nach Ordnungsmerkmalen** erlangen diese Elemente eine neue Qualität in Form von Sammlungsobjekten. Daran schließt sich nun die Frage, wodurch sich eine **Sammlung als Technisches Artefakt** qualifiziert und welchen Rang Instandhaltung für sie einnimmt.

Das Phänomen Sammlung ist begrifflich wie pragmatisch nicht zu trennen von den Gegenständen, die diese umfaßt. Die Analogie zu dem Begriffspaar Element und Menge ist naheliegend. Ein Gegenstand wird Teil einer Sammlung durch eine **wertegeleitete**, freiwillige Handlung, die Auswahl. Sie setzt voraus, daß dieser Gegenstand für eine Sammlung frei verfügbar, also anderen Zwecken schon entzogen ist oder dies werden kann, und ist bestimmt durch **wertbegründende** Merkmale, die dieser Gegenstand mit anderen gemeinsam hat oder zukünftig haben wird. Ist der Gegenstand ein Technisches Artefakt, so kann die Auswahl eines Unikats oder auch eines seltenen Plurikats schon vorab durch die Einmaligkeit oder Seltenheit begünstigt sein. Das Merkmal der Seltenheit bzw. Einmaligkeit liegt als gemeinsames vor bei Gegenständen, die der gleichen Kategorie angehören, jedoch in vielen oder allen für diese Kategorie kennzeichnenden Merkmalen nicht übereinstimmen: Alle Violinen gehören der Kategorie der Musikinstrumente an, bei denen die Töne vorwiegend durch das Anstreichen von Saiten mit einem Bogen gebildet werden, mit 4 in den Tonhöhen g, d', a' und e'' gestimmten Saiten; aber sowohl durch die Verwendung des disparitätischen Werkstoffs Holz wie auch durch die überwiegend nichtrepetitiven Verfahren der Erzeugung ist jede handwerklich hergestellte Violine ein Unikat. Dieser Umstand wird bei der Eingliederung einer Violine in eine Musikinstrumentensammlung, als repräsentativ für diese Kategorie, in der Regel durch die Technische Biographie des betreffenden Exemplars dokumentiert.

Bei der Auswahl eines Multiplikats, also zum Beispiel eines von vielen technisch identischen Exemplaren einer Tageszeitung, kann die Festlegung, welches Einzelexemplar aus der Menge ausgegliedert wird, dem Zufall überlassen bleiben: Hier kommt es nur darauf an, daß die Zusammenführung der täglich aufeinanderfolgenden, somit die Gemeinsamkeit konstituierenden Belegexemplare eine geschlossene Reihe ergibt, deren **Vollständigkeit ihren Wert als Dokumentationsquelle und damit ihre Seltenheit bzw. Einmaligkeit** begründet. Analog sind die Fälle der Archivierung von multiplikativ in kommerziellen Auflagen, also nicht im Sinn der Bibliophilie, hergestellten Bücher zu beurteilen: Nicht die Individualität des Einzelexemplars, sondern die Vollständigkeit des Bestands (Beispiel: Deutsche Bibliothek in Frankfurt und Leipzig: Gesamtes im In- und Ausland erschienenes deutschsprachiges Schrifttum seit 1945) und damit seine Brauchbarkeit bei der Suche nach Information begründet Auswahl und Erhaltung. In der Auswahlhandlung konstituiert sich diese Gemeinsamkeit; durch technisches Handeln, nämlich räumliche Zusammenführung und Positionierung, entsteht ein Technisches Artefakt. Sein Zweck besteht im Angebot von Information in bestereichbarer Vollständigkeit, die den Aufweis des inneren Zusammenhangs hinsichtlich gemeinsamer und unterschiedlicher Merkmale der Sammlungsobjekte voraussetzt. Auch die aus Multiplikaten hergestellte Sammlung Technischer Artefakte wird mit an Sicherheit grenzender Wahrscheinlichkeit ein Unikat sein. Kaum ein Briefmarkensammler wird die gleiche Auswahl treffen wie der Sammlerfreund; der Markentausch zielt vielmehr gerade auf Unterschiedlichkeit der Sammlungen untereinander und Homogenität innerhalb ihrer selbst.

In der vorliegenden Untersuchung scheidet die Berücksichtigung des Terminus Sammlung in der – durch Rechtsvorschriften geregelten - Bedeutung der Geldsammlung aus. Diese kann sowohl durch die Kollektion von materiellen gesetzlichen Zahlungsmitteln, also Geldmünzen oder Geldscheinen, wie auch durch virtuelle Übertragung von Zahlungsmitteln, also durch Banküberweisungen oder Schecks, vollzogen werden. Sie schafft ein wirtschaftliches Potential, das natürlich fallweise auch als notwendige Bedingung für die Erzeugung eines Technischen Artefakts in Betracht kommen kann, obwohl es selbst keines ist. Der Unterschied wird deutlich in der Anlage einer Münzsammlung, die einzelne Technische Artefakte nach Maßgabe münzkundlicher Wertmerkmale vereinigt. So kann sich z.B., in einem Stapel von Münzalben räumlich vereinigt, ein ungebrauchtes Exemplar von jeder seit ihrer Gründung in der Bundesrepublik Deutschland geprägten Geldmünze finden; die Werthaltigkeit liegt dann, wie in den obigen Beispielen, in der Vollständigkeit begründet, unbeschadet des Umstands, daß im Informationsgehalt der Prägungen – Porträts der führenden Politiker, Nennwert, Prägejahr, Prägeort – eine reizvolle Ausschnitt-Dokumentation der politischen Geschichte dieses Staats enthalten ist.

2.6.1.2 Gegenstände als Objekte von Sammlungen

Die Frage nach Klassen von Gegenständen, die als Objekte von Sammlungen in Frage kommen, läßt sich zweckmäßigerweise beantworten durch den Aufweis von Ausschlußgründen: Gegenstände, die für eine räumliche Vereinigung zu große Abmessungen haben, vollkommen unbeweglich sind oder sich nicht hinreichend genau abgrenzen lassen, sind als Sammlungsobjekte ungeeignet. Sie können jedoch vertreten, also **in virtueller Form Sammlungsobjekte** werden. Dies trifft zu für Grund und Boden, ganze Landschaften, geographische Regionen: Ihre Vertretung geschieht durch Modelle, Abbildungen, aber auch durch repräsentative bewegliche Einzelgegenstände wie Pflanzen, Tiere, Mineralproben. Auch prozessuale Gegenstände, z. B. Naturphänomene wie etwa meteorologische Ereignisse, Wolken, Wellen, Blitzschlag, Stürme, Wanderungen von Tierkollektiven (Vögel, Fische) und so fort können z.B. in Form von Abbildungen, sachgegenständlichen Modellen, geografischen Karten, Wetterkarten, Computer-Simulationen, bei hinreichender Genauigkeit sogar als Texte, Objekte von Sammlungen werden. In dieser Form sind sie auch beschreibender Teil des Informationsbestandes, aus dem naturwissenschaftliches Wissen erwachsen kann. Die oben als „virtuell" gekennzeichnete Form der Sammlungsgegenstände hat mit dem Technischen Artefakt die Zugehörigkeit zur Kategorie der Information gemeinsam. Z.B. sind sachgegenständliche Modelle einer Landschaft, wie man sie in etwa in Regionalmuseen findet, Technische Artefakte; sie entstehen auf der Grundlage Technischer Information (Landkarten, Luftbildaufnahmen usw.), die wiederum mit der repräsentierten Landschaft eine durch Modellverhältnis veranschaulichte Strukturanalogie gemeinsam hat. Diese **Zuordnung des Sammlungsgegenstands in zwei Kategorien, nämlich die der Information und die des Technischen Artefakts,** wurde schon vorab deutlich an Beispielen von Multiplikaten, nämlich Tageszeitungen und Geldmünzen. Ein ganz ungewöhnliches Beispiel wird von der Humboldt-Universität in Berlin berichtet; die „Preußische Phonographische Kommission" legte während des ersten Weltkriegs dort eine „akustische Weltkarte" an, die in Form eines der Preußischen Staatsbibliothek angegliederten Lautarchivs weitergeführt wurde:

„Ihre Mitarbeiter durchstreiften die deutschen Gefangenenlager während des ersten Weltkriegs ausschließlich zu wissenschaftlichen Zwecken. Getrieben von dem Traum, ein „Stimmenmuseum der Völker" zu schaffen, ließen die Lautforscher...Soldaten aller Herren Länder vor den Trichtern ihrer Phonographen antreten. Die Kriegsgefangenen mußten Lieder aus der Heimat singen, Gedichte rezitieren oder Märchen erzählen, die von den vorsintflutlichen Aufnahmegeräten in Wachsmatrizen geritzt, von Dolmetschern in Schriftsprache, Lautschrift und deutscher Übersetzung fixiert und anschließend in Schellack gepreßt wurden, /1/.

Die Eingliederung in zwei Kategorien wird ganz unmißverständlich deutlich an den nachstehend erörterten Fällen der Bibliotheken und vergleichbaren Sammlungen von Datenträgern.

Ein weiteres Beispiel soll zeigen, daß der Begriff des Sammlungsobjekts trotz solchen Einschränkungen weite Gegenstandsbereiche umfaßt. Eine einzelne Pflanze ist sowenig ein Technisches Artefakt wie eine Vielzahl in der Natur zufällig verstreuter Exemplare gleicher oder unterschiedlicher Pflanzenarten; aber ein Botanischer Garten, etwa ein Alpengarten, der über tausend nur in alpinen Höhenlagen vorkommende Pflanzen in einem umgrenzten Areal zeigt, erfüllt die Kriterien der Sammlung wie auch des Technischen Artefakts. Und diese Feststellung gilt selbst dann, wenn der Alpengarten gerade erst angelegt ist, die Pflanzen also vorläufig nur in der Form von Samen oder kleinen Setzlingen vorliegen und die volle Entfaltung ihrer Merkmale erst in einem durch die Wechselwirkung von Erbanlage und Umwelt determinierten zeitlichen Prozeß Wirklichkeit wird. Noch deutlicher wird dieser Sachverhalt am Beispiel der Sammlungen von Pflanzensamen, die als Archiv des Bestandes an ungefährdeten bzw. vom Aussterben bedrohter Pflanzen hohe und noch zunehmende Bedeutung besitzen.

Ähnlich wie bei Pflanzen können auch Tiere in frühen Entwicklungsstufen, also des Embryos oder des befruchteten Eies, als Insassen zoologischer Gärten, als Bewohner von Aquarien und Terrarien, Objekte von Sammlungen werden. Modelle ihrer artgemäßen Umgebung werden in den Zoologischen Gärten als künstlicher Lebensraum nachgebaut und ersetzen den wegen des Abgrenzungsproblems und des Aufwandes nicht möglichen Zugriff auf ganze Landschaften als Sammlungsobjekte. Tote Tiere finden sich in Naturkunde-Museen in Form von Dauerpräparaten verschiedener Art, eben als Technische Artefakte.

Eine weitere Grenzüberschreitung in der Anwendung des Begriffs der Sammlung ist begründbar durch die Schaffung der Institution des Welt-Kulturerbes. Technische Artefakte wie die Stadt Venedig oder das Kloster Maulbronn können über die Zugehörigkeit zum Kontinent Europa hinaus nicht enger räumlich vereinigt werden, wohl aber institutionell oder virtuell verbunden durch die von der UNESCO getroffene und begründete Auswahl. Allerdings läßt sich in der modellhaften Präsentation, die z.B. von Freizeitparks geboten wird, auch diese virtuelle Einheit anschaulich zeigen.

Museen enthalten Sammlungen von zeitgeschichtlich, regionalgeschichtlich, naturwissenschafts– und technikgeschichtlich, ethnologisch, durch religiöse Bedeutung oder anderweitig kulturgeschichtlich ausgezeichneten Technischen Artefakten aus allen Bereichen der menschlichen Lebenswelt bis hin zu den trivialsten Gebrauchsgegenständen. Einen hohen Rang nehmen die Museen mit Sammlungen künstlerischer Artefakte ein, die gemäß den Argumenten im Abschnitt „Technisches und Künstlerisches Artefakt – Schönheit der Technik und Technik der Schönheit" systematisch von den Technischen Artefakten nicht abgrenzbar sind. Die Grenze zwischen dem Technischen und dem künstlerischen Artefakt wird auch durch eine andere Überlegung als durchlässig erkennbar. Es gibt gut begründete Argumente dafür, „virtuell exakte Kopien", also technisch identische Replikate, in Museen auszustellen.

„Wenn die Kopie bei nur unwesentlichen Abweichungen das Gleiche zeigt wie das Original, so kann sie auch die gleiche aesthetische Funktion erfüllen, also zum Beispiel innere Spannungen lösen, innere Harmonie und Klarheit stiften, Wahrnehmungs- und Unterscheidungsvermögen verfeinern und so fort. Vermutlich würde eine Kopie sogar eine umfassendere Erfahrung des Werks ermöglichen, denn man kann dem Besucher einen freieren Umgang mit dem Bild gestatten, weil die Beschädigung der Kopie kein solcher Schaden wäre wie die des Originals. Der Besucher könnte nun probieren, wie sich das Gemälde in einem anderen Licht oder in einer anderen Nachbarschaft ausnimmt, es vielleicht sogar mit nach Hause nehmen, um es in aller Ruhe zu betrachten. Dazu ist im Museum in der Regel keine Gelegenheit".

Die zitierten Argumente schließen mit dem Gedanken, daß der Verzicht auf teure bzw. unbezahlbare Originale eine finanzielle Entlastung schaffen würde, die sowohl für bestehende wie für die Gründung neuer Museen in kleineren Gemeinden hilfreich sein könnte, /2/.

Bibliotheken sind Sammlungen von gedruckten und geschriebenen Texten in Form von Büchern, Zeitschriften, gedruckten Dokumenten wie etwa technische Normen und Regelwerke, Handschriften. In Musikbibliotheken werden Notenwerke, Musikschriften und auf Tonträgern gespeicherte Musikwerke gesammelt. Sammlungen bibliophiler Bücher und wertvoller Autographen, die als Unikate oder Denkmäler vom größeren Teil des multiplikativ erzeugten Bestands der meisten Bibliotheken zu unterscheiden sind, können organisatorisch und räumlich Teil der wissenschaftlichen bzw. öffentlichen Bibliotheken sein. Die Merkmale Technischer Artefakte liegen bei allen diesen Objekten vor, auch wenn der Informationsinhalt z.B. von Büchern nicht durch ein Druckverfahren, sondern handschriftlich fixiert ist; denn das Trägermaterial, sei es Papier oder seine Vorläufer Papyrus und Pergament, ist technisch hervorgebracht. Bibliotheken erweisen sich demnach als eine spezielle Organisationsform bei der Sammlung und Erschließung von Informationen. Dies wird auch deutlich bei manchen modernen und hierfür ausgerüsteten Bibliotheken in der Ausdehnung der Sammlungsobjekte auf Informationsträger, die erst seit vergleichsweise kurzer Zeit zur Verfügung stehen: Einzeln als Technische Artefakte identifizierbare Audio- und Videokassetten mit Magnetbändern sowie Compact-Disc- und Digital-Versatile Disc-Speicherplatten.

Die Erörterung der Bibliotheken als derjenigen Klasse von Sammlungen, die in besonders deutlicher Form der Informationsspeicherung dienen, führt unmittelbar zur **geschichtlich jüngsten Form der Sammlung: Der Datenbank.** Der systematische Unterschied zur Bibliothek besteht darin, daß die Sammlungsobjekte nicht mehr als Bücher, Kassetten oder Speicherplatten materiell vorliegen, sondern als Informationssequenzen, die durch einen inneren Sinnzusammenhang jeweils zur Einheit verbunden werden. Sie haben die physikalische

Gestalt digitaler Signalfolgen, deren Beginn und Ende durch Begrenzungssignale bezeichnet werden, und es ist kein Grund ersichtlich, warum man solche Sequenzen nicht als Gegenstände und mithin als mögliche Sammlungsobjekte beurteilen können sollte. Eine funktionale Einheit von Bibiliothek und Datenbank entsteht dadurch, daß das Bestandsverzeichnis der Bibliothek als Datenbank angelegt und damit für den schnellen, simultanen und nur durch die Reichweite des Datennetzes beschränkten Zugriff vieler Nutzer verfügbar gemacht wird.

2.6.2 Die Sammlung als Technisches Artefakt

Einwände dagegen, eine Datenbank als Technisches Artefakt zu betrachten, liessen sich leicht widerlegen. Dagegen kann man eine Begründung dafür fordern, zum Beispiel eine Gemäldesammlung als Technisches Artefakt zu verstehen, und die Exponate, in ROPOHLscher Ausdruckweise, als dessen Subsysteme. Die Doppelbedeutung des Terminus „Museum" – Sammlung und Gebäude oder Gelände, das die Sammlung aufnimmt – weist jedoch darauf hin, daß die dauerhafte räumliche Zusammenführung und Instandhaltung der Objekte einer (nicht virtuellen) Sammlung ohne technische Vorkehrungen, die fallweise sehr aufwendig sein können, praktisch nicht möglich ist. Die Objekte, die Besucher der Sammlungen und das für die Sammlung verantwortliche Personal müssen, falls es sich nicht um ein Freiluftmuseum handelt, vor Witterungseinflüssen geschützt werden. Die Positionierung der Objekte erfordert Wandflächen, Stellflächen, Vitrinen, Regale, Vorrichtungen zum Aufhängen dreidimensionaler Exponate, und so fort. Künstliche Beleuchtung ist meist unerläßlich, ebenso Magazine für die vorrätigen, zeitweilig nicht zur Schau gestellten Objekte. Viele Objekte müssen durch Klimatisierung oder mindestens durch Temperierung vor Schäden geschützt werden. Räume für das Personal müssen zur Verfügung stehen; hierzu zählen auch die Restaurierungswerkstätten, die vielen Museen angeschlossen sind. Von großem Wert sind Einrichtungen für wissenschaftliche oder auch künstlerische Arbeiten, deren Gegenstände die Sammlungsobjekte sind, also museumseigene Bibliotheken, Leseräume, Kataloge, Computer-Arbeitsplätze und so fort. In der Mehrzahl der Fälle sind also Gebäude mit anspruchsvoller technischer Ausstattung erforderlich. Da Einrichtung und Unterhaltung von Museen in hohem Maße der Vermittlung von Vermächtniswerten dienen, und da sie im gesellschaftlichen Lebensvollzug unentbehrliche Unikate darstellen, sind Museumsgebäude auch immer architektonische Aufgaben von besonderem Rang; vielfach prägen sie die Stadtbilder in starkem Maße mit. Selbst Skulpturenparks unter freiem Himmel bedürfen der Bautechnik; sie benötigen Abgrenzungen, feste Wege für Besucher und Personal, Fundamente für die oft tonnenschweren Exponate, Abführung der Niederschläge, fallweise auch Beleuchtung.

Besonders deutlich wird die Qualifikation der Sammlung als Technisches Artefakt in den technischen Einrichtungen zum Schutz der Exponate nicht nur vor Witterungseinflüssen, Bränden und Löschwasser; sondern auch vor Besucherandrang, vor den Angriffen der Psychopathen auf die Exponate mit Messern, Säureflaschen und so fort, vor allem auch vor Diebstahl und Raub. Oft werden die Exponate, mit Recht, als Kulturschätze, Kunstschätze, Museumsschätze bezeichnet; darin kommt ihr Rang als einzigartig und unersetzlich wertvoll zum Ausdruck. Die leistungsfähigste Sensor- und Alarmtechnik, Brandschutztechnik, Technik der visuellen Überwachung und so fort ist gerade gut genug, den Gefahren zu begegnen. Instandhaltung schließt, wie in Abschnitt „Die Begriffsbestimmung der Instandhaltung" erläutert, den dauerhaften Schutz vor vermeidbaren schädigenden Einwirkungen ein, beginnend mit der schützenden Aufbewahrung als grundlegender und selbstverständlicher Maßnahme. Sie wird beim Schutz der Sammlungen besonders sinnfällig deutlich.

Die Erörterung der Technischen Artefakte, deren das Kollektiv der Sammlungsobjekte bedarf, weist zurück auf die den Sammlungen gestellten Aufgaben. **Sammeln, Bewahren und Wiederherstellen – Instandsetzen, Konservieren, Restaurieren** - sind Handlungstypen mit innerem Zusammenhang. Wenn Objekte als bewahrungswürdige ausgewählt, zusammengeführt und nach Maßgabe des technisch oder kunstwissenschaftlich festgelegten Sollzustands so aufbereitet werden, daß eine lange Tauglichkeitsdauer gerechtfertigt ist, so lassen sich zunächst die Magazine füllen. Erst die Etablierung einer Ordnung, die den inneren Zusammenhang der Objekte abbildet und in der Regel auch durch deren räumliche Positionierung modelliert wird, sei er nun durch eine geschichtliche, geographische oder kulturelle Kategorie bestimmt, macht aus einem Magazinbestand eine Sammlung. Für öffentlich zugängliche Sammlungen ist in der Regel auch für jedes Objekt eine offengelegte Dokumentation unerläßlich. Sie identifiziert das Objekt und den Ordnungszusammenhang, mithin die Begründung für die Aufnahme in die Sammlung, und steht üblicherweise in Schriftform zur Verfügung. Ergänzend werden auch Audio- oder Video-Kassetten, Compact-Disc-Dokumentationen oder Internet-Informationen bereitgehalten. So lassen sich **begriffliche Ordnungen und repräsentierte Lebenswelten vermöge der Sammlungsobjekte** an die Besucher vermitteln. Zur Ordnung und Vermittlung tritt der Wissenserwerb als weitere wesentliche Teilaufgabe, indem die **Objekte und ihre Ordnung der wissenschaftlichen Forschung** zugänglich gemacht werden. In der Zusammenschau der Teilaufgaben Sammeln, Bewahren, Wiederherstellen, Ordnen, Vermitteln und Erforschen wird deutlich, daß Objekte und Sammlung in der Tat im Verhältnis von Gesamt- und Subsystem stehen. Denn alle Teilaufgaben sind mit technischem Handeln verbunden, in dem sich die Wechselwirkung zwischen dem Einzelnen und dem Verbund zeigt.

Die räumliche Zusammenführung der Objekte in einem Gebäude oder Gebäudeverbund mag die Regel sein. Sie läßt sich jedoch, wie das Beispiel des Weltkulturerbes zeigt, im besonderen Fall durch eine **virtuelle oder institutionelle Einheit ergänzen bzw. ersetzen.** Auch bei den modernsten Sammlungen, den Datenbanken, ist die räumliche Zusammenführung nicht mehr zwingend erforderlich. Die technischen Anlagen für Datenspeicherung und Datenverkehr können räumlich getrennt sein und durch Datenleitungen zu einer funktionalen Einheit verbunden werden.

2.6.3 Urheber von und Erwartungen an die Technische Dauer von Sammlungen

Ebenso wie sich die Gegenstandsklassen möglicher Sammlungsobjekte leichter durch Aufweis von Ausschlußgründen als durch Begriffsbestimmung zeigen lassen, so sind auch die Eigenschaften der Urheber von Sammlungen in positiver Form kaum festzulegen, wohl aber in negativer: Gleichgültigkeit oder Ablehnung der notwendigen Wertentscheidung machen Individuum wie Institution zum Sammler ungeeignet. Dagegen genügt schon der bescheidenste persönliche Buchbestand in einem schmalen Regal, der nur der Unterhaltung oder Bildung im weitesten Sinn dient, den Kriterien einer Sammlung; denn er ist nicht für Ausbildungs- oder Erwerbszwecke, für die Erfüllung von Alltagsverpflichtungen und ähnliche, der Freiwilligkeit in der Auswahl entzogene Zwecke festgelegt. Der Unterschied gegenüber dem Beispiel der US-amerikanischen Library of Congreß in Washington mit ihren mehr als 20 Millionen Bänden liegt quantitativ im Umfang des Bestands und dem technischen Aufwand für seine Pflege und Nutzung, qualitativ wohl in der Regel auch in der Systematik der Auswahl, im Erhaltungszustand und im räumlichen Ordnungsgrad der Bücher. Institutionen können also, wie hieran deutlich wird, durch die Kumulation der Mittel in der Regel in entscheidender Weise umfangreichere, das heißt vollständigere und besser erschlossene Sammlungen einrichten und unterhalten als Individuen.

Der private Sammler, auch wenn er bedeutende Finanzmittel einsetzen kann, stößt an Grenzen, die der Institution nicht gezogen sind. Es steht in seinem Ermessen, wem er seine Sammlung zugänglich macht – niemandem außer ihm selbst, der Familie und den Freunden; den Mitarbeitern eines Unternehmens und damit schon einer eingeschränkten Öffentlichkeit; nur den Fachleuten des Sammlungsgebiets; anderen privilegierten Besuchern oder dem gesamten interessierten Publikum. Damit sind schon die nicht genau abgrenzbaren Übergänge zwischen nichtöffentlichen und öffentlichen Sammlungen angedeutet. Privatsammlungen, vor allem Kunstsammlungen, werden in beachtlichem Umfang durch Stiftung oder Dauerüberlassung an öffentliche, das heißt von Institutionen unterhaltene Sammlungen übertragen. Hierin wird die in der Begrenzung der Lebenszeit des Sammlers liegende Schwierigkeit sichtbar. Mangelndes Interesse der Erben an der Geschlossenheit der Sammlung wie auch das Unvermögen, hohe Erbschaftssteuern zu entrichten, kann zum Zerfall der Sammlung durch Auflösung, vor allem durch Einzelverkauf finanziell wertvoller Objekte usw. führen. Weder der kultur- noch der wirtschaftsgeschichtliche Aspekt des Phänomens Sammlung kann in der vorliegenden Untersuchung ausgearbeitet werden; die bereits angeführten Beispiele sind jedoch Belege für die erheblichen Unterschiede in den kulturellen wie auch wirtschaftlichen Fähigkeiten und Zielsetzungen der Sammler. Institutionen bzw. Organisationen wie der Staat in seinen Gliederungen können über Generationen hinweg Kontinuität in kulturellen Belangen wahren. Vom Schüler-Aquarium, einer kleinen zoologischen Sammlung, die spätestens mit Bestehen des Abiturs verschenkt wird und damit erlischt, bis zum Deutschen Museum für Geschichte der Technik und der Naturwissenschaften in München; vom kompletten Bestand eines Dutzends Gedecke aus Meißner Porzellan mit Dekor nach Originalentwurf von van de Velde, über Generationen in einer Familie bewahrt und bei einem Luftangriff auf Hamburg 1943 zerstört, bis zu den unschätzbar wertvollen vatikanischen Kunstsammlungen: Das Spektrum der Fähigkeit, einer Sammlung Dauer zu verleihen um ihrer selbst willen, beginnt bei Wochen und Monaten und endet bei Jahrhunderten.

2.6.4 Sollzustand, Zweck und Instandhaltung von Sammlungen

2.6.4.1 Überlagerte Sollzustände, virtuelle Vollständigkeit, Information als Zweck

Die Sammlung als Technisches Artefakt besitzt, wie viele andere Technische Artefakte, **mehrere sich überlagernde, dem Gesamtsystem und seinen Subsystemen zugeordnete Sollzustände.** Die Sollzustände der technischen Ordnungsmittel, als da sind Gebäude, technische Gebäudeausrüstung, Arbeitsmittel für Pflege und wissenschaftliche Erschließung des Bestands, technische Anlagen für Datenbanken und so fort, sind im Abschnitt „Die Technische Struktur-Information als Dokumentation des Sollzustands" ausreichend erläutert. Für ihre Instandhaltung ergeben sich keine die bisherigen Überlegungen ergänzenden Befunde. Ebenso bereitet es in der Regel keine unübersteigbaren Schwierigkeiten, den Sollzustand der einzelnen Objekte – im Fall von Museen der Exponate – nach technischen, technikgeschichtlichen oder kunstwissenschaftlichen Maßstäben festzulegen. Der Sollzustand des Technischen Artefakts „Sammlung" als Ganzes hingegen, - nur darin kann der umfassend verstandene Inhalt dieses Begriffs liegen -, ist nicht nur im Fall einer wissenschaftlichen Bibliothek, sondern allgemein nur in der **Vollständigkeit des Kollektivs der Sammlungsobjekte** gegeben und bedeutet damit einen bemerkenswerten Sonderfall. In der Vollständigkeit nämlich verdeutlicht sich die Übereinstimmung wertebegründender Merkmale, die handlungsleitend für den Aufbau der Sammlung gewirkt haben. Aber was bedeutet Vollständigkeit? Eine aus sämtlichen Ausgaben der „Frankfurter Allgemeinen Zeitung" seit ihrer Neugründung bestehende Sammlung, ein Zeitungsarchiv, ist ohne Mühe quantitativ, nach der Zahl der Nummern einschließlich Sonderdrucken, nach dem räumlichen Archivumfang der Jahrgänge usw. in ihrem Sollzustand bestimmbar. Abgrenzungsprobleme liegen nicht vor, und die räumliche Zusammenfassung ist möglich, wenn auch nicht zwingend notwendig. In diesem Fall läßt sich die Vollständigkeit hinsichtlich der Vergangenheit uneingeschränkt erreichen. Eine Sammlung hingegen, in der zum Beispiel die vollständige, weder nach Zeitepochen noch nach Regionen eingeschränkte Entwicklung der Technik der Schifffahrt und der Herstellung von Schiffen dokumentiert wird, ist gedanklich möglich, pragmatisch jedoch ausgeschlossen. Die räumliche und organisatorische Zusammenführung aller Museen und Museumsabteilungen der Welt, der technikgeschichtlich wie auch der völkerkundlich orientierten, in denen Schifftechnik und Schiffbautechnik gezeigt wird, in einem einzigen Supermuseum, würde dem Ziel der Vollständigkeit vielleicht nahekommen, es jedoch nicht erreichen. Niemand kann Gewähr dafür bieten, daß keine neuen sammlungswürdigen Funde aus technikgeschichtlich oder ethnologisch bisher wenig erforschten Zeiten oder Regionen zutage treten und die bisher vorausgesetzte Vollständigkeit einschränken. Die Aufteilung der Exponate zur Technikgeschichte von Schiff und Schiffbau auf viele Museen in allen Kontinenten ist nicht nur vorteilhaft durch Wahrung der Übersichtlichkeit im Einzelfall. Vielmehr sind räumlich weit entfernte Sammlungen für viele mögliche Besucher gar nicht erreichbar. Das Problem der Vollständigkeit ist in diesem und vergleichbaren Fällen, genau wie beim Welt-Kulturerbe der UNESCO, hinsichtlich des quantitativen Umfang der Kollektionen lösbar durch den **virtuellen Verbund der vorhandenen Sammlungen**. Hinsichtlich des qualitativen Umfangs muß die Meßlatte angelegt werden an die Überzeugung der Technikhistoriker, daß wesentliche Lücken nicht bestehen. Dieser Gedankengang gilt natürlich besonders für Sammlungen künstlerischer Artefakte, wobei die Abgrenzung des Sammlungswürdigen noch ein besonderes Erschwernis bedeuten mag.

Aus diesen Überlegungen ergibt sich, daß der Sollzustand des Technischen Artefakts „Sammlung" zeitlich nicht abgeschlossen sein kann: Er ist zukunftsoffen. Auch Sammlungen, die sich aus Gründen beschränkter räumlicher und finanzieller Möglichkeiten auf die Pflege vorhandener Bestände beschränken müssen, sind von dieser Feststellung nicht ausgenommen im Hinblick darauf, daß sie dem virtuellen Verbund der Sammlungen mit gleicher Zielsetzung angehören. Dies drückt sich wirtschaftlich dadurch aus, daß Sammlungen nicht nur zur Pflege, sondern auch zur Vervollständigung ihrer Bestände Finanzmittel benötigen und im günstigen Fall auch erhalten.

Der letzte Gedankenschritt führt nun vom **Sollzustand des Technischen Artefakts „Sammlung" zu seinem Zweck**. Wenn Sammlungen so unterschiedlicher Gegenstände wie Schleifsteine, Puppen, Bücher, Zierfische im Aquarium, Wohnadressen und Telefonanschlüsse, gotische Altarbilder, Schuhe, muskelkraftbetriebene Fluggeräte, Sarkophage, Alpenpflanzen, Schreinerwerkzeuge, Kriechtiere als Bewohner von Exotarien, Druckerpressen aus Gutenbergs Zeiten,

Priestergewänder für die katholische Liturgie, als Zweck etwas Gemeinsames haben, dann in ihrem Angebot von Information. Einem Bericht über die Ausstellung „The Genomic Revolution" im American Museum of Natural History in New York ist zu entnehmen, daß das Museum gleichzeitig mit der Ausstellung ein Institute for Comparative Genomics eröffnet hat, in dem Roboter und Sequenzer molekulare Bausteine freilegen und evolutionäre Verbindungslinien zwischen Lebensformen rekonstruieren; dafür steht eine der weltgrößten Rechnerkapazitäten und ein Lager für die Aufbewahrung von einer Million Gewebsproben in flüssigem Stickstoff zur Verfügung.

„Die populärwissenschaftliche Schau und das Molekularlabor sind die beiden Pole, zwischen denen das Museum seinen dreigeteilten Auftrag erfüllt, Information aufzuspüren, auszulegen und zu verbreiten", /3/.

2.6.4.2 Das Museum als Welt bei HEIDEGGER und HUBIG

Es ist nicht überraschend, daß HEIDEGGER durch die einzigartige Stellung, die er dem „Werk" als „Geschehnis der Wahrheit" einräumt, auch zu einem ganz grundlegenden Vorbehalt gegen Kunstwerke in Sammlungen gelangt.

„So stehen und hängen denn die Werke selbst in den Sammlungen und Ausstellungen. Aber sind sie hier an sich als die Werke, die sie selbst sind, oder sind sie hier nicht eher als die Gegenstände des Kunstbetriebes? Die Werke werden dem öffentlichen und vereinzelten Kunstgenuß zugänglich gemacht. Amtliche Stellen übernehmen die Pflege und Erhaltung der Werke. Kunstkenner und Kunstrichter machen sich mit ihnen zu schaffen. Der Kunsthandel sorgt für den Markt. Die Kunstgeschichtsforschung macht Werke zum Gegenstand einer Wissenschaft. Doch begegnen uns in diesem mannigfachen Umtrieb die Werke selbst? Die ‚Ägineten' in der Münchner Sammlung, die ‚Antigone' des Sophokles in der besten kritischen Ausgabe, sind als die Werke, die sie sind, aus ihrem eigenen Wesensraum herausgerissen. Ihr Rang und ihre Eindruckskraft mögen noch so gut, ihre Deutung noch so sicher sein, die Versetzung in die Sammlung hat sie ihrer Welt entzogen...Die Welt der vorhandenen Werke ist zerfallen. Weltentzug und Weltzerfall sind nie mehr rückgängig zu machen. Die Werke selbst...sind es zwar, die uns da begegnen, aber sie selbst sind die Gewesenen. Als die Gewesenen stehen sie uns im Bereich der Überlieferung und der Aufbewahrung entgegen. Fortan bleiben sie nur solche Gegenstände,....Wohin gehört ein Werk? Das Werk gehört als Werk einzig in den Bereich, der durch es eröffnet wird....Wenn ein Werk in einer Sammlung untergebracht oder in einer Ausstellung angebracht wird, sagt man auch, es werde aufgestellt. Aber dieses Aufstellen ist wesentlich verschieden von der Aufstellung im Sinn der Erstellung eines Bauwerkes, der Errichtung eines Standbildes, des Darstellens der Tragödie in der Festfeier. Solche Aufstellung ist das Errichten im Sinn von Weihen und Rühmen. Aufstellung meint hier nicht mehr das bloße Anbringen. Weihen heißt Heiligen in dem Sinne, daß in der werkhaften Erstellung das Heilige als Heiliges eröffnet und der Gott in das Offene seiner Anwesenheit hineingerufen wird. Zum Weihen gehört das Rühmen als die Würdigung der Würde und des Glanzes des Gottes, /4/.

HEIDEGGER fordert uns hier wie in anderen kunstphilosophischen Untersuchungen zunächst den Respekt ab vor seiner philosophischen Position, dem Kunstwerk unbedingte Würde, sogar Wesensähnlichkeit mit dem Heiligen und

„dem Gott" zuzuerkennen. Dann eröffnen sich die Ungewißheiten hinsichtlich dessen, was gemeint ist. Man kann fragen, welche praktischen Folgerungen hinsichtlich des räumlichen Verbleibs für die vorfindlichen Kunstsammlungen aus seinem Diktum abzuleiten wären, daß das Werk als Werk einzig in den Bereich gehört, der durch es eröffnet wird. Die hier gebotene Diskussionsebene wäre damit aber wohl verfehlt Man kommt HEIDEGGERs Position vermutlich näher, indem man seine Forderung, das Kunstwerk vermöge seiner Aufstellung zu weihen und zu rühmen, mit der Nutzung des Technischen Artefakts „Sammlung" in einen höherstufigen Zusammenhang bringt.

Das Angebot von Information in besterreichbarer Vollständigkeit ist der technisch bestimmbare Zweck von Sammlungen. Aber in der Kategorie der Wertentscheidungen steht **Information nicht als Selbstzweck, sondern als notwendige Bedingung für den Erwerb von Wissen,** in der Adelung von Information durch Eingliederung in den Zusammenhang des Bewußtseinsinhalts. In Museen und Sammlungen vergegenwärtigen wir uns das Wissen, das für uns die Welt bedeutet, indem es sie repräsentiert. Unvollständiges Wissen geht auf unvollständige Information zurück und bedeutet eine unvollständige Welt; nur die vollständige, freilich wohl unerreichbare Welt ist die befriedigende. Hat man die **„Museumswelt" als Ersatzwelt** zu werten, indem sie nicht als Prozeß, sondern nur als Dokumentation geschehener Prozesse und ihrer Resultate die Dynamik der Evolution darbietet: Das Entstehen und Vergehen des Individuums und der Gesellschaft, die Wandlungen, die Kämpfe, Siege und Niederlagen im Aufbau und der Bemühungen um Erhaltung nicht nur von Technik, sondern von Kulturen, Staaten, Religionen -?- Die Dramatik des Wechsels von Erstmaligkeit und Bestätigung wird in der **kontemplativen Handlung des Museumsbesuchs** nicht erlebt, aber nachvollzogen. Das Museum ist der Ort, wo man der in besten Fähigkeiten und höchsten Anstrengungen begründeten Kulturleistungen innewerden kann, wo die stillen Räume in besuchsschwachen Zeiten sogar meditative Wahrnehmung gestatten. Der Vergleich von Museen mit Kirchenräumen ist näherliegend als jeder andere, und man kann in die Nähe dessen kommen, was HEIDEGGER als Weihung und Rühmung dem Kunstwerk gegenüber einfordert.

Im Zusammentreten von Wissen, – Innewerden von Sachverhalten –, und Wertebeurteilung, – Innewerden von differenzierten Möglichkeiten, der Wesensbestimmung des Menschen handelnd gerecht zu werden –, beides als Bewußtseinsprozeß im menschlichen Individuum, sind die notwendigen Voraussetzungen für die Entstehung von Kultur gegeben. Die deutsche Sprache enthält das schöne Wort „das Wissenswerte", in dem beide Begriffe zwanglos und überzeugend vereinigt sind. Die Entstehung von Kultur ist, genau wie die Vollständigkeit als Sollzustand einer Sammlung, eine nach der Zukunft hin offene, also täglich neu sich stellende Aufgabe. Sie läßt sich nur lösen durch Einbeziehung des Überlieferten, also durch Bewahrung und Pflege, mithin Instandhaltung, sowohl des Wissens wie auch der Regeln, Leitbilder und Wertideen, unter denen die Welterschließung steht, wie auch der Bildungsziele und –ideale, an denen sich die Lebensbewältigung orientiert. Hierin liegt, nach HUBIG, der Inhalt des Kulturbegriffs im engeren Sinn. HUBIG sieht keinen Gegensatz zwischen Technik und Kultur, vielmehr erklärt er beide als verbunden in der **Begriffsbestimmung der Kultur als Gesamtheit der Beziehungen zwischen Subjekten und Techniken, mittels derer die Welt erschlossen und gestaltet wird**, /5/. Wenn man aber Technik und Kultur als getrennte Lebensbereiche betrachtet, dann ist die Sammlung als Technisches Artefakt, ganz besonders im Typus der modernen Bibliothek, welcher in deutlichster Weise Tradition und Zukunft der Instandhaltung von Information „verkörpert", möglicherweise dasjenige Phänomen, in dem sich die Verbindung beider Lebensbereiche ohne Zwang und mit der Selbstverständlichkeit des Wirkens fundamentaler Lebensmächte ereignet.

Informationstheoretisch betrachtet, ist Zerstreuung, Abnahme der eben durch inneren Zusammenhalt gestifteten Ordnung, das Wahrscheinliche; Sammlung das Unwahrscheinliche. Dafür liefert die Kulturgeschichte gerade auch der letzten Jahrzehnte viel Anschauungsmaterial in Beispielen der Existenzprobleme, des Zerfalls und mühevoller Tradierung auf andere leistungsfähige Trägerinstitutionen, etwa bei Kunstsammlungen europäischer Adelsfamilien. Immer, wenn die Begründung und Fortsetzung der Dauer von Sammlungen gelingt, beweist sich die gemeinsame Gestaltungskraft von Technik und Kultur - dem Wahrscheinlichen, in SCHILLERs Diktion dem „Gemeinen", zum Trotz.

2.6.5 Zusammenfassung des Abschnitts 2.6 : Sammlungen als Technische Artefakte – Aufbau und Unterhalt als Instandhaltungsleistung

Sammlungen, mit Ausnahme derjenigen, die nur als Bewußtseinsinhalte existieren, **tragen die Merkmale Technischer Artefakte**. gleichgültig ob es sich um die Vatikanischen Museen, die Bibliothek der Universität Stuttgart, einen botanischen Garten, eine elektronisch konstituierte Datenbank oder das Weltkulturerbe handelt. Die **Auswahl der Objekte** unterliegt immer einer Werteentscheidung. **Sammlungen benötigen Instandhaltung** zunächst deshalb, weil die technischen Ordnungmittel dem Verschleiß unterworfen sind. Aber vielfach sind die **Objekte der Sammlungen selbst Technische Artefakte**; eben durch ihre Erhaltung vermöge Instandhaltung kann die Sammlung ihrem **Zweck** gerecht werden, Information zu sammeln, systematisch zu ordnen, wissenschaftlich zu erschließen und für den **Wissenserwerb der Nutzer** bereitzuhalten. Der **Sollzustand des Technischen Artefakts „Sammlung"** liegt in seiner **Vollständigkeit**. Der Vollständigkeitsbegriff läßt sich angesichts der endlichen Zahl von Artefakten, die in einer räumlich und sachlich abgegrenzten Sammlung vereinigt werden können, allerdings nur anwenden, wenn man die so bestimmte einzelne Sammlung als Teil einer virtuellen, alle sammlungswürdigen Objekte umfassenden Vollständigkeit versteht, wie es z.B. für das Weltkulturerbe besonders deutlich wird. Der Sollzustand der Sammlung weist ferner die Besonderheit auf, daß er **zeitlich nicht abgeschlossen** sein kann, vielmehr zukunftsoffen ist, weil ständig neue sammlungswürdige Objekte entstehen oder gefunden werden können. Die Schaffung und Erhaltung von Sammlungen ist ein **Zentralbereich der Kultur**, weil im Zusammentreten von Wissen, – Innewerden von Sachverhalten –, und Wertebeurteilung, – Innewerden von differenzierten Möglichkeiten, der Wesensbestimmung des Menschen handelnd gerecht zu werden –, als Bewußtseinsprozeß im menschlichen Individuum, notwendige Voraussetzungen für die Entstehung von Kultur gegeben sind.

2.7 INSTANDHALTUNG ALS BETÄTIGUNGSFELD VON HANDWERK UND INDUSTRIE

2.7.1 Handwerk und Industrie als Institution und Organisation in der Instandhaltung

Im später folgenden Abschnitt „Staat, Recht, Technik und Instandhaltung als Institutionen" werden **Wirtschaft, Technik und Instandhaltung als Institutionen** eingeführt, wobei der Technik innerhalb der **„Superstruktur" Wissenschaft-Wirtschaft-Technik** maßgebliche Bedeutung für die Gestaltung der Institutionen zukommt, /1/. Der institutionelle Aspekt muß jedoch hier durch den organisatorischen ergänzt werden. **Industrie und Handwerk sind die beiden Organisationsformen gewerblicher technischer Betätigung**, mit denen sich die technikphilosophische wie auch die technikgeschichtliche Analyse der Technikevolution vorzugsweise beschäftigt. Die hierzu in der Literatur vorliegenden Befunde bedürfen der Ergänzung durch den bisher völlig unzulänglich erschlossenen Aspekt der Instandhaltung.

Staatliche Wirtschaftsverfassung und -politik sind für Handwerk und Industrie von großer Bedeutung. Beide waren und sind in historisch und regional sehr unterschiedlichem Maß staatlicher Einflußnahme unterworfen, die sich auch für Instandhaltung bedeutend auswirkt. Solche Einflußnahme kann sehr unterschiedliche Formen annehmen: Eigentum des Staats oder staatsabhängiger Organisationen an den Unternehmen; staatliche Wirtschaftslenkung durch Produktions- und Investitionspläne, Preisfestsetzung, Zuteilung von Rohstoffen, Zwischenprodukten, Energien und so fort; Steuerpolitik; ferner vermöge Besetzung leitender Positionen durch staatliche Funktionäre; umfangreiche Staatsaufträge; staatlich finanzierte Forschungsprogramme und andere Maßnahmen. Dennoch gibt es für Handwerk und Industrie kennzeichnende technische und organisatorische Strukturen, die vom Staatseinfluß nicht berührt werden und daher technikphilosophisch unabhängig von diesem Aspekt behandelt werden können. Die vorliegende Untersuchung macht hiervon Gebrauch.

Instandhaltung ist auch für die **Dienstleistungswirtschaft** von großer Bedeutung. Hierbei steht der Handel an erster Stelle. Zwar ist der Handel als Vermittler des Austausches von Waren, mithin auch von derjenigen Teilmenge Technischer Artefakte, die überhaupt als Handelsartikel in Frage kommt, in der Regel nicht unmittelbar technikerzeugend tätig. Doch nimmt er als Nutzer Technischer Artefakte, vom Gebäude bis zum Computer, Instandhaltung ebenso in Anspruch wie Banken, Versicherungen, Verkehrsunternehmen, Gastronomie, freiberuflich Tätige und andere Dienstleistungszweige. Der Handel mit Technischen Artefakten ist, jedenfalls unter den Bedingungen der Marktwirtschaft, unmittelbar an der Möglichkeit von Instandhaltung wirtschaftlich interessiert. Der Käufer richtet nicht nur an den Hersteller, sondern auch an den Händler seine Erwartung, daß der Gegenwert des finanziellen Aufwands für die Erwerbung des Technischen Artefakts sich auch in langer Erhaltungsdauer und geringem Instandhaltungsaufwand zeigt. Deshalb existieren vielfache wirtschaftliche und rechtliche Verflechtungen zugunsten der Bereitstellung von Instandhaltungsleistungen zwischen Handel, Industrie und Handwerk. Industrie und Handwerk unterstützen den Absatz ihrer Erzeugnisse über den Handel durch Gewährleistungszusagen, die vielfach in Form von Instandsetzungsleistungen über die rechtlichen Mindestverpflichtungen hinaus erfüllt werden. Industrie-, Handels- und Handwerksunternehmen verbinden sich durch **Ausschließlichkeitsvereinbarungen**. Diese dienen der wirtschaftlich vorteilhaften Konzentration der begrenzten Mittel für geschultes Personal, Instandhaltungseinrichtungen und Ersatzteile auf eine Auswahl von Erzeugnissen. Die Unterhaltung eigener Instandhaltungsabteilungen für die Nutzer der Erzeugnisse ist bei Industrieunternehmen, insofern sie auch als Handelsunternehmen arbeiten, ebenso anzutreffen wie bei Handelsunternehmen, die eine vergleichbare Wirkung durch vertragliche Bindung an rechtlich selbständige Instandhaltungsbetriebe erzielen. Beim Handwerksbetrieb, der auch als Handelsbetrieb wirtschaftet, ist die Einbeziehung von Instandhaltungsleistungen für die Erwerber bzw. Nutzer selbstverständlicher Teil der Wirtschaftstätigkeit. Verkehrsunternehmen unterhalten fallweise, zum Teil in enger Zusammenarbeit mit den Herstellern, eigene Instandhaltungsbetriebe.

In allen diesen Kooperationsformen ist im Hinblick auf Instandhaltung das entscheidende Merkmal die **Verfügung über das technische Wissen** hinsichtlich der Behebung von Störungen und Schäden sowie über die technischen Mittel und Verfahren zu deren Vermeidung bzw. Behebung. Dieses ist in dem sehr erheblichen Umfang, in dem eigenes technisches Wissen und Können der Nutzer nicht ausreichen, beim Hersteller, also in Industrie und Handwerk, zu suchen. Abgesehen werden kann im Rahmen dieser Untersuchung von Grenzfällen, beispielsweise von Extremereignissen in Form technischer Katastrophen. Hierbei erfordern die Ursachenforschung und die Instandsetzungs- bzw. Vermeidungsempfehlungen fallweise besondere, über die Potentiale der Hersteller oder Nutzer hinausgehende technikwissenschaftliche Fähigkeiten.

Im vorliegenden Zusammenhang ist wesentlich, daß Handel und andere Dienstleistungszweige der Wirtschaft für Instandhaltungsaufgaben die bei den Herstellern gegebenen Potentiale entweder in Form von Kooperationen nutzen oder selbst in industriellen bzw. handwerklichen Organisationsformen wirtschaftlich tätig werden. Sie werden im Folgenden nicht getrennt betrachtet.

2.7.2 Handwerk und Industrie in Technik und Wirtschaft

2.7.2.1 Historischer und systematischer Vergleich von Handwerk und Industrie

Handwerkstechnik und Industrietechnik werden in der technikphilosophischen Literatur einerseits als historisch aufeinander folgende Schritte der technischen Betätigung, andererseits als deutlich wesensverschieden dargestellt. Handwerkstechnik wird gekennzeichnet als geprägt durch Erfahrungsregeln und Verzicht auf die Begründung ihrer Angemessenheit, durch überlieferte Fertigkeiten und Beharrungstendenzen sowohl hinsichtlich der Entwicklung der Technik wie auch der räumlichen Reichweite des Wirtschaftens. Einer „organischen", auf einfache Ausrüstung des Handwerkers und naturgegebene Energiequellen gestützten Technik wird eine an ihre Stelle tretende entgegengesetzt, die mechanisiert, „anorganisch" ist und vor allem die systematische Anwendung wiederholter gleichförmiger Drehbewegungen nutzt. Handwerkstechnik wird als relativ unspezialisiert und somit als gegensätzlich zu den hochgezüchteten Verfahren der modernen Technik beschrieben, /2/. Der Aspekt der leiblichen Nähe der Technik zum Menschen sei kennzeichnend für Handwerkstechnik, wogegen in der industriellen Technik sich die technischen Systeme und Prozesse vom Menschen ablösen und zu selbständigen Einheiten werden, /3/. Ganz summarisch erscheint räumliche und sachliche Begrenztheit, Übersichtlichkeit des Wirtschaftens mit den Mitteln der Handwerkstechnik als Gegensatz zur Gegenwart:

„Die großangelegte Umgestaltung der Natur, die wir heute erleben, wäre mit dem Erfahrungswissen der Handwerkstechnik undenkbar", /4/.

Es gibt allerdings viele Belege, die ein durchaus anderes Bild von Wesen und Geschichte des Handwerks liefern. Man gewinnt so den Eindruck, daß die Absicht, die Industrietechnik als wesensmäßig neuartige Technikstufe abzugrenzen, auf die Handwerkstechnik das Dämmerlicht einer vielleicht gar nicht beabsichtigten Geringschätzung wirft.

Eine angemessene Darstellung der **Wechselwirkung von Industrie und Handwerk im Hinblick auf Instandhaltung** kann auf die systematische gegenwartsbezogene wie auch auf die technikgeschichtliche unbefangene Bestandsaufnahme begründet werden. Diese wird im Abschnitt „Historische Kontinuität in der Entwicklung der Handwerkstechnik" vorgelegt.

2.7.2.2 Arbeitsteilung zwischen Handwerk und Technik in der Instandhaltung

Die gesamte Technosphäre ist konfrontiert mit der Unvorhersehbarkeit von Schäden nach Zeitpunkt, Ort, Art und Umfang. Diese Unvorhersehbarkeit läßt sich durch vorbeugende Maßnahmen einschränken, aber mit vertretbarem Aufwand nicht vollständig zurückdrängen. Der Zufall, wie wir das in seinem Kausalzusammenhang nicht durchschaute Geschehen zu nennen pflegen, beschert uns das Versagen der Technik oft an der unerwarteten Stelle, immer im unerwünschten Augenblick und Ausmaß. Diese Unvorhersehbarkeit wird in der Technik als Regellosigkeit wahrgenommen. Jede Instandsetzung ist an Ort, Zeit und Vorgeschichte gebunden, also ein geschichtliches, einmaliges Ereignis. Es verstärkt die unbeabsichtigte und unvermeidliche Individuation des Technischen Artefakts durch die zumindest hinsichtlich der Technischen Biografie beabsichtigte; dieser Aspekt ist im Abschnitt „ Technische Identität und Individualität" ausgearbeitet. In unzähligen Fällen finden Multiplikate als Austauschelemente bei der Instandsetzung Verwendung. Überwiegend ist Instandsetzung ein unikatärer, nichtrepetitiver Handlungsablauf mit hohem Anteil personengebundenen Arbeitsaufwands, siehe hierzu auch die Ausführungen im Abschnitt „Das Beschäftigungspotential der Instandhaltung". Dieser Umstand kommt den obengenannten Merkmalen des Handwerksbetriebs entgegen.

Instandhaltungsleistungen sind für den Bereich der privaten Haushalte, aber auch für die produzierende und die dienstleistende Wirtschaft, Verwaltungen und öffentliche Körperschaften vorwiegend das Arbeitsfeld des Handwerks, unbeschadet der Bedeutung der oben erläuterten industrieeigenen Instandhaltungsabteilungen. Diese unterliegen neuerdings auch in wachsendem Umfang dem Wechsel der Auffassungen vom Umfang der „Kernkompetenzen" der großen Industrieunternehmen. Kernkompetenzen sind Arbeitsfelder, in denen eigene unternehmerische Betätigung für den Erfolg unerläßlich ist. Das kann dann fallweise auch zur Ausgliederung von Instandhaltungsorganisationen und deren Umwandlung oder Eingliederung in schon bestehende rechtlich selbständige Instandhaltungsunternehmen führen, in denen handwerkliche und industrielle Betriebsmerkmale sich mischen.

2.7.2.3 Historische Kontinuität in der Entwicklung der Handwerkstechnik

Ein historischer Einschnitt ist erkennbar in der Entwicklung der Handwerkstechnik seit frühen Epochen bis zur Gegenwart. Er besteht vor allem in der Entwicklung der **wissenschaftlich geprägten Industrietechnik** und den ihr folgenden wirtschaftlichen und sozialen Auseinandersetzungen mit der Handwerkstechnik. Diese Veränderungen schlossen auch mannigfaltige Vorgänge der Verdrängung handwerklichen durch industrielles Wirtschaften ein, verbunden mit schmerzlichen sozialen Verwerfungen An der Wende von 19. zum 20. Jahrhundert war eine Krise erkennbar, in welcher der vollständige Untergang des Handwerks und sein Ersatz durch Industrie als Folge der weiteren Entwicklung nicht ausgeschlossen schien. Diese Krise wurde überwunden und die oben beschriebenen Kooperationsformen bildeten sich aus. Allerdings wird so mancher Handwerksberuf in Deutschland heute praktisch nur noch im Rahmen industrieller Wirtschaftstätigkeit ausgeübt oder dient andererseits nur noch in gesamtwirtschaftlich gesehen geringem Umfang der Befriedigung spezieller Bedürfnisse von Land- und Forstwirtschaft, Sport und Freizeit, Traditionspflege und so fort.

In dieser Erörterung zeichnet sich das Thema einer philosophisch-systematisch sowie technik- und wirtschaftshistorisch orientierten Gesamtanalyse der technologischen Parallelentwicklung von Handwerk und Industrie ab. Diese ist, wie ein Blick in das große Sammelwerk „Technik und Kultur" des VDI zeigt, /5/, derzeit noch nicht ausgearbeitet. Sie übersteigt allerdings bei weitem die Zielsetzung der vorliegenden Untersuchung, die nur aus der Fragestellung der Instandhaltung heraus auf einzelne Phänomene und Entwicklungslinien hindeutet. An dieser Stelle sei nur festgehalten, daß genügend Belege vorliegen für den Übergang in die Industrietechnik. Handwerkstechnik hat einen wesentlichen Beitrag dazu geleistet, indem sie diesen Wandel in entscheidendem Umfang vorbereitet, mitvollzogen und für ihren spezifischen Anteil am Wirtschaftsgeschehen in geschichtlicher Kontinuität nutzbar gemacht hat. Deut-Deutlich wird dies an einem Einzelbefund; er belegt, daß industrielle Organisationsformen in Handwerksbetrieben einschließlich des Exports in fernliegende Länder, sogar weitab von Europa, unter besonderen Voraussetzungen bereits zu einer Zeit entwickelt wurden, als Maschinentechnik für das betreffende Technikgebiet noch so gut wie nicht zur Verfügung stand:

„Unter den Anforderungen des militärischen Bedarfs entstanden Großhandwerksbetriebe, die unter Hinzuziehung von Heimarbeitern neben den Ausrüstungen der Armeen Napoleons und der seiner Gegner auch billigere Schuhe auf Jahr- und Wochenmärkten anboten. 1807 lieferte zum Beispiel eine Großhandwerksfirma in Erfurt 50000 Paar Militärstiefel an die französische Armee, und schon 1828 wurden Frauenschuhe von Erfurt aus nach Schweden und Brasilien, später von Mainz aus nach Australien exportiert. Aus diesen Großhandwerksbetrieben und der Heimarbeit bildeten sich regionale Zentren in Pirmasens, Erfurt und Weißenfels. Allmählich erfolgte die Umwandlung dieser Betriebe in Schuhfabriken", /6/.

Um einen stetigen Übergang von der Handwerks- zur Industrietechnik deutlich zu machen, ist zunächst daran zu erinnern, daß die philosophischen Urteile über Technik jahrtausendelang vorwiegend nur die handwerkliche Technik zur Grundlage hatten. Eine sehr übersichtliche Darstellung technikphilosophischer, auf Handwerkstechnik gestützter Deutungen und Urteile in antiker griechischer Mythologie und Literatur gibt HUBIG in /7/. Beispiele für Götter, die entweder als Handwerker handeln oder das Handwerk fördern, stellen Mythologie und Religionsgeschichte in beachtlichem Umfang bereit. Das in der Literatur vorgestellte technische Wissen in der handwerklichen Produktion für den Zeitraum vom 27. Jahrhundert v.Chr. bis zum Beginn der industriellen Revolution ist als

Vorläufer der heutigen Technikwissenschaften erkennbar. Damit sind auch die notwendigen als Wissen vorliegenden Bedingungen für die Schaffung der vielen technischen Meisterwerke genannt, die als unikatäre Denkmale aus der vorindustriellen Zeit einen erheblichen Teil unseres kulturellen Vermächtnisses darstellen, /8/. Ein weiterer eindrucksvoller Nachweis dafür, daß theoretisches Wissen schon vor Jahrhunderten das praktische Können im Handwerk teils begründete, teils vervollständigte, findet sich in /9/. Ergänzend soll nun gezeigt werden, daß **Vorformen industrieller Herstellungsverfahren und Arbeitsorganisation** seit Entstehung der frühen Hochkulturen angewandt wurden.

2.7.2.4 Historische Kontinuität in der Entwicklung der Industrietechnik

Bautechnik ist eine der ältesten Technikformen, weil sie fundamentalen Bedürfnissen der Erhaltung der physischen Existenz wie auch des gesellschaftlichen Lebensvollzugs Rechnung trägt. Besondere Bedeutung kommt den Verkehrsbauten zu, deren raumerschließende Wirkung das Verkehrsgeschehen und damit das öffentliche ebenso wie das private Leben in tiefgreifender Weise beeinflußt. Die räumliche Ausdehnung des Verkehrswegenetzes und die technischen Leistungserwartungen an hochbelastbare Straßenbeläge, hohe und lange Brücken mit großen Spannweiten und Verkehrslasten begründen hohe Anforderungen an das einzelne Technische Artefakt. Diese erstrecken sich auf Konstruktion, Werkstoffwahl und bautechnisches Können, auf die Herstellungstechnik der Baustoffe wie auch auf die Ordnung des Geschehens auf der Baustelle. Sie sind nur durch eine Technikorganisation zu erfüllen, die in der heutigen Ausdruckweise als industriell zu kennzeichnen ist. Die Schilderung des Straßensystems im Imperium Romanum, /10/, macht deutlich, welche unvorstellbaren Stückzahlen von Bausteinen, - ein sehr hoher Anteil davon in übereinstimmenden Abmessungen -, für Pflasterung, Kanten, Brüstungen, Pfeiler und Bogen an Brücken, Trittsteinen, Bürgersteigen, Abflußkanälen, Meilensteinen, Wegzeigern und so fort verarbeitet wurden, /11/. Dachziegel und Dachplatten aus Metall sowie Fensterglasscheiben waren als Multiplikate verfügbar, /12/. Zwar sind nur wenige Anlagen, in denen man diese Massenprodukte für die handwerkliche Verarbeitung auf der Baustelle hergestellt hat, archäologisch so gut dokumentiert wie z.B. der Steinbruch bei Syrakus auf Sizilien, in dem die riesigen Säulentrommeln für den Tempelbau aus dem gewachsenen Felsen geschnitten wurden. Aber die produktionstechnischen Bedingungen (räumliche Bindung an Tonvorkommen bzw. Steinbrüche, Herstellung von Multiplikaten) legen es nahe, von antiker Bauindustrie zu sprechen, deren Erzeugnisse von Jerusalem bis Lissabon, vom Hadrianswall in Schottland bis Karthago in Tunesien Verwendung fanden. Die Annahme ist begründet, daß diese Bauelemente nicht nur für die Errichtung, sondern auch für die Instandsetzung der Bauwerke verwendet wurden – genauso wie auch in der Gegenwart weitgehend noch verfahren wird.

Plurikate in Gestalt von serienmäßig unter Benutzung von Schablonen, sogenannten Formschüsseln, erzeugten Keramikgefäßen wurden in Mesopotamien schon vor ca. 5000 Jahren hergestellt, /13/. Auch Glasgefäße wurden in der Antike als Massenware erzeugt, /14/. Plurikate waren auch die wichtigsten Bauelemente von Transportgeräten: Zwei- und vierrädrige Wagen besaßen schon ca. 2000 v. Chr. mindestens paarweise technisch identische Räder, /15/. Wasserhebemaschinen mit umlaufender Eimerkette setzten technisch identische Eimer zur einwandfreien Funktion voraus, /16/. Vermutlich waren auch einfache Gewebe unter Benutzung der bereits zur minoischen Zeit in Griechenland bekannten Gewichtswebstühle Plurikate, /17/, ebenso die wiederholten Abgüsse von Bronzefiguren im Wachsausschmelzverfahren aus einer Form, /18/. Abbildungen von Ladengeschäften mit Schmiedewaren aus Eisen legen die Vermutung nahe, daß auch Schneidwerkzeuge, Kämme und ähnliche Gebrauchsartikel als Plurikate angefertigt wurden, /19/.

Ein anderes, weltgeschichtlich folgenreiches Ereignis ist nicht denkbar ohne eine technische Vorleistung, die kennzeichnende Merkmale industrieller Produktion trägt. Innerhalb von drei Jahren baute der kleine Stadtstaat Athen eine Kriegsflotte von zweihundert Schiffen. Aus ihnen bestand der größte Teil der Seestreitmacht, mit denen die Athener und ihre Verbündeten die Perser in der Schlacht von Salamis besiegten, /20/. Diese Gesamtzahl bedeutete, daß rein rechnerisch jede Woche mindestens ein Schiff fertiggestellt und ausgerüstet die Werft verlassen mußte. Es erscheint fast ausgeschlossen, mit den Arbeitsverfahren der griechischen Antike ein Schiff von 37 Metern Länge mit drei Ruderdecks in sieben Arbeitstagen zu fertigen; die Bauzeit muß Wochen bis Monate betragen haben. Erforderlich waren allein 34000 Ruder in weitgehend identischen Abmessungen. Nur eine hoch arbeitsteilige, industriemäßig organisierte Werftentätigkeit auf einer Mehrzahl von Docks war zu dieser Leistung fähig: und dahinter muß eine gleichermaßen industriell geprägte Organisationsleistung für die Bereitstellung sowie den Transport der Werkstoffe und vorgefertigten Bauelemente - Holz, Leder, Metallbeschläge, Gewebe für die Besegelung und so fort - gestanden haben . Ein vergleichbares Großprojekt war die Errichtung des Forts Euryalos in Syrakus auf Sizilien innerhalb von sechs Jahren, unter Beteiligung von 60000 Arbeitern allein auf der Baustelle und ungezählten weiteren in Steinbrüchen, mit dem Einsatz von 6000 Ochsengespannen für den Steintransport - ein mit der Organisationsform handwerklicher Arbeit keinesfalls zu bewältigendes Rüstungsvorhaben, /21/. Mit der Metapher der „Megamaschine" beschreibt MUMFORD im Detail am Beispiel des Baus der Großen oder Cheops-Pyramide in Ägypten eindrucksvoll die kulturgeschichtlichen Voraussetzungen, einschließlich auch des imponierenden Standes der Technikwissenschaft, für Bauvorhaben, die dem Vergleich mit den größten Ingenieurbau-Projekten der Gegenwart standhalten, /22/. MUMFORDs Metapher ist wohl als gleichbedeutend mit GEHLENs Begriff der „Superstruktur" zu bewerten. Folgt man dieser Gleichsetzung, so ist die technikgeschichtliche Kontinuität von Superstrukturen damit schon seit der Zeit der alten Hochkulturen belegt.

Es ist sehr wahrscheinlich, daß bei der Instandhaltung solcher Großanlagen wie Straßensysteme mit Tausenden von Kilometern Länge, Befestigungen, Schiffsflotten und so fort ständig je nach Schadensumfang Instandsetzungsleistungen handwerklichen wie auch industriellen Umfangs erforderlich wurden. Der technikgeschichtliche Nachweis würde ein reizvolles Forschungsthema bilden, übersteigt jedoch die hier vorliegende Zielsetzung.

2.7.3 Strukturwissenschaften, Technik und die Akkumulation von Mitteln

Technikphilosophische Bewertung sieht in der wissenschaftlich geprägten Industrietechnik etwas gegenüber historischen Technikformen wesentlich Neues, gekennzeichnet durch Merkmale, die sich in Gruppen zusammenfassen lassen.

Als **Strukturwissenschaften** bezeichnet v. WEIZSÄCKER die Theorie von Strukturen in abstracto, unabhängig davon, welche Dinge solche Strukturen aufweisen, ja ob es überhaupt solche Dinge gibt. Strukturwissenschaften sind reine und angewandte Mathematik; ferner Informationstheorie, Systemanalyse, Kybernetik, Spieltheorie, letztere als Strukturtheorien zeitlicher Veränderung. Sie arbeiten mit dem Computer als wichtigstem praktischen Hilfsmittel, dessen Theorie selbst eine der Strukturwissenschaften ist, /23/. Erkennbar wird der Einfluß der Strukturwissenschaften auf die gegenwartsnahe Industrietechnik in folgenden Merkmalen:

- Systematische Nutzung naturwissenschaftlicher Erkenntnisse für den Entwurf und die Herstellung Technischer Artefakte, die einen neuen, durch menschliches Handeln hervorgerufenen Bereich des Evolutionsgeschehens erschliessen, nämlich die Technosphäre;
- Herstellung und Nutzung Technischer Artefakte, die ohne menschlichen Eingriff zur Abarbeitung komplexer materieller und immaterieller Prozesse befähigt sind;
- planmäßige Nutzung des Wirtschaftsgutes Information, der dritten Dimension für die Gestaltung Technischer Artefakte, neben Stoff und Energie;
- Organisation der Prozesse bei Herstellung und Nutzung Technischer Artefakte nach wissenschaftlichen Grundsätzen.

Die Auswirkungen wissenschaftlich geprägter Industrietechnik werden an folgenden Phänomena, ohne Anspruch auf Vollständigkeit, erkennbar:

- wesentliche Ausdehnung der menschlich beeinflußten Räume; parallel zur Erdoberfläche, radial in Richtung des Erdmittelpunkts wie auch von der Erdoberfläche weg in die Atmosphäre und den Weltraum;
- wesentliche Vermehrung der für Herstellung und Nutzung Technischer Artefakte neu geschaffenen und in Anspruch genommenen Werkstoffe und Energieformen;
- wesentliche Steigerung der Energie-, Stoff- und Informationsumsätze im menschlich beeinflußten Bereich, gleichlaufend mit dem Wachstum der Erdbevölkerung.

Diese Steigerung vollzog sich sowohl hinsichtlich einzelner Raumausschnitte (Steigerung der Geschwindigkeit von Verkehrsmitteln, des Energieeinsatzes im häuslich-privaten wie im gewerblichen Bereich, des Stoffumlaufs für Konsum aller Art, des Informationsangebots und anderes mehr) wie auch für die Technosphäre insgesamt;

- wesentliche Steigerung der Wirksamkeit technischer Mittel zur Kriegführung und damit der Möglichkeiten staatlicher Machtentfaltung nach Maßgabe der Verfügung über solche Mittel.

Notwendige Voraussetzung für diese Phänomene ist die **Akkumulation immaterieller wie materieller Mittel in der Industrie**. Ein anschauliches Beispiel hierfür, die der Instandhaltung von Fahrzeugen zugute kommt, liefert das Ersatzteile-Logistikkonzept eines international tätigen Automobilherstellers. 185 Staaten müssen eingebunden werden; vier Zentrallager in Polen, den USA, den Vereinigten Arabischen Emiraten und Singapore mit 55000, 36000, 70000 und 108000 Lagerpositionen für die Versorgung der Märkte außerhalb Europas werden aufgebaut. Allein das Logistikzentrum in Singapore erfordert einen Bauaufwand von mehr als 80 Millionen Singapore-Dollar; der Wert des Lagerbestands liegt bei 200 Millionen DM, der jährliche Umsatz bei 700 Millionen DM, /24/. Die Akkumulation bietet eine Möglichkeit der Abgrenzung zwischen Industrie und Handwerk, in der eine Reihe der oben genannten Merkmale beider zusammengefaßt werden können. Innerhalb ihrer wird die zunehmende Bedeutung des wichtigsten immateriellen Mittels, des Wissens, als **Übergang von der Industrie- zur Wissensgesellschaft** gekennzeichnet. Deutlich über den Technik- und Wirtschaftsbereich hinausgehend, wird diesem Übergang der Charakter einer Kulturschwelle zuerkannt; er ist zum technikphilosophischen Thema geworden. HUBIG analysiert die damit verbundenen neuen Probleme und Unsicherheiten, die hier jedoch nicht weiter verfolgt werden können, /25/.

Die Akkumulation von Mitteln zum Besitz, zur Nutzung und vor allem auch zur Vermehrung von Wissen ist institutionell wie organisatorisch ein Thema der Forschung auf natur- und technikwissenschaftlichem Gebiet. Voraussetzung dafür sind verfügbare Finanzmittel, die anderer Verwendung entzogen werden;

es ergibt sich, wie aus dem Abschnitt „Entfremdung, Askese, Luxus" ersichtlich wird, eine Analogie zwischen Forschung und Luxus. Hierbei interessiert vor allem der quantitative Aspekt: Die wirksame Akkumulation der Mittel in zwei Stufen, deren erste die notwendige Bedingung der zweiten bildet, verlangt eine Größe der Organisation, die zu den Merkmalen des Industrieunternehmens, nicht aber zu denen des Handwerksbetriebs gehört.

Das wird deutlich in einer umfangreichen Untersuchung zur Entstehung und Analyse der Wissensgesellschaft. Hier wird das Handwerk nur marginal erwähnt: Als Vorstufe in der Entwicklung von Wissenschaft und Technologie zur zentralen Produktivkraft, als Methodenlieferant bei der Ablösung der philosophischen und theologischen Spekulation durch

„die neue Handlungsweise, die eine systematische Strukturierung empirischer Daten mit der gezielten Durchführung kontrollierter Experimente... unter Ausnutzung der mittelalterlichen Handwerkstechnik (Handarbeit und handwerkliche Fähigkeiten) verband",

schließlich als Anwender des wissenschaftlich-technischen Prinzips „Organisation und Funktionalität" in der Gegenwart, /26/. Man kann also das Handwerk, in Ergänzung der eingangs angeführten Unterscheidungsmerkmale, als „forschungsabstinenten" Technikzweig kennzeichnen, die Industrie als „forschungsgeneigten". Allerdings wird nur bei einem Teil der Industrieunternehmen Forschung tatsächlich vollzogen.

2.7.4 Das gemeinsame Machtpotential von Handwerk und Industrie in der Instandhaltung

2.7.4.1 Zwang, Herrschaft, Macht, Interesse und staatliche Wirtschaftsordnung

Im weiteren Gedankengang sind jedoch nicht die trennenden, sondern die gemeinsamen Merkmale von Handwerk und Industrie von Interesse, und zwar hinsichtlich der Akkumulation von Mitteln in deren Funktion als **Machtpotential** im Zusammenhang mit Instandhaltung. HUBIG analysiert den Zusammenhang von Macht und Technik unter dem Leitbegriff der **Sachzwänge**, die technikphilosophisch untersucht werden nach Zwang, Herrschaft und eigentlicher Macht. Zwang und Herrschaft (letztere im Sinn eines zusätzlichen Beschreibungsaspekts von Zwang) stehen im Mittelpunkt der Untersuchungen FREYERs und LINDEs. FREYER beobachtet eine zunehmende Trennung des Menschen von einem ursprünglichen Natur- und Selbstbezug durch seine technischmediale Welterschließung. Diese erzeugt eine artifizielle Natur, in welcher der Mensch zum Ding unter Dingen wird, als Subjekt funktionieren und sich der Organisation, insbesondere der Arbeitsteilung, einordnen muß. Er wird gezwungen, nach technischen Kategorien zu handeln. Den Ausweg aus den Krisen der zunehmend komplexer werdenden Systeme kann er nur noch in Institutionen, den „Maschinen der Menschengestaltung", finden. LINDE gesteht eine Dominanz von Sachen zu, argumentiert jedoch, sie

„resultiere aus einer gewollten spezifischen Verfaßtheit der Sachen im Interesse derjenigen, die sie erzeugt haben, um die Handlungsspielräume derjenigen, die die Sache nutzen, in bestimmter Weise zu präformieren. Diese Präformierung muß nicht unbedingt negativ sein in der Hinsicht, daß durch die Nutzung technischer Produkte eine gewollte Abhängigkeit von bestimmten Versorgungs- und Reparaturmechanismem dieser Produkte entsteht. Eine Soziologie der Sachsysteme vermag durch-aus auch positive Sachdominanzen zu eruieren, z. B. im Blick auf Schutzfunktionen, Gefahrenabwehr o.ä.".

Diese Präformierung (Vorab-Formung, A.d.V.) bedeutet die über Sachen vermittelte Herrschaft von Personen über Personen. Sie ist hypothetisch, denn ihre Wirkung in Form des Gehorsams für einen Befehl hängt von der Bewertung der Folgen des Ungehorsams für die betroffenen Subjekte ab. Im Gegensatz dazu bedeutet Macht den Inbegriff von Fähigkeiten und Fertigkeiten.

„Technische und ökonomische Sachen verleihen Macht, bestimmte Ziele zu realisieren, vorausgesetzt, der Wille hierzu ist da und die Handlungen der entsprechenden Zielrealisierung finden statt. Träger von Macht - neben einer Trägerschaft von Herrschaft – sind neben natur-„gesetzlichen" Verfaßtheiten (welche technisch modelliert sind), die Institutionen, und in diesem Sinn lassen sich technische und ökonomische Sachstrukturen als Institutionen begreifen. Ihre Ermöglichungsfunktion für individuelles Handeln wird dann als Zwang empfunden, wenn mit ihr – wie mit allen Ermöglichungsfunktionen- eine Verunmöglichungsfunktion einhergeht, bestimmt durch die Endlichkeit der real gegebenen bzw. bereitgestellten Ressourcen i.w.S., die die Grenze des jeweils Ermöglichten festlegen, /27/.

Welche Schlüsse sind aus diesen Befunden für die Instandhaltung als Handlungsfeld von Industrie und Handwerk zu ziehen? Die nach LINDEs Argumentation „gewollte spezifische Verfaßtheit der Sachen im Interesse derjenigen, die sie erzeugt haben", und die Stellung der Erzeuger gegenüber den Nutzern, deren Handlungsspielraum vorab festgelegt wird, beruht auf der unausgesprochenen Voraussetzung: Daß nämlich der Nutzer beim Erzeuger keinerlei Einfluß auf Struktur und Funktion des von ihm genutzten Technischen Artefakts ausüben kann. Damit ist eigentlich weniger eine technikphilosophische als – in sehr verkürzter Form – eine wirtschaftswissenschaftliche Aussage getroffen: Nämlich eine Beschreibung von Wirtschaftssystemen, in denen **Bewertungs- und Auswahlvorgänge für Technische Artefakte und Dienstleistungen**, die beim freien Marktgeschehen institutionell garantiert sind, unterdrückt oder ganz unterbunden werden. Dies trifft zu für staatlich gelenkte Wirtschaftssysteme wie die der früheren Sowjetunion und der von ihr abhängig gewesenen Staaten, unter anderen der DDR. Das durch regionale Streuung und zahlreiche kleine Betriebe gekennzeichnete Handwerk wurde politisch und wirtschaftlich behindert und zurückgedrängt, weil es der zentralen Wirtschaftslenkung weniger zugänglich war als die den staatlichen Wirtschaftsplänen völlig unterworfene Industrie und die Kollektivbetriebe. Die wirtschaftlichen und damit die politischen Folgen waren dramatisch: Das Angebot an kurz- und langlebigen technischen Konsumgütern war gekennzeichnet durch mangelhafte Auswahl, Festsetzung von Preisen nach Maßgabe des finanzpolitischen Interesses an Kaufkraftabschöpfung, und ganz allgemein, die der staatlichen planwirtschaftlichen Wirtschaftslenkung innewohnende Unfähigkeit, den Käuferwünschen gerecht zu werden. Daraus erwuchs ständige Anhäufung von Ladenhütern einerseits, drückender Mangel an Liefermöglichkeiten für dringend gesuchte technische Erzeugnisse wie z.B. attraktive Wohnungen oder Personenkraftwagen andererseits. Dazu trat die mangelnde Einsicht oder die Unfähigkeit der staatlichen Wirtschaftslenkung, ausreichende Mittel für die Instandhaltung des gesamten technischen Vermögensbestands bereitzustellen, gleichgültig ob in staatlichem oder (noch) in privatem Eigentum befindlich. Die instandhaltungsorientierten Handwerksbetriebe wurden gelähmt, unter anderem auch durch die Versorgungsmängel bei Baustoffen, Bauelementen, Werkzeug und so fort.

Der Zusammenhang zwischen Struktur und Funktion des Technischen Artefakts und den Interessen der Hersteller einerseits, der politischen und Wirtschaftsordnung andererseits wird auch in den Untersuchungen ROPOHLs deutlich. In seiner Theorie der Phylogenese (Entwicklung der Technik insgesamt, im Unterschied zur Ontogenese, der erfinderischen Einzelentwicklung) stellt er den interessenorientierten Ansatz dem bedürfnisorientierten gegenüber:

„Dieser (der interessenorientierte, A.d.V.) Ansatz macht die Annahme, daß die soziotechnischen Systeme des Entstehungszusammenhangs bei der technischen Entwicklung nicht die Bedürfnisse der Technikverwender in den Mittelpunkt stellen, sondern vorrangig ihre eigenen Interessen verfolgen und nur jene Invention in die Phase der Innovation und Diffusion überführen, die ihnen zur Erfüllung eigener Ziele als lohnend erscheinen".

ROPOHL stellt dann privatkapitalistische und staatskapitalistisch-bürokratische Handlungssysteme in ihren speziellen Interessenverbindungen einander gegenüber, wozu noch die besonderen Interessen der Machteliten treten, die als Manager oder Funktionäre ihre jeweiligen Privilegien zu verewigen wünschen. Die liberalistische Wirtschaftstheorie behauptet die Vereinbarkeit des interessenwie des bedürfnis-orientierten Ansatzes, /28/. Diese Überlegungen, kann man hinzufügen, gelten nicht nur für die technische Entwicklung, die Erstmaligkeit, sondern auch für die Bestätigung, nämlich die lebensweltliche Reproduktion der erreichten Entwicklungsstufe im Alltag. Man erkennt an diesen Darlegungen, daß die Grenze zwischen technikphilosophischer, wirtschafts- bzw. politikwissenschaftlicher, philosophisch-ethischer und psychologischer Argumentation bei diesem Problem nicht leicht zu ziehen ist. Insbesondere ist von Bedeutung, daß technikphilosophische Gedankenführung grundlegende wirtschaftswissenschaftliche Befunde in der Bewertung der Leistungsfähigkeit vollständig, teilweise, geringfügig freier und völlig unfreier Formen wirtschaftlicher Betätigung nicht außer Acht lassen darf. Dazu gehört der hohe Rang der sozial verpflichteten freien Marktwirtschaft und ihrer staatlichen Voraussetzung in der Schaffung von Rechtsregeln, die den Handlungsrahmen vor dem Zuviel wie auch vor dem Zuwenig an freier Betätigung der Teilnehmer am Wirtschaftsgeschehen schützen.

Einige weitere Überlegungen zur technikphilosophischen Kritik an dem durch die Erzeuger Technischer Artefakte angeblich ausgeübten Sachzwang sind noch geboten. LINDEs Argumenten ist z.B. entgegenzuhalten, daß sowohl in marktwirtschaftlich orientierten wie in staatlich gelenkten Wirtschaften der Bedarf des Staates an technischen Gütern wie Infrastrukturanlagen, Verwaltungsgebäuden, Rüstungsgütern und so fort überwiegend nach den detaillierte „Pflichtenheften" (Zusammenstellung der technischen und wirtschaftlichen Merkmale des Projekts) der öffentlichen Auftraggeber gedeckt wird. Das Gleiche gilt bei Großprojekten wie kommerziell betriebenen Versorgungs- und Entsorgungsnetzen, Kommunikationsnetzen, Industrieanlagen und vergleichbaren Technischen Artefakten. Sie könnten ebenfalls ohne die Maßgabe der Anforderungen des Auftraggebers oder Nutzers gar nicht entstehen. In allen diesen Fällen kann von einer Vorab-Festlegung der Handlungsspielräume der Nutzer keine Rede sein.

2.7.4.2 Die spezifische Verfaßtheit der Sachen bei marktwirtschaftlicher Bewegungsfreiheit

Die nachfolgenden Überlegungen beruhen auf der Voraussetzung marktwirtschaftlicher Bewegungsfreiheit der Industrie- und Handwerksunternehmen. Präzisierung ist geboten hinsichtlich der Bedeutung des Begriffs „Nutzer Technischer Artefakte". Er kann, muß aber nicht mit dem Eigentümer identisch sein, und der Eigentümer zu einem bestimmten Zeitpunkt muß nicht identisch sein mit der wirtschaftlich entscheidenden Person. Diese ist der Käufer oder Auftraggeber beim Abschluß eines Liefer- oder Werkvertrags mit einem Hersteller industrieller oder handwerklicher Erzeugnisse bzw. dessen Vertragshändler oder anderweitig Beauftragten, mit einem technischen Gestalter, Architekt oder Konstrukteur. Fallweise, je nachdem es sich um ein Unikat, ein Plurikat oder ein Multiplikat nach Katalogangaben handelt, kann der Käufer oder Auftraggeber in sehr unterschiedlichem Umfang Einfluß auf die spezifische Verfaßtheit der Sache nehmen. Bei einem Unikat oder Plurikat kann fallweise ein erheblicher Ermessensraum hinsichtlich technischer Hochwertigkeit in Werkstoffwahl und Gestaltung wahrgenommen werden. Insoweit wie der Auftraggeber Hochwertigkeit finanziell zu vergüten bereit und in der Lage ist, kann er lange Erhaltungsdauer bei uneingeschränkter Tauglichkeit und zusätzlich geringe Instandhaltungsaufwendungen mit gutem Grund erwarten. Beim Multiplikat beschränkt sich der Ermessensraum auf die Auswahl unter den Katalogvarianten; im Hinblick auf eine fallweise rechtlich zugesicherte technische Hochwertigkeit gilt das Vorstehende.

Dennoch wird über längere Fristen hinweg der Einfluß des Käufers oder Auftraggebers – unterstellt sei hier der einfachere Fall, daß er zugleich Eigentümer und Nutzer ist – seine Grenzen finden in den Handlungsmöglichkeiten, die dem Hersteller für den Gebrauch seiner Macht offenstehen; denn er ist im Besitz des technischen Wissens über Gründe für Störungen und Schäden sowie Möglichkeiten der Instandhaltung. Die abstrakten Begriffe Macht und Machtgebrauch zeigen sich hier im (partikulären) wirtschaftlichen Interesse des Herstellers. Die philosophiegeschichtlichen Wandlungen des Begriffs „Interesse" können hier unberücksichtigt bleiben. Die vorliegende Untersuchung geht davon aus, daß sich wirtschaftliches Interesse wiederum verstehen läßt als Wertsetzung mit unterschiedlichen Wahlmöglichkeiten, und daß diese Wertsetzung handlungsleitend ist. Der Hersteller, als Industrie- oder Handwerksbetrieb, ist eine Organisation und folgt als solche, nach HUBIG, der Wertsetzung ihrer Eigengratifikation, vor allem in Form ihres langfristigen Bestehens, /29/. Vom Sonderfall der nur für ein technisches Projekt eigens gegründeten Unternehmen, die nach der Abwicklung aufgelöst werden, kann hier abgesehen werden, denn für die Gründer-Unternehmen gilt das Gesagte uneingeschränkt. **Die wirtschaftliche Macht von Industrie und Handwerk beruht auf der Realisierung der institutionellen Vorgaben der Technik.** Die Herstellung Technischer Artefakte, woraus wirtschaftliche und mit Kapitalrendite verbundene Umsätze erwachsen, sichert ihr Bestehen. Dies gilt **langfristig** aber nur in der Form der Bestätigung, des Wiederholungskaufs oder –auftrags nach dem Ende der Erhaltungsdauer eines individuellen Artefakts, welches dann zur Neubeschaffung ansteht. Das Gleiche trifft zu beim Vorliegen eines echten neuen Bedarfsfalls nach zufriedenstellenden Ergebnissen bei der Abwicklung des vorangegangenen Kauf- oder Erzeugungsauftrags. Diese Bestätigung setzt aber die Befriedigung der Nutzer-Interessen voraus, also lange Erhaltungsdauer bei uneingeschränkter Tauglichkeit und geringen Instandhaltungsaufwendungen.

2.7.4.3 Werte und Interessen bei Schaffung günstiger Voraussetzungen für Instandhaltung

Die Hersteller stehen damit vor der Frage kluger Abwägung zwischen zwei wirtschaftlichen Grundsatzentscheidungen.

Durch technische Hochwertigkeit, die nur mit hohem Aufwand zu erkaufen ist, in Verbindung mit sehr langfristiger Bereitstellung von Instandhaltungskapazitäten – personell und materiell, in der Vorhaltung von Ersatzteilen und speziellen Einrichtungen – läßt sich lange Erhaltungsdauer sichern. Instandhaltung kann man ferner durch konstruktive Maßnahmen erleichtern sowie durch zurückhaltende Preise für Ersatzteile und Kundendienstleistungen attraktiv machen. Der Hersteller wird dadurch zu seinem Nachteil potentiell die Zahl der Wiederholungskäufe bzw. der Ersatzbeschaffungen sowie die Erlöse aus Instandhaltungsumsatz vermindern. Diesem Handlungsmodus liegt, technisch gesehen, die Wertsetzung langer Erhaltungsdauer zugrunde mit allen in anderen Teilen dieser Untersuchung dargelegten vorteilhaften Folgen der Instandhaltung. Psychologisch wirksam ist vor allem die Hoffnung auf langfristige Rechtfertigung durch zufriedene Wiederholungskäufer und deren Empfehlungen, die der Zuführung neuer Kunden dienen werden.

Spiegelbildlich zur vorbeschriebenen Vorgehensweise kann man den Herstellungsaufwand und damit potentiell auch die Tauglichkeit senken, die Instandhaltungskapazitäten z.B. durch Einstellung der Ersatzteillieferung einschränken, Instandhaltung teuer machen und damit die Erwartung verbinden, den Ersatzbedarf, somit die Möglichkeit zukünftiger Handels- und überdies der Instandhaltungsumsätze auszuweiten. In diesem Vorgehen ist eine wirtschaftlich-soziale Wertsetzung zu sehen in Form der erleichterten finanziellen Zugänglichkeit zum Technischen Artefakt, das nach kürzeren Fristen durch ein neues – möglicherweise auf höherer technischer Entwicklungsstufe – ersetzt wird. Damit verbunden ist die Erwartung, daß eine verläßliche Bindung des Käufers an den Hersteller auch entstehen kann durch den geringeren Beschaffungsaufwand in Verbindung mit der Überzeugung, sich „guten Gewissens" nach vergleichsweise kürzerer Zeit von einem Artefakt einer überholten technischen Entwicklungsstufe trennen zu können.

Die vorstehenden Fallunterscheidungen sind idealtypisch vereinfacht; viele wirtschaftliche, soziale und psychologische Einflußgrößen hinsichtlich der Bindung an einen Hersteller und damit der Gratifikation eines bestimmten wirtschaftlichen Handlungsmodus bleiben hier unbeachtet. Im Rahmen dieser Untersuchung wird auf den detaillierten Nachweis verzichtet, daß für beide Wertsetzungen – in der Selbstdarstellung der Unternehmen heute „Strategien" genannt - kennzeichnende Beispiele bei den Unternehmen zu finden sind. Ferner wäre es das Thema einer eigenen Untersuchung, nachzuweisen, daß diejenigen Unternehmen, die den Ruf haben, der ersten Strategie zu folgen, langfristig erfolgreich waren, sowohl in der zeitlichen Kategorie des Unternehmensalters wie der wirtschaftlichen Kategorie der Unternehmensgröße. Festzuhalten bleibt jedoch, daß die wirtschaftliche Macht der Hersteller, die in der Bindung ihrer Kunden vermöge des Hochwertigkeits- wie auch des Instandhaltungsaspekts liegt, begrenzt wird durch die Wahlmöglichkeit der Kunden hinsichtlich einer der beiden Wertsetzungen, wie immer sie auch motiviert sein mag. Auf der einen Seite stehen Finanzkraft, technische Affirmation, Hochschätzung des langfristig Tauglichen und Verläßlichen, also die Bevorzugung von Bestätigung, Konservatismus; auf der anderen der Wunsch nach Erstmaligkeit, Zuwendung zum rasch verfügbaren technisch Neuen, zum modisch Interessanten, zum Reiz der Abwechslung.

Zweifellos zeitigt die entschiedene Verfolgung der ersten oder der zweiten Strategie in deutlicher Ausprägung durch homogenes Verhalten vieler Unternehmen einer Wirtschaftsregion ganz erhebliche volkswirtschaftliche Auswirkungen. Dies läßt sich durch eine schon vor Jahrzehnten vorgelegte kritische Studie über wirtschaftliche Verschwendung in den USA belegen. Einer der vielen Aspekte, unter denen die Verschwendung finanzieller, stofflicher und energetischer Mittel untersucht wurde, betraf die „geplante Obsoleszenz" (Veraltung). Die Studie unterscheidet

- funktionelle Obsoleszenz: Ein Erzeugnis veraltet durch die Einführung eines neuen, das seine Funktion besser erfüllt;
- qualitative Obsoleszenz: Ein Erzeugnis versagt oder verschleißt zu einem bestimmten geplanten, gewöhnlich nicht allzu fernen Zeitpunkt;
- psychologische Obsoleszenz: Ein Erzeugnis, das qualitativ und in seiner Leistung noch gut ist, wird als überholt und verschlissen betrachtet, weil es aus Modegründen oder wegen anderer Veränderungen weniger begehrenswert erscheint.

Viele Beispiele belegen sowohl die in den USA vorgebrachten wirtschaftswissenschaftlichen und kommerziellen Argumente zugunsten der vorsätzlich herbeigeführten Obsoleszenz wie auch die Erfahrungen von Nutzern Technischer Artefakte, die den Herstellern qualitative und psychologische Obsoleszenz vorzuwerfen hatten. Spiegelbildlich dazu werden in der Studie **die unverhältnismäßig hohen Aufwendungen für Instandhaltung und deren Zusammenhang mit geplanter Obsoleszenz** angeprangert. Es wird auch deutlich, daß die erhebliche Zunahme der Instandhaltungsaufwendungen – teils durch die wachsende Zahl instandhaltungsbedürftiger Artefakte, teils durch deren konstruktive Mängel, teils durch hohe Preise und erschwerte Beschaffung von Ersatzteilen – die Eigengratifikation des in der Instandhaltung tätigen Handwerks erheblich förderte; damit war auch die Deckungsgleichheit der Interessen der kritisierten Industrie und des Handwerks belegt, /30/. Die Vermutung ist begründet, daß ein im Binnenmarkt eines Staates, z.B. der USA, homogenes Wirtschaftsverhalten wie das in dieser Studie kritisierte den Markt für Wettbewerber öffnet. Bei freiem Außenhandel werden hochwertige Importprodukte zu attraktiven Preisen in diesen Binnenmarkt eindringen, und diese Vermutung dürfte sich in den Importstatistiken und indirekt wohl auch in der Arbeitsmarktentwicklung der USA bestätigt finden.

2.7.5 Zusammenfassung des Abschnitts 2.7 : Instandhaltung als Betätigungsfeld von Handwerk und Industrie

Handwerk und Industrie sind die beiden **Organisationsformen gewerblicher technischer Betätigung**. Die technikphilosophische Erschließung dieses Sachverhalts wird ergänzt durch den technikgeschichtlichen Nachweis, daß beide Organisationsformen, zum Teil in Frühformen, **seit der Entstehung von Hochkulturen in arbeitsteiligen „Superstrukturen"** des technische Geschehen

bestimmt haben. Eine wirtschaftssystematische genaue Abgrenzung beider ist nicht möglich. Die vorliegende Untersuchung gelangt zu dem Ergebnis, daß für die Industrie die **Akkumulation von Mitteln** und daraus resultierend die Möglichkeit, wissenschaftliche Forschung zu betreiben und zu nutzen, das kennzeichnende Merkmal ist. Beide Wirtschaftszweige sind und waren auch technikgeschichtlich in der Instandhaltung eng und in vielen Formen verflochten. Der institutionelle Rahmen für die gemeinsame ergänzende Betätigung von Handwerk und Industrie ist jedoch bestimmt durch die **staatliche Wirtschaftsordnung**. Sie legt das Maß der wirtschaftlichen Bewegungsfreiheit fest. Diese Voraussetzung kommt insbesondere zur Geltung in der Entstehung oder Behinderung eines **Machtpotentials hinsichtlich der Instandhaltung**. Das Sachzwang-Argument, wonach die spezifische Verfaßtheit der Sachen von den Interessen der Erzeuger bestimmt sei, die dann in der Instandhaltung zur Abhängigkeit von den Erzeugern führe, erweist sich als anfechtbar. Unter den Bedingungen marktwirtschaftlicher Bewegungsfreiheit lassen sich vielfältige Möglichkeiten aufzeigen, in denen eine Vorab-Festlegung **der Handlungsspielräume der Nutzer** vermieden werden kann. Der Bedarf des mächtigsten Auftraggebers und Kunden, der öffentlichen Hand, wird überwiegend nach dessen Pflichtenheften gedeckt. Dennoch ist das wirtschaftliche Interesse der Hersteller von Bedeutung. Es liegt vor allem in der langfristigen Sicherung des eigenen Bestehens als Unternehmen. Daraus erwachsen zwei idealtypisch vereinfachte Grundsatzentscheidungen hinsichtlich der **Schaffung günstiger Voraussetzungen für Instandhaltung.** Technische Hochwertigkeit, die nur mit hohem Aufwand zu erreichen ist, hat in Verbindung mit langfristig bereitstehenden Instandhaltungskapazitäten lange Tauglichkeitsdauer und spezifisch niedrige Instandhaltungskosten zur Folge. Die technologische Erneuerung als Folge von Ausmusterung und Ersatz wird tendenziell verlangsamt, wobei die Möglichkeit, vermöge Instandhaltung technische Höherwertigkeit zu erreichen, diese Wirkung wieder einschränkt. Spiegelbildlich gilt das Entgegengesetzte für die Bevorzugung niedrigen Erzeugungsaufwands und zeitlich sowie sachlich begrenzter Instandhaltungskapazitäten, mit der Folge stark steigender Instandhaltungskosten. Für die USA war zeitweise homogenes Verhalten vieler Unternehmen zugunsten der zweiten Strategie kennzeichnend, was starke Kritik und den Aufweis der beträchtlichen gesamtwirtschaftlichen sowie umweltpolitischen und gesellschaftlichen Schäden hervorrief.

2.8 GEWINN UND ERHALTUNG VON TECHNISCHEM WISSEN UND KÖNNEN DURCH INSTANDHALTUNG

2.8.1 Erkenntnisgewinn durch Instandhaltung

2.8.1.1 Schwachstelle und Schwachstellenforschung

Das grundlegende Technische Regelwerk DIN 31051, Instandhaltung – Begriffe und Maßnahmen, /1/, definiert als **Schwachstelle**

„eine durch die Nutzung bedingte Schadenstelle oder schadensverdächtige Stelle, die mit technisch möglichen und wirtschaftlich vertretbaren Mitteln so verändert werden kann, daß Schadenshäufigkeit und/ oder Schadensumfang sich verringern...Sicherheitsforderungen können den wirtschaftlich vertretbaren Aufwand beeinflussen".

In der Norm wird erläutert, daß mit dem (topographischen) Begriff Schwachstelle eigentlich der (funktionale) Begriff von Teilen in Anlagen gemeint ist, deren

„Abnutzungsvorrat so abgebaut wird, daß die für die Nutzung zur Verfügung stehende Zeit den Bedürfnissen des Betriebes nicht genügt. Diese Teile sind daraufhin zu untersuchen, ob durch geeignete technische Maßnahmen der **Abbau des Abnutzungsvorrats in befriedigender Weise vermindert** werden kann. Der Aufwand, der für diese Maßnahmen notwendig ist, hat selbstverständlich in einem vernünftigen Verhältnis zu dem erwarteten Erfolg zu stehen".

Hier sind zwei Anmerkungen geboten. Zum ersten müssen die „Bedürfnisse des Betriebes", also die wirtschaftlichen Erwartungen an störungsfreie Nutzung und vertretbaren Instandhaltungsaufwand, durch die Beurteilung des Technischen Artefakts im Vergleich zum technologischen Entwicklungsstand gerechtfertigt sein. Zum zweiten ist es zwar durch technische Erfahrung begründet, Schadensumfang und Schadenshäufigkeit mit der Metapher eines im Zeitverlauf stetig durch Nutzung aufgezehrten **Abnutzungsvorrats** zu verbinden. Dabei bleibt aber unberücksichtigt, daß gemäß der Begriffsbestimmung außer den stetig wirkenden auch unstetig wirkende Schadenseinflüsse, z.B. eine ungewöhnliche, dennoch nicht auszuschließende stoßartige statt der normalen kontinuierlichen Belastung, die Beurteilung eines Anlagenteils als Schwachstelle begründen können. Der mögliche Erkenntnisgewinn aus dem Abbau des Abnutzungsvorrats wird in der Norm ausdrücklich angesprochen: Es

„sollte...die Dokumentation der Ergebnisse und Auswertungen über die Ableitung der notwendigen Konsequenzen hinaus genutzt werden zum Sammeln allgemein gültiger Erfahrungen, die der Erweiterung des Grundlagenwissens über das Verhalten der Anlagen dienen".

2.8.1.2 Der Ermessensspielraum bei der Beurteilung von Teilen eines Technischen Artefakts als Schwachstellen

Im Abschnitt „Tauglichkeitsdauer, erster Abschnitt; Nutzungsdauer" wird dargelegt, daß für die Tauglichkeitsdauer Technischer Artefakte unter anderen wirtschaftliche und durch einen großen Ermessensspielraum gekennzeichnete Kriterien gelten, die allenfalls durch unbeeinflußbare Ursachen außer Geltung gesetzt werden. Da **Schwachstellen** definitionsgemäß nur **innerhalb der Tauglichkeitsdauer** des Technischen Artefakts - DIN 31051 spricht von Nutzung – auftreten können, folgt zwingend die Geltung dieser Kriterien auch dafür, daß ein in der Folge eines Schadens erhobener Instandhaltungsbefund überhaupt als Schwachstelle anerkannt wird. Diese Anerkennung kommt, wie erläutert, in der Formulierung zum Ausdruck, daß die

„für die Nutzung zur Verfügung stehende Zeit den Bedürfnissen...nicht genügt".

Die Einschränkung „Bedürfnisse des Betriebs" kann man getrost weglassen. Die Aussage gilt nicht nur für ein gewerbliches Unternehmen, sondern für jede natürliche und juristische Person mit wirtschaftlicher Verantwortung für Instandhaltung. Der Aufbau eines neuen Abnutzungsvorrats, Instandsetzung, kostet Geld, - Instandsetzungsaufwand, der in einem „vernünftigen" Verhältnis zum Erfolg stehen muß -, und Zeit, -Verzicht auf Nutzung, wirtschaftlich auch als Geldaufwand bemeßbar- . Der Begriff „Bedürfnisse" in Verbindung mit dem Zeitbegriff läßt sich jetzt präzisieren. Er bringt zum Ausdruck, daß die zu einem bestimmten Zeitpunkt unmittelbar sowie in überschaubarer Zukunft zur Verfügung stehenden Mittel endlich sind und daß angemessene wirtschaftliche Maßnahmen stets nach der Maßgabe verfügbarer Mittel abzustufen sind. Die Zuteilung der Mittel jedoch, gemäß den Zwecken, daran muß hier erinnert werden, ist werteorientiert. Dem Aspekt der grundlegenden Einschränkung der Handlungskompetenz durch die Endlichkeit der verfügbaren Mittel begegnen wir auch im Abschnitt „Die Frage nach der Endlichkeit der Mittel".

2.8.1.3 Schwachstelle und schadenverdächtige Stelle

In vielen alltäglichen Wahrnehmungs- und Denkakten sowie den darauf gegründeten Handlungsentscheidungen werden logische Operationen vollzogen, die für das Bewußtsein durch vielfachen Vollzug selbstverständlich geworden sind und in ihrer spezifischen Struktur gar nicht mehr wahrgenommen werden. Dies trifft, wie HUBIG zeigt, auch für die Schwachstellenforschung zu; für sie ist das **Schlußverfahren der Abduktion** zutreffend.

„Im Zuge einer Abduktion im weitesten Sinne wird ausgehend von einer allgemeinen Regel und einem Resultat geschlossen auf einen vorausliegenden Fall. ‚Geschlossen' muß hier natürlich in Anführungsstrichen gelesen werden: Es handelt sich um eine durch die Regel begründete Vermutung oder Konstruktion... Das Abduzieren stellt nun keineswegs einen

Sonderfall unserer Welterschließung dar: Angefangen beim natürlichen Kommunizieren, bei dem wir vom Vorliegen einer Äußerung unter entsprechenden Regeln auf den vorausliegenden Fall einer Sprecherintention schließen, über die Interpretation von Texten überhaupt, bei dem wir im Ausgang von demjenigen, was uns auffällt, unter bestimmten Regeln auf den vorausliegenden Sinn und Anspruch schließen, bis hin zur Praxis des Testens im Labor, bei dem wir unter vorausgesetzten Regeln der Vergleichbarkeit aus vorliegenden Befunden auf diesen vorausliegende Bedingungen bestimmter Qualität schließen, welche durch das Bestehen des Testes ersichtlich sein sollen", /2/.

Bei der Schwachstellenforschung ist der Schaden, der Instandsetzung erfordert, das Resultat und, wie oben erläutert, die Kenntnis des technologischen Entwicklungsstandes, wonach das instandsetzungsbedürftige Technische Artefakt beurteilt werden kann, die Regel. Hierauf gründet sich erst die Vermutung, daß es technisch möglich und mit wirtschaftlich vertretbarem Aufwand erreichbar ist, die Schadensstelle zielführend zu verändern.

Aus dieser Überlegung wird auch klar, daß die in der Begriffsbestimmung von DIN 31051 enthaltene systematische **Gleichsetzung von Schadensstelle und schadensverdächtiger Stelle** anfechtbar ist. Die Schadensstelle ist ein Teil, also materiell; der Schadensverdacht ist eine Beurteilung, also ein logischer Prozeß. Er muß begrifflich von der Instandhaltung getrennt werden, weil er einen grundlegenden Schritt der systematischen Sicherheitsanalyse und -beurteilung Technischer Artefakte darstellt und damit über die Zielsetzung von Instandhaltung hinausreicht. Schwachstellenforschung, planmäßige Suche nach Schwachstellen und deren Dokumentation, ist im Sinn der DIN 31051 eine spezielle Arbeitsmethode der systematischen Instandhaltung, ein Verfahren zur Verringerung des Instandhaltungsaufwandes pro Zeiteinheit, der zu einer längeren Tauglichkeitsdauer bei gleichem Gesamtaufwand oder zu vermindertem Gesamtaufwand bei gleicher Tauglichkeitsdauer führt. Solche Untersuchungen liefern Erkenntnisgewinn entweder in der Form, daß Verbesserungen unter den genannten Voraussetzungen begründet oder daß sie es nicht sind. Wenn eine Schwachstelle mit wirtschaftlich vertretbarem Aufwand nicht verbessert werden kann, so läßt sich immer noch entscheiden, ob in der Vorratshaltung von Austauschelementen, im vorsorglichen Austausch vor Eintritt einer Störung, in einer speziellen Schulung von Instandhaltungspersonal oder anderen organisatorischen Maßnahmen Folgerungen zu ziehen sind. Kann sie aber verbessert werden, so läßt sich dieses Wissen, wie es die Norm zum Ausdruck bringt, in dokumentierter Form unter Umständen nicht nur für das schadensbetroffene einzelne Artefakt, sondern für viele gleichartige nutzen. Bei Plurikaten und Multiplikaten kann fallweise während der laufenden Serie die Verbesserung in die Erzeugung eingebracht werden. Eine weitere Gelegenheit zur Nutzung der Erkenntnis ergibt sich bei der Fortentwicklung des technologischen Konzepts (Modellwechsel, Modellpflege).

2.8.1.4 Schwachstelle und technischer Mangel

Die oben erläuterten Begriffe und Verfahren beschreiben Schwachstellenforschung nicht als ein Verfahren, das auf eine wesentliche Änderung des technologischen Konzepts abzielt oder eine solche Änderung regelmäßig als Resultat ergibt, wodurch ja Schwachstellenforschung als Regelverfahren technologischer Innovation ausgewiesen werden könnte. Nach DIN 31051 ist nur eine quantitativ bemessene

„Erhöhung des Abnutzungsvorrats auf über 100%, bezogen auf den Ausgangszustand,... durch Instandhaltung möglich, wenn diese Maßnahmen eine Verbesserung (z. B. bessere Materialpaarung, Änderung der Schmiernuten usw.) beinhalten und diese Erhöhung als neuer Sollzustand...festgelegt wurde".

Über diese werterhöhenden Instandsetzungsmaßnahmen hinaus ist aber technikgeschichtlich und technikphilosophisch folgender Fall zu betrachten: Die Aufgabenstellung der Instandhaltung kann dem Instandhalter den Grund liefern, den Sollzustand sehr weitgehend zu ändern, sodaß der Rahmen der Erhöhung des Abnutzungsvorrats deutlich überschritten wird. Der im Abschnitt „Technologische Höherwertigkeit vermöge Instandhaltung – Instandhaltung komplexer Sachsysteme" geschilderte Ablauf folgt, wenn auch in bescheidenerem Umfang, der gleichen Zielsetzung. Es entsteht also ein Technisches Artefakt bedeutend unterschiedlicher technologischer Konzeption. Der durch Instandhaltung als änderungsbedürftig erkannte Sollzustand ist jedoch nicht als Mangel zu betrachten. Ein technikgeschichtliches Beispiel soll dies erläutern. Das Deutsche Museum in München zeigt das Modell einer Newcomenschen Dampfmaschine mit folgender Erläuterung:

"In 1763 James Watt, in working to repair this model, belonging to the Natural Philosophic Class in the University of Glasgow, made the discovery of a separate Condensor, which has identified his name with that of the STEAM ENGINE", /3/.

Hier gab Instandsetzung den unmittelbaren Anstoß zu einem Entwicklungssprung mit unabsehbaren Folgen für das technische, wirtschaftliche, wissenschaftliche und gesellschaftliche Geschehen der Folgezeit. Aber Newcomens Dampfmaschine hatte, juristisch beurteilt, keinen Mangel im Sinn des vor James Watt gewöhnlichen oder nach dem Vertrag vorausgesetzten Gebrauchs; sie entsprach, obwohl der Begriff in der ausgearbeiteten Form sicher noch nicht existierte, dem damaligen Stand der allgemein anerkannten Regeln der Technik. Zeit- und technikgeschichtlicher Aspekt der anerkannten Regeln der Technik werden im Folgenden weiter erörtert.

2.8.1.5 Fehler, Mangel, Schaden

DIN 31051 gebraucht den Begriff des **Mangels** mit Verweis auf § 459 BGB, nämlich als **Behaftetsein**

„**mit Fehlern, die den Wert oder die Tauglichkeit** zu dem gewöhnlichen oder dem nach dem Vertrag vorausgesetzten Gebrauch **aufheben oder mindern**".

Technikphilosophisch bedeutungsvoll ist die Einschränkung auf den gewöhnlichen oder nach dem Vertrag vorausgesetzten Gebrauch. Diese unbestimmten Rechtsbegriffe können wohl mit der Nutzung im Sinn von DIN 31051 gleichgesetzt werden, nämlich der

„im Sinne der Instandhaltung bestimmungsgemäßen und den allgemein anerkannten Regeln der Technik entsprechenden Verwendung einer Betrachtungseinheit, wobei unter Abbau des Abnutzungsvorrats Sach- und/ oder Dienstleistungen entstehen".

Ein **Fehler** ist gemäß DIN 31051 die **Nichterfüllung vorgegebener Forderungen durch einen Merkmalswert**, wobei die Verwendbarkeit, also die Eignung für den Gebrauch nach § 459 Bürgerliches Gesetzbuch, nicht notwendigerweise beeinträchtigt sein muß. Der Begriff des **Schadens**, nach DIN 31051 ebenfalls durch eine im Hinblick auf die Verwendung unzulässige Beeinträchtigung der Funktion gekennzeichnet, soll anscheinend - eine andere Abgrenzung ist nicht erkennbar- als **technisches Synonym zum Rechtsbegriff des Mangels** gelten.
In der vorliegenden Untersuchung wird, wie im Abschnitt „Instandhaltung des Sachsystems und unmittelbarer sowie mittelbarer Schaden" erörtert, der Schaden als **Maß des Instandsetzungsaufwands** verstanden.

2.8.1.6 Sollzustand Technischer Artefakte und allgemein anerkannte Regeln der Technik

Zu Beschaffenheitsanforderungen, also zum Beurteilungsmaßstab des Sollzustands eines Technischen Artefakts, macht DIN 31051 keine inhaltliche Aussage; der Sollzustand ist nur formal bestimmt als die für die jeweilige Funktionserfüllung festzulegende Gesamtheit der Merkmalswerte. Aus technikphilosophischer Sicht ist interessant, daß der Normengeber darauf verzichtet hat, zu verlangen, daß der **Sollzustand auch den anerkannten Regeln der Technik oder einer Werteorientierung im Sinn der Richtlinie VDI 3780 Technikbewertung entsprechen** muß. Immerhin wird nach der Norm nicht nur die bestimmungsgemäße, sondern auch die den anerkannten Regeln der Technik entsprechende **Verwendung** vorausgesetzt. So eröffnet sich die Frage, ob ein Sollzustand Technischer Artefakte möglich ist, der den anerkannten Regeln der Technik nicht entspricht und doch die Nutzung nach diesen Regeln ermöglicht. Die umfangreiche Diskussion der Rechtsstellung von Regeln der Technik, /4/, liefert die Vorstufe zu einer Antwort. Nach herrschender Rechtsauffassung bezeichnet der Begriff **„Allgemein anerkannte Regeln der Technik"** technische Lösungen, die

„praktisch bewährt sind und von der Mehrheit der Fachleute für richtig befunden werden".

Statistische Mehrheiten innerhalb eines qualifizierten Kollektivs entscheiden also bei der Beurteilung: durch den Nutzer, die Fachperson für die Tauglichkeit, und den Techniker, die Fachperson für die technische Struktur und Funktion. Damit wird aber nicht ausgeschlossen, daß auch eine in der Mehrheit nicht akzeptierte Lösung des technischen Problems den Anforderungen entsprechen kann. Dies gilt aus dem systematischen Grund, daß „praktische Bewährung" wiederum ein höchst unbestimmter Begriff ist, und aus dem historischen Grund, daß die praktische Bewährung und die Zustimmung der Fachleute einen **technikgeschichtlichen Anfangspunkt** haben müssen und erst im Zeitverlauf zur Anerkennung durch die Mehrheit reifen können.

Technische Artefakte in einer Frühphase der Entwicklung und technische Konzepte mit Außenseiter-Charakter findet man zu Hauf in der Patentliteratur aller Technikgebiete. Beim Vergleich mit den technisch-wirtschaftlich erfolgreichen Lösungen wird erst deutlich, wie lang und von zwischenzeitlichen Mißerfolgen ebenso wie von Umwegen gekennzeichnet der Weg zu anerkannten Regeln der Technik sein kann. Das Beispiel etwa der Flugapparate, wie man sie seinerzeit nannte, von Otto LILIENTHAL zeigt anschaulich: Mit einer Flugtechnik, die heutezutage „Segelfluggerät gemäß allgemein anerkannten Regeln der Flugtechnik" zu nennen niemand in den Sinn käme, wurde geflogen und wurde Grundlagenarbeit für die strömungstechnische Beherrschung des Segelflugs und des Motorflugs geleistet.

Technische Artefakte, die als Beispiele solcher historischer Zwischenergebnisse und Umwege dienen können, erfahren Technikaffirmation. Sie werden sorgfältig instandgehalten, fallweise nach Bauplänen nachgebaut und finden als Unikate in Museen und Lehrsammlungen Interesse. Der Befund, daß die **Bildung allgemein anerkannter Regeln der Technik ein technikgeschichtlicher Prozeß** ist, macht deutlich, daß Beschaffenheit und Nutzung in gleicher Weise, nämlich auf gleiche Zeitpunkte oder -abschnitte bezogen, diesen Regeln unterworfen werden müssen. Und da Nutzung die Notwendigkeit von Instandhaltung systematisch einschließt, gilt auch für sie die Verpflichtung auf diese Regeln. Der Dampfkessel einer Lokomotive Baujahr 1890 wird, obwohl brauchbar mit ausreichender technischer Sicherheit, den anerkannten Regeln der Technik mit Stand von 1990 für Dampfkessel nicht entsprechen; aber es ist auch sinnlos zu verlangen, daß eine in Betrieb befindliche Museums-Eisenbahn den anerkannten Regeln der Eisenbahn- Betriebstechnik der Gegenwart, z.B. in Form von instrumenteller Zugbeeinflussung, gerecht werden soll - es bedarf vielmehr einer auf solche Fälle abgestimmten Betriebserlaubnis. Die gleiche Überlegung gilt natürlich auch für die Instandhaltung.

2.8.1.7 Schwachstellenforschung, Versuch und Irrtum

Versuchs- und Entwicklungsexemplare Technischer Artefakte sind, wie der Name zeigt, zur Gewinnung von Wissen, zum Lernen durch Versuch und Irrtum vorgesehen. Vorausgesetzt wird, daß Ungewißheit und Irrtümer über das Vorliegen bestimmter Merkmale und Eigenschaften des Artefakts im theoretischen technischen Konzept entstehen und durch den Versuch ausgeräumt werden können. Die ausgereiften, im wirtschaftlichen Verkehr der bestimmungsgemäßen Nutzung übergebenen Exemplare müssen die zugesicherten Eigenschaften aufweisen, sind also keineswegs als Teil einer Anordnung zum Lernen durch Versuch und Irrtum vorgesehen. Dennoch ist auch der Gesetzgeber für den Nutzen der Schwachstellenforschung aufgeschlossen. Das Gerätesicherheitsgesetz der Bundesrepublik Deutschland sieht z. B.

„die Sammlung der Erkenntnisse im Zusammenhang mit Prüfung, Wartung und Überwachung von medizinisch-technischen Geräten"

in § 14 ausdrücklich vor. Weiterhin wirken viele Nutzer Technischer Artefakte, die diesen Begriff gar nicht kennen, unabsichtlich an Schwachstellenforschung mit, wie die im Folgenden angeführten Beispiele belegen.

2.8.1.8 Systematische und unsystematische Schwachstellenforschung

Schwachstellenforschung hat in der Bundesrepublik Deutschland einen Stammplatz im Alltag der Halter und Lenker von Kraftfahrzeugen für den öffentlichen Straßenverkehr. Die gesetzlich geforderte regelmäßige Prüfung, Tag des Schicksals für viele Halter und viele Fahrzeuge, siehe Abschnitt „Instandhaltung und Technische Sicherheit", stellt stark systematisierte Schwachstellenforschung dar und liefert reiches Material, /5/. Aber auch die aus zufälligen Ereignissen wie der Inanspruchnahme von Pannenhilfe der Automobilklubs resultierende Schadensstatistiken üben nachgewiesenen Einfluß auf die Fahrzeughersteller aus, deren Bemühungen um Nachbesserungen in den „Pannenstatistiken" ebenfalls zur Sprache kommen. Zum technischen Alltag gehören auch die sogenannten Rückrufaktionen von Kraftfahrzeugherstellern. Es geht um die auf unterschiedliche Weise, durchaus auch auf Grund selbstgewonnener Erkenntnisse, bei Fahrzeugen bestimmter Serien oder zeitlicher Fertigungsabschnitte bekannt gewordenen Schwachstellen; sie müssen keineswegs schon Unfälle oder schwere Störungen verursacht haben.. Diese Mängel werden durch die zuständigen Kundendienst-Werkstätten für den Halter kostenfrei behoben. Alle Hersteller und Millionen von Fahrzeugen jährlich sind betroffen; allein in der Bundesrepublik Deutschland wurden im Jahr 2000 immerhin 100 Rückrufaktionen gezählt. Diese werden in der Öffentlichkeit derzeit weniger als Eingeständnis technischer Unzulänglichkeit, sondern eher als Beweis dafür gewertet, daß die Hersteller ihrer Sorgfaltspflicht nachkommen, /6/. Die Forderung von DIN 31051, Ergebnisse der Schwachstellenforschung zu dokumentieren, auszuwerten und Erfahrungen zur Erweiterung des Grundlagenwissens zu nutzen, ist hier eingelöst. Auch Unfallschäden liefern wichtige Erkenntnisse. Ein anschauliches Beispiel für die Erschöpfung des Abnutzungsvorrats bei Straßenfahrzeugen bieten Gummireifen mit unzureichender Profiltiefe als Mitursachen von Unfällen: Vom Grundsatz her längst kein Thema das Schwachstellenforschung mehr, wichtig aber als Ausgangspunkt für die Suche nach abriebärmeren Gummimischungen und nach Reifenkonstruktionen, die dem Abrieb entgegenwirken. Das Versagen von Bauteilen in der Überlastung beim Unfall, z.B. der Bruch von Versteifungsteilen der Karosserie infolge vorangegangener nicht erkennbarer Rostschäden, ist eindeutige Folge einer Schwachstelle. Als Grenzfall können dann Unfallwirkungen gesehen werden, die gar nichts mehr mit der Erschöpfung des Abnutzungsvorrats zu tun haben, aber zu technischen Lösungen führen, wodurch die Instandsetzung nach Unfällen mit Sachschäden einfacher, kostengünstiger und sicherheitsfördernd gestaltet wird.

2.8.1.9 Technische Katastrophen und Schwachstellenforschung

Ein systematischer ursächlicher Zusammenhang zwischen technischen Katastrophen und unzulänglicher Schwachstellenforschung ist auszuschließen. Als Beispiel technischer Katastrophen (siehe auch Abschnitt „Extremereignisse als Ursachen für Zerstörung und Untergang"), bei denen „kein Zusammenhang zwischen ungenügenden Kenntnissen hinsichtlich des Abnutzungvorrats einer Schwachstelle und dem Ereignis bestand, kann der Einsturz von Gebäuden betrachtet werden, der auf grundlegenden technischen Mängeln bezüglich der statischen Bemessung beruhte: So bei Chor und Vierungsturm der Kathedrale St.Pierre in Beauvais, beide innerhalb von 6 Jahrzehnten bzw. 4 Jahren nach der Errichtung eingestürzt /7/; oder bei den vermeintlich erdbebensicheren Bauwerken, die dem Beben in Kyoto/Japan 1997 zum Opfer fielen. Weltbekannt gewordene Technikkatastrophen, ebenfalls ohne Zusammenhang mit instandsetzungsbedeutsamen Schwachstellen, waren z.B. der Untergang des Passagierschiffs „Titanic" infolge überhöhter Geschwindigkeit und falscher Einschätzung der Belastbarkeit des seitlichen im Vergleich zum vorderen Schiffsrumpf hinsichtlich des Auftreffens auf den Unterwasserteil eines Eisbergs, /8/; oder die Zerstörung des Luftschiffs LZ 129 durch Brand (nach Zündung infolge elektrostatischer Entladung?) während des Landemanövers, /9/.

Dem steht der schwere Eisenbahnunfall bei Eschede/Niedersachsen am 03.06.1998 gegenüber, mit 100 Todesopfern, 58 Schwerverletzen und 19 Leichtverletzten. Die in der technischen und allgemeinen Tagespresse diskutierten Ausgangsursachen erlauben den Schluß, daß die Wahrscheinlichkeit eines solchen Unfalls deutlich gesunken wäre, wenn ein erheblich größerer Aufwand bei der Schwachstellenerforschung der Räder, als der höchstbelasteten Systemkomponente, erbracht worden wäre. Es existierten technische Konzepte für die Erkennung eines hier vorliegenden Anfangsschadens (Bruch des Radreifens ausgehend von der inneren Oberfläche, /10/, /11/, /12/. Es handelt sich hier um die Nutzung und Instandhaltung eines Technischen Artefakts mit vielen schwer überschaubaren Einflußgrößen, die bis in die Feinstruktur des Werkstoffs hineinreichen. Die Modellierung dieser Belastungen vermöge Rechenverfahren und Nutzung von z.B. Werkstoffkennwerten, die in reproduzierbaren Meßprozessen ermittelt werden, reicht bei solchen höchstbelasteten Systemkomponenten offenkundig fallweise nicht aus. Schwachstellenforschung als Erkenntnisquelle ist mehr als nur ein gutgemeintes Steckenpferd von Instandhaltungsfachleuten, die ihrem Arbeitsgebiet durch eine wohlformulierte technische Norm Würde zu verleihen wünschen. Sie erweist sich als dringliche Notwendigkeit schon beim aktuellen Stand der Technikentwicklung und um so deutlicher, je entschlossener die Grenzen der Zweckbestimmung Technischer Artefakte quantitativ und qualitativ erweitert werden.

Die erstaunlichen Möglichkeiten, technischen Katastrophen durch Erkenntnisse entgegenzuwirken, werden aus einer Untersuchung deutlich, wofür die zum Teil schweren Schäden im Rheinland sowie in den Nachbarstaaten als Folge des sogenannten Roermond-Bebens von 1992 die Begründung lieferten. Eine Kreuzblume des Kölner Doms brach damals ab und durchschlug ein Dach. Durch Simulationsrechnungen, in denen die beiden 23500 Tonnen schweren und 150 m hohen Türme des Kölner Doms durch finite Elemente modelliert wurden, konnte ermittelt werden, daß diese selbst ein Erdbeben der Magnitude 6, das sich in 30 km Entfernung von Köln ereignet, ohne große Schäden und mit einer Schwingungsamplitude der Turmspitzen von nur 7 cm überstehen würden, /13/. Als wichtige Folgerung dieser Schwachstellen-Analyse ist es naheliegend, einen andernfalls erforderlichen Aufwand für besondere bauliche Maßnahmen unter der Annahme eines Wiederholungsfalls des Roermond-Erdbebens deutlich einzugrenzen.

2.8.1.10 Schwachstelle und Technikevolution

Technik zeigt sich insgesamt als evolutionäres, zur Zukunft offenes Geschehen, in dem zeitlich und regional bedeutsame Epochen geringfügiger bis kaum wahrnehmbarer Änderungen als Vorbereitungsphase für substantiell neue technische Gestaltung erscheinen. Die grundsätzliche Erörterung dieses Wechsels von Erstmaligkeit und Bestätigung, eines fundamentalen Merkmals von Selbstorganisation, steht im Zentrum technikphilosophischer Diskussion zur Technikentwicklung; es übersteigt den Rahmen dieser Untersuchung. Was jedoch im vorliegenden Zusammenhang interessiert, das ist der Umschlag von

Bestätigung in Erstmaligkeit, also die Gewinnung genuin neuen Technikwissens, durch Instandhaltung. Leider ist die technikgeschichtliche und technikphilosophische Literatur hierzu äußerst wenig ergiebig. Kaum ein Beispiel ist geschichtlich so bedeutungsvoll und anschaulich klar wie das in /3/ genannte. Eine vertiefte technikgeschichtlich bestimmte Untersuchung dieses Aspekts ist sehr zu wünschen, übersteigt jedoch die Zielsetzung der vorliegenden Untersuchung.

2.8.1.11 Erkenntnisgewinn durch Instandhaltung als komplementäres Wissen

Nichts in der Technik, weder Wissen noch Können, weder Schaffen noch Nutzen noch Erhalten, entsprang fertig und vollkommen dem Hirn oder der Faust des Homo faber. Nur Pallas Athene kam im griechischen Mythos in göttlicher Perfektion zur Welt durch Hephaistos, den Gott des Feuers, der Schmiede und des Kunsthandwerks, der ihrem Vaters Zeus das Haupt spaltete und ihr so zur Geburt verhalf, /14/. Schon wegen der Unbestimmtheit in der Beurteilung von Teilen einer Anlage als Schwachstelle, wie vorstehend erörtert, gibt es keinen zwingenden Grund für die Existenz eines Technikzweigs oder einer technischen Evolutionsstufe, bei der Schwachstellen **systematisch** ausgeschlossen wären. Es ließe sich also die Erkennung von Schwachstellen und Findung von Verfahren zu deren Behebung als eine höhere Stufe der Gegenüberstellung von Ist und Soll, als eine Bewegungsform von Technikevolution deuten. GOETHE forderte:

„Wüßte nicht, was sie Besseres erfinden könnten, als wenn die Lichter ohne Putzen brennten", /15/,

- eine klare Spezifikation für eine Haushalts-Beleuchtungstechnik ohne die Schwachstelle des Abbrands von Dochten. Technikevolution hat wenig später in zwei Formen, als Gasglühlicht und elektrische Glühbirne, dieses Soll erfüllt. Fortschritt und Schwachstelle erscheinen in dieser Deutung als komplementäre Begriffe.

Erkenntnisgewinn durch Instandhaltung ist systematisch an die Nutzung gekoppelt, also ein zeitaufwendiger Prozeß. Auch die von James Watt aus der Instandsetzung-Situation heraus gefundene qualitative Verbesserung der Newcomen-Dampfmaschine wurde in Gedanken lange vorbereitet, bis der schöpferische Einfall in Verbindung mit streng logischem Denken und methodischem wissenschaftlichem Vorgehen zum Erfolg führte, /16/. **Instandhaltung ist evolutionstheoretisch gesehen Bestätigung; Erstmaligkeit ist für Erkenntnisgewinn kennzeichnend.** Erstmaligkeit und Bestätigung bezeichnen komplementäre, sich ablösende Entwicklungsstadien. Aus vielen Begegnungen zwischen dem Instandhalter und dem Technischen Artefakt entsteht eine Vertrautheit, im Idealfall eine durch Technikaffirmation unterstützte Zuwendung; sie schafft ein

Wissen, das wohlvertraute knowhow des Instandhalters, das komplementär zum Wissen des Entwerfers/Konstrukteurs und des Herstellers hinzutritt und praktisch unentbehrlich ist für **gelingende Instandhaltung**. Es wäre systematisch falsch und praktisch unzweckmäßig, diesem Wissen den Rang eines Erkenntnisgewinns nicht zuzubilligen. Aus diesem Wissen kann sich durch das Phänomen, das in /17/ eine Fluktuation genannt wird, neues Wissen ablösen, das im Rahmen der Merkmale eines vorfindlichen Technischen Artefakts keinen Platz mehr findet. Technik erreicht dann, im Kleinen oder im Großen, ein neues Stadium. Es ist vielleicht erlaubt, hier daran zu erinnern, daß die Verbindung von Technik und Kultur in allen ihren gekoppelten Entwicklungsphasen der einzelnen Stufe der Technikevolution nicht den Makel des Unzulänglichen, sondern den Adel der Notwendigkeit in der Form geschichtlicher Erstmaligkeit verleiht.

2.8.2 Instandhaltung technischen Wissens und Könnens.

2.8.2.1 Instandhaltung technischen Wissens und Könnens als Brücke zwischen Vergangenheit und Zukunft

Instandhaltung ist unverzichtbarer und wesensgleicher Bestandteil der Technik als menschlicher zweckbestimmter Weltgestaltung. Sie hat zur Voraussetzung, wie im Abschnitt „Die kategoriale Einheit von Instandhaltung und Erzeugung Technischer Artefakte; komplexe Systeme" erörtert, vor allem die Anwendung des technologischen Gesetzeswissens, des funktionalen sowie strukturalen Regelwissens und des technischen Könnens, gemäß ROPOHLs Ausdrucksweise: Also die Erfüllung der notwendigen Bedingungen für die Erzeugung des Technischen Artefakts in der Originalgestalt, das heißt gemäß der ursprünglichen Fassung der Technischen Struktur-Information. **Instandhaltung setzt also die Erhaltung und Wiederherstellung des Technikwissens und –könnens voraus.** Das Technische Artefakt kann in allen Abschnitten seiner Tauglichkeits- und Nutzungsdauer Funktionsfähigkeit nur beibehalten, es kann den Anforderungen der Wirtschaftlichkeit und darüber hinausgehenden Wertsetzungen aesthetischer, religiöser oder sonstiger kultureller Art nur gerecht werden, wenn diese Bedingung auch für den vollen Umfang betroffener Abschnitte der Technischen Dauer gültig bleibt. Die **Erhaltung von Technikwissen und –können ist demnach als höherstufige Instandhaltung bzw. Instandsetzung** zu werten. Hierbei ist die **Einschränkung zu beachten, daß ein Sollzustand für Wissen** allgemein und für technisches Wissen im Besonderen **nicht festgelegt werden kann**. Die Beschreibung eines Sollzustandes für Wissen würde ein Metawissen voraussetzen sowie die Möglichkeit, dieses in einer Metasprache kommunizierbar zu machen; beide Voraussetzungen sind nicht gegeben. Die Verwendung der Begriffe **Instandhaltung/Instandsetzung des Wissens** ist also, in Analogie zum sonstigen Sprachgebrauch, wie folgt zu verstehen: Derjenige Umfang Technischer Information, der für die Erzeugung,

Nutzung und Instandhaltung eines Technischen (in Teil-Analogie auch die eines Künstlerischen) Artefakts notwendig und hinreichend ist, bleibt in der Zukunft verfügbar oder wird wieder zur Verfügung gestellt und als erhalten gebliebene bzw. wiedergewonnene Erkenntnis ins Bewußtsein aufgenommen. Der Zusammenhang von Wissen, Information und Dokumentation wird im Folgenden genauer erörtert.

Das eben vorgetragene Argument läßt sich in die zeitlichen Blickrichtungen Vergangenheit und Zukunft entfalten. **Instandhaltung, und sei es nur in der Minimalform der Aufbewahrung und des Schutzes vor Verfall, hat die vorfindlichen Technischen Artefakte aus der Vergangenheit in die jeweilige Gegenwart geholt; und wenn eine Gewähr für deren Zukunft überhaupt gegeben werden kann, dann vermöge Instandhaltung.** Die Erhaltung von historischer Technik und ihrer Tradierung setzt das zeitlich zugeordnete historische Technikwissen und Technikkönnen voraus. Der Bau von Streichinstrumenten z.B. erreichte eine technische und damit für die Musiker auch künstlerisch herausragende Höhe mit den in Cremona tätigen Instrumentenbauern Stradivari, Amati und ihren Zunft- bzw. Zeitgenossen. Als die Geheimnisse des Baues und der Lackierung der Klangkörper untergegangen waren, wurde diese Höhe nicht mehr erreicht, und die historischen Cremoneser Instrumente stellen heute durch die Verbindung von Perfektion und Seltenheit einen kulturell und wirtschaftlich unschätzbaren Wert dar. Dieser gibt allerdings Anlaß für intensive Forschungsbemühungen im Versuch, mit den leistungsfähigsten Analyseverfahren die Technische Information wiederherzustellen und damit den Weg zu öffnen, aufs Neue solche höchstwertigen Instrumente zu erzeugen. Diesem beispielhaften Blick in die Vergangenheit ist die im Abschnitt „Begriffsbestimmung und Erläuterung der Nutzungsdauer" erörterte Perspektive der Kernkraftwerke in der Bundesrepublik Deutschland als Zukunftsbeispiel gegenüberzustellen. Das Erfordernis des sicheren Betriebs bis zum Tag der Stillegung begründet die Notwendigkeit, das kerntechnische Wissen zu erhalten, kerntechnische Ausbildung weiterhin anzubieten, das techniksoziologische Umfeld für die Tätigkeit in diesem Arbeitsgebiet günstig zu gestalten und die kerntechnische Sicherheitsforschung fortzusetzen

Naturwissenschaft, Technikwissenschaft, Geistes-, Sozial- und Wirtschaftswissenschaften haben sich in den vergangenen 200 Jahren mit zunehmender Beschleunigung entwickelt. Dies wird deutlich in Form dramatisch zunehmenden Wachstums der Zahl wissenschaftlicher Veröffentlichungen bzw. des Buch- und Zeitschriftenbestands wissenschaftlicher Bibliotheken, /18/. Die Wirtschaftswissenschaft bezieht die Bedeutung dieses Geschehens in ihre Analysen mit ein. Ein Überblick über wesentliche Einflüsse auf das Wirtschaftswachstum in Zeiten der Globalisierung betont die Bedeutung des „Prometheus"-Wachstums:

„Das Prometheus-Wachstum ist...ein Wachstum des Wissens und der Wissenschaft, der Dienstleistungen und der Funktionen, der Qualitäten und nicht der Materialmengen. An die Stelle der Schwerindustrie tritt das Labor; die Arbeitsteilung der Hände und Werkzeuge wird ergänzt durch die Arbeitsteilung der Köpfe. Das Sachkapital ist nicht mehr so ausschlaggebend als Grenze der Produktionskapazität. An seine Stelle tritt mehr und mehr das Humankapital, das mobil ist wie seine Träger und sich selbst durch Lernen vor dem Veralten bewahren kann, /19/.

Mit der Wachstumsbeschleunigung rückt die Grenze zwischen aktuellem und „historisch" altem technischem Wissen immer näher an die Gegenwart des 21. Jahrhunderts heran. Erhaltung und Neuanwendung von Technikwissen und – können sind keine Forderungen lebensabgewandter Theorie, sondern Voraussetzung für kulturell bedeutungsvolles und wirtschaftlich wichtiges Gegenwartsgeschehen. Dazu gehört auch die Instandhaltung der herkömmlichen sowie der neuerdings hinzugekommenen technischen Denkmäler. Grundlagen und Anwendung **herkömmlichen handwerklich geprägten Technikwissens und -könnens** sind Lehrprogramme staatlicher Fachschulen, siehe hierzu auch den Abschnitt „Instandhaltungsaufgaben des Staates und öffentlicher Institutionen". Viele Handwerks- und Industrieunternehmen betätigen sich in der Denkmalpflege mit Hingabe und finanziellem Erfolg. Fachliteratur steht in reichem Maß zur Verfügung; die Quellen tradierten Technikwissens werden erschlossen und nutzbar gemacht. Restauratoren leisten Erstaunliches in der Herstellung des bestmöglich ermittelbaren Sollzustandes alter Technischer Artefakte. In den Darlegungen zum Begriff des Unikats und der Denkmalpflege ist eine Reihe von Beispielen angeführt, bei denen die Zielsetzung ohne Anwendung überlieferten und für andere Aufgabenstellungen wenig gefragten technischen Wissens und Könnens nicht hätte erreicht werden können. (Bild 2.8.2.1 – 1).

Die Darlegungen zum „Museum als Welt" boten Anlaß, Information nicht als Selbstzweck, sondern als notwendige Bedingung für den Erwerb von Wissen vorzustellen. Wissen bedarf, nach dem Vorstehenden, einer höherstufig zu begreifenden Instandhaltung; Dokumente, also Technische Artefakte, sind Informationsträger und als solche die ganz unmittelbaren Objekte technischer Instandhaltung. Mit diesem Sachverhalt beschäftigt sich der folgende Abschnitt.

2.8.2.2 Technische Dauer von Informationsträgern als Folge von Wertentscheidungen

Das Technische Artefakt erster Ordnung, die Technische Information, hat in einem Verhältnis der Selbstbezüglichkeit einen Informationsträger zur notwendigen Bedingung. Dies gilt, wie im Abschnitt „Das Technische Artefakt erster Ordnung – Technische Information" erläutert, mit der Einschränkung, daß ein durch natürliche Begabung, (Berufs)-ausbildung und –ausübung erworbener „Wissensvorrat" und/oder technisches Können die fehlende Dokumentation der Struktur und Nutzung fallweise ersetzen oder ergänzen kann. Die

Bild 2.8.2.1-1 Veranschaulichung des technischen Wissens einer früheren Geschichtsepoche in der Instandhaltung eines Denkmals. Chateau de Sully-sur-Loire (Loiret), F.

Kommentar: Zimmermannskonstruktion des Dachstuhls eines Schlossgebäudes aus dem 14. Jahrhundert. Die technische Beherrschung einer beachtlichen Spannweite wird deutlich. Der instandgesetzte Bereich ist durch hellfarbige (noch nicht nachgedunkelte) Balken erkennbar.

„Verschränkung" von Information und Technischem Artefakt, das als Informationsträger dienen kann, aber einen Informationsträger selbst benötigt, wird im Abschnitt „Sammlungen als Technische Artefakte – Aufbau und Unterhalt als Instandhaltungsleistung" besonders deutlich.. Die „Entsorgung von veraltetem Wissen", wie sie in /20/ diskutiert wird, zeigt sich demnach als Umgang mit solchen Informationsträgern, deren Informationsinhalt als abgewertet beurteilt wird: Durch Untergang des Informationsträgers geht auch der Informationsinhalt unter; durch „Löschung" kann für eine bestimmte Art von Informationsträgern eine neue Nutzungsdauer eröffnet werden. Der Abwertung der Information kann man Rechnung tragen, indem der Informationsträger in ein System eingebracht wird, das dessen Informationsinhalt nur dadurch zugänglich macht, daß Erschwernisse – lange Zugriffszeit usf. – in Kauf genommen werden.

Die Erzeugung, Nutzung, Erhaltung, die Ausmusterung und der Untergang Technischer Artefakte, die als Informationsträger dienen, unterscheiden sich weder in systematischer noch in technikgeschichtlicher Hinsicht von anderen Technischen Artefakten. Im Abschnitt „Begünstigung langer Erhaltungsdauer Technischer Artefakte" wird dargelegt, daß ein Artefakt mehreren Klassen gleichzeitig angehören kann, deren kennzeichnende Eigenschaft die Begünstigung langer technischer Dauer vermöge bestimmter Wertentscheidungen ist. Die Handlungsentscheidungen, die für Beginn und Ende ihrer Erhaltungsdauer bzw. für die Dokumentation einer Technischen Biografie als notwendige Bedingungen wirkten, waren und sind wertegeleitet. Britische Truppen zerstörten im Krieg von 1812 die Bibliotheksbestände der US-amerikanischen Library of Congreß in Washington durch Brand. Ihr Wert wurde offenkundig nicht hoch genug eingeschätzt, um die Schonung oder Rettung der Bestände zu begründen angesichts der im Interesse der britischen Krone verfolgten militärischen Ziele. Die Bibliothek wurde jedoch nach wenigen Jahren neu aufgebaut, beginnend mit dem Ankauf der Privatbibliothek des ehemaligen US-Präsidenten Thomas Jefferson; sie umfaßte beim 200-jährigen Jubiläum im Jahr 2000 die stolze Zahl von 110 Millionen Sammlungsobjekten. Ihre Bedeutung für Staat und Volk der USA kommt in einer kleinen Jubiläumsschrift zum Ausdruck:

"Thus, the Library of Congreß has grown from the seed of Jefferson's own library, universal in subject matter and format, into a library that serves as Congress's working research collection, as the nation's library, and as a symbol of the **central role that free access to information** plays in our knowledge-based democracy, /21/.

Damit ist die Unentbehrlichkeit im gesellschaftlichen Lebensvollzug deutlich gemacht. Eine 1211 datierte Handschrift, welche die Zusammensetzung des „Steinbergs", der ökonomisch wichtigsten Weinbergslage des Zisterzienserklosters Eberbach im Rheingau, zum Inhalt hat, erfährt hohe Wertschätzung als bibliophiles Unikat, als Dokument der Wirtschaftsgeschichte des Zisterzienserordens wie auch der Weinbauregion Rheingau, und schließlich als Sammlungsobjekt der einzigartigen mittelalterlichen Eberbacher Klosterbibliothek, /22/. Die bisher erreichte Technische Dauer von fast 800 Jahren mit der Erwartung ihrer nicht quantifizierbaren Verlängerung stützt sich auf die Beschaffenheit als Technisches Artefakt – ein kleines Meisterwerk mittelalterlicher Handschriftenerzeugung – ebenso wie auf den unikatären Informationsinhalt, in ihrer gedanklich unterscheidbaren, aber nicht praktisch trennbaren Überlagerung vermöge technischer Individualität. Die in diesem Beispiel verdeutlichte mehrfach begründete Werthaltigkeit begünstigt Instandhaltung zunächst in der Form denkmal-pflegerischer Konservierung, z.B. erhaltender Aufbewahrung, und Erzeugung von Replikaten für den unwahrscheinlichen, dennoch nie völlig auszuschließenden Fall des Verlustes durch Extremereignisse. Dazu tritt aber auch die Entwicklung völlig neuer Instandsetzungs-Technologien, wie sie im Abschnitt „Der technisch-technologische Rang der Instandhaltung" für das Beispiel eines umfangreichen, gefährdeten oder schon geschädigten Buchbestands vorgestellt werden: Nicht nur der **Erhaltung Technischer Artefakte, sondern höherstufig der Erhaltung des Wissens** dienend.

2.8.2.3 Verfahren der Instandhaltung und Instandsetzung (Wiederherstellung) technischen Wissens

Das in /20/ kommentierte Extremereignis, der Brand der Bibliothek von Alexandria im Jahr 47 v. Chr., deren Bestand im Jahr 250 v. Chr. noch ca. 490000 Schriftrollen betragen hatte, wird als ursächlich bezeichnet für die Vernichtung des größten Teils des überlieferbaren Wissens (der mittelmeerischen Antike, A.d.V.), insbesondere des technischen Wissens. Hierbei bleibt jedoch unberücksichtigt, daß technisches Wissen gerade in dieser Geschichtsepoche, weitgehend unabhängig von dokumentierter Information, auf dem Weg des Nachvollzugs von Vorbildern und mündlich kommentierter Tradition in Berufsausbildung und –ausübung erhalten bleiben mußte und erhalten blieb, weil Alphabetisierung wenig verbreitet war. Ferner ist anzumerken, daß das Technische Artefakt in den beiden durch homomorphe Abbildung verbundenen Formen der Technischen Information und des Sachsystems vorliegen kann; diese lassen sich, wie im Abschnitt „Kultur als ‚objektivierter' Informationsspeicher" erläutert, wechselseitig ineinander überführen. Die damit gegebene Redundanz ermöglicht im Grundsatz die Instandsetzung bzw. Wiederherstellung der jeweils nicht mehr verfügbaren Form aus der komplementären. Das Kollektiv der mehr oder weniger vollständigen aus der Antike erhaltenen Sachsysteme – Gebäude, Verkehrsanlagen, oberirdische Kultstätten, unterirdische Grabanlagen, Grabdenkmale und Sarkophage, Werkzeuge, Bergwerksanlagen, Steinbrüche, Mühlen, Brunnenhäuser, Waffen, Gebrauchsgeräte, Schmuck, Gefäße, Münzen, Metallbarren, Modelle und so fort – liefert in der isolierten Betrachtung des Einzelexemplars wie auch aus der Rekonstruktion funktionaler Zusammenhänge viele Informationen. Sie werden ergänzt und erläutert durch Hinweise aus dem erhaltenen Schrifttum, aus Dichtung und Geschichtsschreibung, durch erhaltene Vasenbilder, Fresken und Mosaiken, Skulpturen, Reliefs, Inschriften auf Bronzetafeln und anderes mehr. Wesentliche Einsichten lassen sich auch aus den Kenntnissen über Klimaverläufe gewinnen; besonders wichtig sind hierbei die Extremereignisse wie Vulkanausbrüche, Stürme, Sturmfluten, Überschwemmungen und so fort. Auf dieser umfangreichen Grundlage von Informationen kann dann ein geschlossenes Bild antiker Technikgeschichte entstehen, wie es etwa in der Propyläen-Technikgeschichte vorliegt, die in der vorliegenden Untersuchung mehrfach zitiert wird.

Moderne Informationstechnologie hat für die Wiedergewinnung verlorener Technischer Information ganz neue, leistungsfähige Verfahren entwickelt. Im Computer-Aided-Design (CAD) wird digitale Datenverarbeitung zur Unterstützung bei der Erzeugung Technischer Information (Maschinenkonstruktion, Anlagenplanung, Bau – und Architekturplanung und so fort) genutzt. CAD wurde der Aufgabe dienstbar gemacht, zerstörte Gebäude „virtuell", das heißt als Computer-Darstellung, wiederherzustellen. Grundlageninformationen hierfür sind: noch erkennbare Fundamentstrukturen, als Ruine erhaltene Reste der Baustruktur, erhaltene Schriftdokumente sowie Abbildungen und schließlich die kunst- bzw. baugeschichtliche Tradition, aus der sich durch Analogie Fehlendes ergänzen läßt. Diese Technik ist an der Technischen Universität Darmstadt bereits Arbeitsthema des Fachgebiets „CAD in der Architektur"; hier wird unter der Bezeichnung „Architectura virtualis" das Projekt eines „digitalen Weltgedächtnisses" im Internet bearbeitet. Weitere Projekte tragen die Bezeichnungen „Virtueller Dom" (computergraphisches Modell des Doms von Siena), „Virtual Stone" (Projekt einer Computer-Datenbank für jeden einzelnen Baustein des Stephansdoms in Wien, mit einer Zielsetzung, welche auch die Erleichterung von Instandhaltungsarbeiten einschließt), „Virtuelles Tübingen" , „Synagogen in Deutschland" und andere, worunter die abgeschlossene virtuelle Rekonstruktion der Kathedrale von Cluny, vor ca. 1000 Jahren die größte Kirche der Christenheit, besonders starken Eindruck hervorruft. Interessant ist vor allem der Hinweis:

„Doch die Computerdaten müssen sorgfältig gepflegt, restauriert und modernisiert werden- wie real vorhandene Gebäude auch...Neue Rechnergenerationen und neue Programmversionen sorgen dafür, daß die mühevoll rekonstruierten Daten relativ schnell veralten...Die ersten Projekte sind inzwischen immerhin zehn Jahre alt und nur regelmäßige Datenpflege stellt sicher, daß wir auch morgen noch durch die virtuellen Bauwerke wandeln können, /23/.

Eine Kombination verschiedener Informationsträger, außer CAD mit Computer-Animation auch ein räumliches Modell, Kartons mit Replikaten von Wand- und Deckendekorationen und schließlich Replikate von hölzernen Möbeln, dient der virtuellen Wiederherstellung der Casa del Poeta tragico in Pompeji, einer kleinen, eleganten Patriziervilla, deren vollkommen ungeschützt stehendes

Original weitgehend verfallen und fast nicht mehr zu retten ist, /24/. Als Beispiel für die Wiederherstellung eines in ca. 7000 Bruchstücke zerlegten herausragenden künstlerischen Artefakts kann hier noch die Rekonstruktion der Skulpturengruppe aus der Höhle von Sperlonga am Tyrrhenischen Meer, der „Grotte des Tiberius", genannt werden. Der römische Kaiser Tiberius hatte dort in sechs kolossalen Figurengruppen aus Marmor die wichtigsten Abenteuer des Odysseus auf der Heimfahrt nach Ithaka darstellen lassen; sie wurde 511 von „religiösen Eiferern" zerstört. Die vollkommen gelungene Rekonstruktion sowie die Herstellung von Replikaten aus Gips bzw. Kunstmarmor wurden nicht durch Computertechnik, sondern durch die Verbindung kunstgeschichtlichen Wissens und bildhauerischen Könnens möglich. Die Verwendung von Silikonkautschuken zur Herstellung von Abgüssen erwies sich dabei als erfolgsentscheidende Hilfe, /25/. (Bild 2.8.2.3 – 1).

Ein besonders interessantes Beispiel für den Einsatz technologischen Gesetzeswissens lieferte die Untersuchung des hochseetüchtigen Segelboots von den Santa Cruz - Inseln aus dem Ethnologischen Museum Berlin-Dahlem durch das Aerodynamische Institut der Technischen Universität Berlin.

„...Der Rumpf ist strömungstechnisch gut geformt, das Schwimmersystem des Auslegergeschirrs ist zur Gleitfunktion entwickelt, und die Form des Segels hat einen Wirkungsgrad, wie ihn ein durchschnittlicher europäischer Ingenieur mathematisch kaum besser berechnen könnte...Das ...Segel...ist in dieser Region mit einer großen Ausbuchtung im oberen Teil versehen, sodaß es die sogenannte ‚Krebsscheren'-Form erhält...Nach Untersuchungen im Windkanal hat diese nach unten spitz zulaufende Segelform den gleichen Wirkungsgrad wie eine rechteckige (über die Außenränder gemessene) und entsprechend größere Fläche. Vermutlich wird mit der oben eingebuchteten Form des Segels ein zu starker Druckanstieg unter seitlichem Wind vermieden (‚Strömungsablösung'). Das an einer Seite des Segels erkennbare größere „Ziergehänge"...dient zur Turbulenzkontrolle". /26/.

Das nur durch Beobachtung und Erfahrung begründete strukturale Regelwissen der handwerklich arbeitenden polynesischen Bootsbauer wurde mit technologischen Verfahren, die erst seit einigen Jahrzehnten zur Verfügung stehen, auf eine technikwissenschaftliche Grundlage gestellt und dokumentiert. Einen anderen Weg zur Erschließung traditionellen, undokumentierten technologischen Wissens geht ein Bootsbauer, der ein den indianischen Vorbildern Nordamerikas getreu nachgebautes Kanu ausschließlich aus den vom Wald gelieferten Werkstoffen – Birkenrinde, Nähte aus Wurzelfäden, Dichtmasse aus Baumharz usf. – herstellt, bei der Erzeugung auf jegliches Elektrowerkzeug verzichtet und das Boot auf der Reise ausschließlich mit den Mitteln instandsetzte, die der Wald hergab, /27/. Der Instandhaltung technischen Wissens dient es auch, wenn – spiegelbildlich zu den vorstehend geschilderten Beispielen - aus alter Fachliteratur die Informationen zu holen sind, die für die Herstellung der gesamten Segeleinrichtung eines Kreuzfahrt-Segelschiffs im Zusammenhang mit einem umfangreichen Schiffsumbau benötigt werden, /28/. Daß auch

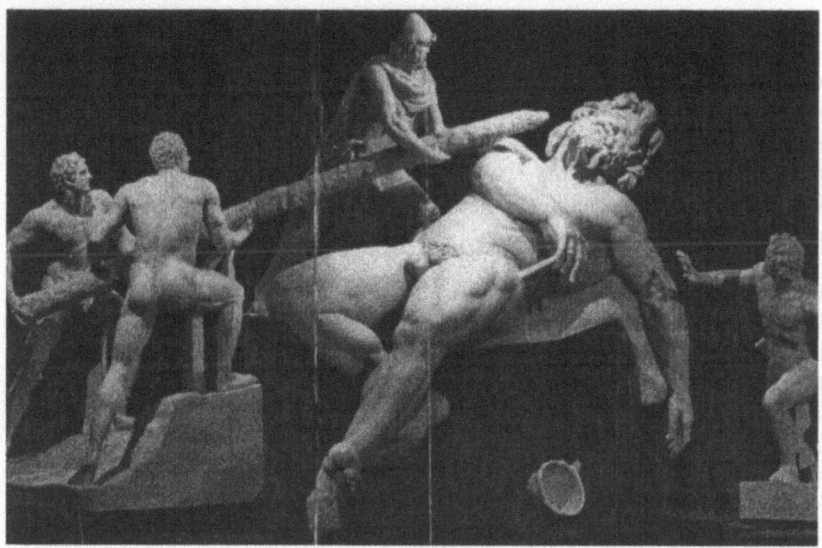

Bild 2.8.2.3-1 Anwendung modernen chemotechnischen Wissens in der Wiederherstellung der Struktur-Information eines Denkmals (antike Skulptur): Die Blendung des Polyphem durch Odysseus und seine Gefährten.

Kommentar: Wiederherstellung einer vorsätzlich zertrümmerten Marmor-Skulpturengruppe mit Hilfe von Silikonkautschuk zur Abformung von Skulpturenteilen. Aus der Höhle des Tiberius, Sperlonga, I.

auf technischen Schauplätzen, die vom Alltag weitab entfernt liegen, interessante Aufgaben für die Erschließung und Sicherung historischen technischen Wissens liegen, beweist die Erforschung und Restaurierung des samt komplettem Fundus und Opernliteratur (2400 Libretti und 300 Partiturbände) unverändert erhaltenen Barocktheaters im tschechischen Krummau (Cesky Krumlov). Die Funktionen der 200 Jahre alten Theatermaschinerie sind nur zu etwa 70% bekannt; ihre Erforschung geht Hand in Hand mit dem Abarbeiten der Restaurierungsaufgaben, /29/.

Information läßt sich gewinnen aus historischen Technischen Artefakten in Verbindung mit Schriftquellen und speziellen naturwissenschaftlichen Erkenntnissen einerseits, computergestützten Verfahren der Wiederherstellung verlorener Technischer Information andererseits. Hinzu kommen leistungsfähige chemisch und/oder physikalisch gestützte Untersuchungs- und Restaurierungsverfahren und Nachbauprojekte für historische Technik. Die vorstehend erörterten Verfahren sind zum Teil herkömmlich, zum Teil aber erst in den letzten Jahrzehnten des 20. Jahrhunderts entstanden. Die letzteren waren weder einer Vorausahnung noch gar einem Vorauswissen zugänglich. Dies rechtfertigt im Umkehrschluß insgesamt die Vermutung, daß auch zukünftig Verfahren entstehen können, die aus heute noch nicht wahrgenommenen Spuren eine Wiederherstellung sowohl von Technischer Information wie von Sachsystemen zulassen, die wir gegenwärtig als verloren betrachten, oder deren bevorstehender Verlust unabwendbar scheint. Neu entstehendes Wissen kann auch künftig das scheinbar verlorene zurückholen.

Einen Blick in die Zukunft erlaubt die in /30/ erörterte Untersuchung zum Untergang von Information durch Verfall bzw. durch das Verschwinden Technischer Artefakte, mit denen Informationen zugänglich gemacht werden (Sachsysteme und Programme). Sie beschäftigt sich auch mit den Verfahren, diesem Untergang entgegenzuwirken. Die hier vorgelegte Tabelle der Tauglichkeitsdauer von Informationsträgern stimmt weitgehend mit den Angaben in /20/ überein; wesentlich scheint der Hinweis, daß Silberhalogenid-Filme auf Polyesterfolien eine Erkennbarkeitsdauer von über 1000 Jahren erreichen können, was der Verfilmung von bedruckten Informationsträgern auf Mikroformen ein großes Anwendungsgebiet eröffnet. Z.B. werden nach diesen Angaben derzeit in den USA in einer nationalen Rettungsaktion drei Millionen gefährdeter Bücher auf Mikroformen übertragen. Für die Erhaltung digitalisierter Daten werden drei Verfahren („Modelle") diskutiert, die aber alle nach diesen Angaben noch keine Anwendung gefunden haben. Das Modell „Technikmuseum" setzt auf die Erhaltung der Technischen Artefakte. (Sachsysteme und Programme) **in betriebsfähigem Zustand.** Dies wird wegen der Erfordernis der Instandhaltung und der Unmöglichkeit, für schadhafte Teile Austausch langfristig zu sichern, als unmöglich beurteilt. Ein Einwand zu diesem Urteil geht dahin, daß erstens Technikmuseen mit derartigen Exponaten schon existieren und deren Erfahrungen genutzt werden können; zweitens könnten Zweitexemplare, die nicht genutzt, sondern nur als Austauschteilelager bereitgehalten werden, sowie Vorhaltung von Verschleißteilen lange Tauglichkeitsdauer sichern. Das zweite Modell wird als Emulation bezeichnet; es handelt sich um die Nachahmung alter Hard- und Software auf Computern der jeweils aktuellen Generation. Dies wird bereits dort praktiziert, wo ein sehr großer Datenbestand, der erhalten werden soll, den hohen Aufwand lohnt. Modell drei ist die Migration, das Umkopieren von einem Informationsträger auf einen anderen, zurzeit die einzige realistische Möglichkeit der digitalen Langzeitsicherung, da die technischen Voraussetzungen (Aufbewahrung der Informationen und der Programme, mit denen sie erzeugt wurden, sowie Übergang der Programme vor den Informationen auf die neuen Geräte) erfüllbar sind. Wenn die Aufgabenstellung erkannt, die Zielsetzung formuliert ist, so besteht gerade im Hinblick auf Geschwindigkeit und Umfang der bisherigen technologischen Entwicklung auf diesem Gebiet Grund zu der Vermutung, daß die Zukunft neue Möglichkeiten für die Verlängerung der Tauglichkeitsdauer Technischer Artefakte, die als Informationsträger dienen, bereitstellen wird.

2.8.3 Zusammenfassung des Abschnitts 2.8 : Gewinn und Erhaltung von Wissen durch und bei Instandhaltung

Der Gewinn von Wissen durch Instandhaltung ist als **Schwachstellenforschung** ein Teil der Erweiterung von Technikwissenschaft. Schwachstelle ist, der Norm folgend, die durch Nutzung bedingte oder schadensverdächtige Stelle, die mit technisch möglichen und wirtschaftlich vertretbaren Mitteln so verändert werden kann, daß Schadenshäufigkeit und/oder Schadensumfang sich verringern. Schwachstellenforschung ist **Anwendung abduktiver Logik**. Aus dem Vorliegen eines Resultats – dem Schaden – und der Regel – des technischen Wissens – wird auf den Fall geschlossen, nämlich den Sachverhalt der Veränderungs/Verbesserungsmöglichkeit. Schwachstellenforschung geht, wie das technische Handeln insgesamt, methodisch vor und besitzt vermöge standardisierter Begrifflichkeit und technischer Normen institutionellen Charakter. Kenntnisse über Schwachstellen Technischer Artefakte kommen aber auch unsystematisch, zufällig, zustande. Die technikinterne Dimension der Schwachstellenforschung umfaßt das alltägliche Geschehen möglicher kontinuierlicher technologischer Verbesserungen. Fallweise gehen aber auch **bedeutungsvolle technische Entwicklungen vom Instandhaltungsgeschehen** aus. In der **Analyse der Ursachen technischer Katastrophen** gewinnt Schwachstellenforschung gesamtgesellschaftliche Bedeutung. Die juristische und politische Aufarbeitung der Schadensfolgen wirkt sich häufig in Form neuer gesetzlicher Regelungen und politischer Konsequenzen institutionell aus.

Die im Abschnitt „Der technisch-technologische Rang der Instandhaltung" erörterte kategoriale Übereinstimmung von Erzeugung und Instandhaltung führt unmittelbar zu dem Befund, daß **Instandhaltung** auch **die Erhaltung und Wiederherstellung technischen Wissens und Könnens** voraussetzt. Instandhaltung „transportiert" das Technische Artefakt aus Vergangenheit und Gegenwart in die Zukunft. Die **Erhaltung und Wiederherstellung technischen Wissens und Könnens erweist sich damit als höherstufige Instandhaltung bzw. Instandsetzung.** Die technische Dauer Technischer Artefakte, die als Informationsträger genutzt werden, wie auch die Bewahrung oder Löschung der implementierten Informationen erweist sich als unmittelbare Folge von Wertentscheidungen hinsichtlich der Erhaltungswürdigkeit des Informationsbestands. Informationsträger unterscheiden sich also hierin nicht von anderen Technischen Artefakten. Als Verfahren zur Instandhaltung und Wiederherstellung technischen Wissens und Könnens können genannt werden: Redundanz (schriftliche Dokumentation, ergänzt durch erhalten gebliebene Technische Artefakte); die technik-, insbesondere baugeschichtlich eingesetzten Verfahren der rechnergestützten Technikgestaltung (Computer-Aided Design, CAD) mit der Möglichkeit des virtuellen Wiederaufbaus zerstörter Gebäude; die Erhaltung Technischer Artefakte in technikgeschichtlichen Sammlungen, möglichst in betriebsfähigem Zustand, sowie deren technikwissenschaftliche Untersuchung; der Nachvollzug vergessener z.B. handwerklicher Verfahren; die Speicherung von Informationen auf Trägern mit technologisch begründeter besonders langer Tauglichkeitsdauer; moderne Verfahren der Papier- und Buchkonservierung zur Sicherung der Bibliotheksbestände, schließlich die Sicherung elektronisch gespeicherter Daten durch Nachahmung obsolet gewordener Geräte und Programme mittels der aktuell verfügbaren Technologie.

TEIL 3 INSTANDHALTUNG IN NORMATIVER HINSICHT – INSTANDHALTUNG UND GESELLSCHAFT

3.1 VERANTWORTUNG IN UND DURCH INSTANDHALTUNG

3.1.1 Verantwortung und Irreversibilität

3.1.1.1 Die Karriere des Begriffs Verantwortung

„Innerhalb eines Jahrhunderts ist der Begriff der Verantwortung in den Rang eines ethischen Grundbegriffs aufgestiegen".

Mit dieser Feststellung eröffnet BAYERTZ seine Überlegungen zum Thema „Verantwortung als Reflexion". Angesichts von Versuchen, „einen ethischen Grundbegriff zu einem ethischen Grundprinzip zu promovieren", attestiert er dem Begriff „Verantwortung" und seinem Aufstieg zu einer moralphilosophischen Grundkategorie innerhalb von hundert Jahren eine „erstaunliche Karriere", /1/.

Die Berechtigung dieser Feststellungen zeigt sich schon rein quantitativ in einer von BAYERTZ als Herausgeber vorgelegten Auswahlbibliographie, /2/. Sie umfaßt 286 Titel gemäß nachstehender Gliederung:

- Verantwortung
- Philosophische Konzepte (Klassiker; Verantwortung allgemein; Freiheit und Verantwortung; Der Verantwortungsbegriff in Phänomenologie und Existentialismus;
  Der Verantwortungsbegriff bei Hans Jonas; Individuelle und kollektive Verantwortung)
- Verantwortung und andere Disziplinen
  (Theologie; Recht; Ethnologie; Soziologie und Sozialpsychologie)
- Verantwortungsproblematik in einzelnen Anwendungsfeldern
  (Politik; Wirtschaft)
- Verantwortung in Wissenschaft und Technik
  (Allgemein; Wissenschaft; Technik)
- Verantwortung und Kunst
- Verantwortung in der Medizin
- Verantwortung und Ökologie

Die mit Verantwortung in Wissenschaft und Technik zusammenhängenden Titel machen mit insgesamt 62 mehr als 20% der Gesamtzahl aufgelisteter Monographien, Sammelbände, Themenhefte und Aufsätze aus. Auch in diesem Verhältnis zeigt sich Umfang und Wirkungstiefe des Einflusses von Wissenschaft und Technik auf die gesamtgesellschaftliche Lebensgestaltung und die Notwendigkeit, diesem Phänomen ethisch gerecht zu werden. Der im Folgenden vorgestellte Versuch, dazu immer noch etwas Neues zu sagen, bedeutet daher einen zusätzlichen Test hinsichtlich der bereits bewiesenen philosophischen Leistungsfähigkeit dieses Begriffs.

3.1.1.2 Begriffsbestimmung der Verantwortung

BAYERTZ schreibt zum Begriff Verantwortung:

„Verantwortung...entsteht dort, wo das autonome Subjekt die Zurechenbarkeit seiner Handlungen in sich hineinnimmt, verinnerlicht und zur Richtschnur seiner Handlungen macht. Damit einher geht eine Verallgemeinerung und Verstärkung der bereits in der Verantwortlichkeit implizit enthaltenen Pflicht zur Antizipation: Verantwortung beruht auf der Bewußtheit des eigenen Handelns und seiner möglichen Folgen für andere. Grundlegend für den Verantwortungsbegriff ist damit sein reflexiver Charakter: Das Individuum betrachtet sich selbst und seine Handlungen aus der Perspektive der anderen", /3/.

Handeln und Handlung sind hier wohl so zu verstehen, daß sie **Zulassung und Unterlassung von Handlung** mit einschließen, siehe /4/. Die Einbeziehung des Pflichtbegriffs in den Verantwortlichkeits- bzw. Verantwortungsbegriff deutet die Möglichkeit einer Weiterbegründung von Verantwortung an; diese kann jedoch hier zunächst außer Betracht bleiben. Wesentlich ist für die vorliegende Untersuchung vielmehr die für moderne Technik und ihre gesellschaftlichen Wirkungen vorliegende Erkenntnis, daß in komplexen, arbeitsteilig organisierten Prozessen **das Resultat nicht mehr einem einzelnen Individuum zurechenbar ist.**

„Mit der gemeinschaftlichen Erzeugung des Resultats wird die Verantwortung aber nicht einfach nur sozialisiert; sie scheint vielmehr in Ermangelung individueller Zurechenbarkeit zu verschwinden...Betrachten wir die drei skizzierten Problemfelder (Kernwaffeneinsatz, Umweltprobleme, Genmanipulation, A.d.V.), so wird die reflexive Grundstruktur der Rede über Verantwortung als ein gemeinsames Merkmal deutlich. In allen drei Fällen ist das Gewahrwerden gemeinsamer Handlungsmacht und gesteigerter Handlungskonsequenzen der Ausgangspunkt für das Bewußtsein gewachsener Verantwortung", /3/.

Hier wird die Unzulänglichkeit eines Verantwortungsbegriffs deutlich, der an das als Einzelne(r) handelnde Individuum fest gebunden ist. Grund zur vertieften Frage nach einem möglichen **Subjekt der Verantwortung** ist also gegeben. Sie fand eine Antwort in dem von HUBIG in /5/, /6/, zusammenfassend in /7/, aber auch in anderen Beiträgen gegebenen Hinweis auf **Institution**, auf das **„virtuelle kollektive Subjekt"**, und die grundlegende Bedeutung des institutionellen Handelns: Es bietet im Eröffnen, Verschließen und Gewichten von **Handlungsmöglichkeiten für Individuen** einen höherstufigen Zugang zum Begriff der **Verantwortung als Grundkategorie von Wissenschafts- und Technikethik.** In prägnanter Weise werden die Möglichkeiten des Zugangs zum Verantwortungsbegriff vom Subjekt, vom Gegenstand, vom Ethik-Typ, von den Ethik-Ebenen und schließlich von den Instanzen her vorgestellt. In seiner Zusammenfassung „Verantwortung" wird besonders deutlich, daß dieser Begriff ein Zuschreibungskonzept kennzeichnet („reflexiven Charakter" besitzt) und der Interpretation bedarf: Die Begriffsinhalte, die HUBIG in /7/ zeigt, müssen in der hier gegebenen gedrängten Übersicht unbestimmt bleiben, mit Ausnahme vielleicht der rechtlichen/gesetzlichen und religiösen Verantwortung. Sie lassen sich aber vor allem in vielfältiger Weise mit **Werten** in Zusammenhang bringen. Es erscheint also auch auf diese Weise der bereits in der vorgestellten Bibliographie zum Ausdruck kommende Reichtum der Möglichkeiten, dem Verantwortungsbegriff philosophisch gerecht zu werden. Den Versuch einer Zusammenfassung der vorgestellten Argumente und Ergebnisse bildet die folgende Begriffsbestimmung:

Verantwortung ist ein Zuschreibungs-, also ein formales Konzept, bei dem die sittliche Bindung eines Subjekts, das sowohl Individuum wie auch virtuelles kollektives Subjekt sein kann, an die Folgen des Vollzugs, der Zulassung und Unterlassung von Handlungen wie auch der Eröffnung, Verschließung und Gewichtung von Handlungsmöglichkeiten nach Maßgabe einer Interpretation betrachtet wird.

3.1.1.3 Irreversibilität

Eine Kategorie, die für den Naturwissenschaftler und Techniker von berufsbezogener Bedeutung ist, wird in einer von Jeremy RIFKIN zitierten Feststellung des Chemie-Nobelpreisträgers und Philosophen Wilhelm OSTWALD, Begründers des energetischen Monismus, eingeführt:

Die Verantwortlichkeit für jede Tat (heute eher: „Handlung", A.d.V.) hat nur dann einen Sinn, wenn die Tat nicht wiederholt werden kann, wenn das, was getan ist, für immer getan ist, /8/.

Daß die Wiederholung der Tat ausgeschlossen sein soll, ist allerdings etwas mißverständlich. Vielmehr soll wohl zum Ausdruck kommen, der Begriff „Verantwortlichkeit" sei nur sinnvoll, wenn die Tat nicht **ungeschehen gemacht**; das heißt, wenn der Ablauf der Handlung nicht umgekehrt werden, wenn sie nicht „rückgängig" gemacht werden kann.

In ROPOHLs systemtheoretischer Darstellung erscheint der handelnde Mensch als Sonderfall eines **Handlungssystems**:

Die allgemeine Funktion eines Handlungssystems aber erhält man, wenn man das Handeln als Funktion mit mindestens vier Variablen darstellt, dem Ziel, einem weiteren Zustand, einem Input und einem Output. Entsprechend dem vorgestellten Ziel nimmt das Handlungssystem

Gegebenheiten aus der Umgebung auf, verändert diese sowie meist auch seinen Zustand und gibt sie in veränderter Form an die Umgebung ab. In systemtheoretischer Ausdrucksweise ist das genau der Ablauf, der in der allgemeinen Handlungsdefinition als „Transformation der Situation" beschrieben wird. Dabei kann man annehmen, daß der Input der Anfangssituation und der Output der Endsituation zugeordnet ist. Handeln, definiert als die Funktion des Handlungssystems, heißt somit die zielbestimmte Überführung von Inputs in Outputs; dann ist Handeln eine Ergebnisfunktion, /9/.

Für das Handlungssystem sind unter anderen die Kategorien Materie und Energie wesensbestimmend. Daher unterliegt der von ROPOHL beschriebene Ablauf insoweit dem Geltungsbereich desjenigen Zweigs der Physik, der sich mit der **Transformation von Situationen** befaßt; physikalisch ausgedrückt: Mit Vorgängen, **Prozessen**, die zeitlich bestimmbare Anfangs- und Endsituationen aufweisen, wobei auch Richtungswechsel möglich sind (**Kreisprozeß**). Dies ist die **Thermodynamik** Der Begriff des Prozesses steht in engstem Zusammenhang mit dem eines wenigstens gedanklich abgrenzbaren **Systems**. Bei Systemen, die in der Thermodynamik untersucht werden, bezieht sich die Abgrenzbarkeit auf eine Umgebung, mit der zunächst Energie in Form von Wärme und mechanischer Arbeit, in erweiterter Begriffsanwendung aber auch andere Energieformen sowie Materie ausgetauscht werden. Der Systembegriff, insoweit er auf die Erfahrungswirklichkeit bezogen wird, bezeichnet ein Ganzes, einen Ordnungsbereich, dessen Elemente durch ihre Struktur zu einer Funktion geeignet sind oder, wechselwirkend, für ihre Funktion eine zugehörige Struktur voraussetzen. In Prozessen werden Funktionen vollzogen und Strukturen verändert. Für Philosophie und Wissenschaftstheorie erweist sich der Systembegriff infolge seines hohen Abstraktionsgrades als Fundamentalbegriff von überragender Leistungsfähigkeit in vielen Bereichen der Erfahrungswirklichkeit. Er liegt der **Systemtheorie** zugrunde, die sich vermöge mathematischer Methoden mit natürlichen und mit vom Menschen geschaffenen Systemen befaßt, das heißt mit Fragestellungen mehrerer Wissensgebiete. Die Aussagekraft der Systemtheorie erstreckt sich sowohl auf Prozesse, bei denen das Erreichen der Endsituation mit dem Zerfall der anfänglichen Ordnung verbunden ist, wie auch auf solche, die zur Neubildung einer Ordnungsstruktur führen, somit eine **Evolution** bewirken. JANTSCH gibt in /10/ eine informative Übersicht kennzeichnender Aspekte strukturbewahrender und evolvierender Systeme.

Für die Abgrenzbarkeit eines Systems, d.h. die Möglichkeit der Trennung von seiner Umgebung hinsichtlich des Austausches von Energie, Materie und, in weitestgehender Verallgemeinerung, auch von Informationen, gibt es mehrere Stufen. Man unterscheidet bei den physikalischen zunächst die abgeschlossenen Systeme (keinerlei Austausch mit der Umgebung). Das **abgeschlossene** System ist ein Denkmodell, also kein Teil der Erfahrungswirklichkeit; denn nur durch Signale an die Umgebung könnte das System beobachtet und damit Gegenstand der Naturwissenschaft werden. Das **geschlossene** System ist ebenfalls ein Denkmodell. Es wird in der Thermodynamik behandelt, als hätte es (der Bezeichnung entsprechend) keinen Energieaustausch mit der Umgebung. Die Literatur bringt aber fallweise die sehr wesentliche Einschränkung zum Ausdruck, daß wegen des unvermeidlichen Austausches von Energie mit der Umgebung ein solches System in der Erfahrungswelt ebenfalls nicht existiert, es demnach ebenfalls ein Denkmodell ist, ein theoretischer Grenzfall, /11/. Die in der Erfahrungswelt vorkommenden Systeme sind alle mehr oder weniger offen; das in problematischer Wortwahl als geschlossen bezeichnete System stimmt mit Systemen der Erfahrungswelt nur in mehr oder weniger zutreffender Annäherung überein. Offene Systeme tauschen Energie und Materie mit ihrer Umgebung aus, /12/. Das von ROPOHL beschriebene Handlungssystem und somit auch der Sonderfall, der handelnde Mensch, sind also, thermodynamisch betrachtet, offene Systeme.

Eine der wesentlichsten Aussagen der Thermodynamik, ihr II. Hauptsatz, ist ein Erfahrungssatz und stützt sich auf die unzählige Male wiederholte Beobachtung, daß bestimmte Vorgänge in der Natur oder in technischen Systemen genau dem als „Transformation der Situation" beschriebenen Ablauf folgen: Eine zeitlich bestimmbare Situation 1 wird in eine zeitlich bestimmbare Situation 2 überführt, und zwar ausschließlich in der Richtung von 1 nach 2, also unumkehrbar, **irreversibel**. Beispiele hierzu: Druckausgleich durch Verbindung eines mit Gas gefüllten Gefäßes 1 mit einem gleichgroßen evakuierten Gefäß 2; Mischung zweier gleichgroßer Flüssigkeitsmengen der Ausgangstemperaturen 1 (warm) und 2 (kalt) bis zum Ausgleich bei der Temperatur 3. In allen Fällen wird ein **Gleichgewichtszustand** erreicht. Als gemeinsames Merkmal dieser und ähnlicher irreversibler Prozesse wird die **Abnahme von Ordnung, die Zunahme von Unordnung** erkennbar: Beim Gas-Beispiel ist vor der Verbindung der Gefäße die Wahrscheinlichkeit, ein bestimmtes Gasmolekül im Gefäß 1 zu finden, 100%; nach dem Druckausgleich, unter bestimmten hier vernachlässigbaren vereinfachenden Annahmen, ist diese Wahrscheinlichkeit auf 50 % gesunken. Beim Flüssigkeitsbeispiel ist die Wahrscheinlichkeit, daß ein beliebig kleines Volumelement der warmen bzw. der kalten Flüssigkeit ein ebenfalls warmes bzw. kaltes Volumelement zum unmittelbaren Nachbarn hat, vor dem Mischvorgang 100%. Nach Herstellung der homogenen Mischung, die den vollständigen Temperaturausgleich bewirkt, ist die Wahrscheinlichkeit des Auffindens benachbarter Volumelemente, die beide (ursprünglich) warm bzw. kalt waren, 0 %. Für beide Beispiele lassen sich Verfahren angeben, mit denen der Ausgangszustand wiederhergestellt werden kann, aber sie erfordern Energiezufuhr aus der Umgebung des Systems: Das Gas kann durch mechanische Verdichtung in das Gefäß 1 zurückgeführt, die jeweils halbe Flüssigkeitsmenge aus dem Mischgefäß durch Wärme- bzw. Kältezufuhr auf die ursprüngliche Temperatur aufgeheizt oder abgekühlt werden. Der Ordnungszustand in diesen Beispielen ist durch eine bestimmte räumliche Situation gekennzeichnet. Verallgemeinert gilt: **Die Rückkehr zum ursprünglichen Ordnungszustand ist** möglich, aber sie erfordert zusätzlichen Aufwand aus der Umgebung des Systems. Die Irreversibilität ist **scheinbar** aufgehoben, der Prozeß hat die Richtung von 2 nach 1 genommen. Aber der Preis dafür, der zusätzliche Aufwand, muß aufgebracht werden, und gerade dieser Umstand kennzeichnet die Irreversibilität. Das geschlossene System ist eben dasjenige, bei dem die Möglichkeit des Einfließens dieses Aufwands aus der Umgebung verhindert sein soll. Prozesse mit periodischem Durchlaufen der Situationen (physikalische Bezeichnung: Zustände) 1-2-1-2-..., also Kreisprozesse, sind in der gesamten Technik bei der Überführung von Wärme in Arbeit, beim Umgang mit Gasen und Dämpfen und so fort von umfassender Bedeutung. Auch für sie gilt, daß die jeweilige Rückkehr zum Zustand 1 irreversibel geschieht, also zusätzlichen Aufwand – in den genannten Beispielen von Energie - aus der Systemumgebung erfordert. Da nach dem 1. Hauptsatz der Thermodynamik alle Energieformen ineinander übergeführt werden können, gelten die am Beispiel der Überführung von Wärme in mechanische Arbeit gewonnenen grundsätzlichen Theorie-Ergebnisse für alle energetischen Vorgänge. Das Beispiel eines in der Literatur erwähnten Naturvorgangs, des immer in Gefällerichtung strömenden Wasserlaufs, dient der weiteren Veranschaulichung: Ist das Wasser in See oder Meer zur Ruhe gekommen, so kann es durch Verdunstung und anschließende Abkühlung mit Regenbildung wieder zur Quelle zurückkehren. Wärmeaufnahme bei Verdunstung und Wärmeabgabe bei Kondensation, Aufwand und Gewinn von Hubarbeit beim Hochsteigen des Dampfes und beim Fallen von Regen sind rechnerisch gleich; aber die Energieverluste bei den Strömungsvorgängen zeigen bei genauer Betrachtung, daß die Irreversibilität eben nur scheinbar aufgehoben ist.

Für den **Grad von Unordnung**, der beim irreversiblen Prozeß unvermeidlich entsteht, hat die Thermodynamik den Begriff der **Entropie** als Zustandsgröße eingeführt. Bei der mathematischen Analyse einer beliebig kleinen Zustandsänderung wird ein beliebig kleiner Wärmestrom durch Quotientenbildung auf eine beliebig kleine damit verbundene Temperaturänderung bezogen. Sinkende, gleichbleibende bzw. steigende Temperaturen ergeben Temperaturdifferenzen größer als Null, gleich Null bzw. kleiner als Null und damit, im kontinuierlichen Übergang von beliebig kleinen zu endlich großen Zustandsänderungen, wachsende, gleichbleibende bzw. abnehmende Entropiewerte. Wenn die Temperaturdifferenz gegen Null geht, geht auch der Wärmestrom gegen Null. Das Beispiel der Mischung warmer und kalter Flüssigkeit zeigt: Könnte man die Erwärmung der halben Mischmenge auf die Temperatur 1 nur durch Abkühlung der anderen halben Mischmenge auf die Temperatur 2 gewinnen, ohne Aufwand von außerhalb des Systems, so würden die Temperaturdifferenzen 1-3 (positiv) und 2-3 (negativ) sich gegenseitig aufheben, die Entropie wäre somit Null. Dies würde aber dem II. Hauptsatz widersprechen. Er macht auf der Grundlage bisher nicht widerlegter Erfahrung die Aussage, daß Wärme nie von selbst von einem Körper niederer Temperatur auf einen Körper höherer Temperatur übergehen kann, /13/. Durch Erwärmung der halben Mischmenge aus einem Wärmevorrat mit der Temperatur (1 + x) auf die Temperatur 1 und analog durch Kühlung der halben Mischmenge aus einem Kältevorrat mit der Temperatur (2-x) auf die Temperatur 2 wird der Ausgangszustand erreicht vermöge der Temperaturdifferenz dieses Teilschritts, nämlich (1+x) – (2-x) = 1-2+2x. Mit der Ausgangs-Temperaturdifferenz 1-2 resultiert eine positive Temperaturdifferenz 2x, somit auch ein positiver Wert der Entropie(änderung). Der mit dem Mischvorgang verbundene Ordnungsverlust entspricht also einer Entropiezunahme. Die Beweisführung der Thermodynamik erlaubt eine Verallgemeinerung dieses Befunds. Es läßt sich auch zeigen, daß der Zustand der größten Entropie gleichzeitig der wahrscheinlichste ist. Mit den mathematischen Methoden der Systemtheorie lassen sich auch Prozesse an offenen, mit ihrer Umgebung Energie und Materie austauschenden Systemen modellieren, die keinen (statischen) Gleichgewichtszustand erreichen, sondern unter Abnahme der Entropie ein Fließgleichgewicht ausbilden und damit ihre Struktur erhalten, **(Selbstorganisation)**, sogar neue Strukturen bilden, /14/.

Die Thermodynamik zeigt sich insoweit als Modelltheorie für den Aufbau wie auch für die Zerstörung von Struktur (Ordnung). Die Überlegungen des Abschnitts „Technisches Wissen, kognitive Repräsentation, Modell und Homomorphie" lassen deutlich werden, daß **die Schädigung der Struktur und damit der Funktion Technischer Artefakte Sonderfälle der Irreversibilität von Prozessen** und damit dem Inhalt und der Reichweite des Entropiebegriffs unterworfen sind. Aber dieser allgemeine Befund bedarf weiterer Untersuchung.

Instandhaltung (des Sachsystems) dient der Erhaltung des Sollzustandes, des durch Technische Information festgelegten und im Erzeugungsvorgang als Sachsystem technisch verwirklichten Ordnungsbereichs, über einen möglichst langen Zeitraum. Der Weg des Technischen Artefakts vom Soll- zum (möglicherweise schadensbehafteten) Istzustand entspricht thermodynamisch einer **irreversiblen Zustandsänderung** (mit Ordnungsverlust in Richtung der höheren Wahrscheinlichkeit, mithin unter Zunahme der Entropie). Unterbleibt der technische Eingriff, so wird sich der Ordnungsverlust fortsetzen bis zum Ende der Tauglichkeitsdauer, der die Ausmusterung folgen muß, siehe hierzu den Abschnitt „Tauglichkeitsdauer, zweiter Abschnitt". **Instandhaltung erzwingt die Rückkehr zum Sollzustand als zweite Zustandsänderung**, ergänzt den irreversiblen richtungsgebundenen Prozeß zum **Kreisprozeß**. Dies geschieht unter scheinbarer Aufhebung der Irreversibilität, tatsächlich aber nur vermöge des Aufwands aus der Umgebung des Systems, nämlich der Maßnahmen des der Instandhaltung verpflichteten, gemäß einer **Wertsetzung in Verantwortung** handelnden Menschen. Die von ROPOHL postulierte kategoriale Übereinstimmung des Menschen als Handlungssystem und jedes technischen Handlungssystems ist also bestätigt hinsichtlich der Übereinstimmung beider als **offene Systeme.**

Maßnahmen zur Bewahrung des Sollzustands (Wartung) sind technische Handlungen mit dem Ziel, zum Sollzustand zurückzukehren **vor dem Eintritt** von Sollzustandsabweichungen, die zur Instandsetzung zwingen. Technische Erfahrung zeigt, daß der **bekannte** Aufwand auch für wiederholte Wartung in aller Regel geringer ist als der **vermutete** einer vermiedenen Instandsetzung; anders ausgedrückt: Bei idealtypischem Ablauf, d.h. wenn unerwartete Schadensereignisse nicht eintreten, ist Instandsetzung mit höherem Aufwand verbunden. Der idealtypische Ablauf zeitigt also eine Folge geringfügiger Zustandsänderungen, unterbrochen bzw. ergänzt durch weiterreichende. **Instandhaltung hat ihre Zielsetzung erreicht, wenn die Summe (das Integral) der Zustandsänderungen, mithin das Wachstum der Entropie, minimiert ist.**

Die Zunahme der Entropie wird am Technischen Artefakt deutlich mit langsamem oder schnellem Verlauf und in vielen, an anderer Stelle dieser Untersuchung gezeigten Formen. Instandhaltung tritt der Zunahme der Entropie entgegen durch Handlungen, die nur dem **technisch unvermeidlichen Zuwachs der Entropie** Raum lassen und die **Tauglichkeits- bzw. Erhaltungsdauer** des Artefakts innerhalb sinnvoller Grenzen **maximieren**. Wenn und soweit sich die Erzeugung und Nutzung eines Technischen Artefakts als Wahrnehmung von Verantwortung begründen läßt, ist **Verantwortung vermöge Erhaltung durch Instandhaltung als Fortsetzung der Erzeugung und Voraussetzung der Nutzung** mitbegründet. Unter dem Aspekt der Verantwortung schließt sich Instandhaltung auch insofern an Erzeugung und Nutzung an, als die Auswirkungen von Instandhaltung am Artefakt und seiner Umgebung vorab bekannt sind: Sie können nicht über das hinausgehen, was durch Struktur und Funktion von Anfang an dem funktionsfähigen Technischen Artefakt zugemessen war. Unbeabsichtigte Nebenfolgen sind, im Gegensatz zum neu erzeugten und in die Nutzung eingeführten Artefakt, nur in der Weise und nur in dem Umfang möglich, der schon vor der Instandhaltungsmaßnahme durch die Nutzung unvermeidlich war.

Wahrnehmung von Verantwortung bei Erzeugung und Nutzung stellt sich dar als Instandhaltungswürdigkeit des Technischen Artefakts. Die Kriterien hierfür werden insbesondere in den Abschnitten „Instandhaltung und Erhaltungsdauer" und „Begünstigung langer Erhaltungsdauer Technischer Artefakte" erörtert. Hierbei sind die Handlungen, durch die Instandhaltung geschieht, ihrerseits der Irreversibilität uneingeschränkt unterworfen. Vollzogene Instandhaltung kann als Ereignis in der Zeit ebensowenig ungeschehen gemacht werden wie unterlassene. Es entsteht eine dialektische Spannung zwischen dem **Handlungszweck**, das irreversible Auseinanderfallen von Soll- und Istzustand am Technischen Artefakt zurückzudrängen oder dessen Wirkungen durch Instandsetzung auszugleichen, und der Unterworfenheit des **Handlungsablaufs** unter den Zusammenhang von Handlung, Verantwortung und Irreversibilität. Diese Spannung findet ihren Ausgleich erst im Untergang des Technischen Artefakts, in dem die Grenzen von Willen oder Fähigkeit sichtbar werden, Instandhaltung zu leisten oder weiterzuführen, womit Irreversibilität abschließend in ihrer vollen Unausweichlichkeit deutlich wird.

Für das Individuum wie für die Gemeinschaft lautet die allgemeinste und deshalb unbestreitbarste aller Erfahrungen: Handlungen besitzen einen Anfang und ein Ende, und deren Abfolge ist unumkehrbar. Mit welchen Gründen sollte man diesen Satz bestreiten? Und doch lohnt es sich, genauer hinzuschauen. Verantwortung (siehe Abschnitt „Verantwortung – Intension, Begriffsbestimmung") ist die sittlichen Bindung eines Subjekts an die Folgen von Handlungen. Handlung ist die Transformation einer Situation 1 in eine Situation 2. Eine Situation 3, die mit einer gewissen Zwangsläufigkeit aus 2 folgt, zeigt die Wahrnehmung von Verantwortung dann, wenn sie bestimmten Wertvorstellungen, z.B. moralischen Kriterien, genügt, die für das handelnde Subjekt verpflichtend sind. In den Begriff der Handlung kann auch das Denken einbezogen werden, dessen Inhalt die Beurteilung der möglichen Folgen vollzogener, unterlassener oder zugelassener Handlungen bzw. unterschiedlicher Handlungsmöglichkeiten ist. Verantwortung im rechtlichen Sinn betrifft nur einen Teil der zahllosen möglichen Fälle. Der Eigentümer eines schönen alten Wohnhauses, das ihm durch Erbschaft zugefallen ist, (Situation 1), hat keine Rechtspflicht, es instandzuhalten, wenn die Kosten seine Erwartungen übersteigen (Situation 2); läßt er es aber verwahrlosen, (Situation 3), so wird er der Verantwortung gegenüber dem Erblasser nicht gerecht, dem er zu Lebzeiten dauerhafte Instandhaltung mündlich versprochen hat. Schaden und damit Wertverlust am Gebäude sind im thermodynamischen Sinn irreversibel; aber es kann ein Sinneswandel eintreten, der Eigentümer kann vielleicht anderes Vermögen opfern oder das Grundstück an einen leistungsfähigen und –bereiten Erwerber verkaufen, damit der Sollzustand wieder herbeigeführt werden kann. Eine mündliche Äußerung unter nahe stehenden Personen kann eine schwere Kränkung enthalten, ohne daß sie eine strafrechtlich faßbare Beleidigung darstellt; sie kann nicht ungeschehen gemacht werden, aber das Gewissen kann an die Verantwortung für ein gedeihliches Zusammenleben appellieren, und die Kränkung kann durch Bitte um Verzeihung entgiftet werden. Offenheit der Zukunft, Möglichkeit späterer Besinnung auf vergessene oder mißachtete Werte, Freiheit des Handelns öffnen den Weg, in der Wahrnehmung von Verantwortung den Resultaten irreversibler Prozesse die Rückkehr zum vormaligen Ordnungszustand entgegenzusetzen.

Verantwortung einerseits, im Wachstum der Entropie begrifflich modellierte Unumkehrbarkeit des Handelns andererseits, werden somit durch den Begriff der Irreversibilität in der Erfahrungswirklichkeit verknüpft. In verallgemeinerter Ausdrucksweise: Ethik, Naturwissenschaften einschließlich deren in die Technikwissenschaften übertragenen Begriffe, Methoden und Erkenntnisse, und schließlich Systemtheorie, besitzen kognitiv bzw. phänomenologisch in der

Irreversibilität eine Gemeinsamkeit, die als Grundkategorie zu betrachten ist. Die tieferliegende Begründung dafür ist in der **Anisotropie der Zeit** zu suchen, die auch als prozessualer Verlauf der Zeit oder als Asymmetrie in der Zeitstruktur bezeichnet wird. Ethische Erkenntnisse können sicherlich nicht auf physikalische oder strukturwissenschaftliche Theorien zurückgeführt werden. Wohl aber ist es sinnvoll, bei der Erörterung von Fragen, die einen Bezug zu diesen drei Wissensfeldern besitzen, stets mit einzubeziehen, daß

die Anisotropie der Zeit eine Voraussetzung für das Kausalitätsprinzip und damit eine Grundbedingung für die Möglichkeit von Erfahrung schlechthin ist...Unter dem Gesichtspunkt der evolutionären Anpassung eines Organismus an seine Umweltbedingungen läßt sich unser Zeitbewußtsein und das daraus hervorgehende kausale Denken tatsächlich nur mit der Existenz einer Wirklichkeit in Einklang bringen, in der die Zeit objektiv asymmetrisch ist, /15/.

Nicht nur der Begriff der Verantwortung in seinen reichhaltigen Bedeutungsvarianten, sondern alle handlungsbezogenen – und damit zeitverknüpften - Aussagen der Ethik müssen diesem Apriori genügen.

3.1.1.4 Instandsetzung und der Handlungstypus der Rekuperation

Im vorangehenden Abschnitt wurde der irreversibel ablaufende Kreisprozeß, die Wiederherstellung von Ordnung nach dem Durchgang durch eine Situation des Wachstums von Unordnung, unter Benutzung der Modellvorstellungen der Thermodynamik für das Instandhaltungsgeschehen ausführlich erörtert. Das Denkmodell des Kreisprozesses ermöglicht aber auch Befunde für Handlungsabläufe, die weit über das Geschehen am und mit dem Technischen Artefakt hinausgehen.

Der hier vorgestellte Handlungstypus geht aus von einer dem Sollzustand beim Technischen Artefakt entsprechenden **Ausgangssituation** und führt zu einer nach bestimmten Kriterien **unerwünschten Situation**. Hieraus erwächst die Notwendigkeit einer Handlung, die möglichst nahe an die Ausgangssituation zurückführen soll, diese jedoch wegen der inzwischen eingetretenen irreversiblen Folgen nicht in allen, sondern nur in einem Teil der Merkmale erreicht. Es entsteht somit eine dritte, die Endsituation, die mit der Ausgangssituation **teilweise** übereinstimmt. Für diesen Handlungstypus wird der Terminus **Rekuperation** vorgeschlagen. Mißverständnisse im Hinblick auf den technischen Begriff Rekuperator (Wärmeaustauscher zur Wärmerückgewinnung) sind nicht zu befürchten. Die Begriffe Revision bzw. Revidierbarkeit andererseits sind in den Rechts- und Wirtschaftswissenschaften gebräuchlich und somit nicht zu bevorzugen.

Ein Beispiel dazu aus der Politik und ihrer Konkretisierung als Rechtsnorm: Es soll angenommen werden, daß der Gesetzgeber die Möglichkeit abschafft oder stark einschränkt, finanzielle Instandhaltungsaufwendungen als ertragssenkend und damit als mindernd für die Steuern auf Einkünfte geltend zu machen. Dahinter könnte die Absicht stehen, im Wirtschaftsgeschehen die Instandhaltung zurückzudrängen zugunsten der Neuerzeugung/-Neubeschaffung, mit der doppelten Wirkung, das Wirtschaftswachstum und die technologische Erneuerung zu fördern. (Im Abschnitt „Werte und Interessen bei Schaffung günstiger Voraussetzungen für Instandhaltung" werden die der angenommenen Ausgangssituation entsprechenden, in den USA zugunsten geplanter Obsoleszenz ernsthaft und mit wirtschaftwissenschaftlicher Kompetenz vorgetragenen Argumente erörtert). Angenommen werde ferner, diese Regelung werde wieder aufgehoben in Erkenntnis der unliebsamen Folgen : Starke Zunahme der Ausmusterung mit Druck auf die Entsorgungskapazitäten, Aufbau von Renovierungsstau, Vermögensverluste wegen Überangebot und daraus folgendem Preisverfall instandsetzungsbedürftiger gebrauchter Technischer Artefakte, Verfall des instandhaltungsbedeutsamen technischen Wissens und Könnens, und so fort. Mit der Rückkehr zur vollen steuerrechtlichen Anerkennung von Instandhaltungsaufwendungen würde hinsichtlich der gültigen Rechtsnormen die vorher bestehende Situation wieder hergestellt. Die Unumkehrbarkeit der politischen Handlung zeigte sich jedoch durch die Erfahrung, daß Verluste an Volksvermögen durch ungerechtfertigte Ausmusterung, fortgeschrittene Abnutzungsschäden, Verwerfungen in der wirtschaftlichen Entwicklung der Instandhaltungskapaziäten und andere Folgen nicht ungeschehen zu machen sind. Die tatsächliche oder vorgebliche Wahrnehmung politischer Verantwortung in Form der institutionellen Handlungen „Zurückdrängung der Instandhaltung durch Steuergesetzgebung" wie auch „Herstellung der früheren Steuervorschriften zur Instandhaltung" würde deutlich in der jeweiligen Gesetzesbegründung, im Gesetzesvorbereitungsverfahren mit der Anhörung der beteiligten Kreise, den Beratungen der Parlamentsausschüsse und so fort. Die Rückkehr zur Ausgangssituation gelingt allerdings tatsächlich zum Teil. Für langfristig wenig instandhaltungsbedürftige (z.B. technisch hochwertige) Technische Artefakte kann die zeitlich beschränkte, durch die steuerlichen Folgen gerechtfertigte Zurückstellung von Instandhaltungsmaßnahmen ohne schädliche Folgen bleiben.

Als weiteres Beispiel sei ein gedachtes Stromnetzgebiet vorgestellt, das als Teil eines größeren Verbundes zeitweise mit Strom aus einem Speicherkraftwerk, mithin aus einer regenerativen Energiequelle, zeitweise aus fossil oder durch Kernenergie gespeisten Kraftwerken versorgt wird. (Die Unterworfenheit auch der regenerativen Energiebereitstellung unter die Bedingungen der Irreversibilität wie auch die hieraus folgenden unvermeidlicherweise belastenden ökologischen Aspekte und die Frage, wie weit die Bezeichnung „regenerativ" angemessen ist, soll hier nur erwähnt, aber nicht diskutiert werden). Nimmt man den Standpunkt der Bevorzugung regenerativer Energiequellen ein, so stellt der

Wechsel von nichtregenerativ zu regenerativ gespeister Versorgung jeweils die Rekuperation der erwünschten Situation dar.

Rekuperation wurde oben am einfachen Beispiel aus der Steuerpolitik erläutert. Bei der Anwendung des Begriffs auf andere Handlungsfelder, in denen Verantwortung wahrgenommen oder vernachlässigt werden kann, wird man möglicherweise auf komplexere Situationen treffen, aber dennoch auf zureichende Bedingungen für seine Brauchbarkeit. Dies trifft beispielsweise für ökologisch und damit auch technikphilosophisch bedeutungsvolle Handlungsabläufe zu. Die Aufforstung eines naturgewachsenen, durch anthropogene Einflüsse jedoch schwer geschädigten Waldgebiets etwa, seien diese unmittelbar durch Verwertungsinteressen oder mittelbar durch Techniknutzung (z.B. Luftschadstoffe) begründet, ist eine forsttechnische, also technische Handlung Sie rekuperiert ein Biotop insofern, als es nach der Aufforstung wieder unter den Begriff „Wald" fällt, wobei ein Teil der Lebewesen des ursprünglichen Bestands erhalten geblieben und ein anderer vernichtet sein kann.

Diese Beispiele dienen auch zur Erläuterung der begrifflichen Abgrenzung zwischen Instandsetzung und Rekuperation. Instandsetzung geht idealtypisch aus von einem abgrenzbaren Technischen Artefakt und dessen in der Technischen Sachsystems-Information mit bestmöglicher Vollständigkeit dargestellten Merkmalen, dem Sollzustand; er soll in der Instandsetzung wieder herbeigeführt werden. Es gibt **Technische Artefakte, die Lebewesen mit einschließen**, etwa Wälder, Äcker, Gärten, Parks. Hier muß die abschließende Beschreibung des Sollzustands, wie in den Abschnitten „Die Begriffsbestimmung des Technischen Artefakts zweiter Ordnung" und „Merkmalstoleranzen beim Soll- und Istzustand" erläutert, durch **Anwendung des Fachwissens** auf den instandhaltenden Umgang mit den lebenden Systemteilen ergänzt bzw. ersetzt werden. Dies gilt natürlich uneingeschränkt für die Forstwissenschaft. Das Beispiel „Aufforstung" kann kaum verwirklicht sein in der Kulturlandschaft Mitteleuropas, wo fast die gesamte feste Bodenfläche, vielleicht mit der Ausnahme hoher und höchster Gebirgsregionen, entweder technisch gestaltet oder durch menschliche Eingriffe in den Naturraum verändert ist. Es ist hier sehr schwierig, einen naturgewachsenen Wald, der also kein Technisches Artefakt wäre, im genauen Wortsinn abzugrenzen - im Unterschied zu schwach oder praktisch gar nicht kultivierten Regionen. Für mitteleuropäische Verhältnisse würde also hier ein fliessender Übergang zu einer techniktransienten Instandsetzungsmaßnahme vorliegen, siehe hierzu Abschnitt „Techniktransiente Instandhaltung". Im Beispiel des abgegrenzten Stromnetzbereichs, der als Technisches Artefakt definiert ist, läge ein eindeutiger Fall von Rekuperation vor; denn die primäre Energiequelle, aus der eingespeist wird, hat keinen Einfluß auf die Übereinstimmung dieses Technischen Artefakts mit dem Sollzustand oder Abweichungen davon. Fallweise kann eine genaue Abgrenzung zwischen Rekuperation und Instandsetzung schwierig sein. Dennoch vermag die Unterscheidung zur Klärung des handlungstheoretischen Zusammenhangs beizutragen.

3.1.1.5 Der Begriff „Problem" und die Kategorie von Soll und Ist

In der Literatur zur Verantwortung beginnt das Argumentieren sehr häufig mit dem Hinweis auf ein Problem (gleichsinnig: Problemlage, Problemdruck). Weitere Begriffsverbindungen mit dem Ausdruck Problem kennzeichnen häufig wesentliche Anliegen der Autoren. Hierbei wird in der Regel umstandslos Einverständnis über den Begriff „Problem" vorausgesetzt; der Ausdruck wird aber in durchaus unterschiedlichen Bedeutungen gebraucht. Einige Beispiele werden nachstehend gegeben. Der Begriff Problem wird herkömmlicherweise verwendet im Verständnis von: **Inhalt der Fragestellung**, also der Differenz zwischen gegebenem und (noch) nicht gegebenem bewußtem Wissen, so z.B. mehrfach in /16/, /17/, /18/, /19/; in /20/ zusätzlich auch als Bewußtsein vom **Vorliegen einer Fragestellung**, „Problembewußtsein"; in /21/ insbesondere als „Problemmodellierung" in der Technikbewertung. Der Handlungstypus beim Umgang mit diesem Verständnis von Problem ist derjenige des **Wissenserwerbs**. Von der philosophieinternen Fragestellung ist zu unterscheiden ein Bedeutungsverständnis vom Problem als einem nach Beurteilung, Bewertung verlangenden **Sachverhalt, einer Situation**.

„Es ist mittlerweile ein vertrautes Phänomen, daß auf gesellschaftliche Problemlagen mit dem Ruf nach Moral und Ethik reagiert wird...Technikethik wird gesehen als Antwort auf die Fragen und Probleme, die sich aus der Steigerung des technischen Verfügungswissens und der damit verbundenen Folgewirkungen...ergeben...Man versucht, die traditionellen Moralsemantiken, in denen Begriffe wie Verantwortung, Pflicht und Universalisierbarkeit eine zentrale Rolle spielen, auf diese neuen Gegenstandsbereiche anzuwenden. Dabei zeigt sich allerdings eine Spannung zwischen den zweifellos vorhandenen Problemen im Umgang mit der Technik bzw. in der Wirtschaft und dem tatsächlichen Beitrag zur Rationalisierung dieser Probleme durch die jeweilige, angewandte Ethik", /22/.

Unter Rationalisierung ist hier wohl der Handlungstypus der **Problemlösung** zu verstehen: Das Auffinden eines vorher nicht bekannten Weges von einem gegebenen Anfangszustand zu einem bevorzugten und mehr oder weniger bekannten Endzustand, hier wieder als Wissenserwerb unter Anwendung der Begriffe und Methoden philosophischer Ethik konkretisiert. Der Einschluß von Personen als „verantwortliche Akteure", deren Existenz oder Fehlen, in den Begriff des ökologischen Problem-Sachverhaltes, erwächst aus der makro-, meso- und mikroökonomischen System- bzw. Technikkritik, /23/. Ebenfalls im Sinn von beurteilungs- bzw. bewertungsbedürftigen Sachverhalten benutzt HUBIG den Terminus „Problemfelder", /24/. Dagegen deutet der Gebrauch des „Problembereichs"-Begriffs bei der Erörterung der Möglichkeit, daß wir durch unser Handeln das „fragile Gebäude unserer Handlungskompetenz" selbst in Frage stellen, wieder auf Problemlösen hin, also auf Handlung, /25/. Der Terminus

Problemlösung erlangt in diesem Zusammenhang noch eine ganz andere Bedeutung. Hiernach stellen die großen technischen, unsere Welt und unser Alltagsleben prägenden Systeme sich als Lösung anderer, nicht näher bezeichneter Probleme vor, woraus dann neue funktionale Erfordernisse und neue Probleme erwachsen, diese aber nun in Form von Sachverhalten, /26/. Eine solche Verwendung des Begriffs Problem bezieht sich also auf abstrakt gesehene, wenn auch konkret im Grundsatz beschreibbare **Technische Artefakte**. Eine Gegenüberstellung von **„Problemdruck"** und **„fehlendem Problem"** schließlich findet sich in /27/. Hier wird auf einen Sachverhalt abgehoben, der durch die Existenz einer nutzbaren **Technik** (Gentechnik bei Pflanzenerzeugung) gekennzeichnet ist, wobei für die Nutzung jedoch keine allgemein anerkannte Rechtfertigung vorliegt. Für Regionen außerhalb Europas und seiner durch Überproduktion gekennzeichneten Landwirtschaft, insbesondere für Afrika, ergibt sich jedoch ein differenziertes Bild.

„Die grüne Gentechnik steht womöglich an einer Wendemarke. Biotechnologie wirkt keine Wunder. Sie löst auch nicht mit einem Schlag die Nahrungsmittelknappheit auf diesem Planeten, aber sie ist ein unabdingbares Hilfsmittel, um Millionen von Hungernden in den Entwicklungsländern satt zu machen. Das sagen zwei Wissenschaftler, die sich seit vielen Jahren mit dem Problem befassen und in der vorigen Woche eine aufsehenerregende Studie zur grünen Gentechnik vorlegten (‚Der Preis der Sättigung',...)", /28/.

Die recht uneinheitlichen Bedeutungsvarianten des Begriffs Problem lassen sich jedoch auf einen in keinem der vorgestellten Texte klar zum Ausdruck kommenden Denkschritt zurückführen: Auf die Gegenüberstellung von Soll und Ist. Sehr klar ist dies beim Problem als Bezeichnung einer Fragestellung. Dem Ist des bewußten Wissens steht das Soll des angestrebten, noch nicht verfügbaren, aber als Fragethema (in der Rechtswissenschaft: als Beweisthema) benennbaren Wissens gegenüber. Sachverhalte technischer und ökologischer Prägung, die ja einen erheblichen Teil der Verantwortungsdiskussion ausgelöst haben, bilden einen Istzustand; dieser wird deshalb als Problem beurteilt, weil ihm ein gedachter Sollzustand gegenübergestellt werden kann, der andere, an Hand von Wertentscheidungen als bevorzugt erkannte Merkmale besitzt. Hierbei wird Verantwortung für die Überwindung dieser Differenz als moralisch und pragmatisch geboten eingefordert. Technikkritik besteht inhaltlich oft und weitgehend aus der Schilderung der am Istzustand unerwünschten Merkmale. Weit weniger häufig findet man jedoch eine überzeugende Darstellung desjenigen Sollzustands, den die Kritik an die Stelle der unerwünschten Situation setzen wollte. Beim Problemlösen als Handlungstypus läßt sich die Gegenüberstellung von Ist und Soll fast schon als Begriffsbestimmung verwenden. Davon zu unterscheiden ist ein Technisches Artefakt bzw. technisches System, das als Problemlösung aufgefaßt wird. Diese Begriffsverwendung zeigt einen Sachverhalt als erreichten Soll- im Vergleich zu einem Istzustand, dem die beim Sollzustand als erwünscht beurteilten Merkmale fehlen. Neu einsetzende Kritik kann gleichwohl den erreichten Sollzustand als jetzt unzulängliches Ist verwerfen. Abschließend läßt sich das „fehlende Problem" in der Form einer verfügbaren Technik ohne gut begründbare Nutzung leicht als Istzustand verstehen, zum Beispiel im wirtschaftlichen Sinn als erbrachter Forschungs- und Entwicklungsaufwand, der nur durch finanziell vergütete Nutzung zum Sollzustand des Kapitalrücklaufs führen kann.

Die vorstehenden Überlegungen wären entbehrlich, wenn die ganz grundlegende Bedeutung des **Denkschritts der Gegenüberstellung von Soll und Ist** sich nicht als gedankliche Brücke brauchbar erweisen würde. Sie führt von der Verantwortung als ethischer Grundkategorie zum Handeln als Umgang mit Problemen, zur Wahrnehmung von Verantwortung in und durch Instandhaltung. **Instandhaltung läßt sich auch verstehen als Problemlösung unter Verantwortung, als Handlung, die zur Wahrnehmung und Minimierung der Differenz zwischen Ist- und Sollzustand des Technischen Artefakts führt.** In den folgenden Abschnitten wird dies in unterschiedlichen Zusammenhängen erörtert.

3.1.1.6 Das Subjekt und sein Gewissen

Der Begriff Gewissen ist in der philosophischen, religiösen und sogar in der politischen Tradition aufs engste mit dem des Subjekts verknüpft, bis hinein in die Garantie der Gewissensfreiheit nach Art. 4 Grundgesetz der Bundesrepublik Deutschland. In die aktuelle Verantwortungsdiskussion wird er jedoch nicht sehr häufig eingeführt, was mit der religiösen Prägung des Begriffsinhalts zusammenhängen mag. LENK und MARING diskutieren die Frage nach dem Rang des Gewissens als Verantwortungsinstanz im Hinblick darauf, ob und inwieweit sie handlungsleitend sein kann, und sie enden mit der Frage:

„Ist das Gewissen nicht eher ein Medium, eine Stimme, die idealisierend, stilisierend Verantwortlichkeit schätzt, mißt, ein Kriterium anwendet? Setzt es nicht einen Maßstab, einen Standard, eine Instanz schon voraus? Ist die moralisch-praktische Vernunft diese Instanz, wie sie in der Tradition der Philosophie, insbesondere bei Immanuel Kant, immer gesehen wurde?", /29/.

Die Frage nach der Bedeutung des Gewissens ist für die vorliegende Untersuchung dadurch begründet, daß aus der technikethisch orientierten Verantwortungsdiksussion für den Begriff des Subjekts die im Abschnitt „Begriffsbestimmung der Verantwortung" vorgestellte erweiterte Begriffsbestimmung, das **virtuelle kollektive Subjekt**, erwachsen ist, befähigt zum institutionellen Handeln. Unmittelbar daran anknüpfend kann man also fragen: Hat es einen Sinn, einer **Institution ein Gewissen**, vergleichbar dem des Individuums, zuzuschreiben?

Insitutionen mit grundlegender Bedeutung für Techniker sind zweifellos die Ethik- Kodizes für Ingenieure. Sie entstehen als Handlungsresultate von

Fachausschüssen, also virtueller kollektiver Subjekte, die sich, wie das Beispiel des NSPE- Ethikkodex, /30/, beweist, nicht immer verpflichtet sehen, den Inhalt der Richtlinie durch allgemeine oder spezielle Begründungen in einen höherstufigen ethischen Zusammenhang zu bringen. Es ist naheliegend, zu vermuten, daß die Autoren von Ethikkodizes sehr unterschiedliche moralische Prägungen in die Wahrnehmung ihrer speziellen Verantwortung für den Inhalt einer Ethik-Richtlinie einbringen. Religiöse, auch konfessionell unterschiedliche Wertsetzungen können ebenso Eingang finden wie atheistische oder weltanschaulich anderweitig differenzierte. Ebenso naheliegend ist der Schluß, daß die im Inhalt zum Ausdruck kommende Übereinstimmung teilweise begründet sein mag durch Berücksichtigung bestehender Rechtsregelungen, auch wenn diese nicht ausdrücklich erwähnt werden, und zum Teil durch Erfahrungen hinsichtlich pragmatisch sinnvoller Vorschriften. In den grundlegenden Forderungen aber – vor allem auch an die charakterlichen Qualitäten der Techniker – wird die gemeinsame Gewissensüberzeugung des Autoren-Kollektivs deutlich, sodaß die Institution insofern eine Gewissensentscheidung zum Ausdruck bringt. Dies wird deutlich in der Präambel des NSPE-Ethikkodex, wonach Ingenieure bei Ausübung ihres Berufs durch ihr fachliches Niveau den höchsten Ansprüchen der Moralität genügen **müssen**, und in dem eher beiläufigen Zusatz, daß Ingenieure in beruflichen Angelegenheiten als **gewissenhafte** Vertreter oder Sachwalter ihrer Arbeitgeber oder Auftraggeber handeln **sollen**. (Die Differenzierung zwischen Müssen und Sollen, die in der deutschen Übersetzung eine Rangstufung der Verpflichtung andeutet, ist wohl schwer zu begründen). Wesentlicher ist schon, daß das Gewissen als inhaltliche Begründungsinstanz nicht in sinnvoller Weise auf die Aufgabe des Ingenieurs beschränkt werden kann, fallweise Sachwalter fremder Interessen zu sein.

Gewissen erscheint, wie das Beispiel es zeigt, als Bewußtseinsinhalt, und zwar als gewisses, auf benennbare Letztbegründungen zurückzuführendes moralisches Wissen. Die Gewißheit dieses Wissens verleiht ihm erst den Rang, in Institutionen als **inhaltlich bestimmter handlungsleitender Wert** Ausdruck zu finden. Es bedarf keiner besonderen Betonung, daß alle der Instandhaltung dienenden Handlungen den in Ethik-Kodizes ausgedrückten Gewissenspflichten auch dann unterworfen sind, wenn die Kodizes diesen Teilbereich der Technik nicht eigens ansprechen und mehr den Eindruck erwecken, auf die Schaffung von Technik durch Konstruktions- und Projekttätigkeit bezogen zu sein.

Das Gewissenswissen aber ist wieder Teil einer kategorialen Entgegensetzung, des Vergleichs von Soll und Ist. Das besondere Merkmal des Gewissenswissens eines individuellen Subjekts liegt wohl darin, daß es ein **Soll des Handelns ins Bewußtsein holt, das mit dem Ist des Handelns fallweise eben nicht übereinstimmt.** Im Begriff Gewissensentscheidung, Gewissenskonflikt kommt die philosophisch und religiös begründbare moralische Unzulänglichkeit des Menschen deutlich zum Ausdruck: Als die sittliche Erfahrung, daß es oft einer schweren und nicht immer geleisteten Anstrengung bedarf, das Ist der handlungsleitenden Entscheidung oder auch der Handlung mit dem Soll der Norm in bestmögliche Übereinstimmung zu bringen. Die Gewißheit des moralischen Wissens aber ist darauf zurückzuführen, daß es entweder **selbst schon mit der Letztbegründung inhaltlich identisch ist** oder **auf kurzem Begründungsweg** dahin zurückgeführt werden kann. Das religiöse Gewissen bindet sich unmittelbar an den Willen der weltenlenkenden Instanz und hat in gleichem Maß einen kurzen Begründungsweg, wie dieser Wille als klar erkennbar und auf die konkrete Lebenssituation anwendbar beurteilt wird. Die hier geforderte Kürze des Begründungswegs ist dadurch gegeben, daß die meisten Einwände und Zweifel am Inhalt des Gewissenswissens vorab durch die als gewiß beurteilte Übereinstimmung mit dem Willen der weltenlenkenden Instanz schon abgearbeitet sind. Die Einbeziehung des Gewissenswissens in die Handlungsentscheidung kann also geleistet werden, ohne der quälenden Ungewißheit eines langen Beurteilungs- und Entscheidungsprozesses immer wieder neu ausgesetzt zu sein. Der bildhafte Ausdruck Gewissensbisse beschreibt die Selbstvergewisserung der Tatsache, daß die Übereinstimmung von Ist und Soll des Handelns gar nicht oder unzulänglich erreicht wurde, im Gegensatz zu dem ebenso sprechenden Bild vom guten oder ruhigen Gewissen.

3.1.1.7 Gewissen, Langzeiteffekte und Instandhaltung

Bei der Instandhaltung Technischer Artefakte ist das Zusammentreten von Langzeiteffekten, Ermessensspielraum und Gewissensentscheidung von Bedeutung. Solche Langzeiteffekte sind Korrosion, Erosion, Ermüdung fester Werkstoffe, chemische oder thermische Zersetzung von Betriebsflüssigkeiten (z.B. Schmierstoffen), Verschmutzung, langsam verlaufende Diffusionsvorgänge und so fort. Die Eigenart des Langzeiteffekts liegt darin, daß Belastungsversuche fallweise über lange und durch Vermutung über die voraussichtliche Nutzungsdauer begründete Zeitdauer geführt werden können. Aber die tatsächlich in Anspruch genommene Nutzungsdauer ist aus den im Grundlagenteil der vorliegenden Untersuchung vorgetragenen Gründen bei der Festlegung der Versuchsparameter unbekannt. Auch der Wirkungsanteil schädigender Einflüsse hängt von der Art der Nutzung ab, die fallweise bei langer Nutzungsdauer unbekannt ist: Bei der Gestaltung und Dimensionierung einer Straßen- oder Eisenbahnbrücke z.B. werden Annahmen getroffen, die von der tatsächlich, vielleicht sogar kurzfristig eintretenden Verkehrsbelastung stark abweichen können, während der schädigende Einfluß des Wetters sich nur mit langfristigen Klimaschwankungen stark ändert. Ebenso unbekannt sind Einflüsse, die bei langer Nutzungsdauer durch nicht bestimmungsgemäße Nutzung wirken können, oder auch durch Belastungsformen, die bei der Gestaltung und Erzeugung des Technischen Artefakts nach Art und/oder Höhe noch gar nicht bekannt waren. Dafür stehen als Beispiel die korrodierenden Einflüsse von technisch erzeugten Luftschadstoffen. Auch ist es dem freien Ermessen der technischen Gestalter überlassen, auf der Grundlage des Ergebnisses von Belastungsversuchen den Grad technischer Hochwertigkeit, die „Auslegungs-Reserven", im Hinblick auf die vermutete spätere Nutzungsintensität und -dauer festzulegen. Selbstverständlich sind vorab die rechtsverbindlich festgelegten Mindestanforderungen zu erfüllen.

Die Grenze zwischen **zulässig und unzulässig bei der Tauglichkeitsdauer** ist fallweise zahlenmäßig genau festgelegt, aber manchmal offenkundig rein pragmatisch begründet. Z.B. werden runde Streckenkilometerzahlen oder Zeitraumangaben bei Kraftfahrzeugen mit Verbrennungsmotor hinsichtlich der Intervalle für den Wechsel des Motoröls, die Inspektion der Bremsbeläge und so fort angegeben. Der Ermessensspielraum in diesen Zahlen erhellt daraus, daß für eine Nutzung mit höherer Intensität (mehr Kaltstarts und Kurzstrecken usw.) schlichtweg die Halbierung der Intervalle oder pauschal die häufigere Inanspruchnahme der Wartungsdienste empfohlen wird, /31/. Ein weiteres Beispiel für die Problematik dieser Langzeiteffekte bieten die Rotoren von Windkraftanlagen. Sie sind 100 Millionen Lastwechseln unterworfen; eine Lastwechselzahl, die in den Berechnungsverfahren vor der Entwicklung dieser Technik noch gar nicht bekannt war, /32/. Allen Unsicherheiten hinsichtlich der Wirkung von Langzeiteffekten ist gemeinsam, daß Schäden als Folge dieser Wissenslücken durch Instandhaltung, vorzugsweise zunächst in Form der Inspektion und Wartung, zu vermeiden oder zu vermindern sind. Überdies ist, wie im Abschnitt „Erkenntnisgewinn durch Instandhaltung" dargelegt, komplementäres Wissen zur Füllung solcher Lücken durch Instandhaltung zu gewinnen.

Ein Beispiel für unterbliebene Wahrnehmung von Verantwortung aus allerjüngster Zeit bietet der Absturz eines Verkehrsflugzeugs mit 88 Todesopfern. Drei Jahre vor dem Absturz war bei einer Inspektion der Zustand der Schrauben des Höhenruder-Schraubensystems, deren Versagen als Unfallursache wahrscheinlich ist, als „im Rahmen der maximalen Zulässigkeitsgrenzen liegend" beurteilt worden. Der Ersatz der Schrauben durch neue war erwogen, aber verworfen worden, /33/. Wenn das Ermessen unmittelbar an das Gewissenswissen des Entscheiders gebunden wird, dann führt der kürzestmögliche Weg der Begründung für eine rigorose Kürzung der als gesichert erkennbaren Tauglichkeitsdauer und die daraus zwingend folgende Notwendigkeit der Instandsetzung unmittelbar zum Wertvergleich: Leben und Gesundheit von Fluggästen und Flugpersonal einerseits, der bei vermiedener Instandsetzung eingesparte Aufwand andererseits. Verantwortung gebietet hier zwingend die Entscheidung, den Instandsetzungsaufwand hinzunehmen. Diese Überlegungen gelten insbesondere für alle **Informationen zur Instandhaltung, die für Leben, Gesundheit und Sicherheit der Techniknutzer wichtig sind.**

Der NSPE-Ethikkodex geht vielfach auf Einzelheiten ein, erwähnt Instandhaltung allerdings nirgends ausdrücklich; sie enthält aber Aussagen zur Technischen Information, in denen die Instandhaltungs-Informationen selbstverständlich mit eingeschlossen sind:

„Ingenieure sollen keine Pläne oder Unterlagen fertig stellen, abzeichnen oder beurkunden, die nicht so gestaltet sind, daß sie die Gesundheit und das Wohlergehen der Allgemeinheit schützen und in Übereinstimmung mit anerkannten technischen Regeln sind, /30/.

Das Soll des fehlerlosen Technischen Artefakts ist kategoriales Korrelat zum inhaltlichen Soll des Gewissensgebots; das Ist des fehlerbehafteten Artefakts ist korreliert zu einer Gewissensentscheidung, die dieses Ist kritisiert und das Soll fordert.

Akzeptiert man diese Argumente, so kann man zwanglos an die oben gegebene Begriffsbestimmung von Verantwortung anknüpfen. Die sittliche Bindung ist konstitutiv für Verantwortung, aber sie ist zunächst inhaltlich leer. Erst durch den Wissensinhalt des Gewissens vom Soll der Gültigkeit hochstufig begründeter Normen kann Verantwortung handlungsleitend werden. In einer **Institution** kann Wissensinhalt des Gewissens des kollektiven virtuellen Subjekts umso deutlicher in Erscheinung treten, je eindeutiger sie mit einer Letztbegründung inhaltlich zusammenfällt oder je kürzer der Argumentationsweg ist, der sie auf eine Letztbegründung zurückführt.

3.1.1.8 Verrechtlichung der Technik

„Verrechtlichung ist kollektiv getragene Verantwortungswahrnehmung", /34/.

Diese grundlegende Feststellung von HUBIG ist dahingehend zu ergänzen, daß Verantwortung als Zuschreibung der Folgen von Handlungen einer Interpretation bedarf. Jede auf Verantwortung gerichtete praktikable Rechtsregelung aber ist als eine solche Interpretation zu verstehen, indem sie Subjekt, Bereich, Instanz und Handlungsfolgen mit hinreichender Eindeutigkeit bezeichnet und damit in der gesellschaftlichen Lebenswirklichkeit handlungs(mit)leitend werden kann. Diese Wirkung entfaltet sich sowohl in der Unterlassung von Handlungen ihrer unerwünschten Folgen wegen wie auch in den **rechtlichen Konsequenzen** von Handlungen, die zu den **tatsächlichen** hinzutreten. Der Terminus Verrechtlichung deutet auf eine Umwandlung hin. Durch homogenes Handeln von Subjekten oder Gruppen kann eine als Thema öffentlicher Diskurse erkennbare und pragmatisch als moralisch zulässig anerkannte Vorstufe von Recht entstehen; diese wird dann in gesetztes Recht umgewandelt. Man könnte auch von der Wahrnehmung eines Problems sprechen, das in der begründeten Zuordnung von Subjekten zu Handlungsfolgen zu sehen ist und dessen Lösung in der Schaffung einer Rechtsinstitution liegt.

Der Umfang der Verrechtlichung ist Gegenstand der technikphilosophischen Diskussion; sie schließt, obwohl die Entstehung neuer Rechtsinstitutionen vorzugsweise in den Blick kommt, als Teil der evolutionären ständigen Umwandlung des gesetzten Rechts auch den Untergang veralteter, den Forderungen der Lebenswirklichkeit nicht mehr entsprechender Rechtsregelungen ein. Das Zuviel an Verrechtlichung wird ebenso angesprochen wie das Zuwenig.

HUBIG äußert sich zur naheliegenden Folge jeder, also vor allem einer weitgehenden Verrechtlichung:

„Die Verantwortung muß also von vornherein weiter gehen als der verrechtlichte Bereich, weil jede Verrechtlichung zu einer Kasuistik führt, die, da sie nie vollständig sein kann, Gesetzeslücken läßt und vor allem nicht geeignet ist, neuen sich ergebenden Problemen zu genügen. Aus der Gefahr, daß eine Verrechtlichung dazu führt, alles, was nicht verboten ist, auch als verantwortbar anzusehen, darf aber nicht geschlossen werden, daß man um der Verantwortung willen auf eine Verrechtlichung verzichtet,- gerade dies kann und darf nicht geschehen, weil ohne die sozialen und die rechtlichen Kontrollen Verantwortungszuschreibungen nicht durchzuhalten sind", /35/.

Hinter der Forderung, daß (die im Handeln tatsächlich wahrgenommene) Verantwortung den verrechtlichten Umfang der Verantwortung immer zu übertreffen habe, steht zunächst der Appell an das Gewissen. Es findet, wie dargelegt, über einen kurzen Argumentationsweg in einer Letztbegründung das handlungsleitende Wissen. Aber gerade die auf **Gewissensgründe fundierte Wahrnehmung von Verantwortung** läßt diejenige Homogenisierung von Handlungen der Subjekte und Gruppen wie auch die Diskurse entstehen, aus denen sich das Problembewußtsein einer fehlenden institutionellen Regelung und damit die Vorstufe der Verrechtlichung bildet. Wurde nicht gerade dieser Handlungszusammenhang mitursächlich für den gegenwärtigen gewaltigen Umfang neuer Regelungen im Recht der Technik und im Umweltrecht? Wirkt er nicht unvermindert als Teil des politischen Geschehens rechtsgestaltend? Die fundierte Beantwortung dieser Frage stellt ein lohnendes Thema für eine sozialgeschichtliche Untersuchung dar und übersteigt insofern den Rahmen der vorliegenden Erörterung.

3.1.1.9 Institutionelle Verantwortung in der Instandhaltung

Die Instandhaltung ist integraler Teil des äußerst dichtmaschigen Netzes, das der Gesetzgeber geknüpft hat, um institutionelle Verantwortung beim Umgang mit Technik wahrzunehmen. Das rechtlich geregelte Verfahren umfaßt zunächst die Festlegung von Beschaffenheitsanforderungen; sie enthalten in erster Linie die dem Rechtsgut der Sicherheit von Leben und Gesundheit sowie dem Schutz der Umwelt dienenden Merkmale. Hinzu kommt die gesetzlich verankerte Prüfung der Übereinstimmung des Istzustandes mit dem Soll, also der Inspektion gemäß Terminologie der DIN 31051. Im Abschnitt „Das Technische Artefakt dritter

Ordnung – Technische Biografie" ist die Bedeutsamkeit der Übereinstimmung von Soll- und Istzustand am Technischen Artefakt und ihrer Dokumentation, die zum Inhalt der Technischen Biografie wird, als Maßnahme der **Qualitätssicherung** dargelegt. Für Technische Artefakte, deren Nutzung mit Gesundheits- oder Umweltgefahren verbunden sein kann, bedeutet die Rechtsvorschrift, die Technische Biografie in dieser Form zu dokumentieren, die Wahrnehmung institutioneller Verantwortung. Solche Prüfungen werden vorgenommen von Sachverständigen und Sachkundigen, an deren Qualifikation der Gesetzgeber abgestufte Anforderungen stellt. Auf deren Fachkompetenz und Gewissenhaftigkeit zu vertrauen ist Teil unseres Alltags, ob wir nun in einem Personenaufzug zum höchsten Geschoß eines Wolkenkratzers fahren, in der Seilbahn über eine Skipiste schweben, einen Omnibus oder ein Flugzeug für eine Reise besteigen oder uns einer Röntgenaufnahme unterwerfen. Dieses Prüfgeschehen und die von ihm ausgelösten Instandhaltungsmaßnahmen gehen unscheinbar, unablässig und im Geltungsbereich der Rechtsvorschriften räumlich umfassend vor sich. Öffentliche Aufmerksamkeit erfahren diese Maßnahmen in der Regel nur, wenn Versäumnisse bekannt werden, wie im Fall der Passagierflugzeuge einer australischen Fluglinie, die für drei Monate stillgelegt werden mußten, weil die vom Flugzeughersteller vorgeschriebenen Sicherheitsprüfungen zum Teil seit 5000 Flügen überfällig waren, /36/. Die Bedeutung des Prüf- und Dokumentationsgeschehens für die Sicherung von Lebensqualität und wirtschaftlichen Werten durch Vermeidung von Unfällen, Sachschäden und anderen Verlusten ist kaum zu ermessen und verleiht ihm den Rang eines vollkommen unentbehrlichen Teils des Technikgeschehens insgesamt.

Auch auf anderen Rechtsgebieten ist Instandhaltung gesetzlich geboten. Der Vermieter ist verpflichtet, die Mietsache instandzusetzen, soweit nicht der Mietvertrag ihn von dieser Verpflichtung freistellt. Nach den Bestimmungen des Bürgerlichen Gesetzbuchs kann die Sachmängelhaftung beim Kaufvertrag oder Werkvertrag Wandlung, Minderung oder Schadensersatz wegen Nichterfüllung zur Folge haben; um diese unerwünschten Konsequenzen zu vermeiden, ist Nachbesserung, technisch gesprochen Instandsetzung, möglich. Die Sachmängelhaftung beim Kauf- und Werkvertrag ist umgangssprachlich als Garantieverpflichtung bekannt und hat im alltäglichen Wirtschaftsgeschehen hohe Bedeutung. Sie zeigt ihre Wirkung nicht nur im Vollzug der tatsächlichen Nachbesserung, sondern auch durch die Möglichkeiten der Wirtschaftsunternehmen, durch großzügige Angebote für umfangreiche Sachmängelhaftung um Vertrauen auf ihre Leistungsfähigkeit zu werben.

3.1.2 Instandhaltung Technischer Artefakte als Inhalt der Verantwortung

3.1.2.1 Informationelle Verantwortung und Instandhaltung

Instandhaltung kann mit gerechtfertigtem Aufwand nur geleistet werden, wenn dem Instandhalter Struktur und Funktion des Technischen Artefakts genau genug bekannt sind, um den Sollzustand als Grundlage aller Teilbereiche der Instandhaltung eindeutig festzulegen. Im Abschnitt „Das Technische Artefakt erster Ordnung – Technische Information" ist dargelegt, daß die Technische Sachsystems-Information (vollständige Unterlagen für die Erzeugung) und die aus ihr hervorgehende Technische Instandhaltungs- Information (vollständige Unterlagen für Inspektion, Wartung und Instandsetzung) als informationelle Komponente Teil des Technischen Artefakts sind. Es scheint eine Selbstverständlichkeit zu sein, daß die Sachsystems- Information Struktur und Funktion des nutzungsbereiten Technischen Artefakts vollkommen zutreffend wiedergibt, denn sie ist ja Voraussetzung dafür, daß das Technische Artefakt erzeugt werden kann. Tatsächlich gibt es jedoch nach Häufigkeit und Umfang sehr unterschiedliche Abweichungen. Sie sind umso seltener und geringfügiger, je mehr ein hoher Organisationsgrad bei der Erzeugung, also z.B. bei Fertigung von Multiplikaten in hoch automatisierten Anlagen, zufallsbedingte Varianten gegenüber den verbindlichen Konstruktionsplänen, Stücklisten usw. zurückdrängt. Spiegelbildlich hierzu wächst die Häufigkeit und der Grad der Abweichung mit dem Beitrag individueller Arbeitsleistung bei Unikaten oder bei Serienfertigungen mit kleinen Stückzahlen. Hier sind zufallsbedingte Störungen im Arbeitsablauf, Spontaneität oder Schwankungen in der Leistungsfähigkeit beteiligter Personen kaum zu vermeiden. Das beginnt bei Abweichungen der Ist- von den Sollabmessungen und geht weiter mit Verwechslungen von Werkstoffen oder Bauelementen sowie mit Montagefehlern. Solche Abweichungen sind durch eine leistungsfähige Qualitätskontrolle so klein wie möglich zu halten. Es gibt aber auch das Problem der vorsätzlichen Abweichungen von den Herstellungsunterlagen. Solche können sich bei komplexen Anlagen, Gebäuden usw. während des Bauvorgangs nach Maßgabe der am teilweise fertigen Objekt möglichen besseren Beurteilung als zweckmäßig erweisen. Die nachträgliche zügige Berichtigung der Erzeugungsunterlagen („as built") als einzig zuverlässiger Dokumentation des Istzustands ist von besonderer Bedeutung vor allem dann, wenn die Erfüllung sicherheitstechnisch begründeter Prüfpflichten durch eine unzuverlässige Anlagendokumentation behindert ist. Aber darüber hinaus kann allgemein die Verantwortung für sachgerechte Instandhaltung nur auf der Grundlage zutreffender Sachsystems- Informationen übernommen werden.

Dieser Forderung entspricht spiegelbildlich eine zweite: Sachgerechte Instandhaltung setzt die zutreffende und umfassende Information über die Abweichung des Ist- vom Sollzustand voraus. Auf Informationstechnologie basierte Diagnosegeräte für Technische Artefakte, vom ölgefeuerten Heizkessel bis zum

Elektroniksystem im Kraftfahrzeug, oder integrierte Geräte und Einrichtungen zur Erkennung und Signalisierung von Funktionsstörungen, lösen einen Teil dieses Problems, das in erheblichem Umfang noch der Sachkunde und Zuverlässigkeit des individuell arbeitenden Instandhalters anheimgestellt ist.

3.1.2.2 Verantwortung in der Handlungseinheit von Erzeugung, Nutzung und Instandhaltung

Instandhaltung wird in deutlich zunehmendem Umfang in wirtschaftlichen und damit auch in rechtlichen Verantwortungszusammenhang gebracht mit sonst davon getrennten Handlungsbereichen. Beim Bau umfangreicher Energie- und Verkehrsanlagen sind große Kapitalbeträge gebunden, und deren Instandhaltung unterliegt wegen möglicher wirtschaftlicher Verluste durch Betriebsstörungen besonders hohen Anforderungen. Bei solchen Projekten haben sich neue Formen der Vertragsgestaltung zwischen Auftraggebern und beauftragten Wirtschaftsunternehmen herausgebildet, die sogenannten Betreibermodelle.

„Ein typischer Fall für die Anwendung von Betreibermodellen sind heute Energieversorgungseinrichtungen vom Kraftwerk bis zum Verteilernetz, die nicht mehr von einem einzelnen Energieversorgungsunternehmen im Lande gebaut und betrieben werden, sondern von einer Projekt- und Betreibergesellschaft. Diese baut das Kraftwerk, betreibt es und verkauft die elektrische Energie an regionale oder nationale Versorger. Im Wesentlichen haben sich heute vier Varianten etabliert. Bei dem Modell BOT umfaßt das Projekt Bau, Betrieb und Rückübertragung an das auftraggebende Land nach einer vereinbarten Zeit (Build-Operate-Transfer). Bei der Variante BOOT gehören die Anlagen dem Betreiber in der Zwischenzeit bis zur Rückübertragung (Build-Own-Operate-Transfer). Bei BOO (Build-Own-Operate) ist die Rückübertragung nicht mit eingeschlossen, und das Modell BOOM enthält die Komponente Anlagen- und Systemwartung (Build-Own-Operate-Maintain)", /37/.

Das wirtschaftlich attraktivere Angebot für die Instandhaltungsleistungen kann sogar die Entscheidung über den Auftragsnehmer wesentlich mit beeinflussen, wie am Fall eines Hochgeschwindigkeits- Eisenbahnnetzes deutlich wurde, /38/. Aber auch bei Regionalzügen wurde die Erzeugung mit der Instandhaltung in einem Auftrag im Wert von 5 Milliarden DM verbunden, /39/, und ein anderes Betreibermodell sieht für Straßenbahnen die Bezahlung des Erzeugers, der auch für die Instandhaltung verantwortlich ist, nach zurückgelegten Fahrkilometern vor, /40/. In diesen Beispielen zeigt sich, daß Instandhaltung nicht nur innerhalb des Technikgeschehens, sondern auch bei der Wechselwirkung von Technik und Wirtschaft in ihrer Weiterentwicklung mit neuen Formen von Verantwortung beteiligt ist.

3.1.3 Zusammenfassung des Abschnitts 3.1: Verantwortung und Irreversibilität

Der Begriff Verantwortung ist, wie die umfangreiche Bibliographie beweist, innerhalb eines Jahrhunderts in den Rang eines ethischen Grundbegriffs aufgestiegen. Eine Zusammenfassung der Argumente und Befunde erlaubt den Versuch einer Begriffsbestimmung, wonach Verantwortung ein formales Konzept ist, bei dem die sittliche Bindung eines Subjekts an die Folgen von Handlungen betrachtet wird. OSTWALD verknüpft Verantwortung und Irreversibilität mit der Feststellung, daß der Begriff der Verantwortlichkeit nur dann einen Sinn hat, wenn die Handlung nicht ungeschehen gemacht werden kann. Diese handlungstheoretische Aussage führt über ROPOHLs Darstellung des Menschen als Sonderfall eines Handlungssystems unmittelbar zum Begriff der Irreversibilität. Die Transformation von Situationen (allgemeine Definition einer Handlung) wird in demjenigen Zweig der Physik, der sich mit zeitgerichteten Abläufen befaßt, der Thermodynamik, als Prozeß bezeichnet. Prozesse weisen zeitlich bestimmbare Anfangs- und Endsituationen auf, wobei auch Richtungswechsel möglich sind (Kreisprozesse). Prozesse stehen, übereinstimmend mit ROPOHLs Argumentation, in engstem Zusammenhang mit Systemen. Das geschlossene System ist ein unentbehrliches Denkmodell in thermodynamischen Grundaussagen; es tauscht mit der Umgebung des Systems keine Energie aus. Dieses Merkmal ist jedoch bei Systemen der Erfahrungswirklichkeit nicht anzutreffen; das geschlossene System erweist sich als theoretisch modellierbarer Grenzfall. Zu den offenen, mit der Umgebung Energie und Materie austauschenden, in der Erfahrungswirklichkeit ausschließlich anzutreffenden Systemen gehören alle Handlungssysteme und dementsprechend auch der (technisch handelnde) Mensch.

Irreversibel ist ein Prozeß, der ohne Eingriff aus der Umgebung des Systems nur in der Richtung von der Situation 1 in die Situation 2 abläuft. In der Situation 2 wird ein Gleichgewichtszustand erreicht; dieser ist auch der wahrscheinlichste, und er ist verbunden mit der Abnahme von Ordnung, der Zunahme von Unordnung. Die Rückkehr zum ursprünglichen Ordnungszustand durch einen Kreisprozeß ist möglich, wenn zusätzlicher Aufwand aus der Umgebung des Systems aufgebracht wird. Der Begriff der Entropie, der einen beliebig kleinen Wärmestrom durch Quotientenbildung auf eine beliebig kleine damit verbundene Temperaturänderung bezieht, erlaubt die genaue Bestimmung des beim irreversibel verlaufenden Prozeß entstehenden Maßes der Zunahme von Unordnung. Der Entropiebegriff erlaubt auch die mathematische Modellierung der an offenen Systemen ablaufenden Prozesse, bei denen keine Gleichgewichtszustände erreicht, sondern Strukturen im Fließgleichgewicht erhalten bleiben und sogar neue Strukturen gebildet werden; Entropie kann hierbei abnehmen. Technikphilosophisch ist entscheidend, daß die Schädigung der Struktur und damit der Funktion Technischer Artefakte, die zur Instandhaltung führen, Sonderfälle der Irreversibilität von Prozessen und damit dem Inhalt und der Reichweite des Entropiebegriffs unterworfen sind. Wenn der Sollzustand des Technischen Artefakts als technisch verwirklichter Ordnungsbereich verstanden wird, so entspricht der Weg zum (möglicherweise schadensbehafteten) Istzustand einer irreversiblen Zustandsänderung, also mit Zunahme der Entropie; Instandsetzung erzwingt dann im Kreisprozeß die Rückkehr zum Sollzustand als zweite Zustandsänderung. Durch Wartungsmaßnahmen, die bereits nach einer geringfügigen Zunahme der Entropie einsetzen, können umfangreiche Schäden, also erhebliche im Instandsetzungsaufwand erkennbare Beträge der Entropiezunahme, vermieden werden. Instandhaltung strebt das Ziel an, die Summe der Zustandsänderungen, mithin die Zunahme der Entropie, zu minimieren. Die Wahrnehmung von Verantwortung wird schließlich in der Werterhaltung durch Instandhaltung erkennbar. Aber auch in instandhaltungsfernen Abläufen kann der als allgemeinste Lebenserfahrung anerkannten Unumkehrbarkeit des Handlungsergebnisses die nach dem Denkmodell des Kreisprozesses vollzogene Wiederherstellung des ursprünglichen Ordnungszustands entgegengesetzt werden. Die Verknüpfung von Ethik und Naturwissenschaften im Begriff der Irreversibilität, der Schädigung und Wiederherstellung von Ordnungszuständen, findet ihre tieferliegende Begründung in der Anisotropie der Zeit, der fundamentalen und evolutionstheoretisch geforderten Voraussetzung des Kausalitätsprinzips.

Rekuperation, die Transformation einer Situation 1 nach 2 und anschließend in eine Situation 3, die mit 1 einige, aber nicht alle Merkmale gemeinsam hat, erweist sich, wie an Beispielen gezeigt wird, ebenfalls als Sonderfall eines irreversibel ablaufenden Kreisprozesses. Bei Technischen Artefakten, die Lebewesen mit einschließen, ergibt sich ein fließender Übergang zur Techniktransienten Instandhaltung.

Die anschließende Erörterung des Problembegriffs führt zu dem Befund, daß den recht unterschiedlichen Bedeutungsvarianten gemeinsam die Gegenüberstellung von Soll und Ist zugrunde liegt; sie kennzeichnet auch kategorial die Handlungsabläufe der Instandhaltung. Die Einführung des Problembegriffs macht deutlich, daß die Wahrnehmung von Verantwortung vermöge Instandhaltung nicht mit Selbstverständlichkeit geschieht, sondern mit subjektiven Spannungs- und damit Anstrengungszuständen verbunden ist, die in der technikphilosophischen Untersuchung nicht unbeachtet bleiben dürfen.

Eine subjektive, aber im technischen Handeln einschließlich der Instandhaltung höchst bedeutungsvolle Instanz ist das Gewissen. Am Beispiel des NSPE-Ethikkodexes für Ingenieure läßt sich zeigen, daß das Gewissen – sprachlich naheliegend – sich als Bewußtseinsinhalt verstehen läßt, und zwar als gewisses, auf benennbare Letztbegründungen zurückführbares moralisches Wissen. Dies wird besonders deutlich bei den schadenserzeugenden Langzeiteffekten in der Nutzung Technischer Artefakte. Die Beurteilung solcher Effekte ist zum Zeitpunkt der Festlegung des Sollzustands (Projektierung, Planerstellung, Konstruktion) oft besonders schwierig. Ermessensentscheidungen müssen, wie am Beispiel gezeigt werden kann, das Fehlen klarer Festlegungen z.B. des Herstellers ausgleichen. Die Mißachtung von Gewissensgeboten in bestimmten Instandhaltungssituationen kann schwerwiegende, mit dem Verlust von Menschenleben und Gesundheitsschäden verbundene Folgen haben.

Die Verrechtlichung der Technik (die Unterwerfung technischen Handelns unter Rechtsvorschriften) ist als kollektiv getragene Wahrnehmung von Verantwortung und insofern als unentbehrlicher Teil technikbestimmter Lebenswirklichkeit zu verstehen. Dabei kann es aber sowohl ein Zuviel wie eine Zuwenig geben. Ein schwerwiegender Einwand gegen ein Übermaß von Verrechtlichung liegt darin, daß Verantwortung immer weiter gehen muß als der verrechtlichte Bereich, weil jede Verrechtlichung sich mit einer abschließenden Bestimmung bei Art und Zahl der von ihr erfaßten technischen Handlungen und Situationen abfinden muß. Diese kann jedoch angesichts des ständigen technischen Wandels, und besonders hinsichtlich der Instandhaltung angesichts der Langzeiteffekte, nie vollständig sein. Genau dieses Erfordernis weitergehender Verantwortung ist jedoch identisch mit dem Appell an das Gewissen. Im Problembewußtsein hinsichtlich gebotener, aber fehlender Rechtssetzung im Technikrecht, in der politischen Diskussion als Vorbereitung neuer Verrechtlichung eröffnet sich ein weiter, hier jedoch nicht zu erörternder sozialgeschichtlicher Horizont. Die Wahrnehmung institutioneller Verantwortung in der Instandhaltung wird deutlich im gesetzten Recht bei Beschaffenheitsanforderungen, die insbesondere der Sicherheit dienen, bei Vorschriften über Prüfungen und deren Dokumentation, bei den Vorschriften über Sachmängelhaftung und so fort.

Informationelle Verantwortung ist eine wesentliche Voraussetzung gelingender Instandhaltung. Nur die bestmögliche Information über die tatsächlich vorhandenen Merkmale des Technischen Artefakts, die unter bestimmten Voraussetzungen vom ursprünglich festgelegten Sollzustand abweichen können, kann Grundlage effizienter Instandhaltung sein.

Schließlich wird in der vielfach als vorteilhaft erkannten Wirtschaftsform der Handlungseinheit von Erzeugung, Nutzung und Instandhaltung eine neue Form technischer Verantwortung erkennbar, als Folge der schöpferischen Weiterentwicklung bei der Wechselwirkung von Technik und Wirtschaft.

3.2 DER INSTITUTIONELLE ASPEKT DER INSTANDHALTUNG

3.2.1 Staat, Recht, Technik und Instandhaltung als Institutionen

HUBIG erläutert die Bedeutung von Institutionen für die Erfüllung funktionaler Erfordernisse, die sich für die philosophische Anthropologie aus der „Mängelhaftigkeit" des individuellen Menschen ergeben.

„Institutionen ermöglichen Orientierung und Identitätsstiftung dadurch, daß sie die Überkomplexität der Welt strukturieren und das Individuum von einer triebbestimmten, durch unmittelbare Bedürfnisse geleiteten und situativ bedingten Zufälligkeit seines Handelns befreien zugunsten einer ‚Hintergrunderfüllung' und langfristigen Gratifikation. Weiterhin gewähren sie Dauerhaftigkeit und Kalkulierbarkeit durch die Stabilisierung von Handlungsabläufen, kurz: Sie entlasten das Individuum, indem sie alle diejenigen Bedingungen seines Lebens bereitstellen, die es aus eigenen Kräften nicht zu realisieren vermag...Institutionen verkörpern insofern ‚zweite Natur'", /1/.

Der Staat als Herrschaftsordnung, durch die ein Personenverband (Volk) auf abgegrenztem Gebiet durch hoheitliche Gewalt zur Wahrung gemeinsamer Güter verbunden ist, würde zweifellos in einer hypothetischen Hierarchie der Institutionen einen der höchsten Ränge einnehmen. Eine der wichtigsten Funktionen des Staates, die Überlieferung, Schaffung und Durchsetzung von Recht, läßt sich nämlich fast wörtlich mit der folgenden definitorischen Beschreibung von Institutionen kennzeichnen:

„Als objektivierte Träger von ‚Wertideen' verkörpern sie diejenigen konstitutiven Regeln und Bewertungsmaßstäbe mit Durchsetzungsanspruch, innerhalb derer sich Individuen bewegen und zu denen sie sich in das Verhältnis der Befolgung, Änderung und Verweigerung stellen können", /1/.

Man muß nur die Begriffe „Regeln" und „Bewertungsmaßstäbe" ersetzen durch den Begriff der Rechtsordnung, die Gesamtheit der Rechtssätze, die innerhalb einer rechtsverbundenen Gesamtheit für die Rechtsgenossen verbindlich gelten. Diese Bindung an Werte, wie sie auch einer Rechtsordnung zugrunde liegen, kann man als **inhaltliche Komponente der Institution** bezeichnen. Die Argumente der Abschnitte „Schwachstellenforschung, Versuch und Irrtum", „Institutionelle Verantwortung in der Instandhaltung", „Die Begriffe Vorsorge und technische Sicherheit" sowie „Rechtliche Anforderungen an den Sollzustand Technischer Artefakte" sind ergänzend hinsichtlich der staatlich verantworteten **Schaffung von Rechtsgrundlagen für die Instandhaltung** im Zusammenhang mit dem Vorstehenden zu sehen.

Die zweite, die **zeitliche Komponente der Institution**, ist gegeben in der Gewähr von Dauerhaftigkeit und Kalkulierbarkeit (Vorhersehbarkeit) durch Stabilisierung (Wiederholbarkeit) von Handlungsabläufen. Auch sie wird in ganz grundlegender Weise im Staat deutlich. Akademische Grade, Titel, soziale Rollen, Tagesordnungen und Fahrpläne sind von HUBIG genannte Beispiele für Institutionen, deren Erhaltungsdauer, technisch gesprochen, von Anfang an durch menschliche Lebensdauer oder eng bemessene Zeitabschnitte begrenzt ist. Dem steht der Staat gegenüber als herausragender Fall einer mindestens ihrem Anspruch nach auf Dauer angelegten Institution, wenngleich auch er dem Gesetz der Geschichtlichkeit unterliegt.

Es überrascht, daß unter den vielen für Technik vorgeschlagenen Definitionsbegriffen die Institution sich nicht ausdrücklich findet, obwohl durch die Untersuchungen GEHLENS (siehe Abschnitt „Instandhaltung und asketische Weltkultur") begründet ist, daß Technik die Kriterien einer Institution erfüllt: Technik entlastet das Individuum in der oben gekennzeichneten Weise vermöge Umarbeitung der Welt ins Lebensdienliche durch technische Handlung. Technische Wertideen prägen unseren Alltag, unsere Gesellschaft, unser Zeitalter. Ihrem Durchsetzungsanspruch begegnen wir fallweise mit Befolgung, Änderung und Verweigerung auf den Handlungsebenen der Lebenspraxis, der technikethischen Diskussion, der Politikgestaltung und anderen. Im Rahmen der vorliegenden Untersuchung bedarf es keiner ins Einzelne gehenden Beweisführung für diese Argumente. Wesentlich ist an dieser Stelle nur die Aussage, daß GEHLEN ein starkes Argument für die Legitimation von Technik als Institution allgemein geliefert hat und daß damit auch die **institutionelle Legitimation für Technikerhaltung**, sprich für Instandhaltung, gegeben ist. HUBIG führt Technik und Wirtschaft als Institutionen in seine Analyse der Sachzwangproblematik ein, /2/.

Die inhaltliche, wertorientierte Komponente von Instandhaltung als Institution ist die geringstmögliche Abweichung zwischen Soll und Ist des Technischen Artefakts; daraus entsteht die **Gratifikation der Substanzbewahrung**. Ihre zeitliche Komponente ist die der Erhaltung des Technischen Artefakts; sie ermöglicht die Entstehung der **technisch strukturierten kulturellen Traditionen**. Auch der Instandhaltung als Institution gegenüber setzen sich Individuen und menschliche Kollektive mannigfaltiger Art in das Verhältnis der Befolgung, Änderung und Verweigerung. Dieses Verhältnis wird in mehreren Abschnitten der vorliegenden Untersuchung ausgearbeitet; es hat große Bedeutung für einen wesentlichen Teil des Inhalts.

Die Gemeinsamkeit der Institutionen Staat, Technik und vor allem Instandhaltung liegt in dem hohen Rang, der aus **Bedeutsamkeit für lange Zeiten und viele geografische Zonen** erwächst. Es ist daher für die vorliegende Untersuchung unerläßlich, zu begründen, daß diese Gemeinsamkeit mehr ist als eine oberflächliche Ähnlichkeit. Vielmehr ist der Nachweis zu führen, daß es sich um eine grundlegende, starke und vielseitige Wechselwirkung handelt.

3.2.2 Wechselwirkung der Institutionen Staat, Recht und Technik

Mit der Ausdrucksweise vom Staat als dem **virtuellen Ort einer rechtsförmig geordneten Technik** ist hier eine Wechselwirkung gemeint: Zwischen dem Staat, der Recht setzt und weiterentwickelt sowie die Einhaltung des Rechts überwacht, und der Technik insgesamt. Hier soll zum Ausdruck kommen, daß Technik einschließlich Instandhaltung nur dort zur Entfaltung gelangt, wo der Staat als Institution Wertentscheidungen trifft und auf dieser Grundlage

Möglichkeitsspielräume für Instandhaltung schafft. Dies beginnt mit der gesetzlich gesicherten Freiheit der Forschung, /3/, auch im Bereich der Technikwissenschaften; sie müssen uneingeschränkt auch für Aufgabenstellungen der Instandhaltung verfügbar sein, siehe hierzu auch den Abschnitt „Instandhaltung technischen Wissens und Könnens". Es setzt sich fort mit Rechtsregelungen zur staatlichen Anerkennung technischer Regelwerke aller Art, deren sachtechnischer Inhalt dann auch zur Grundlage von Rechtsentscheidungen werden kann, /4/. Regelungen, die in umfassender Weise rechtsfreie Räume einengen und vermöge Planungs-, Umweltschutz-, Arbeitsschutz-, Gewerberecht und so fort die Herstellung Technischer Artefakte institutionell ordnen, werden in den Abschnitten „Verrechtlichung der Technik" und „Institutionelle Verantwortung in der Instandhaltung" diskutiert. Institutionen wirken beim Bau einer Brücke oder eines Kraftwerks in gleicher Weise mitgestaltend ein wie bei der Ausgestaltung einer Uhrmacher-Werkstatt. Staatliche Initiative hinsichtlich der Schaffung von Grundlagen für Technik setzt sich fort mit rechtlich geordneten und personell wie materiell angemessen ausgestatteten Einrichtungen zur technischen Ausbildung in allen Stufen der Qualifizierung. Dazu gehört auch die staatliche Anerkennung nachgewiesener Qualifikation in Form der Verleihung akademischer Grade und geschützter Berufsbezeichnungen. Ohne Anspruch auf Vollständigkeit wird auf die nachstehenden Beispiele für staatliche Initiative zur Förderung der Instandhaltung hingewiesen: Das Bundesland Mecklenburg-Vorpommern hat als erstes die Berufsbezeichnung „Restaurator" gesetzlich geschützt, /5/. An der Universität München besteht seit 1996 der Lehrstuhl „Restaurierung, Kunsttechnologie und Konservierungswissenschaften", /6/. Die Universität Stuttgart bietet Vorlesungen an zu den Themen „Erhaltung historischer Bauten" sowie „Instandhaltung und Lebensdauermanagement", /7/. An der Fachhochschule Trier wurde ein zweisemestriger „Aufbaustudiengang Baudenkmalpflege" eingeführt, /8/. In einzelnen Bundesländern bestehen auch Ausbildungsmöglichkeiten mit Orientierung an der Berufspraxis für Handwerks- und Restaurationstechniken, die in der Denkmalpflege unentbehrlich sind, /9/. Rechtsregelungen zum Denkmalschutz sind im Abschnitt „Unikate, Denkmale" erörtert. Aus den institutionellen Aufgaben des Staates erwachsen ferner die Förderung Technisch-Wissenschaftlicher Vereinigungen und die Unterstützung technologischer Forschung. Diese geschieht sowohl unmittelbar durch die Unterhaltung von Forschungseinrichtungen z.B. an Hoch- und Fachschulen wie auch durch finanzielle Förderung von Einzelprojekten in nichtstaatlichen Einrichtungen. Im Steuerrecht besitzt der Staat ein äußerst wirkungsvolles Instrument zur Förderung oder auch zur Behinderung der Instandhaltung. Die in der Bundesrepublik Deutschland gegebene Anerkennung von Instandhaltungsaufwendungen als abzugsfähig bei der Ermittlung der Einkünfte aus gewerblicher Tätigkeit wie auch bei solchen aus Vermietung und Verpachtung ist für die wirtschaftliche Entscheidung zugunsten von Instandhaltungsmaßnahmen von großer Bedeutung. Die Möglichkeit z.B., einen innerhalb eines Jahres angefallenen Instandhaltungsaufwand steuerlich auf mehrere Jahre zu verteilen, wirkt steuermindernd bei den Einkünften und daher stimulierend für Instandhaltungsmaßnahmen. Die Streichung dieser Möglichkeit bewirkt das Gegenteil. Weitere Hinweise hierzu unter dem Aspekt der Schaffung bzw. Zerstörung von Beschäftigungspotentialen finden sich im Abschnitt „Das Beschäftigungspotential der Instandhaltung".

3.2.3 Instandhaltungsaufgaben des Staates und vergleichbarer Institutionen

Instandhaltung sichert und verlängert die Tauglichkeitsdauer Technischer Artefakte und ist somit die notwendige Voraussetzung für die Erhaltung umfangreicher Substanzwerte in öffentlicher, halböffentlicher und privater Hand; dies gilt während und fallweise auch nach dem Ende der ursprünglichen bestimmungsgemäßen Nutzung. Diese Substanz stellt sich je nach Betrachtungsweise als Sachvermögen, Produktivkapital, Geldanlage, Machtmittel und so weiter dar. Unter ihrer Erhaltung ist der Schutz vor vermeidbarer vorzeitiger Ausmusterung und Untergang zu verstehen. In den Abschnitten „Instandhaltung und Erhaltungsdauer" und „Begünstigung langer Erhaltungsdauer Technischer Artefakte" werden die Bedingungen erörtert, unter denen die Erreichung dieses Zieles steht. Wenn und soweit das Handeln von Staatsorganen aller Stufen, der Kirchen oder anderer öffentlich-rechtlicher Körperschaften, die Nutzung Technischer Artefakte voraussetzt, ist die Abhängigkeit von Instandhaltung gegeben. Ob ein Staat einen Krieg führt oder ihn zu verhindern sucht, ob er eine Straße baut, eine Polizeiorganisation unterhält, ein Behördengebäude bewirtschaftet, ob eine Kommune eine Abwasserreinigungsanlage betreibt oder ob eine Universität dem Lehr- und Forschungsbetrieb tausend Computer zur Verfügung stellt: Ohne effiziente Instandhaltung der technischen Mittel geht der Krieg verloren, ist die Straße nicht befahrbar, die Polizei wehrlos, regnet es in die Arbeitsräume der Beamten, wird das Abwasser nicht sauber, bricht der Lehr- und Forschungsbetrieb zusammen.

Im Abschnitt „Begriffsbestimmung und Erläuterung der Nutzungsdauer" ist der Beispielfall der Stillegung eines Teils der Instandhaltungswerke der Deutsche Bahn AG vorgetragen; sie wird als Folge geringeren Instandhaltungsbedarfs des modernisierten Fuhrparks begründet. Der Vorgang ist unter drei Blickwinkeln von Interesse. Die vorstehend bereits diskutierte Unterwerfung auch der Bundesrepublik Deutschland als Eigentümerin der Deutsche Bahn AG unter wirtschaftliche Zwänge – Endlichkeit der Finanzmittel für Instandhaltung – macht den in Abschnitt „Gesetzmäßigkeit und Handlungsentscheidung bei der Sicherung und Gefährdung Technischer Dauer" erörterten **Zielkonflikt zwischen Instandhaltung als Substanzerhaltung und Instandhaltung als „Fortschritts-Bremse"** deutlich. Ebenso deutlich wird auch das im Folgenden erörterte unmittelbar „arbeitszehrende", mithin beschäftigungsfördernde volkswirtschaftlich bedeutungsvolle Potential der Instandhaltung. Mit Recht werden die Schwierigkeiten, dieses Potential auszunutzen, an diesem Beispiel in der Öffentlichkeit diskutiert. Die Frage, ob die Modernisierung des Fuhrparks auch durch Instandsetzungsmaßnahmen mit dem Ziel der technischen Höherwertigkeit wenigstens teilweise zu erreichen gewesen wäre, hätte nach der in dieser Untersuchung vertretenen Position mit höchster Dringlichkeit gestellt werden müsen; sie wurde aber nicht öffentlich diskutiert. Ein aufschlußreicher Hinweis zeigt, daß die im Abschnitt „Erkenntnisgewinn durch Instandhaltung" vorgetragenen Argumente nicht unbemerkt blieben:

„Der Vorstandsvorsitzende...betonte, daß die Bahn sich nicht ganz aus der Instandhaltung verabschieden werde: ‚Wir wollen unser Know-how über die Fahrzeuge im Betriebseinsatz erhalten, um diese Erkenntnisse bei der Neubeschaffung der Fahrzeuge sowie im täglichen Fahrbetrieb einzubringen'", /10/.

Der Staat schafft Möglichkeitsspielräume für Instandhaltung. Umgekehrt aber leistet die Instandhaltung unter bestimmten geschichtlichen oder gesellschaftlichen Voraussetzungen einen substantiellen Beitrag zur Erhaltung des Staats, sowohl abstrakt als Institution wie auch konkret für den Staat als handelndes Subjekt in der Bewahrung politischer Existenz und Integrität. Dies wird auch im Abschnitt „Instandhaltung als Betätigungsfeld von Handwerk und Industrie" deutlich. Technikgeschichtliche Beispiele mit beachtlicher historischer Bedeutung für diesen Sachverhalt lassen sich in eindrucksvoller Zahl finden; ihre Erörterung übersteigt den Rahmen dieser Untersuchung.

3.2.4 Die Endlichkeit von Mitteln für die Instandhaltung; Options- und Vermächtniswerte

Im Abschnitt „Die Frage nach der Endlichkeit der Mittel" wird das in der Abschnitts-Überschrift angesprochene Problem vor allem im Hinblick auf Technische Artefakte mit Werten der Erhaltungsdauer im Bereich von Tausenden bis Hunderttausenden von Jahren erörtert. Dieser Zeitrahmen ist freilich für das Alltagsgeschehen der Instandhaltung von sehr geringer Bedeutung. Die Endlichkeit der Mittel kommt jedoch erneut in den Blick, wenn **institutionelles Handeln eine Wertentscheidung zugunsten der Erhaltung gesellschaftlicher, in Technischen Artefakten deutlich werdender Substanz** trifft. Vor der Ausmusterung als Gegenhandlung zur Erhaltung des Technischen Artefakts steht in vielen Fällen die Abwägung, ob Instandhaltung gemäß rein wirtschaftlicher Beurteilung noch möglich oder geboten ist. Die Gründe für diese Beurteilung und ihre in der Regel nicht deutlich bewußt gemachte Zurückführung auf Wertentscheidungen sind im Abschnitt „Tauglichkeitsdauer, erster Abschnitt; Nutungsdauer" ausgiebig behandelt; denn ihre Auswirkungen zeigen sich unübersehbar im Ausmaß der Tauglichkeits-, Nutzungs- und schließlich Erhaltungsdauer. Vor allem sind auch die Darlegungen des Abschnitts „Begünstigung langer Erhaltungsdauer Technischer Artefakte" in diesem Zusammenhang zu sehen.

Der Abschnitt „Gesetzmäßigkeit und Handlungsentscheidung bei der Sicherung und Gefährdung Technischer Dauer" enthält die Analyse des **Spannungsverhältnisses zwischen Erzeugung, die an die Stelle eines (ausgemusterten oder untergegangenen) Technischen Artefakts ein neues setzen könnte, und Erhaltung, die dem Untergehen entgegenwirken soll.** Dieses Spannungsverhältnis wird aufgehoben durch das Urteil, im aktuellen Fall könne Instandhaltung wirtschaftlich begründet werden; denn der Finanzaufwand für die Instandhaltung zeigte sich als merklich kleiner im Vergleich zu dem der Neuerzeugung Dann werden in aller Regel die durch Instandhaltung gegebenen Möglichkeiten auch tatsächlich ausgeschöpft.. In diese Entscheidung fließt die Rücksicht auf die Endlichkeit der zum gegenwärtigen Zeitpunkt oder in naher Zukunft frei verfügbaren Mittel maßgeblich ein. Den vom Zufall der Einzelsituation bestimmten Zahlen liegt jedoch ein allgemeiner technik-philosophischer Befund zugrunde.

Gelingende Instandhaltung ist gleichbedeutend mit dem größten erreichbaren Ausmaß von Bewahrung. Sie schützt das Technische Artefakt als Ganzes, als System mit materiellen, energetischen und informationellen Komponenten, vor dem Untergang. Gegebenenfalls werden Subsysteme oder Elemente, deren Beibehaltung es unmöglich machen würde, dem Sollzustand wieder genügend nahezukommen, verworfen und durch neu erzeugte ersetzt. Was nicht ersetzt wird, bleibt erhalten. In dieser Erhaltung sind nicht nur die einmal geleisteten Aufwendungen für die Erzeugung und die sie möglicherweise vielfach übersteigenden für die bisherige Instandhaltung einbegriffen. Auch die Werthaltigkeit der Information hinsichtlich unwiderruflich einmaliger zeit- und technikgeschichtlicher Umstände der Entstehung und bisherigen Nutzung bleibt bewahrt, wie sie im Abschnitt „Auszeichnung von Zeitausschnitten durch Einmaligkeit, Seltenheit und Häufigkeit Technischer Artefakte" erörtert wird. Der Abschnitt „Instandhaltung als asketische Handlungsform in der Technik" begründet überdies die Wechselwirkung der Institutionen Askese und Instandhaltung.

Die Bevorzugung von Instandhaltung vor Ausmusterung des Technischen Artefakts und Ersatz durch ein neu erzeugtes bedeutet **Handlungsorientierung nach Maßgabe von Optionswerten.** HUBIG erläutert:

„Unter Optionswerten sollen solche Handlungsorientierungen verstanden werden, die entsprechend dem Prinzip des „Planning for Diversity and Choice" erstens der Gefahr entgegenwirken, daß sich das Handeln durch die Produktion von Mangel oder Überfluß selbst unter Sachzwänge setzt und nur noch ständiges Krisenmanagement ist, als auch zweitens dem Handeln die Zukunftsfähigkeit garantieren, indem sie darauf abzielen, neue und differenzierte Alternativen zu eröffnen und/oder weitgehend zu erhalten", /11/.

Instandhaltung stabilisiert die wirtschaftliche Situation hinsichtlich des Bestandes an nutzungsbereiten Technischen Artefakten, indem sie deren Zahl, bezogen auf einen bestimmten Zeitpunkt oder Zeitraum, weder vermehrt noch vermindert, unter dieser Einschränkung also in der Tat sowohl Mangel wie Überfluß ausschließt. Sie hält Handlungsmöglichkeiten offen, indem sie Quellen und Senken für Stoffe, Energien und Abfälle nur im begründbar unvermeidlichen Ausmaß in Anspruch nimmt. Sie gewährt der technologischen Entwicklung Zeit, weil sie dem wirtschaftlichen, als Sachzwang erkennbaren Druck ausweicht, Marktanreize zu schaffen mit Technischen Artefakten, die den schon vorhandenen vergleichbaren nur in geringfügigem Maß überlegen sind. Dieser zeitliche „Spielraum", wenn man das ernste Geschäft der technologischen Entwicklung als Spiel bezeichnen will, kann nicht nur genutzt werden, um eine technologische Entwicklung geradlinig weiterzuführen, sondern auch, um Alternativen auszuarbeiten und zur Reife zu bringen. Bildlich gesprochen, gewährt **Instandhaltung eine „Atempause"** für Entwickler und Hersteller ebenso wie für die anderen Marktteilnehmer, für Auftraggeber, Käufer und Nutzer. Die weit umfassendere Bedeutung dieses Befunds liegt aber darin, daß eine solche Atempause auch den entlastungschaffenden Institutionen selbst als Entlastung zugute kommt. Es gibt ein zwingendes Erfordernis, technologische Sachverhalte durch Setzung neuen technischen Rechts institutionell in das Gesellschaftsleben zu integrieren; siehe hierzu auch die Erörterung des Problems, wie Verantwortung zu verrechtlichen ist. Dieses entfällt in gleichem Maße, wie, qualitativ betrachtet, die Einführung neuer Technologiestufen durch Fortführung der Nutzung vorhandener vermöge Instandhaltung verzögert oder verhindert wird. Dazu tritt, quantitativ betrachtet, die Schonung der Quellen und Senken für Rohstoffe, Energien und Abfälle und damit die Vermeidung des Zwangs, dem Ziel der Nachhaltigkeit durch neue gesetzliche Regelungen näherzukommen.

Aber auch **Vermächtniswerte finden Anerkennung vermöge Instandhaltung.** HUBIG legt dar:

„Als weitere Voraussetzung des individuellen Handeln-Könnens gilt aber auch die Berücksichtigung von **Vermächtniswerten**. Unter dieser Bezeichnung lassen sich diejenigen Werthaltungen zusammenfassen, deren Respektierung Voraussetzung dafür ist, daß ein Individuum überhaupt seine Identität, sein wichtigstes Vermächtnis, findet, also ‚Ich' sagen kann. ‚Vermächtnisse' sind i. w. S. nicht unterschiedslos alles Tradierte, sondern die sozialen und kulturellen Stützpfeiler der Bildung von Identität".

In der Reihe von Beispielen, die HUBIG nennt, sind die nachfolgenden hier von besonderem Interesse:

„Wenn wissenschaftlich-technische oder wirtschaftliche Maßnahmen Traditionen und Sozialgefüge dergestalt zerstören, daß ihr notwendiger Wandel nur noch als zufällig und nicht mehr beherrschbar erfahren wird, zerstören sie die Ich-Identität der Subjekte. Dies liegt vor, wenn...Wohnräume und Landschaften so zerstört werden, daß der einzelne sich in ihnen nicht mehr verorten kann, wenn Zeit- und Raumgefüge technisch so geprägt werden, daß der einzelne bestimmte Veränderungen nicht mehr „verkraftet" und wenn bestimmte kulturelle Traditionen der Kommunikation (Schrift) durch technisch und wirtschaftlich bestimmte Ein-

und Verengungen auf bestimmte Kommunikationskanäle verändert oder verdrängt werden, /12/.

Instandhaltung aber ist die Gegenhandlung zur Zerstörung von Wohnräumen und ganz allgemein von Technischen Artefakten, an denen Traditionen und Sozialgefüge deutlich werden; also solcher, die durch Unentbehrlichlichkeit im gesellschaftlichen Lebensvollzug oder als Denkmale qualifiziert sind (Technikimmanente Instandhaltung). Sinngemäß das Gleiche gilt für Landschaften (Techniktransiente Instandhaltung). Instandhaltung kann häufig die Option wahrnehmen, gemäß den Darlegungen des Abschnitts „Technische Höherwertigkeit vermöge Instandhaltung - Instandhaltung komplexer Sachsysteme" zu verfahren. Sie kann damit einen notwendigen, aber weder als zufällig noch gar als nicht mehr beherrschbar erfahrenen Wandel bewirken; denn die lebenspraktische vollzogene Einordnung des Technischen Artefakts wird durch Instandhaltung, in welcher Form auch immer, nicht angetastet.

Das Beispiel der kulturellen Tradition im Medium der Schrift verweist unmittelbar auf die Instandhaltung der traditionellen Informationsträger für Schrift, also Manuskripte und Bücher. Die vorliegende Untersuchung befaßt sich damit unter dem Aspekt der technologischen Hochwertigkeit von Instandsetzungsverfahren, unter dem Aspekt der Begründung langer Erhaltungsdauer von Unikaten bzw. Denkmalen, sowie unter dem Aspekt der Sammlungen als Technischer Artefakte.

Der Begriffszusammenhang von Sachzwang, „Atempause" und Entlastung kann vervollständigt werden durch das von HUBIG vorgestellte Handlungsmuster des **regarder**.

„Jan Starobinski sieht eine Möglichkeit in der Verabschiedung des innovatorischen Optimismus, indem er an die Wurzeln des Wahrnehmens erinnert: ‚Befragt man die Etymologie, so erfährt man, daß die französische Sprache, um das gerichtete Sehen zu bezeichnen, das Wort **regard** zu Hilfe nimmt, dessen Wurzel ursprünglich nicht den Akt des Sehens bezeichnet, sondern eher Erwartung, Sorge, Wache, Schutz – sie sind alle von jener Beharrlichkeit affiziert, welche die Verdopplung oder Rückkehr ausdrückt. **Regarder** ist eine Bewegung, die darauf abzielt, wieder in Obhut zu nehmen...'" , /13/.

Der Begriff der Obhut ist im Strafrecht der Bundesrepublik Deutschland üblich; er bezeichnet die Erfüllung von Beistandspflichten, deren Verletzung strafbar sein kann; Beispiel: Fürsorgepflicht gegenüber Personen unter 16 Jahren. Dem Begriff der Fürsorge für Personen entspricht aber im Bereich der Technischen Artefakte mit eindrucksvoller Genauigkeit der Begriff der Instandhaltung.

Die Berücksichtigung von Options- und Vermächtniswerten im technischen Modus der Instandhaltung entspricht, wie gezeigt, volkswirtschaftlich dem Grundsatz des haushälterischen Umgangs mit personellen, finanziellen, stofflichen, energetischen Mitteln. Durch diese Handlungsorientierung kann Investitionskapital bereitgestellt werden, um dem Ziel der Nachhaltigkeit nahezukommen. Als Beispiel dafür können die hoch kapitalintensiven Techniken der regenerativen Energiebereitstellung aus Sonnenstrahlung, Wind, Laufwasser, Meeresgezeiten und –wellen sowie Geothermie genannt werden. Die Bevorzugung dieser Energien wird begründet durch die Notwendigkeit, die klimabeeinflussenden Kohlendioxid-Emissionen zurückzudrängen. Damit verbunden ist auch die Option auf die Nutzung fossiler Brennstoffe für stoffliche statt energetische Verwertung, demnach auf höhere Wertschöpfung, sowie eine längere Reichweite der bekannten Vorkommen. Stromerzeugung durch fotovoltaische Solarkollektoren zum Beispiel, zu einem Erzeugungspreis in Höhe des etwa Zehnfachen im Vergleich zu Strom aus fossilen Energieträgern oder Kernenergie, ist nur zugänglich auf dem Weg der Einsparung von Finanzmitteln an anderer Stelle, sei es durch privatwirtschaftliche Entscheidung oder institutionell durch den Staat, vermöge Umlenkung der Investitionsmittel mittels Steuergesetzgebung. Ein Beispiel für die Größenordnung des Aufwandes, der in einem Industriestaat für diese Zielsetzung entstehen kann, liefert eine Modellrechnung, die vom Wirtschaftsminister der Bundesrepublik Deutschland erstellt wurde. Die zusätzlichen Umstellungskosten für den Verzicht auf Kernenergie zur Stromerzeugung und die Reduzierung des Ausstoßes von Kohlendioxid um 40 % gegenüber dem Stand von 1990 wurden bis zum Jahr 2020 mit 500 Milliarden DM angegeben, /14/.

Die Endlichkeit der Mittel bestimmt institutionelles Handeln als Öffnung, Verschließung und Gewichtung von Handlungsmöglichkeiten in augenfälligster Weise. Jeder ordnungsgemäß beschlossene und abgewickelte staatliche Haushalt zeigt alle Komponenten dieses Handelns. Es überschreitet das Ziel dieser Untersuchung, im Einzelnen über ein nachstehend aufgeführtes Beispiel hinaus darzulegen, wie Instandhaltung durch den Finanzrahmen staatlicher und maßgeblich vom Staat beeinflußter Haushalte gefördert oder behindert wird. Deutlich wird jedoch, daß eine Behinderung für Betroffene im Einzelfall schwerwiegende Folgen haben kann. Es wurde berichtet, daß die in der Bundesrepublik Deutschland gesetzlich festgelegte Begrenzung der Vergütungen für fachärztliche Leistungen existentielle Schwierigkeiten zum Beispiel für radiologische Praxen nach sich ziehen kann. Der Ersatz der ausmusterungsreifen Bildröhre eines Computer-Tomographen schlägt mit etwa 80000 DM zu Buch; es scheint absehbar, daß manche Praxen dazu finanziell nicht mehr in der Lage sein werden, /15/. Die Stillegung eines Computer-Tomographen, der keine zuverlässigen Bilder mehr liefert, bedeutet aber den Verzicht auf die durch dieses Gerät ermöglichten Diagnoseleistungen mit entsprechenden Folgen für Arztpraxis und Patienten. Spiegelbildlich dazu würde die weitere Benutzung die Gefahr von Fehldiagnosen hervorrufen, die wegen ihrer Folgen für Leben und Gesundheit der Patienten straf- und standesrechtliche Konsequenzen nach sich ziehen müßten.

Das Beispiel belegt, daß institutionelles Handeln sich nicht auf den unmittelbar wirkenden Bereich der Rechtssetzung beschränken kann, wie es in dieser Untersuchung hinsichtlich der Rechtsregelungen der Bundesrepublik Deutschland im Zusammenhang mit der Verantwortung für Technische Artefakte erörtert wird. Vielmehr muß dieses Handeln auch im mittelbar wirkenden Bereich der Lenkung von Finanzströmen im öffentlichen Sektor der Volkswirtschaft (hier: im Gesundheitswesen) durch gesetzliche Maßnahmen notwendige Voraussetzungen für zielführende Instandhaltung schaffen.

3.2.5 Krisensituationen und ineffiziente Wirtschaftssysteme

Unter der Bedingung der Begrenzung aller verfügbaren Mittel in endlichen Zeiträumen steht auch die wachsende Bedeutung der Instandhaltung in allen politischen wirtschaftlichen und technischen Situationen, die in außergewöhnlichem Umfang Mittel binden, ihren Fluß behindern oder in falsche Kanäle lenken. Solche Situationen sind Kriege, Naturkatastrophen, Wirtschafts- und Finanzkrisen und andere Notlagen, aber auch das Vorherrschen ineffizienter Wirtschaftssysteme und -steuerungsverfahren. Instandhaltung hält das technische Sachvermögen wenigstens für begrenzte Zeit bzw. in begrenztem Umfang nutzbar, sodaß verfügbares Investitionskapital in anderen Wirtschaftsbereichen eingesetzt bzw. dessen Fehlen wenigstens teilweise ausgeglichen werden kann. Die gewaltigen wirtschaftlichen Potentiale, die in der Instandhaltung ruhen, werden eigentlich erst unter solchen Bedingungen sichtbar. Was in Kriegen funktionsfähig bleibt, wird der Instandhaltung verdankt. Instandhaltung als Instandsetzung ist nach Naturkatastrophen vielfach der schnelle Weg für die Rückkehr zur Normalität. Instandsetzung ist die letzte Verteidigungslinie für Politik- und Wirtschaftssysteme, deren Kraft zur Erneuerung ihres Sachvermögens nicht mehr ausreicht; dies hat sich insbesondere in der DDR deutlich erwiesen.

Instandhaltung war auch während der Energiekrisen der letzten Jahrzehnte das naheliegende Verfahren, das Sachvermögen der Wirtschaft, insbesondere der Industrie, funktionsfähig zu halten, bis die Anpassung an die neuen wirtschaftlichen Bedingungen geleistet war.

3.2.6 Das Beschäftigungspotential der Instandhaltung

Von großer Bedeutung ist Instandhaltung aber nicht nur für die Substanzerhaltung, sondern auch als Wirtschaftszweig mit einem großen Potential bezahlter Arbeit. Instandhaltungsarbeit, gleichgültig ob gewerblich ausgeübt und damit in den Geldkreislauf der Wirtschaft eingebunden, oder freiwillig und unbezahlt, ist wirtschaftlich anders zu bewerten als die mit Erzeugung, Neuherstellung, verbundene Arbeit. Der techniksoziologische Aspekt innerer Anerkennung der Sinnhaltigkeit von Instandhaltung, die wiederum mit Technikaffirmation im Zusammenhang steht, bedürfte einer eigenen Untersuchung; siehe hierzu auch den Abschnitt „Begünstigung langer Erhaltungsdauer Technischer Artefakte". Von großer, unmittelbarer, bisher wenig beachteter politischer Bedeutung ist das Maß der „Personalintensität" bei der Instandhaltung. Es läßt sich am Beispiel nachweisen - und solche Nachweise lassen sich betriebs- und volkswirtschaftlich nach begründeter Vermutung in großem Umfang führen -, daß Instandhaltung versus Neuerzeugung nicht nur, in absoluten Geldbeträgen gemessen, vielfach die mittelsparende Lösung ist. Der Vergleich zeigt auch, als wichtigeren Befund, eine Verschiebung hinsichtlich des Aufwandes von Material und Energie, die sich vermindern, zum Zeit- und damit Kostenaufwand menschlicher Arbeit, wofür der Anteil sich signifikant erhöht. Für genormte Wasserpumpen wurden, unter der Voraussetzung, daß die Kosten neuwertiger Instandsetzung 75% der Beschaffungskosten einer fabrikneuen Pumpe betragen, folgende Verschiebungen der anteiligen Kosten von Neuherstellung zu Reparatur nachgewiesen: Material 70 zu 45%, Energie gleichbleibend 1%, Personal 29 zu 54%, /16/. Die Zerlegung ausgemusterter Technischer Artefakte, deren Bauelemente wiederverwendungsfähig sind, bietet ein weiteres Beispiel für den hohen Anteil nichtrepetitiver, mithin durch menschliche Arbeit unter vergleichsweise geringem Einsatz technischer Mittel erbrachter Wertschöpfung. Bei der Instandsetzung unfallgeschädigter Personenwagen wird zusäzlich zur Beschäftigungswirkung durch die Nutzung brauchbarer Teile von ausgemusterten Fahrzeugen eine Kosteneinsparung von 3,5% erwartet, /17/.

Instandhaltung „zehrt" Arbeit. Sie erhöht den Anteil der nicht mehr technisch durch repetitiv bzw. automatisch, also nichtadaptiv arbeitende kapitalintensive Maschinen und Ausrüstungen vermittelten Arbeit. In den Vordergrund tritt die in unmitelbarer, nichtrepetitiver, adaptiver Wechselwirkung von Instandhalter und Technischem Artefakt zu leistende Arbeit. Dieser Umstand wurde in der DDR in dramatischer Weise offenbar; die Wirtschaft war ganz allgemein nicht in der Lage, die arbeitszehrende Instandsetzung der Wohnquartiere in den Städten im erforderlichen Umfang zu leisten. Stattdessen wurden in stark repetitiven Bauverfahren die standardisierten Mehrgeschoß-Wohnhäuser, die sogenannten Plattenbauten, mit geringstmöglichen Kosten erstellt, während erhaltenswerte Gebäudesubstanz in erheblichem Umfang durch Abnutzung und Witterungseinflüsse zerstört wurde. Der arbeitsmarktpolitische Effekt der Instandhaltung, zum Beispiel durch Gestaltung des Steuersystems, - Be-vorzugung von Instandhaltung z.B. in der Mehrwertsteuer –, kommt unter dem Druck einer als hohe wirtschaftliche und gesellschaftliche Belastung beurteilten Arbeitslosenquote in das Blickfeld der Politikgestaltung. Eine EU- Richtlinie vom Herbst 1999 stellt es im Rahmen eines bis 2002 laufenden Modellversuchs jedem Mitgliedstaat der EU frei, für bis zu drei Dienstleistungen einen reduzierten Mehrwertsteuersatz zu erheben. In Frankreich und den Benelux-Ländern wurden dementsprechend ermäßigte Mehrwertsteuersätze für Renovierungen und Reparaturen sowie Reinigungsdienste in Privathaushalten, bzw. Reparaturen von Fahrrädern, Schuhen und anderen Kleidungsstücken eingeführt, /18/, /19/. Von Seiten der Öko-Bewegung wird geltend gemacht, daß eine ökologische Steuerreform arbeitsintensive Tätigkeiten wie Energiesparmaßnahmen, Recycling und Reparaturen wirtschaftlich interessanter machen könnte, /20/. Von Absichtserklärungen und Modellversuchen bis zu einer steuerpolitischen Ausgestaltung, die das Arbeitsmarktpotential der Instandhaltung in wirtschaftlich überzeugendem Umfang erschließt, ist jedoch noch ein langer Weg zu gehen.

Technikphilosophisch ist von Bedeutung, daß nicht nur zufallsgeprägte Zahlen die „arbeitszehrende" Wirkung von Instandhaltung ergänzend zu ihrer substanzerhaltenden belegen. Im Abschnitt „Beeinflußbare Individuation und Technische Biografie bei Unikaten, Plurikaten, Multiplikaten" wird der Weg zur Entfaltung der Individuation und zur Annäherung an die Qualifikation von Unikaten gezeigt. Dies stimuliert wiederum weitere Instandhaltungsaufwendungen, wodurch sich die individuierenden Merkmale ständig anreichern. Für solche Anreicherung sind aber repetitiv, nicht-adaptiv wirkende Produktionseinrichtungen nur in Grenzen geeignet, da sie bestimmungsgemäß einem Technischen Artefakt nur repetitiv eingeschränkte Merkmale aufprägen und und sich nicht dem schon eingeprägten Merkmalsatz in der erforderlichen Weise anpassen können. Dieses Argument ist im Abschnitt „Entfremung, Askese, Luxus" weiter ausgearbeitet.

3.2.7 Internationale Zusammenarbeit in der Instandhaltung

Ein letzter kurzer Hinweis auf die Verbindung von Instandhaltung und Politik soll den Technischen Artefakten gelten, deren Instandhaltung, ebenso wie ihre Schaffung, nur durch politisches Zusammenwirken mehrerer Staaten möglich ist. Dies trifft zu auf Raumfahrtprojekte wie die Internationale Raumstation ISS oder die russische Raumstation MIR. Internationale politische Zusammenarbeit wird durch diese Instandhaltungsaufgabe nicht begründet, vielmehr dafür vorausgesetzt, und sie ergibt sich aus der gemeinsamen Nutzung solcher Projekte auch mit einer gewissen Zwangsläufigkeit. Die Berichterstattung in den Medien über solche Instandhaltungsarbeiten, ausgeführt von Astronauten zum Teil in Raumanzügen, freischwebend im All, nur durch Leinen mit dem Raumflugkörper verbunden, ist alltäglich geworden, /21/. Dennoch vermittelt sie die Qualität einer Institution der Institutionen, einer politischen Gemeinsamkeit völlig neuer Art, angelegt auf Jahre oder Jahrzehnte und Vorbild für andere, die Grenzen der Einzelstaaten und ihr Konfliktpotential überwindende Projekte. Die hier zutage tretende öffentliche Aufmerksamkeit wird dem inzwischen gewohnten, dennoch einzigartigen Phänomen durchaus gerecht. Sie verdeckt jedoch, daß die institutionelle Bedeutung der Instandhaltung weder in dem, was staatliche Politik bewirkt und unterläßt, noch im Hinblick auf die öffentliche Wahrnehmung der Defizite staatlichen Handelns insgesamt genügend entfaltet ist.

3.2.8 Zusammenfassung des Abschnitts 3.2: Der institutionelle Aspekt der Instandhaltung

Die Darlegungen zum **Verantwortungsbegriff** und seiner Bedeutung für Instandhaltung stehen bereits im Zusammenhang mit den Begriffen **Staat und Recht**. Daher wird hier der übergeordneten Begriff der **Institution** in seiner Bedeutung entfaltet. **Institutionen sind objektivierte Träger von Wertideen; sie verkörpern die konstitutiven Regeln und Bewertungsmaßstäbe mit Durchsetzungsanspruch**, innerhalb derer sich die Individuen bewegen und die sie befolgen, ändern oder denen sie sich verweigern können. Institutionen haben eine **inhaltliche Komponente** durch ihre Bindung an Werte, und eine **zeitliche Komponente** in der Gewähr von Dauerhaftigkeit und Vorhersehbarkeit durch Stabilisierung (Wiederholbarkeit) von Handlungsabläufen. Für Staat und Recht ist die Erfüllung dieser Kriterien, eine Institution zu sein, ganz offenkundig. HUBIG führt aber auch **Technik und Wirtschaft als Institutionen** in seine Analyse der Sachzwangproblematik ein. Daraus erwächst die Begründung dafür, daß auch **Instandhaltung die Merkmale einer Institution** besitzt, und daß es gerechtfertigt ist, von einer Wechselwirkung der Institutionen Staat, Recht und Technik zu sprechen. Die Untersuchung befaßt sich mit dem Staat insofern, als dieser **Möglichkeitsspielräume für die Entfaltung von Technik und damit auch für Instandhaltung** schafft, vor allem durch Rechtsregelungen sowie durch Freihaltung und Förderung von Forschung und Lehre. Der Staat als vielstufige und reichgegliederte Organisation ist selbst umfassend auf Instandhaltung seiner Sachmittel in Form Technischer Artefakte angewiesen. Gegenwartsnahe Beispiele belegen dies ebenso wie technikgeschichtliche. Die in anderem Zusammenhang erörterte Endlichkeit der Mittel für Instandhaltung läßt sich nun verbinden mit den daraus erwachsenden Anforderungen an institutionelles Handeln: Einerseits mit der **Handlungsorientierung an Basiswerten**, also an **Options- und Vermächtniswerten**, andererseits mit Instandhaltung als dem Handlungsmuster, das ganz grundlegend durch die Bewahrung der einmal geschaffenen technischen Substanz gekennzeichnet ist. Instandhaltung erweist sich somit in vielfacher Hinsicht als Beachtung des Vorrangs dieser Basiswerte. Auch das Handlungsmuster des „Regarder" kann hier mit einbezogen werden. Die institutionelle Aufgabe des Staates ist mit der Rechtssetzung allein nicht gelöst; die Lenkung der Finanzströme öffentlicher und durch Gesetze beeinflußter Haushalte muß auch zu den Voraussetzungen beitragen, daß angemessene Aufwendungen für Instandhaltung erbracht werden können. In **Krisen-situationen**, die den Staat insgesamt betreffen, und beim **Vorherrschen ineffizienter Wirtschaftssysteme** bzw. –steuerungsverfahren, gewinnt Instandhaltung entscheidende Bedeutung. Sie setzt Mittel für anderweitige Verwendung frei bzw. gleicht das im Wirtschaftssystem selbst begründete Fehlen von Mitteln für Neuerzeugung mindestens teilweise aus. Instandhaltung kann durch Verminderung der anteiligen Kosten für Material und Energie sowie **Erhöhung des Anteils für Arbeitszeit** in erheblich höherem Maß, als heute in den industriellen

Gesellschaften tatsächlich ausgenutzt, „arbeitskraftzehrend", d.h. **beschäftigungsfördernd** wirken. **Internationale Zusammenarbeit in der Instandhaltung**, vor allem in der Raumfahrt zum Alltag geworden, ist ein völlig neues technikpolitisches Phänomen mit einem noch kaum abschätzbaren Entfaltungspotential.

3.3 INSTANDHALTUNG UND ASKETISCHE WELTKULTUR

3.3.1 Kritik an der konsumtiv-technokratischen und Forderung einer asketischen Weltkultur

Eine asketische Weltkultur wird von Kritikern der technisch determinierten Lebensform der Gegenwart mit schwerwiegenden Argumenten gefordert. Diese Lebensform wird als bewußt antiasketisch beschrieben und entspricht gemäß dieser Beurteilung einer unvollständigen, selbstgefährdenden, von inneren Widersprüchen erfüllten, konsumtiv-technokratischen Kultur. Kennzeichen dieser Mängel und Widersprüche sind Umweltschädigung, Zunahme der gesellschaftsgefährdenden psychischen Störungen wie Rauschgiftkonsum und Gewaltbereitschaft, Anfälligkeit gegen Störungen in hochtechnisierten nationalen und internationalen Systemen durch terroristische Gewalt und deren Vorläuferformen, sowie die Gefahr kriegerischer Auseinandersetzungen.

„Der Preis, den eine demokratische Gesellschaft zu zahlen hat, besteht darin, daß mit dem Ethos der Freiheit und Gleichheit (auch einem angemessenen Grad ökonomischer Gleichheit) jene Haltung ‚demokratisch' gelebt sein will, die früher im wesentlichen bestimmten Eliten aufgegeben war. Die Lösung dieses Problems ist dadurch erschwert, daß unser auf Weckung von Bedürfnissen zielendes, konsumorientiertes Wirtschaftssystem zum Beispiel in der Werbung überlieferte asketische Tugenden permanent ‚verzehrt'. Wir haben die paradoxe Situation, daß (immer noch) asketisch geprägte Personen in Leitungspositionen der Wirtschaft im Grunde alles darauf anlegen, sich ein antiasketisches Publikum heranzubilden, also bewußt oder unbewußt die sittliche Notwendigkeit der Askese ignorieren".

Eine **asketische Kultur** wird als der Weg beschrieben, diesen Mängeln und Widersprüchen zu begegnen. Dieser Begriff wird unterschiedlich definiert. Asketische Kultur ist im Verständnis v. WEIZSÄCKERs gekennzeichnet durch den bewußten und grundsätzlichen Verzicht auf **ökonomische Güter**, welche in deren **technischer Reichweite** liegen. Hierzu tritt der Verzicht auf **soziale und andere immaterielle Güter**, etwa der Verzicht auf Wissen. Bescheidenheit, Selbstbeherrschung und eigentliche, oft religiös geprägte Askese sind die Charakterzüge und Handlungsformen, die zu einem solchen Verzicht führen können, /1/, /2/. GEHLEN, der sich intensiv mit dem Askesebegriff auseinandergesetzt hat, kommt zu der Erkenntnis, daß der Übergang von der Agrar- zur Industriekultur, der Sieg des rationalen Wissens und Denkens, eine Macht über die Naturkräfte erreichen ließ, deren Nutzung sich

„mit einer höchsten Steigerung des Verlangens nach irdischem Wohlbefinden und irdischen Gütern verbindet...Für die Wahrheit dieses Satzes...spricht vor allem die staunenswerte Abwesenheit aller asketischen Ideale, die einem historisch interessierten Menschen auffallen muß, von Idealen, die...als eine niemals grundsätzlich bestrittene Gegennorm festgehalten worden waren...Unter Asketismus soll hier jeder freiwillig durchgeführte Verzicht auf konsumtives Glück in irgendeinem Sinn verstanden werden, gleichgültig, aus welchen Motiven er erfolgt, und gleichgültig, auf welcher Niveaulage, bis zu den höchsten Konsumformen", /3/.

HUBIG stellt ökologische Ethik als **Ethik der Selbstbescheidung** vor und beschreibt sie als eine in der Folge des Zusammenbruchs der Ordnung des mittelalterlichen Weltbilds entstandene Leitidee hinsichtlich der Stellung des Individuums im Universum.

„Das Vermögen des Menschen, technische Konstrukte ohne Vorbild in der Natur zu realisieren, ließ ihn zwar die Möglichkeit seiner Individualität und Herrschaft erkennen. Zugleich wurde aber immer wieder hervorgehoben, daß diese Herrschaft nur in einer Nische, die durch ihre Perspektivität und Begrenztheit definiert ist, realisiert werden kann. Ein Denken, in dem sich der Mensch als Idiota auf seine eigene Nische (Oikos) beschränkt, wäre im eigentlichen Sinne ein ökologisches Denken...Insgesamt gilt, daß das Postulat der Selbstbegrenzung ins Feld geführt werden muß gegenüber der Maßlosigkeit jeglichen Erkenntnisanspruchs...Es wäre voreilig, Selbstbescheidung mit dem Slogan „small is beautiful" gleichzusetzen. Vielmehr kann eine Bereicherung unseres Lebens und Erlebens eintreten ..., wenn die Umgestaltung unserer Zivilisation von einer stärkeren Zurücknahme der Ansprüche auf ‚Alles jederzeit' geprägt wäre", /4/.

Die vorliegende Untersuchung verfolgt das Ziel, für einen Teilbereich des technischen Handelns, die Instandhaltung, alle Aspekte der technischen Lebens- und Weltgestaltung in den Blick zu nehmen. Sie muß sich also auch mit den vorstehend beschriebenen kritischen Argumenten und daraus abgeleiteten Empfehlungen auseinandersetzen. Der Begriff „technische Askese" ist Teil der technik- und kulturkritischen Terminologie der Gegenwart Es ist also zu zeigen, ob und wie sich Instandhaltung als Teil einer technisch geprägten und gleichwohl asketischen Weltkultur verstehen läßt.

3.3.2 Askese in GEHLENs Anthropologie

3.3.2.1 Die Umarbeitung der Welt ins Lebensdienliche durch Handlung

GEHLENs Ausgangspunkt ist der Mensch als das nicht festgestellte, vielmehr stellungnehmende Wesen. Er ist, im Unterschied zum Tier, nicht an eine bestimmte Umwelt regional gefesselt, wenn man von den positiven Erfordernissen von Atemluft, Trinkwasser und Nahrung aus der Umgebung sowie den negativen Erfordernissen des Ausschlusses klimatischer Extreme einmal absieht. Seine morphologische Ausstattung hat also keine funktionale Zuordnung zu einem geographisch bestimmbaren Lebensraum. Der Vergleich mit dem Tier, das eben durch diese Zuordnung festgelegt ist, führt zur Beschreibung der biologischen oder, in gleicher Bedeutung, morphologischen, Ausstattung des Menschen mit den Begriffen der Unangepaßtheit, der Unentwickeltheit, der organischen Mittellosigkeit, zu seiner Kennzeichnung mit dem bekannten, griffigen Ausdruck **Mängelwesen**. GEHLEN führt diesen Begriff allerdings mit einem Vorbehalt ein, der Eindeutigkeit vermissen läßt:

„Wenn der Mensch hier und in dieser Beziehung, im **Vergleich** zum Tier als „Mängelwesen" erscheint, so akzentuiert eine solche Bezeichnung eine Vergleichsbeziehung, hat also nur einen transitorischen Wert, ist kein ‚Substanzbegriff'...Die übertierische Struktur des menschlichen Leibes erscheint schon in **enger** biologischer Fassung im Vergleich zum Tier als paradox und hebt sich dadurch ab. Selbstverständlich ist der Mensch mit dieser Bezeichnung nicht ausdefiniert, aber die Sonderstellung ist bereits in enger, morphologischer Hinsicht markiert", /5/.

Die Unterscheidung zwischen „Substanzbegriff" und „Sonderstellung" kann kaum überzeugen. Die vorbehaltlose Verwendung des Terminus „Mängelwesen" an anderen Stellen in GEHLENs Untersuchungen diskreditiert viele auch auf verwandte Überlegungen SCHILLERs, HERDERs und KANTs gestützte Beobachtungen und scharfsinnige Analysen. Denn der Einwand HUBIGs, daß selbstverständlich auch das Gehirn zu dieser laut GEHLEN durch „organische Mittellosigkeit" gekennzeichneten morphologischen Ausstattung gehört, ist unwiderlegbar, /6/. Die an Gehirnleistungen gebundenen kognitiven Akte ermöglichen erst Kompensation und Überkompensation dieser nur relativ, im Hinblick auf bestimmte Zielsetzungen, zu beurteilenden „Mittellosigkeit" vermöge Technik.

Die Akte des Stellungnehmens des Menschen nach außen, GEHLEN folgend, sind seine Handlungen. Die Selbstformung, die Überwindung seiner „Unfertigkeit", durch Selbstzucht, Erziehung, Züchtung gehört zu seinen Existenzbedingungen. Er kann diese Aufgabe auch verfehlen, insofern ist er das gefährdete Wesen. Schließlich ist der Mensch vorsehend, angewiesen auf das Nichtgegenwärtige in Raum und Zeit. Diese Bestimmungen sind nur Entfaltungen der Grundbestimmung, der Handlung. Die Grundanschauung des Menschen sieht ihn als **Naturentwurf eines handelnden Wesens**.

„Wir haben jetzt den ‚Entwurf' eines organisch mangelhaften, **deswegen** weltoffenen, das heißt in keinem **bestimmten** Ausschnitt-Milieu **natürlich** lebensfähigen Wesens, und verstehen jetzt auch, was es mit den Bestimmungen auf sich hat, der Mensch sei ‚nicht festgestellt' oder ‚sich selbst noch Aufgabe': Es muß die bloße Existenzfähigkeit eines solchen Wesens fraglich sein, und die bare Lebensfristung ein Problem, das zu lösen der Mensch allein auf sich selbst gestellt ist, und wozu er die Möglichkeit aus sich selbst herauszuholen hat. Das wäre also das handelnde Wesen...Der Mensch hat also den Ausfall der ihm organisch versagten Mittel selbst einzuholen, und dies geschieht, indem er die Welt tätig ins Lebensdienliche umarbeitet. Er muß die ihm versagten Schutz- und Angriffswaffen ebenso wie seine in keiner Weise natürlich zu Gebote stehende Nahrung sich selbst

,präparieren', muß zu diesem Zweck Sacherfahrungen machen und Techniken der objektiven, sachentsprechenden Behandlung entwickeln".

Bedürfnisse und Antriebe eines solchen Wesens funktionieren in der Richtung der Handlung, der Erkenntnis und der Voraussicht. Die Fähigkeit und Notwendigkeit der Voraussicht hat aber zur Folge, daß die Bedürfnisse versachlicht und „auf die Dauer gestellt" sein müssen; denn sonst würden die Antriebe nur „Jetztbewältigung" erreichen,

„nur Wahrgenommenes erstreben, sich im Kreis der aktuellen Situation erschöpfen, während sein Bewußtsein und Handeln gerade über das Nächstliegende hinweg in die Zukunft arbeiten".

Die Bedürfnisse müssen sich daher zu „Ferninteressen" an ganz bestimmten, erfahrenen Sachverhalten und an entsprechenden besonderen Tätigkeiten umbilden. Die Bedürfnisse der physischen Erhaltung

„müssen erweitert werden können zu Bedürfnissen nach den Mitteln dazu und nach den Mitteln dieser Mittel, also vereindeutigte und intelligente Sachinteressen werden".

Interessen werden bestimmt als umstandsbewußte, auf die Dauer gestellte, handlungsangepaßte Bedürfnisse.

Morphologisch ist, wie dargelegt, der Mensch durch seine Unangepaßtheit an einen umschreibbaren Lebensraum, seine „organische Mittellosigkeit" geprägt; dem entspricht hinsichtlich der Instanz, die sein Handeln lenkt, die **Instinktreduktion**. Instinkt ist die angeborene Fähigkeit von Lebewesen, auf bestimmte innere Impulse (Triebe) und/oder Umweltreize (Schlüsselreize) mit einem arttypischen Verhaltensablauf zu reagieren. Nur durch die Zurückbildung dieser Determiniertheit im Verhalten werden wählbare Handlungsmöglichkeiten eröffnet, wird der Weg zur „Umarbeitung der Welt ins Lebensdienliche" frei. GEHLEN führt den bedeutungsvollen Begriff der **Entlastung** ein. Durch das Handeln wird die Mängelbelastung bewältigt, es geschieht Entlastung. Zum andern beschreibt dieser Begriff die Tatsache, daß der Mensch dem „Instinktdruck" nicht im gleichen Umfang wie andere Lebewesen unterliegt. Er schafft ein

„System der Weltorientierung und Handlung, also die Zwischenwelt der bewußten Praxis und Sacherfahrung, die über Hand, Auge, Tastsinn und Sprache läuft. Eben darin miteinander verknüpft, schiebt sich schließlich der gesamte soziale Zusammenhang zwischen die first-hand-Bedürfnisse des Einzelnen und deren Erfüllungen".

In diesem System können Wahrnehmung, Sprache, Denken und unterschiedliche erlernbare Handlungsfiguren reagieren: Auf die Variationen der Außendinge, auf die Variationen des Verhaltens anderer Menschen und sogar, besonders bedeutungsvoll, gegenseitig aufeinander. Handlungen sowie wahrnehmendes und denkendes Bewußtsein sind weitgehend unabhängig von den eigenen elementaren Bedürfnissen und Antrieben. Bedürfnisse und Interessen sind hemmbar und verschiebbar. Das Bedürfnis, den Hunger zu stillen, indem man den ganzen Ertrag der Ernte aufißt, kann gehemmt werden und wandelt sich zum Interesse, für die nächste Ernte einen Teil des Ertrags aufzubewahren; darin liegt eine der Grundlagen des Ackerbaus. Diese „Hintergrunderfüllung" des Nahrungsbedürfnisses hat also eine Verzichtsleistung zur Voraussetzung, /7/, /8/. Die Untersuchung dieses Arguments zeigt allerdings, daß hierbei der quantitative Aspekt unbedingt berücksichtigt werden muß. Nur wenn ein kleiner Ernteüberschuß vorliegt in Verbindung mit einer Vorratsbildung von Saatgut, die mit einem eben noch erträglichen Maß an Nahrungsverzicht, also Hunger, erkauft wird, liegt die Voraussetzung für freiwilliges, wenn auch rettendes, asketisches Handeln vor.

3.3.2.2 Das Defizit an Askese – Mangel, Sünde oder meßbares Phänomen ?

Worin hat aber eigentlich das öffentlich beklagte Defizit an Askese seine Ursache? GEHLEN hat die Frage gar nicht wahrgenommen. v. WEIZSÄCKERs Erklärung, daß der Übergang vom Ethos des Herrschens und Dienens zum Ethos der Freiheit und Gleichheit langsam und schmerzhaft vor sich gehe, der Lernprozeß aber unvermeidbar sei, besitzt Überzeugungskraft. KAMPHAUS weist auf das Auseinanderwachsen instrumenteller und sinnstiftender Rationalität hin, als Folge davon, daß sich die Marktwirtschaft ohne den anfänglich vorhandenen religiösen Grundimpuls weiterentwickelt hat. Er stellt **die sittliche Notwendigkeit der Askese** fest. Keiner dieser Autoren aber gibt mit überzeugender moralischer Begründung eine klare Beschreibung davon, welchen Grad von Askese welche Schichten oder Gruppierungen der Gesellschaft zu leisten hätten. Wäre Askese an sich und in jedem, auch in dem höchsten Maß, vorbehaltlos gut, und würden die Menschen nach diesem Gebot leben, so müßte die Gruppe der Entsagenden die ganze erwachsene Menschheit umfassen und sie würde sich mangels Fortpflanzung binnen einer Generation selbst auslöschen. Daraus erhellt, daß die **langfristige Stabilisierung der Gesellschaft ohne partiellen Verzicht auf Askese** gar nicht möglich ist. Der Umfang des theoretisch möglichen asketischen Verzichts läßt sich im Gedankenexperiment auf einfache Weise festlegen. Man kann z.B. fiktiv der Bevölkerung Mitteleuropas für ihre Lebensgestaltung nur diejenigen technischen Mittel und naturwissenschaftlich-medizinischen Kenntnisse zugestehen, die wahlweise in den Jahren 1900 – 1800 – 1700 – 1600 – 1500 und so fort verfügbar waren. Ist es eine sittliche Verfehlung, den wahrlich bedrückenden Lebensumständen dieser vergangenen Epochen entgehen zu wollen, die doch in Zeit-, Wirtschafts- und Sozialgeschichte deutlich genug dokumentiert sind? Macht sich heute schuldig, wer als Dreißigjähriger eine vor ihm liegende statistische mittlere Lebenserwartung von noch fünfundvierzig statt von noch fünf Jahren als sein Recht in Anspruch nimmt; und damit natürlich auch die unerläßlichen technischen, wirtschaftlichen und sozialen Voraussetzungen einfordert? Sollte der Mensch ein „Mängelwesen" in einem ganz anderen als dem von GEHLEN gemeinten Verständnis oder, religiös ausgedrückt: ein Sünder, sein, indem er Askese und asketisches Handeln in schicksalhaftem Umfang ablehnt, aus unbegreiflichem Trotz und schuldhafter **Verweigerung der Einsicht in die Notwendigkeit oder in Mißachtung der offenkundigen Wünschbarkeit ihrer Resultate, -?-**

Die allgemeine und höchst bedeutungsvolle Frage nach Form und Ausmaß gut begründeten asketischen, insbesondere technisch asketischen Handelns in der Gegenwart ist leicht zu stellen und schwer zu beantworten, aber unmöglich ist die Antwort nicht. Die vorliegende Untersuchung versucht dies, indem sie die gedankliche Verbindung zum Wertbegriff herstellt und gleichzeitig Askese nicht mehr ausschließlich in den Handlungsformen „Vollzug" oder „Verweigerung" betrachtet, also im Sinn einer Handlungsentscheidung mit Ja-Nein-Charakter. Vielmehr wird, wie schon oben angedeutet, die Wirkung eines Mehr oder Weniger an Askese erörtert im Sinn der Rückkehr zur Ethik des Aristoteles, zur klugheitsgeleiteten Abwägung, wie die Extreme des Überflusses und des Mangels vermieden werden können, /9/. Überfluß und Mangel sind im Bereich technischen Handelns mindestens teilweise quantifizierbar. Daraus ergibt sich, daß handlungsleitende Zielsetzungen ebenfalls in bestimmtem Umfang quantifizierbar und damit für die technische Praxis geeignet werden. Diese Aussage ist nicht nur eine theoretische: Sie beschreibt vielmehr einen Teil der gegenwärtigen Situation in Umweltschutz-Politik und damit Umweltschutzrecht der Bundesrepublik Deutschland. Zwar läßt sich der Grundsatz der Umweltvorsorge (Vermeidung des Umweltschadens hat den Vorzug vor seiner Heilung) nur qualitativ befolgen. Aber beim Schutz von Luft und Wasser, beim Lärm und auf weiteren Feldern sind es doch in erheblichem Umfang die Zahlenwerte der rechtlich zugelassenen Emissionen bzw. Einleitungen, die das technische Profil der betroffenen Anlagen hinsichtlich Investitions- und Betriebskosten festlegen: Hier ist **technische quantifizierbare Askese politisch-rechtliche Praxis.** Ähnliche Feststellungen kann man auch für andere Rechtsgebiete treffen, z.B. bei der Festlegung von Höchstgeschwindigkeiten auf öffentlichen Straßen. Eine Mischung qualitativer und quantitativer Aussagen verlangen unter anderen auch die gesetzlichen Vorschriften zur Erstellung von Sicherheitsanalysen und Umweltverträglichkeitsprüfungen, zur Verleihung des Umweltzeichens, hinsichtlich der Methoden bei Erstellung von Ökobilanzen und so fort. Aber am deutlichsten wird das **Maß der rechtsförmig gesicherten politisch- gesellschaftlichen technischen Askese** aber doch in den Zahlen, die in technischen Kategorien - als meßbare Werte – die selbstgesetzten Grenzen des Eingriffs in die Natur durch umweltbelastende Technische Artefakte deutlich machen. Nach Maßgabe der bisherigen Entwicklung, der historischen Entfaltung der Leitidee Umweltvorsorge und Umweltschutz, oder – allgemeiner gefaßt - , Nachhaltigkeit, die jedoch im schwer abgrenzbaren Umfang der Begriffsbedeutung nicht

Thema dieser Untersuchung sein kann, läßt sich erwarten, daß auch künftig technische Askese in rechtlich gefestigter Weise die als Beispiel genannten und ähnliche Formen zeigen wird.

3.3.2.3 Verzicht als Wertentscheidung

Der Begriff des Verzichts ist in den vorstehenden Darlegungen kaum zu trennen von dem der Askese; und unter Verzicht wird in erster Linie eine Entbehrung, eine Versagung des Wünschenswerten, eine Trennung von einem geschätzten Gut verstanden, so wie etwa der Verzicht als juristischer Begriff die Aufgabe eines Rechts bezeichnet. Hingegen gelangen die vorgestellten Analysen zu Begriff und Wirkung der Askese bei aller Unterschiedlichkeit doch übereinstimmend zu dem Resultat, daß vollzogene Askese soziale Stabilisierung, innere Reifung und Reinigung, körperliche und geistige Gesundheit, Leistungsfähigkeit, Abwehr ökonomischer und ökologischer Schäden, Bereicherung, Höherentwicklung zur Folge und sogar am Prozeß der Menschwerdung entscheidenden Anteil hat. **Asketisches Handeln verbindet, begrifflich unterscheidbar, wenn auch im Handlungsablauf nicht immer trennbar, Verzicht und Gewinn im Handlungserfolg.** Es läßt sich nicht nur, wie oben erläutert, vielfach in technischen Kategorien quantifizieren, sondern auch – jedoch mit bedeutsamen Einschränkungen - in den ökonomischen Begriffen von Aufwand (als Verzichtsleistung) und Ertrag (als Gewinn materieller wie auch immaterieller Güter) beschreiben. Hier sind quantifizierte Aussagen auf der einen oder anderen Seite durchaus möglich, wie die nachstehenden mit Technischen Artefakten in Verbindung stehenden Beispiele belegen. Die Wertentscheidung liegt darin, daß die Verbindung des **Ausmaßes von erbrachtem Aufwand und erwartetem Ertrag** als das unter gegebenen Umständen **erreichbare Optimum** betrachtet wird. Hier ist der Verweis auf die Abschnitte „Die Frage nach der Endlichkeit der Mittel" und „Die Endlichkeit der Mittel für die Instandhaltung; Options- und Vermächtniswerte" geboten. Die Endlichkeit der Mittel ist jedenfalls dann, wenn Verzicht und Gewinn, Aufwand und Ertrag in der gleichen Kategorie (z. B. Finanzmittel) quantifiziert werden können, notwendige Voraussetzung dafür, daß überhaupt eine Auswahl getroffen werden muß hinsichtlich der Zwecke, für die keine oder wenig Mittel bereitgestellt, und derjenigen, die großzügig berücksichtigt werden.

GEHLEN beschreibt, im anschaulichen Beispiel, die Kausalkette von Aufwand und Ertrag in der Begriffskombination „Hintergrunderfüllung des Nahrungsbedürfnisses" bei der Getreideernte, deren Ertrag teilweise durch Verzicht auf Verzehr für die nächste Aussaat zur Verfügung steht. Hier sind folgende Fälle zu unterscheiden: Ist der Ernteüberschuß groß genug, daß er für die Erfüllung des Nahrungsbedürfnisses nicht benötigt wird, so liegt in der Bereithaltung für die nächste Aussaat kein Verzicht vor. Ist der Ernteüberschuß Null oder negativ – eine Situation, die bei zahllosen geschichtlich dokumentierten Hungerkatastrophen gegeben war und sogar in unserer Gegenwart regional immer wieder eintritt -, so kann Saatgut, wenn nicht andere Einflüsse, z.B. Hilfe von außen, hinzutreten, nur bereitgehalten werden mit der Konsequenz von Gesundheitsschäden durch Mangelernährung. Der Ertrag – mögliche Aussaat in Zukunft – wird mit dem nur in begrenztem Maß physisch möglichen Aufwand der Hungerschäden erkauft. Man erinnert sich der nur wenige Jahre zurückliegenden Fernsehbilder von hungerödematisch verformten Bäuchen und skelettartig abgemagerten Gliedmaßen bei Erwachsenen und Kindern im Sudan und anderen schwarzafrikanischen Ländern. Wenn der Aufwand durch Hunger in ein physisch unerträgliches Verhältnis zum Ertrag der zukünftig möglichen Aussaat gelangt, so wird der Verzicht unmöglich, und es ist es sehr wahrscheinlich, daß die Hungernden das Saatgut aufessen und ihrem Schicksal in verschiedenen Verlaufsformen entgegensehen: Sie verhungern nach Verbrauch der letzten Vorräte; es kommt Hilfe; man muß auswandern wie die Iren bei der „Großen Hungersnot" 1845-1849; man kann im kommenden Wirtschaftsjahr auf andere Nahrungsmittel – Knollen, Baumfrüchte, Pilze, Tiere – ausweichen; die Hungernden gehen in unbeschreibbarer Verzweiflung zum Kannibalismus über wie die Einwohner Leningrads während der Belagerung 1941-1944 durch die deutsche Wehrmacht im Krieg gegen die Sowjetunion; und so fort. Überdies kann es Kombinationen aller dieser denkbaren Verläufe geben. Und dann existiert noch ein am Schluß des vorangehenden Abschnitts erörtertes „Fenster" für Askese, ein kleiner Ernteüberschuß in Verbindung mit einer durch eben noch erträglichen Nahrungsverzicht erkauften Vorratsbildung. Und worin liegen bei diesen verschiedenen Handlungsverläufen die Wertentscheidungen ? Bei der Entscheidung für Hunger zur Schonung des Saatguts: Begründete Hoffnung auf künftige Ernte versus Leiderfahrung durch Hunger; bei Verzehr des Saatguts: Stillung des Hungers versus Ungewißheit über das künftige Schicksal; bei Auswanderung: Hoffnung auf eine Schicksalswende versus Bindung an die Heimat; bei Kannibalismus: Vermeidung des eigenen Hungertods versus Achtung vor der Menschenwürde des Toten. Ein weiterer denkbarer Handlungsverlauf betrifft die Selbsttötung mit dem Ziel, vorhandene Vorräte für andere zu schonen. Hier wäre die Wertentscheidung für die extremste Wahrnehmung der Handlungskompetenz in Form des unwiderruflichen Erlöschens der Handlungskompetenz besonders dramatisch erkennbar.

An Verzichtleistungen, die mit Technischen Artefakten in Zusammenhang stehen, fehlt es auch in der Gegenwart nicht, wenngleich sie, lebensgeschichtlicher Erfahrung entstammend, in öffentlich zugänglichen Statistiken kaum erkennbar werden. Beispiele dafür: Die Familie mit Kindern, die auf alles Entbehrliche verzichtet, um ein Eigenheim finanzieren zu können; der Autosport-Begeisterte, dem kein finanzielles Opfer zu hoch ist, um im eigenen Fahrzeug Rennsportveranstaltungen mitzubestreiten; die den Vereinsmitgliedern zugemutete Selbstenteußerung in Zeit- und Geldaufwand, wenn der Vereinszweck im kostspieligen Betrieb z.B. von Freiballonen oder Segelflugzeugen besteht. Hintergrunderfüllungen sind leicht auszumachen: Das anhaltende Erlebnis, Geborgenheit und Selbstentfaltung in überschaubarem Lebensraum für zwei oder mehr Generationen zu verbinden; Selbststeigerung durch Überwindung des Raums in kurzer Zeit (siehe hierzu auch den Abschnitt „Versuch einer Begründung für Technikaffirmation"), noch intensiviert durch die in archaischer Erfahrung als lebensrettend tradierte Überlegenheit des Schnelleren; Entlastung durch gesellschaftliche Gemeinsamkeit, verbunden mit dem Zugang zum unvergleichbaren Erlebnis des Schwebeflugs.

3.3.3 Instandhaltung als asketische Handlungsform in der Technik

3.3.3.1 Umkehr der Antriebsrichtung

Mit der Begriffskombination „Umkehr der Antriebsrichtung" kennzeichnet GEHLEN das Phänomen einer Verknüpfung von Antrieb und Handlung. welche nicht die Handlung aus dem Antrieb hervorgehen, sondern die Einwirkung des Handelns auf den Antrieb zum Handlungsziel werden läßt. Diese Einwirkung führt zur progressiven Steigerung der Beherrschbarkeit der Antriebe, zur Ekstase und deren Steigerung, der Askese, als denjenigen Ekstasezustand, der sich auf der willensmäßigen Hemmung der leibnächsten Antriebe selbst aufbaut.

Auch technisches hervorbringendes Handeln ist durch Antriebe bedingt, Handlungsziel ist die Entstehung des Technischen Artefakts in seinem Sollzustand, der durch Nutzung in den Istzustand übergeht – ein historisches, irreversibles Geschehen. Die Hinwendung zur Instandhaltung ist keine kausal zwingende Folge der Nutzung; auch dann nicht, wenn die Differenz zwischen Ist- und Sollzustand die Tauglichkeit beeinträchtigt oder unmöglich macht. Im Abschnitt „Begriffsbestimmung und Erläuterung des ersten Abschnitts der Tauglichkeitsdauer" werden Beispiele genannt für die Unmöglichkeit, den Sollzustand wiederherzustellen, sowie für Technische Artefakte, deren Tauglichkeitsdauer mit der Dauer der bestimmungsgemäßen Nutzung zusammenfällt, die also z.B. als multiplikative „Wegwerf-Artikel" nach Gebrauch ausgemustert werden.

Instandhaltung nimmt ihren Ausgang in der Tat in einer **Umkehrung** der zur Entstehung und Nutzung führenden Handlungsrichtung. In der Rückwendung vom Ist- zum Sollzustand wird es möglich, den Instandhaltungsaufwand zu erkennen, ihn dem Ertrag z.B. in der Form fortgesetzter Tauglichkeitsdauer gegenüberzustellen und daraus die Entscheidung abzuleiten, ob der Instandhaltungsaufwand geleistet und das Technische Artefakt weiterhin genutzt, ob es ausgemustert oder in eine neue Nutzung überführt wird.

An der Rückwendung vom Ist zum Soll sind nicht nur Wille und Verstand beteiligt, sondern sehr häufig ist es auch das Gefühl. In der Nutzung erfüllt sich die Bestimmung des Technischen Artefakts; die störungsfreie Nutzung wird, auch gefühlsmäßig, als Anspruch gewertet, auf dessen Erfüllung der Nutzer ein starkes Anrecht hat. Jede Störung hierbei erzeugt Ärger und Enttäuschung. Bestenfalls – unter den Voraussetzungen planbarer Instandhaltungsmaßnahmen, periodisch wiederkehrender Inspektionen und Wartungen, langfristig vorbereiteter Instandhaltungsprojekte großer Industrie- und Versorgungsanlagen – entsteht Resignation, Hinnahme des Unvermeidlichen, des Aufwands an Instandhaltungs- und Stillstandskosten. Hinzu kommt überdies die Verdruß erzeugende Erwartung, daß noch unbekannte Schäden freigelegt werden. Der Verstand sagt: Es kann nicht anders sein,

„wartungsfrei ist nur die Erdachse".

Das Gefühl reagiert unbeeindruckt gleichwohl mit dem Erlebnis der Unlust. Die Ursache dafür ist wohl in der Tiefe der Gerichtetheit von Lebens- und Zeitgefühl zu suchen. Der tätig lebende, gesunde Erwachsene wird häufig als repräsentativer Techniknutzer in der Technikphilosophie unausgesprochen vorausgesetzt. Er lebt in Gefühl, Verstand und Willen vorzugsweise in der Gegenwart und auf die Zukunft hin. In der Verfügung über seine und im Einsatz seiner psychischen, physischen, materiellen und immateriellen, vor allem aber auch seiner technischen Mittel gestaltet er sein Leben. Eine Unterbrechung dieser Verfügungsmöglichkeit greift hemmend, unterdrückend in die Erfahrung seines Lebensgefühls ein. In die Erfahrung dieses Lebensgefühls - dem würde GEHLEN wohl nicht widersprechen - sind auch die bewußt erlebten Antriebe eingebettet, deren Hemmung mit der Umkehr der Antriebsrichtung verbunden ist. Bei Kindern und Heranwachsenden, nach Maßgabe des kognitiven Entwicklungsstands, ist die Orientierung des Lebensgefühls deutlich ausgeprägt: Primär auf Gegenwart, sekundär auf Zukunft, schwach bis verschwindend auf Vergangenheit hin. Dem entspricht die altersgemäße Unbekümmertheit, mit der häufig junge Menschen schadhaft gewordene Technische Artefakte ohne den geringsten Impuls zur Instandhaltung beiseitelegen, ausmustern. Die Alten schließlich, belehrt – oder, unfreundlich ausgedrückt, abgestumpft – durch Erfahrung, werden sich wohl eher resigniert verhalten zu der immer wiederkehrenden Notwendigkeit, sich mit der Störung am Technischen Artefakt auseinanderzusetzen. Aber das Gefühl leiser Enttäuschung angesichts der Unvermeidbarkeit einer Instandsetzung wird dennoch nie ganz unterdrückt sein.

Man erkennt also den Vorgang einer Hemmung, die sich vom technischen in das psychische Geschehen transformiert. Die Störung in der Nutzung des Technischen Artefakts durch den gemutmaßten, erkannten, durch Vorbeugung zu verhindernden Schaden wirkt sich als Hemmung geplanter oder begonnener Handlungsabläufe aus. Im unterschiedlich deutlich ausgebildeten Bewußtsein des Lebens- und Zeitgefühls, also der erfahrenen Lebensgeschichte und ihrer Übereinstimmung mit Lebensplan oder Zukunftserwartung, wird die Nutzungsstörung ebenfalls als Hemmung wahrgenommen; jetzt aber in der existentiellen

Form einer Beeinträchtigung des Lebensablaufs. Diese Erfahrung ist so allgemein wie der Umgang mit Technik in unserer Gegenwart überhaupt; nur ihre Allgegenwart in Raum und Zeit macht sie wenig kenntlich. Dennoch muß jeder zustimmen, der sich seinen Umgang mit Technik bewußt macht: Vom Alltagsärger mit dem stumpfen Messer, der wegen Störung ausgefallenen Ölheizungsanlage, der leeren Batterie, den schiefgetretenen Schuhabsätzen, dem platten Fahrradreifen, der fälligen Inspektion des täglich benötigten Personenwagens bis zu der Tragödie des armen Kleinbauern, der gesagt bekommt, daß sein Traktor nicht mehr repariert werden kann, bis zum stundenlangen Stromausfall in New York mit weitreichenden Folgen; siehe hierzu auch Abschnitt „Technische Individuation im Alltag".

3.3.3.2 Aufwand und Ertrag bei asketischem Handeln vermöge Instandhaltung

Im Abschnitt „Begünstigung langer Erhaltungsdauer Technischer Artefakte" sind die Voraussetzungen dafür erörtert, daß ein Technisches Artefakt langzeitig und/oder in bedeutendem Umfang zum Objekt von Instandhaltungsbemühungen wird. Der Eigentümer oder Nutzer sieht sich aufgefordert, an die Stelle des kindlich spontanen, impulsiven „Weg damit" die nunmehr wohl zu Recht als asketisch bezeichnete, rational vollzogene Beurteilung von Aufwand und Ertrag, von berücksichtigtem und hintangestelltem Wert zu setzen; und zwar umso zwingender, je eindeutiger diese Voraussetzungen vorliegen, und je höher die wirtschaftliche Bedeutung des Schadensfalls is. Dabei lassen sich drei Fallgruppen unterscheiden.

In der ersten Gruppe werden sich die schon erwähnten Multiplikate und geringwertigen, alltagsüblichen Gebrauchsgegenstände finden, deren Ausmusterung bei fehlender Tauglichkeit so selbstverständlich (geworden) ist, daß sie kaum mehr eine bewußte Entscheidung erfordert. Freilich gilt diese Feststellung nur von den wohlhabenden (Industrie-)Staaten; in den Regionen, deren Wirtschaftskraft merklich oder gar weit darunter liegt, werden auch diese geringwertigen Artefakte länger in Gebrauch gehalten und die Restwerte werden nach Ausmusterung zielbewußter genutzt, bis zum Extrembeispiel der Konservendose, die in einem Elendsquartier der Dritten Welt als Baustoff für eine primitive Behausung noch taugt.

Die zweite Gruppe bilden die höherwertigen Technischen Artefakte, deren wirtschaftliche Bedeutung allein schon hinreicht, um es selbstverständlich zu machen, daß die Instandhaltungswürdigkeit geprüft wird. Dabei wird in einer nicht quantifizierbaren Zahl von Fällen die von keinem Gefühl des Bedauerns begleitete Entscheidung zur Ausmusterung fallen, weil der Instandhaltungsaufwand wirtschaftlich nicht zu rechtfertigen ist. Das trifft nicht ausschließlich, aber vor allem auf die von Erwerbswirtschaft und Verwaltung genutzten Artefakte zu, bei denen als Nutzer zunächst nur eine abstrakt wirkende Organisation faßbar ist, die aber durch Einzelpersonen handelt; hierbei wird nur selten eine emotionale Bindung dieser Personen an die Artefakte vorliegen. Und dennoch gibt es den Ausnahmefall des jahrzehntelang benutzten Dienstfahrrads, das der Fahrer, als sei's ein Stück von ihm, beim Eintritt in den Ruhestand mit nach Hause nimmt und treulich pflegt. In diese Gruppe gehören aber auch die interessanten, die Zweifelsfälle, bei denen die Abwägung von Aufwand und Ertrag über den Finanzaufwand hinaus einen weiteren Horizont der Wertungen eröffnet. Im Abgehen dieses Horizonts kann **der Handlungstypus der Instandhaltung dem Begriff der technischen Askese begegnen.** Denn die Verlängerung der Tauglichkeitsdauer durch Instandhaltung bedeutet den Verzicht auf den Zugriff zum Neuhergestellten; von der Einschränkung, daß die erforderlichen Ersatzteile und Austauschteile in überwiegendem Umfang auch neu hergestellt werden müssen, kann man zunächst absehen. Dieser Verzicht ist Aufwand durch Versperrung des Zugangs zum verlockend Neuen, Glänzenden, Schadenfreien mit der Gewähr verheißungsvoller (vorläufiger) Dauer dieser Schadenfreiheit. Ihm steht aber der Ertrag gegenüber in Form von Erhaltung der Verfügung über Rohstoffe und Energien, gleichgültig ob diese aus erschöpfbaren oder nicht erschöpfbaren Quellen stammen, desgleichen in Form von Erhaltung der Verfügung über Deponien (Senken) für Reststoffe und Restenergien, deren Inanspruchnahme als zwangsläufige Folge der Ausmusterung eines individuellen Artefakts jetzt vermieden wird. Genau die gleichen Argumente gelten, wenn die Tauglichkeitsdauer eines Technischen Artefakts nicht nur verlängert, sondern mit dem Übergang in eine neue Nutzung in eine Nutzungsdauer überführt wird, die jetzt von der Begründung einer Tradition und nicht mehr nur von wirtschaftlichen Zufallsgrößen bestimmt wird. In beiden Fällen läßt sich unschwer die Beachtung von Options- wie auch von Vermächtniswerten erkennen, als begrifflich zusammenfallend mit derjenigen Form von Askese, die in den eingangs zitierten technik- und kulturkritischen Überlegungen gefordert wird. Es gab Gründe, schon das Innehalten vor der spontanen Ausmusterung als Hemmung und demnach die Abwägung der Gründe für Instandhaltung oder Ausmusterung als asketisches Handeln zu kennzeichnen. In dem eben beschriebenen Handlungsablauf wird eine zweite, höhere und im Sinn einer „sittlichen Verpflichtung" verstandene, also ethisch notwendige Askese deutlich. Besonders deutlich wird durch diese Fallgruppe aber, daß **Askese die Merkmale einer Institution ganz eindeutig besitzt,** indem sie als objektivierter Träger von „Wertideen" diejenigen konstitutiven Regeln und Bewertungsmaßstäbe mit Durchsetzungsanspruch „verkörpert", innerhalb derer sich die Individuen bewegen und zu denen sie sich in das Verhältnis der Befolgung, Änderung oder Verweigerung stellen können; siehe hierzu auch den Abschnitt „Staat, Recht, Technik und Instandhaltung als Institutionen". Die vorliegende Analyse des technikphilosophischen Aspekts der Askese erweist sich jetzt als gut begründete Erweiterung aller vorangegangenen Erörterungen zur **Instandhaltung als Institution.**

Die dritte Gruppe besteht aus denjenigen technischen Artefakten, die mit hinreichender Deutlichkeit die Voraussetzungen für lange Erhaltungsdauer Technischer Artefakte erfüllen. Diese Dauer kann Dutzende, Hunderte und Tausende von Jahren umfassen. Das Stromversorgungssystem des BASF-Werks in Ludwigshafen, das Straßennetz von Frankfurt am Main, Stevensons Lokomotive „Rocket", der Old Granary Burying Ground aus dem 18. Jahrhundert im historischen Zentrum von Boston, eine Gutenberg-Bibel, die Akropolis von Athen und ein jungsteinzeitlicher Menhir in Carnac (Bretagne) fallen aus unterschiedlichen Gründen in diese Gruppe, bei der die Angemessenheit von Instandhaltung über lange Zeiträume nicht zur Diskussion steht. Dennoch läßt sich eine instandhaltungsbedeutsame kategoriale Unterscheidung treffen. Hier stehen Artefakte zusammen, die zum Teil als Unikate Denkmal-Qualität haben, der originär vorgesehenen Nutzung entzogen sind, zum Teil dieser aber noch dienen; beide Kategorien können jedoch auch zusammentreffen.

Aufwand und Ertrag asketischen Handelns bei der Instandhaltung für diese Gruppe werden im Folgenden unter Einbeziehung der Phänomene „Entfremdung" und „Luxus" weiter untersucht.

3.3.3.3 Askese und Entfremdung

Der Begriff Entfremdung ist seit seiner Einführung in die Philosophie durch HEGEL grundlegend geworden für die Beschreibung wesentlicher Phänomene der technischen Welt- und Lebensgestaltung. HUBIG erläutert Entfremdung im Zusammenhang mit Identität.

„Wird nun Identität als diejenige Vorstellung begriffen, die ein Subjekt von seinem Ich gebildet hat, entsteht ein fundamentales Problem. Ein solches Subjekt-Bild erfaßt immer einen Ist-Zustand, der Fähigkeiten, Kompetenzen, Freiheitsgrade und deren Aktualisierungen in Handlungen selbst nicht abzubilden erlaubt, sondern lediglich die Resultate, die möglicherweise fremdbestimmt sind...Wer sich an seinen Resultaten identifiziert, hat sich als Handeln-Könnender ‚verloren' (Hegel), ist vergegenständlicht. Entsprechend wurde von Hegel ein alternatives Konzept der Identitätsbildung entwickelt: Es ist davon auszugehen, daß jeder Handelnde zunächst auf **Vorgaben** (Ideale, Ziele, Pflichten etc.) angewiesen ist, die institutionell vermittelt sind (Traditionen, Erziehung, Weisungen etc.) Im Versuch, diesen Vorgaben zu entsprechen, erfährt er den **Widerstand** der Umstände. Das Feld dieser Widerstände wird durch die gesellschaftliche Strukturierung der Handlungsmittel geprägt. Den Erfolg seines Handelns erfährt der Handelnde als **Ertrag (Werk)** mit einem bestimmten Wert. Eine bloße Identifizierung mit den Vorgaben oder mit dem Ertrag würde die Identitätsbildung im oben ausgeführten Sinn verfälschen. Vielmehr soll Identität das ausmachen, was der Einzelne als seine Fähigkeit, unter Vorgaben gegen Widerstände Ertrag zu realisieren, erfährt. Individuelle Identität ist somit die Erfahrung der jeweils individuell realisierten **Differenz** zwischen den Vorgaben und dem Handlungsresultat...Entfremdung läßt sich nunmehr als **Verunmöglichung von Identitätsbildung** in dreierlei Weise konkreter fassen: Erstens kann Identitätsverlust entstehen durch Verlust der institutionellen **Vorgaben,** sodaß keine Maßstäbe mehr existieren ‚an denen man sich abarbeiten kann', zu denen man in eine spezifische Differenz treten kann...Ein zweiter Typ von Entfremdung kann entsprechend unserem Modell daraus resultieren, daß die **Widerstände** beim Handeln so hohe Barrieren darstellen, daß sie in der Handlung nicht mehr bewältigt werden können...Schließlich ist die Gefahr einer dritten Art von Entfremdung anzuführen, die dem verbreiteten Begriffsgebrauch entspricht: Entfremdung als **Trennung vom Ertrag**, Vorenthaltung der Gratifikation, ‚Abschöpfen des Werts'", /10/.

Die Übereinstimmung von Entfremdung, in der dritten vorgestellten Form, und Askese als Verzicht, hinsichtlich des Merkmals **Trennung**, gibt Anlaß, hier eine gedankliche Verbindung herzustellen, die bei der **Erzeugung des Technischen Artefakts** ansetzt. Bezieht man die Begriffskombinationen „Differenzbildung zwischen Vorgaben und Handlungsresultat" sowie „Abarbeiten an einem Maßstab" auf diesen Vorgang, so erhält sie, ohne daß die Ausdrücke dies richtig deutlich machen, die Bedeutung einer vom Individuum in freier Entscheidung geleisteten **Wendung:**

Sie wird gegen Widerstand, also unter **Aufwand** von Mühe vollzogen und führt vom Ist – der Nichtexistenz des **Ertrags** (Werks) – zum Soll – der Erreichung des Ertrags, der Existenz des gelungenen Werks. Das Merkmal der Spontaneität, des Unvorhersehbaren durch das autonome Handeln des Individuums, ist hierbei immer gegeben. In der Gegenüberstellung von Aufwand und Ertrag einerseits, von Ist und Soll andererseits, werden wieder die Denkbewegungen erkennbar, die mit den Begriffen Askese und Instandhaltung, Identitätsgewinn und Entfremdung, verbunden sind. Der weitere Gedankengang führt nun von der personalen Identität zum früher erläuterten Parallelbegriff der Technischen Identität.

3.3.3.4 Der Weg zur Askese bei der Erzeugung Technischer Artefakte

Im Zusammenhang mit der Begriffsbestimmung von Unikat, Plurikat und Multiplikat wird Technische Identität erklärt als dasjenige Maß an Übereinstimmung Technischer Artefakte, das bei der Erzeugung entsprechend dem Stand der Technik erreicht werden kann. Hierbei läßt sich sowohl die Auswahl der Merkmale, die für eine Bestimmung der Identität herangezogen werden, wie auch die Auflösungsgenauigkeit der Vergleichs- und Analysenmethoden nur im Einzelfall angeben. Unikate haben, wie erläutert, mit einem der gleichen Kategorie angehörenden Technischen Artefakt kein einziges Merkmal gemeinsam, Plurikate einige, Multiplikate viele. Derselbe Sachverhalt läßt sich spiegelbildlich darstellen als hohe Zahl nichtübereinstimmender, Individualität stiftender Merkmale beim Unikat und abnehmender Umfang der Merkmals-Unterschiedlichkeit bei Plurikaten, geringster schließlich bei Multiplikaten, siehe Abschnitt „Die Begriffe der Technischen Identität und Technischen Individualität". Die Analogie zum **Informationsbegriff** in diesem Argument ist nicht zufällig, denn Merkmale gehören in die Kategorie der Information: Seltene Ereignisse wie eben das Auftreten eines Unikats sind mit hohem, häufige Ereignisse wie das Auftreten von Multiplikaten mit niedrigem Informationsgehalt verbunden.

Die gleiche Struktur zeigt sich in einem ganz wesentlichen Charakteristikum des technischen Geschehens bei der Erzeugung Technischer Artefakte: Die hohe Zahl übereinstimmender Merkmale bei Multiplikaten entsteht in hoch repetitiv (wiederholend) gestalteten Erzeugungsverfahren, mit auf die Spitze getriebener Unterdrückung von Unterscheidungsmerkmalen hinsichtlich Stoff, Energie und Form in der Struktur des Technischen Artefakts. In solchen Herstellungsverfahren haben **Automaten** ihr Anwendungsfeld: Bei der mechanischen Formgebung, bei chemischen oder physikalischen Verfahren der Oberflächenbehandlung, bei der Zusammensetzung von Bauteilen zu Baugruppen und fertigen Artefakten, schließlich bei den Meß- und Analysenmethoden, vermöge derer die Ergebnisse der Arbeitsschritte als reproduzierbare (gleichförmig wiederholbare) gesichert werden.. Dies trifft auch zu für die Anlagen der Prozeßindustrie, der chemischen, metallurgischen und Aufbereitungsindustrie, in denen ein weiter Bereich von kleinen bis zu sehr großen Stoff- und Energiequantitäten mit hoher Reproduzierbarkeit der Verfahren und entsprechender Homogenität der Erzeugnisse beherrscht wird. In dem Umstand, daß Technische Artefakte andere Technische Artefakte hervorbringen und menschliche Einwirkung „nur noch" der Überwachung auf störungsfreies Funktionieren gilt, bleibt freilich verdeckt, daß eine gewaltige Vorleistung in Form technischen Wissens **ein für viele Male schon erbracht ist und repetitiv genutzt werden kann**. Es ist inkorporiert in den Erzeugungsanlagen, speziell in deren informationstechnischem Teil, gemäß ROPOHLs Terminologie als „extrapersonale Informationsspeicher". In der Nutzung solcher hoch repetitiver Mittel und Verfahren der technischen Erzeugung ist der Widerstand, das Hemmnis, weitgehend überwunden. Das Hemmnis wäre im fehlenden Wissen ebenso wie im Fehlen (bzw. im Instandhaltungsaufwand!) der Sachsysteme zur Nutzung solcher Herstellungsverfahren zu sehen. In gleicher Weise hemmend wirken auch die „widerständigen" Eigenschaften der Stoffe, Energien, Bauteile, Halbfabrikate usw., die als Eingangsgrößen beim Erzeugungsvorgang auftreten. Die **Mühe der Vorleistung**, die unerläßlich war für die Bewältigung dieser technischen Stufe, geht unter in der faszinierenden **Mühelosigkeit automatisierten, von Robotern geleisteten, in prozeßtechnischen Großanlagen gelingenden Erzeugens**. In den „Werken", die vermöge dieser repetitiven oder multiplikativen Verfahren entstehen, ist der Widerstand der Umstände, um in HEGELs Begriffen zu sprechen, nicht mehr erkennbar. Eine **Differenz zu Vorgaben**, an denen der Einzelne beim technischen Hervorbringen sich abarbeiten kann, existiert nur noch in den Formen des **Erzeugens und Instandhaltens** solcher Herstellungsanlagen sowie in der Überwachung der **Differenz zwischen Soll und Ist bei den Qualitätsmerkmalen** des Erzeugnisses. In der Planung und im Bau der Herstellungsanlagen und in deren Beherrschung mittels Kontrollsystemen erfährt der hoch-qualifizierte Techniker seine Identität, entgeht er der Entfremdung. Der Herstellungsvorgang selbst ist zu einem Geschehen geworden, für das der Begriff des Müheaufwands und des Identitätsgewinns nicht mehr sinnvoll angewandt werden kann; es sei denn, daß man, in fast übermäßiger Ausdehnung des Begriffsinhalts, die Bereitstellung des Investitionskapitals auch als „Müheaufwand" versteht. ROPOHL spricht von der „soziotechnischen Identifikation", die dann vorliegt, wenn eine (originär dem Menschen vorbehaltene, A.d.V.) Handlungsfunktion durch ein Sachsystem dargestellt werden kann. Sie ist in höchstem Maß dann ausgeprägt, wenn bei der automatischen Maschinenarbeit alle Teilfunktionen der Ausführung und der Information technisiert sind, /11/. Wenn das Technische Artefakt, dem doch die Fähigkeit, sich zu mühen, wesensmäßig fehlt, sich in einer technischen Aufgabenstellung als funktional gleichwertig mit dem Menschen identifizieren läßt, wird es für den Menschen sinnlos, hinsichtlich dieser Aufgabenstellung gegen Widerstände Ertrag (Erfüllung dieser Funktion) anzustreben; die Entfremdung ist nicht zu vermeiden.

Entfremdung liegt auch in der hoch repetitiven Arbeit am Fließband, denn die streng vorgeschriebene Abfolge der Handlungsschritte hat nicht die Qualität eines Maßstabs, zu dem man in eine **spezifische Differenz** treten, „an dem man sich abarbeiten kann". Differenzbildung ist weder möglich zwischen den einzelnen Arbeitstakten, die der Herstellung jeweils einer Erzeugniseinheit entsprechen, noch zwischen den einzelnen Personen, deren Handlungen durch das Fließbandsystem synchronisiert werden.

Die Differenz zu Vorgaben, die Deutlichkeit von Maßstäben, nach denen das Geleistete beurteilt wird, und damit die Gewinnung von Identität, wächst aber **in den Erzeugungsvorgang hinein** umso stärker, je mehr das hergestellte Technische Artefakt die Eigenart des Plurikats und schließlich des Unikats aufweist; je weniger repetitive, reproduzierbare Herstellungsschritte notwendig oder möglich sind. Am Ende dieser Skala steht die in ihrer Weise einzigartige Leistung, ob es sich um eine kunstvolle erstellte Modelleisenbahnanlage nach eigenem Entwurf handelt, eine Sammlung von Postkarten mit Stuttgarter Stadtansichten aus dem 19. Jahrhundert, eine Schmuckkette gemäß einem niemals wiederholten Goldschmiede-Entwurf, oder um ein Maßstäbe setzendes Gebäude, an dem der Name des schöpferischen Architekten als des fundamentalen Hervorbringers haftet.

Und welche Abstufungen der Werthaltigkeit entspringen nun als Erfolg dem multiplikativen, plurikativen und unikativen Erzeugen Technischer Artefakte? Zur Beantwortung dieser Frage muß ein Maßstab für Werthaltigkeit vorliegen. Die technikkritisch, sozialkritisch begründete Verachtung des Multiplikats als „Massenprodukt" verkennt die grundlegende Bedeutung dieser Kategorie Technischer Artefakte für unsere Lebensgestaltung. Wer Massenprodukte als Lebensutensilien der abschätzig beurteilten sogenannten (Menschen-)Masse für sich selbst ablehnt, darf weder einen Reißverschluß öffnen oder schließen noch einen elektrischen Beleuchtungskörper mit Glühbirne ein- oder ausschalten, wenn er seiner Überzeugung getreu leben will – das ist vielleicht möglich, aber sicher nicht leicht. Naheliegend ist es vielmehr, den **Reichtum an Information** des selten auftretenden mit der relativen Armut an Information beim häufig bzw. massenhaft auftretenden Technischen Artefakt zum **Maßstab der Werthaltigkeit** zu machen. Dem entspricht genau, daß gemäß den Darlegungen des Abschnitts „Begünstigung langer Erhaltungsdauer Technischer Artefakte" Instandhaltung den Artefakten auch nach dem Maß ihrer Seltenheit, das heißt Werthaltigkeit, zuteil wird, und daß die Intensität der Instandhaltung mit der Dauer der Erhaltung „positiv rückgekoppelt" ist: Instandhaltung begründet lange Erhaltungsdauer, lange Erhaltungsdauer begründet Instandhaltung mit der Folge, daß diese Dauer sich fortsetzt. Askese, die bewußte Entscheidung für Erhaltung, für das Handeln im Sinn von Vermächtnis- und Optionswerten als Ertrag, und für die Notwendigkeit von Instandhaltung als Aufwand, begegnet der Werthaltigkeit von Artefakten, die dem Widerstand der Umstände mit Mühe abgewonnen wurden.

In diesem Müheaufwand wird auch die Identität der Individuen deutlich, die Instandhaltung leisten oder fördern. Es ist von tiefer Bedeutung, daß der römische Imperator Augustus die Reparatur von Wasserleitungen und die Instandsetzung der Via Flaminia von Rom nach Rimini zu seinen wichtigsten Leistungen gezählt hat. Instandhaltung kann sich repetitiver Verfahren bedienen, wie etwa der Austausch einer großen Zahl minderwertiger Fenster in einem Wohnblock durch hochwertige Isolierfenster nach Katalogabmessungen. Aber weit überwiegend ist Instandhaltung nur möglich mit nicht repetitiven Verfahren. Zeit, Ort, Art und Umfang von Schadensereignissen, die zu Störungen in der Nutzung führen, sind in unzähligen Fällen nicht vorhersehbar. Schadensdiagnose, Festlegung geeigneter Maßnahmen, Umgang mit weiteren, erst bei der Schadensbehebung freigelegten weiteren Schäden erfordern vielfach eine Verfügung über die volle „Bandbreite" der üblichen oder auch unüblichen Instandsetzungsverfahren und deren immer neu erforderliche Selektion und Kombination. Zu diesem systembedingten „Widerstand der Umstände" kommen fallweise beachtliche physische Erschwernisse der Instandsetzungsarbeit: Hitze oder Kälte, Schmutz, Nässe, anstrengende Arbeitshaltung z.B. im Liegen, Arbeiten in engen und schwer zugänglichen Räumen und andere gefahrbringende Umstände. Auch der psychische Druck auf den Instandhalter zählt als Widerstand. Selten kann es der Instandhalter den Auftraggebern zu Dank machen: Weder hinsichtlich des Zeitpunkts, wann die Reparatur in Angriff genommen werden kann, noch des Tempos der Reparaturfortschritte, und schließlich auch nicht beim Kostenaufwand. Zu erwähnen ist auch die psychische Belastung durch die Arbeit unter Zeitdruck, weil bei der Instandsetzung einer Großanlage, eines Schiffs, eines Verkehrsflugzeugs, jede Minute bei den Kosten zählt. Dies alles ist von Bedeutung für die Identitätsbildung des Instandhalters, deren Kern das **Bewußtsein seiner Unentbehrlichkeit** darstellt.

3.3.3.5 Der Bedingungszusammenhang von Luxus und technischer Askese

Technische Askese und Luxus können unter dem Aspekt der Instandhaltung in einem Zusammenhang betrachtet werden, der diese Überlegungen abschließen soll. Luxus in der Form des Konsums, als verschwenderischer Umgang mit Lebens- und Genußmitteln, mit der Inanspruchnahme von Dienstleistungen und so fort, wird hier nicht berücksichtigt. Der Zusammenhang wird in ganz banaler Form schon in folgendem Sachverhalt deutlich: Verfügbare Geldmittel erlauben erst die Erwägung, Luxus im Alltagsverständnis, nämlich als Gegenteil von Verzicht, als unangemessene oder sogar provokative Übersteigerung des Lebensaufwandes, in Betracht zu ziehen. Damit stellt sich aber sofort auch die Alternative: Konsumtiv Ausgeben oder Investieren. Der Entschluß zum Investieren ist schon ein Verzicht auf luxuriösen Konsum, mit weitreichenden ökonomischen Folgen, denn auch die Geldmittel für Technische Artefakte mit „Luxus"-charakter schaffen oder sichern Arbeitsplätze. Die Wirtschaftswissenschaft kennt dieses Phänomen und hat es erforscht, bis hin zu der Theorie, daß der Kapitalismus als Wirtschaftsform sich auf die Schaffung und Inanspruchnahme von Luxus im weitesten Sinn zurückführen läßt, /12/.

Kultur macht, nach HUBIG, die Objektivation/Institutionalisierung von Wertideen aus, /13/. An welchen Technischen Artefakten aber tritt die Objektivation von Kultur auf, wenn nicht an solchen, die Werthaltigkeit besitzen: Durch Reichtum an Informationen, durch den asketischen Aufwand an Mühe, der für ihre Erzeugung in Kauf genommen werden mußte, durch die Wahrung von Vermächtnis- und Optionswerten vermöge ihrer Instandhaltung, durch genau die Merkmale, die eine lange Erhaltungsdauer begründen, also bei Unikaten und vielleicht einem Teil der Plurikate -?- ORTEGA Y GASSET hat die **Schaffung von Technik** ganz grundsätzlich mit der **Hervorbringung des Überflüssigen** als des eigentlich gemäß der **Wesensbestimmung des Menschen Notwendigen** in eins gesetzt, /14/. Man muß nicht zwingend dieser Sicht folgen, die alle Entstehungsgründe für Technik auf das menschliche Bedürfnis nach Wohlleben reduziert. Dennoch liegt in der Argumentation dieses Autors eine starke Zustimmung zum nicht nur nicht Verwerflichen, sondern zum **wesensgemäß Erforderlichen von Luxus, dessen Möglichkeit durch Askese erst eröffnet** wird. Ein Beispiel für viele: Die vom europäischen Adel gebauten Schlösser und Parks sind Zeugnisse eines Selbstverständnisses dieser Gesellschaftsschicht, die ihren Bauluxus sicherlich weitgehend durch Entfremdung finanzierte, nämlich durch rigide Trennung ihrer Untertanen von einem sehr erheblichen Teil des Ertrags von deren Arbeit auf dem Weg der Steuereintreibung. Aber die in diesen Anlagen sichtbaren kulturellen Vermächtnisse kann man wohl als starken Stützpfeiler der Bildung europäischer Identität im Sinn HUBIGS betrachten. Hier ist auch zu erinnern an das viel bescheidenere und noch in unserer Gegenwart zutreffende Element von Üppigkeit in der täglichen Lebensführung, das nach der Beschreibung HUBIGs in der gestalteten Wohnung liegt. Sie ist Ausdruck eines Luxus, der die Stufen der Naturerschließung und der Bedürfnisbefriedigung hinter sich gelassen hat.

Eine interessante Verknüpfung von Askese und Luxus scheint in der Werbung eines Schweizer Uhrenherstellers auf:

„Mit ihren Kreationen schafft Blancpain Meisterwerke für eine kleine Ewigkeit. Blancpain wird nie Quarzuhren oder banale Mechanikuhren herstellen. Das ist sie ihrem Ruf schuldig, denn Blancpain fühlt sich ausschließlich der wahren Uhrmacherkunst verpflichtet, /15/.

Durch asketischen Verzicht auf die für Uhren mit Multiplikatcharakter übliche Technik, nämlich massenhaft hergestellte Quarzwerke, werden die Voraussetzungen geschaffen für Artefakte, die eine Erhaltungsdauer von „einer kleinen Ewigkeit" versprechen und schlichtweg als Kunstwerke bezeichnet werden. Der letzte hier gebotene Hinweis gilt der Institution Römisch-Katholische Kirche, die durch einen berufenen Sprecher Askese als sittliche Verpflichtung kennzeichnet, /2/. Askese wird in den Verhaltensregeln ihrer Mönchsorden bis zum heutigen Tag als Forderung tradiert. In der Bau-Tradition der Katholischen Kirche wird aber vielfach dem im Sinn obiger Darlegungen gebotenen Luxus ein kunst- wie kirchengeschichtlich einmaliger Rang eingeräumt. Eine sehr erhellende Untersuchung des Zusammenhangs zwischen dem Bauluxus barocker Klöster, der Arbeitsbeschaffung für Handwerker und Künstler und den unerläßlichen Finanzoperationen kommt zu dem Schluß:

„Untersucht man diese Kredite auf ihre Herkunft, dann wird erkennbar, daß die Wieskirche eigentlich eine Gemeinschaftsleistung der oberbayerischen Ordensklöster gewesen ist, die sie nicht lange vor ihrem Untergang der Nachwelt als ihr kostbarstes Geschenk hinterlassen haben", /16/.

3.3.4 Zusammenfassung des Abschnitts 3.3: Instandhaltung und asketische Weltkultur

Askese wird als der Weg beschrieben, den **Mängeln und Widersprüchen einer unvollständigen, selbstgefährdenden, konsumtiv-technokratischen Kultur abzuhelfen.** Philosophen, Theologen, Politiker zeichnen aus unterschiedlichen Ausgangslagen des Denkens und Urteilens das Gegenbild einer asketischen, durch Selbstbescheidung nicht verarmten, sondern bereicherten Weltkultur. Der Begriff „technische Askese" ist Teil der technik- und kulturkritischen Terminologie der Gegenwart. Askese wird gekennzeichnet als bewußter und grundsätzlicher Verzicht auf ökonomische Güter, welche in der technischen Reichweite einer Kultur liegen; Hierzu tritt der Verzicht auf soziale und andere immaterielle Güter wie etwa Wissen. Ökologische Ethik ist eine Ethik der Selbstbescheidung, worin der Mensch unter Zurücknahme der Ansprüche auf „Alles jederzeit" die Grenzen seiner Möglichkeiten, das Leben in seiner eigenen Nische (Oikos) anerkennt.

Einige Grundgedanken von GEHLENs Anthropologie, die den **Menschen als das zur Umarbeitung der Welt ins Lebensdienliche durch Handlung** bestimmte Wesen zeigt, führen unmittelbar zu seiner Entfaltung der Askese, ihrer Entstehung und Bedeutung.

GEHLENs Argumentation beruht auf folgenden Grundgedanken: Der Mensch ist der Naturentwurf eines handelnden Wesens: Nicht festgestellt, keiner geographischen oder klimatischen Zone selektiv angepaßt, dem Instinktdruck nicht wie die Tiere unterworfen. Er ist ein Mängelwesen: gezwungen, aber auch fähig, die Welt ins Lebensdienliche umzuarbeiten, Sacherfahrungen zu machen, Techniken der objektiven, sachentsprechenden Behandlung zu entwickeln, seine Bedürfnisse zu versachlichen und auf Dauer zu stellen und so **Entlastung** von seiner organischen Mittellosigkeit durch Handlung zu schaffen. Der Begriff der Entlastung umfaßt auch das grundlegende Wesensmerkmal, daß der Mensch dem Instinktdruck weit weniger unterliegt wie andere Lebewesen, daß er infolgedessen ein System der Weltorientierung und Handlung, eine Zwischenwelt der bewußten Praxis und Sacherfahrung schaffen kann.

Weiterhin wird die Frage nach den Gründen des öffentlich beklagten Defizits an Askese und weitergehend nach der Berechtigung dieser Klage erörtert. GEHLEN hat diese Frage gar nicht wahrgenommen. v. WEIZSÄCKER sieht die Erklärung in einem langsamen und schmerzlichen, aber unvermeidbaren Lernprozeß beim Übergang vom Ethos des Herrschens und Dienens zum Ethos der Freiheit und Gleichheit. Beiden Philosophen ist aber die Überzeugung gemeinsam: **Askese ist nicht nur als Verzicht** zu bewerten, sondern als fundamentale Erscheinung in der **geistigen Auseinandersetzung des Menschen mit seiner Konstitution**. Dazu gehört auch die Einsicht, daß langfristige Stabilisierung der Gesellschaft ohne partiellen Verzicht auf Askese nicht möglich ist. Wertvolle Einsichten liefert die Einbeziehung des Wertebegriffs und der Befund, daß sich Askese nicht auf eine handlungsleitende Ja-Nein-Entscheidung reduzieren läßt. Der Begriff Askese wird erst fruchtbar, wenn er eine Beurteilung von **Aufwand und Ertrag** sowie vor allem der damit verbundenen **Werte-Präferenzen** beschreibt. Dies läßt sich zeigen an der rechtsförmig gesicherten politisch-gesellschaftlichen technischen Askese wie auch am GEHLENschen Begriff der Hintergrunderfüllung, erläutert am Beispiel des gesellschaftlichen Überlebens vermöge der asketischen Leistung, den Ernteüberschuß nicht zu verzehren, sondern als Saatgut zu verwenden. Aufwand und Ertrag in Form asketischen Verzichts und daraus erwachsendem Gewinn sind auch in der Lebenswirklichkeit der Gegenwart häufiger anzutreffen als vermutet. Diese Argumente sind auch erhellend für den Zusammenhang zwischen Askese und Instandhaltung

Der Entschluß, **Instandhaltung anstelle von Ausmusterung** eines Technischen Artefakts überhaupt in Erwägung zu ziehen, läßt sich im Sinn GEHLENs als **Folge einer Hemmung** derjenigen Antriebsrichtung verstehen, die von der

Erzeugung des Technischen Artefakts zur Nutzung führt. Eine Fallunterscheidung zeigt die Alternativen: Die in **wirtschaftlicher Beurteilung** selbstverständlichen Entscheidungen für Instandhaltung; die **Zweifelsfälle** mit der **askesegeprägten Entscheidung** für weitere durch Instandhaltung ermöglichte Nutzung; schließlich die ebenfalls eindeutig zugunsten der Instandhaltung entscheidbaren Fälle Technischer Artefakte, welche die **Kriterien für die Erreichung langer Erhaltungsdauer** erfüllen. Instandhaltung als **Alternative zur Ausmusterung in Verbindung mit Ersatz durch Neuerzeugung** ist asketisches Handeln, weil dem Aufwand des Verzichts auf die Vorzüge des neu Erzeugten der Ertrag der Schonung von Quellen und Senken für Stoffe, Energien und Abfälle gegenübersteht. Askese trägt, dies zeigt sich als Gesamtbefund, eindeutig die Merkmale einer Institution; ihr gleichsam symbiotischer Zusammenhang mit Instandhaltung wird auch hierin deutlich.

Entfremdung wird in der vorliegenden Untersuchung als der mit Askese über das Element des Verzichts verbundene Begriff eingeführt. Entfremdung macht **Identitätsbildung unmöglich**, weil keine spezifische Differenz zu den Vorgaben entstehen kann, in deren Erreichung der Ertrag liegt. Dies ist von Bedeutung für die Erzeugung der nach dem Maß an übereinstimmenden Merkmalen unterschiedenen Multiplikate, Plurikate und Unikate. Bei der **repetitiv vollzogenen Erzeugung von Multiplikaten** wird Identitätsbildung zum Teil verlagert oder eingeschränkt, zum Teil tritt Entfremdung ein. Entfremdung schwindet in wachsendem Maß bei der **Erzeugung von Plurikaten und Unikaten**. Diese erweisen sich als werthaltiger, weil sie dem Widerstand der Umstände mit **Müheaufwand** abgerungen werden und daher reicher an Information sind; sie begründen und ermöglichen daher intensivere Instandhaltung. **Asketisches Handeln** wird jetzt sichtbar als dasjenige, in dem das **werthaltige Technische Artefakt lange Erhaltungsdauer** gewinnt. Müheaufwand und damit Identitätsgewinn kennzeichnet auch das **Tun des Instandhalters**. Asketisches Handeln schließlich ermöglicht auch diejenige Form von **Luxus**, der als Technisches Artefakt mit den Merkmalen der **Seltenheit, technischen Hochwertigkeit** und **langen Erhaltungsdauer** eine kaum überschätzbare kulturelle Bedeutung besitzt.

3.4 INSTANDHALTUNG UND TECHNISCHE SICHERHEIT

3.4.1 Die Begriffe Vorsorge und Technische Sicherheit

Der im vorangegangenen Abschnitt entfaltete Zusammenhang der Institutionen Staat, Recht, Technik und Instandhaltung wird im Begriff der Sicherheit und seines Gegenbegriffs, der Gefahr, besonders deutlich. Sicherheit ist ein Wert, der in allen Lebensbereichen, in Wissenschaft und Technik, Zeit- und Kulturgeschichte, Politik, Gesellschaft, aber auch in der Lebensgeschichte jedes einzelnen Menschen hohen Rang einnimmt. Die zahllosen und abschließend nicht beschreibbaren Sachverhalte und Prozesse, in denen Sicherheit deutlich wird, lassen sich jedoch in erweiterter Begrifflichkeit der Instandhaltung kennzeichnen als **Sollzustände, welche die geringstmögliche Wahrscheinlichkeit der Verletzung von Rechtsgütern verbinden mit dem bestmöglichem Ausgleich lebensgeschichtlicher Nachteile.**

Der Begriff Technische Sicherheit läßt sich als der Verband derjenigen Merkmale innerhalb des Sollzustands eines Technischen Artefakts bestimmen, die gemäß dem Vorsorgeprinzip für den Schutz von Rechtsgütern vor Verletzungen infolge Nutzung des Technischen Artefakts notwendig sind. Das **gesetzliche Gebot der Instandhaltung** ist, wie im Abschnitt „Verrechtlichung der Technik" dargelegt, in der Rechtsordnung der Bundesrepublik Deutschland als Bedingung für diesen Schutz von Rechtsgütern eingeführt. Technische Sicherheit hat mit anderen Formen von Sicherheit das Merkmal gemeinsam, in einem gewissen Umfang klar abgrenzbar und quantifizierbar zu sein, während sich viele andere Sicherheitsformen der begrifflich scharfen Abgrenzbarkeit und vor allem der zahlenmäßigen Bestimmtheit fast oder vollständig entziehen.

3.4.2 Risiko, subjektive Risikoeinschätzung, Sicherheit

HUBIGs Untersuchung aus philosophischer Sicht zu Risiko und Sicherheit als Gegensatzpaar geht aus vom Fehlen unbestrittener Definitionen beider Begriffe und gelangt zu dem Resultat, daß das Risiko als Ergebnis menschlichen Handelns zu verstehen ist, mit der Folge eines möglichen Schadens oder Nachteils. Es ist demnach zu verantworten von dem Handelnden, der das Wagnis akzeptiert hat, daß die Folgen des Risikos eintreten.

„Gefahr erscheint als das Risiko, das wir nicht mehr akzeptieren wollen, Sicherheit als Freiheit von nicht akzeptierbaren Risiken... Die Alten nahmen die natürlichen Gefahren klaglos hin – Schicksal. Je mehr wir unsere Lebensgewohnheiten selbst produzieren, umso weniger sind wir geneigt, die produzierten Risiken klaglos hinzunehmen, erst recht, wenn wir Risiken produzieren, die unrevidierbar sind, die also nicht mehr in produzierte/geprüfte Sicherheit rückführbar sind", /1/.

Der Quantifizierung des Risikos auf der Grundlage einer möglichst großen Zahl gleichartiger Schadensereignisse tritt die subjektive Risikoeinschätzung gegenüber. Sie mißt den Faktoren **Schadensausmaß und Eintrittswahrscheinlichkeit des Schadens, die das Risiko als Produkt liefern**, Gleichrangigkeit zu, aber nur hinsichtlich ihrer Eigenschaft als Rechengrößen. Ein Schadensereignis mit hohem Ausmaß und geringer Eintrittswahrscheinlichkeit ist lebensgeschichtlich viel bedeutsamer als eines mit geringem Ausmaß und hoher Eintrittswahrscheinlichkeit; denn der Großschaden kann, wenn er eintritt, die Handlungskompetenz selbst verletzen oder zerstören. Die individuelle Bewertung von Risiken, also die Wagnisbereitschaft, hängt sehr stark von der Fähigkeit ab, die Folgen zu bewältigen. Das Individuum kann ein Wagnis eingehen aus eigenem freiem Entschluß, auf der Grundlage seiner Erfahrungen und in Kenntnis seiner Mittel, einen Schaden hinzunehmen oder auszugleichen. Es kommt möglicherweise auch in die Lage, sich als Mitglied einer Gesellschaft, als Zeitgenosse, als Nutzer eines anonymen Netzes oder Verbunds usw. dem Wagnis nur theoretisch, durch Rückzug aus der Technosphäre, durch Auswanderung oder vergleichbare Fluchthandlungen entziehen zu können. Dies sind allerdings lebenspraktisch nur als Ausnahme vollziehbare Alternativen.

3.4.3 Reparaturethik

„Wie muß eine Sicherheitsphilosophie aussehen, die sich diesen Anforderungen stellt? Man sollte sich von dem verabschieden, was allgemein als Restrisikophilosophie und in einem Zuge damit eben als Reparaturethik zu bezeichnen ist. Denn die Reparatur (i.w.S.) muß auf das angebliche Restrisiko reagieren, wenn es anfällt. Natürlich gibt es keine Risikofreiheit. Es geht hier um die Auseinandersetzung mit einer Haltung, die das Restrisiko nicht als letztes Übel ansieht, sondern als Begründungsbasis adelt", /2/.

Als Reparatur im weiteren Sinn wird hier die Hinnahme von Schäden und eine Form des Ausgleichs verstanden, die keinen Einfluß nimmt auf die Ursache der Schäden, z.B. weil es für den Verursacher mindestens bei Berücksichtigung nur kurzer Zeiträume wirtschaftlich attraktiver zu sein scheint, finanziellen Schadensausgleich zu leisten, anstatt die Ursache zu tilgen.

Ein Beispiel, in dem auch die erheblichen wirtschaftlichen Dimensionen solcher Art des Umgangs mit Schäden deutlich werden, bietet der Siedlungswasserhaushalt. Ein trockener Sommer in Großbritannien führte zu einem Notstand in der Trinkwasserversorgung. Die Instandhaltungsstrategie englischer Wasserwerke hatte, wie sich zeigte, einen erheblichen Beitrag zum Wassermangel geliefert: Die Wasserwerke hatten jahrelang die Behebung von Lecks im Verteilungs-Rohrnetz vernachlässigt mit dem Argument, die durchaus bekannten Wasserverluste verursachten weniger Kosten als die Instandsetzung des Rohrnetzes, /3/. Die Abnehmer werden zunächst durch die vermeintlich günstigeren Wasserpreise für den Verfall des Netzes entschädigt; mit der Folge, daß ständig die Wasserverluste und überdies die Kosten der letztlich doch unvermeidbaren viel umfangreicheren Instandsetzung zu zahlen sind. Spiegelbildlich hierzu liegt das unbewältigte Problem der undichten Abwasserleitungen und –kanäle. Die Länge des öffentlichen Abwassernetzes in der Bundesrepublik Deutschland wird auf etwa 400000 km geschätzt, die der (privaten) Hausanschlüsse auf das Doppelte bis Vierfache davon. 68000 km des öffentlichen Netzes werden als schadhaft und mehr als die Hälfte der privaten Anschlüsse als vermutlich schadhaft beurteilt. Undichtheiten entstehen z.B. durch Risse, Muffenversatz, Wurzeleinwüchse und Erdeinbrüche. Sie haben Einsickerungen in den Boden zur Folge, die gemäß Hochrechnungen auf 31 bis 445 Millionen Kubikmeter bzw. auf 1 Milliarde Liter täglich geschätzt werden. Durch Einsickern können unterschiedliche gesundheitsgefährliche Schadstoffe in die Grundwasserströme transportiert werden. Die hygienischen Anforderungen an das Trinkwasser, insoweit es aus

Grundwasser gewonnen wird, sind nur durch aufwendige Verfahren zur Analyse und Aufbereitung einzuhalten. Die Kosten für die Sanierung der deutschen Abwassernetze wurden mit 100 Milliarden DM allein für die kommunalen Systeme beziffert; etwa 4 Milliarden geben die Gemeinden derzeit jährlich dafür aus. Die Gesamt-Sanierungskosten wurden auf 200 Milliarden DM geschätzt. Leistungsfähige Inspektions- und Reparaturverfahren stehen seit Jahren zur Verfügung. Einzelne Gemeinden haben durch Ortssatzungen die fehlenden bundeseinheitlichen Regelungen ersetzt und die Grundstückseigentümer zur Prüfung und Instandhaltung ihrer Abwasseranschlüsse verpflichtet. Die Vernachlässigung der gebotenen flächendeckenden Sanierung in überschaubaren Zeiträumen läßt spiegelbildlich die gleichen Folgen erwarten wie für die Trinkwasserversorgung in England, /4/, /5/, /6/.

Der Fall zeigt zugleich anschaulich, daß der Begriff der Reparaturethik mit dem der Instandhaltung, wie er der vorliegenden Untersuchung zugrunde liegt, nicht zur Deckung gebracht werden kann. Zwar ist die Ausübung von Instandhaltungsmaßnahmen, wie an anderer Stelle in der vorliegenden Untersuchung erläutert, von einer Wertsetzung abhängig; sie kann nicht für alle Technischen Artefakte unter allen zeitlichen, räumlichen, sachlichen Voraussetzungen bedingungslos eingefordert werden. DIN 31051 vermeidet es, auf solche Wertsetzungen einzugehen, und weist darauf hin, daß ein quantitativ festgelegter Merkmalswert – in den vorliegenden Beispielen die Dichtheit der Trink- und Abwasserleitungssysteme – außerhalb des Toleranzbereichs die Verwendbarkeit nicht notwendigerweise beeinträchtigt. Wenn man allerdings im Hinblick auf die institutionelle Gemeinsamkeit, nämlich Zugehörigkeit zur Klasse der Technischen Regelwerke, einen inneren Zusammenhang zwischen der Grundlagennorm für die Instandhaltung und der Richtlinie VDI 3780 „Technikbewertung" anerkennt, so wird klar: Die Wertegruppen Funktionsfähigkeit, Wirtschaftlichkeit, Wohlstand, Sicherheit und Umweltqualität sind einzeln und erst recht gemeinsam nicht zu vereinbaren mit einem Handlungstypus, innerhalb dessen vorsätzlich und langfristig schon gesetzte und zunehmende technische Schäden zugelassen werden mit der Maßgabe, alle Folgeschäden der technischen Schäden durch Vorteile (zunächst) unterlassener Instandhaltung ausgleichen zu können. Diese Unvereinbarkeit ist besonders stark ausgeprägt im Hinblick auf die Langzeiteffekte, die im Beispielfall durch den möglichen Eintritt von gesundheitsgefährlichen Schadstoffen ins Grundwasser gegeben sind.

Reparaturethik, wenn sie politisch und rechtlich als Leitwert wirkt, überträgt die Aufgabe des Schadensausgleichs an Haftungskartelle und Solidargemeinschaften, deren Selbsterhaltungstendenz systemtheoretisch zwingend zur Begünstigung der Ursache, also zu deren Perpetuierung führt.

„Solidar- und Haftungsgemeinschaften überhaupt – und das sollten auch die Befürworter einer Umwelthaftung bedenken – belasten diejenigen, die Vorsorge treffen...und machen das

Zulassen von Schäden attraktiv, sowohl für den Verursacher als auch für die, die die Schäden reparieren... Es ist eine alte systemtheoretische Erkenntnis, daß Systeme sich selbst zu stabilisieren trachten: Ein Haftungs- und Reparatursystem begünstigt Schadensfälle, weil es sich dadurch selbst stabilisiert", /7/.

Das Zulassen von Schäden, die durch Solidar- und Haftungsgemeinschaften ausgeglichen werden, schädigt aber die Wirtschaftssubstanz der Solidargemeinschaft in vermeidbarer Weise und entzieht längerfristig verfügbare Finanzmittel und Reparaturkapazitäten der Behebung unvermeidbarer Schäden Eine Sicherheitsphilosophie, die auf dieser Einsicht aufbaut, verweist auf das Vorsorgeprinzip als diejenige handlungstheoretische Maxime, die von der Zulassung zum Ausschluß von Schäden hinleitet, /8/.

Diese Wechselwirkung von Verursacher, Solidargemeinschaft und Instandsetzer kann sich jedoch nur dann bilden und stabilisieren, wenn eine wirksame Rechtsordnung und der gesellschaftliche Wille, ausgedrückt als politische Zielsetzung, die notwendige Voraussetzung dafür schafft. Wenn und soweit der Vorsorgegrundsatz den Rang von Rechtsnorm und politischer Zielsetzung erlangt, ist der Reparaturethik die Grundlage entzogen. Die Kommission der Europäischen Union und die Rechtsprechung in der Bundesrepublik Deutschland haben Beiträge dazu geleistet, daß dieser Rang erreicht wird, /8/. Der Nachweis, daß es in einem Staat an Rechtsnormen fehlt, um dem Vorsorgegrundsatz umfassend Rechnung zu tragen, ist überwiegend eine politisch-juristische Aufgabe. Die philosophische Frage liegt vielmehr im Begriff des „Besorgnispotentials", das eine Rechtspflicht zur Vorsorge begründet, wenn eine befürchtete Schädigung nicht ausgeschlossen werden kann: Was bedeutet es, die Schädigung ausschließen zu können? Welcher Maßstab wird an die Wahrscheinlichkeit angelegt, daß sie ausgeschlossen ist, wenn man die prinzipielle Offenheit der Zukunft, die Eigenschaften fundamental komplexer Systeme, den Wertepluralismus in der Gesellschaft, die Grenzen dessen, was verständige Abwägung leisten kann, mitbetrachtet? Derjenige Teil der Antwort, den die bisherige Technikentwicklung und -nutzung liefert, kann wohl nur lauten: Die mögliche Verletzung von Rechtsgütern durch Technische Artefakte ist eine Ausgangslage für Technikentwicklung auf der Grundlage von Anwendung und Erweiterung der Technikwissenschaft. Sie führt zu geringeren Wahrscheinlichkeitswerten möglicher Rechtsgutverletzungen, die implizit als Sollzustand der Artefakte festgeschrieben werden können und durch Instandhaltung zu stabilisieren sind.

3.4.4 Sicherheit als Sollzustand

Nachstehend wird ein Verständnis von Sicherheit erläutert, das sich aus der grundlegenden Denkfigur der Instandhaltung, dem Soll-Ist-Vergleich, ergibt und viele Lebens- und Denkzusammenhänge zwanglos umfaßt, die mit dem Begriff Sicherheit in Verbindung gebracht werden. Höherrangige Bedeutungen des

Begriffs, als Gegenstandsbereiche von Wissenschaftstheorie oder Religionswissenschaft, etwa Sicherheit als Gewißheit des Wissens, Sicherheit des Glaubens oder des Gläubigen, sind nicht Gegenstand der vorliegenden Untersuchung.

Sicherheit kann aufgefaßt werden als Sollzustand mit geringstmöglicher Wahrscheinlichkeit der Verletzung von Rechtsgütern und /oder bestmöglichem Ausgleich von Nachteilen bestimmter lebensgeschichtlicher Zustände und Prozesse. Die Gefahr als Gegenbegriff verliert dann an Eigenständigkeit; sie erscheint als über Null liegender Wahrscheinlichkeitswert der Rechtsgutverletzung. Die Geltung des Risikobegriffs beschränkt sich unter dieser Voraussetzung auf seine versicherungstechnische Anwendung.

Der so verstandene Gefahrenbegriff hat keinen einfachen Zusammenhang mit den Nachteilen lebensgeschichtlicher Zustände und Prozesse. Es ist dann z.B. falsch, von Todesgefahr in dem allgemeinen Sinn zu reden, daß von allen lebensgeschichtlichen Ereignissen der Tod das gewisseste ist. Der Begriff des Nachteils schließt den Tod nicht ein, weil das Leben die Voraussetzung für das Erleiden eines Nachteils ist. Todesgefahr kann aber vorliegen, wenn jemand einen gefahrgeneigten Sport bzw. Beruf ausübt oder durch falsche Lebensführung seine Gesundheit schwer gefährdet. Diese Handlungsformen sind mit mehr oder weniger zufriedenstellend quantifizierbaren Wahrscheinlichkeiten behaftet dafür, daß der Tod früher als bei einem im Vergleich betrachteten Kollektiv eintritt, daß also das Rechtsgut „Leben" für einen statistisch benennbaren Zeitraum zerstört wird. Wiederum aber haben sie nicht den Charakter von Nachteilen, weil sie aus freiem Entschluß entstehen, mithin aus der Sicht des Handelnden nicht als Nachteil gewertet werden können. Eine lebensbedrohliche Krankheit verbindet den schlimmen Nachteil, die Krankheit erleiden zu müssen, mit einer bedrohlichen Wahrscheinlichkeit, daß der Tod als Folge dieser Krankheit eintritt.

Die Begriffsbestimmung von Sicherheit als Sollwert wird nachstehend an Beispielen erläutert, die einer lexikalisch abgefaßten Erläuterung dieses „Schlüsselbegriffs" entnommen sind, /9/. Geborgenheit, Schutz, Risikolosigkeit, Gewißheit sind lebensgeschichtlich bedeutsame Zustände, deren Fehlen oder Beeinträchtigung schmerzlich erfahren, als Abweichung vom Sollzustand abgelehnt wird. Verläßlichkeit, Selbstbewußtsein, Vertrauen, als Assoziationen des Begriffs Sicherheit, beschreiben menschliche Verhaltensorientierungen oder Eigenschaften, in der Terminologie antiker Ethik also Tugenden, und damit Sollzustände menschlicher Persönlichkeitsstrukturen, die im Zusammenleben Gutes bewirken. Verfügbarkeit, Garantiertheit, Voraussehbarkeit, Berechenbarkeit, Haltbarkeit sind zeitorientierte, genauer zukunftsorientierte Begriffe. Sie beschreiben Sollzustände vorzugsweise Technischer Artefakte, aber in übertragenem Sinn auch menschlicher Individuen. Man spricht z.B. auch von „Berechenbarkeit" als einem Persönlichkeitsmerkmal, wenn eigentlich Verläßlichkeit gemeint ist.

Diese Sollzustände dienen der gedanklichen Vorwegnahme der Zukunft, der Handlungsplanung, indem sie zur Wahrscheinlichkeit der Übereinstimmung von Handlungsplanung und Handlungserfolg beitragen. Sie können also in lebensgeschichtlichen Zuständen und Erfahrungen ebenso angetroffen werden wie in Persönlichkeitsmerkmalen und Merkmalen Technischer Artefakte; ihre Entstehung, Erhaltung, Verletzung oder ihr Untergang unterliegen vielfältigen, hier im einzelnen nicht weiter verfolgten Wechselwirkungen. Als Beispiel solcher Wechselwirkungen soll hier nur die Kausalverkettung der persönlichen Verläßlichkeit eines Technikers und der Voraussehbarkeit bestimmungsgemäßer Funktion bei einem von ihm konstruierten, hergestellten oder instandgehaltenen Technischen Artefakt genannt werden. Ein Versicherungsvertrag schafft einen in den größeren Zusammenhang der Rechtsordnung und ihres Schutzes für rechtsgemäße Verträge eingebetteten Sollzustand: Nachteile lebensgeschichtlicher Situationen werden durch finanzielle Leistungen in einem bestimmten Umfang ausgeglichen; Beispiele folgen nachstehend.

Der Sollzustand des gewaltlosen Interessenausgleichs unter selbständigen Staaten ist Ziel von Sicherheitspolitik. Soziale Sicherheit ist ein gesellschaftlicher Sollzustand der Art, daß die Gemeinschaft in keinem Fall unverschuldeter materieller oder immaterieller lebensgeschichtlicher echter Not angemessene Hilfe verweigert und daß die Hilfe nur in Anspruch genommen wird, wenn die eigene äußerste Anstrengung erfolglos blieb. Rechtssicherheit ist ein Sollzustand, für den die Durchsetzung der Rechtsnorm in jedem die Rechtssphäre berührenden Fall bestimmend ist; die Qualität der Rechtsnorm bei Beurteilung auf einer höheren rechtsphilosophischen Betrachtungsebene kann selbst Gegenstand der Festlegung eines Sollzustands sein. Vergleichbare Bedeutungen von Sicherheit als Sollzustand lassen sich noch auf vielen anderen Feldern bestimmen.

3.4.5 Schutz von Rechtsgütern, Sicherheit, Vernunft und Instandhaltung

Als besonders interessantes Beispiel für die Verknüpfung des Schutzes von Rechtsgütern und Instandhaltung im Recht der Bundesrepublik Deutschland wird hier die Störfallverordnung, die 12. Verordnung zum Bundes- Immissionsschutzgesetz, herangezogen, /10/. Sie beschreibt den Wirkungszusammenhang zwischen denkmöglichen Ursachen und Folgen von Rechtsgut-Verletzungen, die hier als schwere Unfälle durch Industrietätigkeit erscheinen. Ein Störfall im Sinn dieser Verordnung ist eine Betriebsstörung, bei der ein Stoff aus dem Geltungsbereich der Verordnung durch Ereignisse wie größere Emissionen, Brände oder Explosionen sofort oder später eine ernste Gefahr hervorruft. Eine ernste Gefahr im Sinn der Verordnung liegt dann vor, wenn

„- das Leben von Menschen bedroht wird oder schwerwiegende Gesundheitsbeeinträchtigungen von Menschen zu befürchten sind;

- die Gesundheit einer großen Zahl von Menschen beeinträchtigt werden kann, oder
- die Umwelt, insbesondere Tiere und Pflanzen, der Boden, das Wasser, die Atmosphäre sowie Kultur- und sonstige Sachgüter in einer Weise geschädigt werden können, daß dadurch das Gemeinwohl beeinträchtigt würde".

Die Störfallverordnung legt fest, wie zu verfahren ist, daß die notwendige Bedingung dieses Geschehens durch Vorsorge, d.h. durch Ausschließung der bei vernünftiger Betrachtung in Frage kommenden Ursachen, nicht eintritt. Überdies wird die Möglichkeit einbezogen, daß trotz vollständiger Berücksichtigung der vernünftigerweise nicht auszuschließenden Ursachen ein Unfall eintritt, der sogenannte „Dennoch-Fall". Aus ihm erwächst die Rechtsverpflichtung, dessen Auswirkungen zu begrenzen. In der Berücksichtigung des Dennoch- Falls liegt ein doppeltes Eingeständnis: Die Menge der in das Verfahren einfließenden sachdienlichen Informationen ist offenbar endlich. Die Entscheidung über technische Abläufe, deren Berücksichtigung noch innerhalb oder jenseits der Grenzen der Vernunft liegt, - als Beispiel könnte der Einschlag eines Meteoriten in eine solche Anlage genannt werden -, kann fehlerhaft sein. Die logische Inkonsistenz, Maßnahmen zum Ausschluß aller vernünftigerweise nicht auszuschließenden Unfallursachen zu treffen und dennoch andere Maßnahmen zur Begrenzung der Auswirkung von Unfallfolgen zu fordern, wird mit der Anerkennung dieser beiden Einschränkungen gerechtfertigt. Bei der Festlegung der Merkmale für den sicherheitstechnischen Sollzustand der Anlage muß also jeder Beteiligte die Grenzen der Vernunft ausschreiten. Vielleicht wäre angesichts der philosophischen Tradition des Begriffs „Vernunft" die Formulierung „verständige Abwägung" zweckmäßiger gewesen. Wesentlich ist jedoch das Gebot der Störfallverordnung, daß der Betreiber die sicherheitstechnisch bedeutsamen Teile der betroffenen Anlage bei der Errichtung prüfen, die gesamte Anlage sicherheitstechnisch ständig überwachen und regelmäßig warten sowie die Maßnahmen der Prüfung, Überwachung, Wartung und Instandsetzung schriftlich dokumentieren muß, /11/. Wichtigstes Dokument hinsichtlich der Erfüllung all dieser Pflichten ist die Sicherheitsanalyse. In ihr muß auch dargestellt werden, mit welchen Verfahren die ergänzenden Anforderungen erfüllt werden, zu denen die Dokumentation der Instandhaltung gehört; diese Dokumentation wird in der vorliegenden Untersuchung als Technisches Artefakt dritter Ordnung bestimmt.

Diese Rechtsnorm schafft also, über die mögliche Bedrohung von Leben und Gesundheit hinaus, einen engen Zusammenhang zwischen der Schädigung des Gemeinwohls und der Instandsetzung einschließlich ihrer Dokumentation; wobei der Umfang des Gemeinwohls hier durch die Zusammenstellung von Umwelt, Kulturgütern und sonstigen Sachgütern als möglicherweise schadensbetroffenen Bereichen festgelegt wird. Instandhaltung ist hier völlig abgelöst von der besonderen Art der Anlage; sie wird als konstitutiv unerläßlich für die

Zweckbestimmung, hier unter dem Aspekt der Sicherheit, des Technischen Artefakts anerkannt.

3.4.6 Rechtliche Anforderungen an den Sollzustand Technischer Artefakte

Das Beispiel der Störfallverordnung wurde gewählt, weil an ihm der Zusammenhang zwischen dem Schutz von Rechtsgütern und der Instandhaltung Technischer Artefakte ebenso klar zum Ausdruck kommt wie die systematischen Grenzen der Erkennung von Ursachen, die den sicherheitstechnisch bestimmten Sollzustand der Artefakte beeinträchtigen können: Nämlich die Endlichkeit der Menge verfügbarer sachdienlicher Informationen und die Möglichkeit von Fehlurteilen. Die Störfallverordnung ist aber nur ein kleiner Ausschnitt aus einer umfangreichen Gesetzgebung in der Bundesrepublik Deutschland; zu nennen sind hier das Gewerberecht, Straßenverkehrsrecht, Versicherungsrecht, Arbeitsschutzrecht, Umweltschutzrecht und andere Rechtsgebiete, z.B. das Recht des Luftverkehrs, des Schiffsverkehrs, der Informationstechnik usw. Die Behauptung ist gerechtfertigt, daß bei sorgfältiger Prüfung allenthalben in verschiedenen juristischen Formulierungen ein Sollzustand Technischer Artefakte bestimmt wird, dessen Einhaltung dem Schutz von Rechtsgütern durch Vorsorge dient. Die juristische Nomenklatur bedient sich z.B. der Begriffe „Beschaffenheit" und „Überwachung". Mit Beschaffenheit werden die sicherheitsbestimmenden Merkmale des Technischen Artefakts, insgesamt also der Sollzustand, angesprochen, mit Überwachung die Verpflichtung, Abweichungen vom Sollzustand zu erkennen und zu beheben; dies schließt die Instandhaltung im umfassenden Sinn von Inspektion, Wartung und Instandsetzung ein. Das Bundes-Immissionsschutzgesetz z.B. faßt diese Rechtspflicht in die Bestimmung:

„Genehmigungsbedürftige Anlagen sind so zu errichten und zu betreiben, daß

- schädliche Umwelteinwirkungen und sonstige Gefahren, wie auch erhebliche Belästigungen für die Allgemeinheit und die Nachbarschaft nicht hervorgerufen werden können,
- durch dem Stand der Technik entsprechende Maßnahmen Vorsorge zur Begrenzung der Emissionen getroffen wird,
- Reststoffe so weit wie möglich vermieden werden und
- entstehende Abwärme in Anlagen des Betreibers oder durch Dritte soweit möglich und zumutbar genutzt wird", /12/.

Das Verbum „errichten" ist wohl nicht optimal, weil der Vorgang des Baus der Anlage, dessen technischer Ablauf anderen Rechtsvorschriften unterliegt, als mitgemeint verstanden werden kann. Doch ist pragmatisch klar, daß die Herstellung einer Beschaffenheit, eines Sollzustands, gefordert wird. In der Ausdehnung der Vorschrift auf das Betreiben gemäß den Vorgaben der genannten Schutzziele kommt die Verpflichtung zur Instandhaltung zum Ausdruck, die unabtrennbarer Bestandteil des Betreibens ist.

Jeder, der in der Bundesrepublik Deutschland ein Kraftfahrzeug hält oder lenkt, ist rechtlich verpflichtet zu wissen: Es darf im öffentlichen Straßenverkehr nur betrieben werden, wenn es von der Straßenverkehrsbehörde zugelassen ist. Der Nachweis, daß der Sollzustand nach Maßgabe der Sicherheits- und Umweltschutzforderungen für Kraftfahrzeuge, also z.B. der Straßenverkehrszulassungsordnung, vorliegt, ist gesetzliche Voraussetzung für die Zulassung. Ferner muß das Fahrzeug der Überwachung, nämlich der Prüfung auf mögliche Abweichungen vom Sollzustand, unterworfen werden; solche Abweichungen können aber nur durch Instandhaltung rückgängig gemacht werden.

Das Begriffspaar „Beschaffenheit" und „Prüfung der Beschaffenheit" wird im folgenden abschließenden Beispiel verwendet, in einer rechtlich auf die Reichsversicherungsordnung gestützten Unfallverhütungsvorschrift für Zentrifugen, /13/. Sie verlangt eine hinsichtlich Standsicherheit, Dokumentation, Kennzeichnung, Bremseinrichtung, Merkmalen von Gehäusen, Schutzdeckeln, Trommeldeckeln und weiteren Baumerkmalen bestimmter Zentrifugenbauarten umschriebene Beschaffenheit. Ferner sind Prüfungen vor der ersten Inbetriebnahme auf ordnungsgemäße Aufstellung, Ausrüstung und Betriebsbereitschaft sowie Wiederholungsprüfungen nach bestimmten Fristen gefordert. Das sehr spezielle Beispiel soll nochmals deutlich machen, daß die grundlegende Verbindung von Sollzustand Technischer Artefakte und Erkennung möglicher Abweichungen vom Sollzustand - mit der zwingenden Konsequenz der gebotenen Instandhaltung - bis in den technischen Alltag von Techniknutzern und Sicherheitsspezialisten hinein in der Gestalt von vorsorgewirksamen Rechtsnormen klar erkennbar und praktisch vollziehbar ist.

3.4.7 Quantifizierbarkeit von Sicherheit als Sollzustand

Sicherheit als Sollzustand, dies wurde gezeigt, läßt sich in vielen Lebensbereichen antreffen und beschreiben, aber fast immer nicht in Zahlen fassen. Der Aufwand für die Schaffung und Erhaltung technischer Sicherheit ist zwar in der Regel quantifizierbar, nicht aber der Wert dessen, was mit diesem Aufwand erzielt wurde. Am anschaulichsten läßt sich dies vielleicht durch Beispiele aus dem Verkehrsgeschehen zeigen. Die einwandfreie Wartung eines Passagierflugzeugs löst genau bekannte Kosten aus; wie aber soll die Sicherheit für Leben und Gesundheit der Fluggäste in Zahlen ausgedrückt werden, die in der Erreichung des Sollzustands ihre notwendige Voraussetzung hatte? In ähnlicher Weise kann hinsichtlich des verkehrsgerechten Zustands öffentlicher Straßen und Brücken, des Schienennetzes, der Schienenfahrzeuge und so fort argumentiert werden. Leben und Gesundheit zählen zu den höchsten Rechtsgütern, sie sind durch andere nicht ersetzbar. Das Ausmaß, in dem ihre Bewahrung von technischer Sicherheit abhängt, wird allenfalls ex negativo sichtbar durch Verkehrsunfälle aus technischen Ursachen, etwa Flugzugabstürze. Die Zahlungen für Krankheitskosten, Schmerzensgelder, Versorgung Hinterbliebener, die dann von Verkehrs- und Versicherungsunternehmen zu leisten sind, lassen sich freilich dokumentieren. Aber diese Zahlen verdecken natürlich nur die Tatsache, daß weder bleibende Gesundheitsschäden noch gar der Tod eines Angehörigen durch Geld angemessen ausgeglichen werden können und insoweit Sicherheit unquantifizierbar blieb.

Die Entwicklung der Informationstechnologie hat neue Handlungsmöglichkeiten, damit aber auch neue Sicherheitsbedürfnisse eröffnet, wenngleich in bisher erkennbarer Weise, abgesehen vom Schutz persönlicher Daten als Teil des Persönlichkeitsrechts, keine neuen Rechtsgüter hervorgebracht. Über das Internet werden politische, wissenschaftliche, militärische, kommerzielle und private Nachrichten verbreitet. Ein Teil davon wird von Absendern und Empfängern mit guten Gründen geheimgehalten, ein Teil genießt Urheberrechtsschutz, ein Teil sucht aus kommerziellen Gründen, als Werbung und Angebot, möglichst weite Verbreitung, und ein Teil ist privat, für Dritte nicht bestimmt. Ein Einbruch in die elektronischen Speicher für private Nachrichten bedeutete sicher die Verletzung des Rechtsguts auf Privatheit und informationelle Selbstbestimmung; sie hatte den Protest der Betroffenen zur Folge, auch wenn diese weder finanziell noch anderweitig materiell geschädigt waren, /14/. Der Fall verdeutlicht abermals, daß positiv die Bewahrung eines Rechtsguts fallweise zahlenmäßig nicht bewertet werden kann.

Beispiel für die mögliche Quantifizierung der Sicherheit als Sollzustand ist dagegen die Kraftfahrzeugversicherung. Der Nachteil, daß ein Kraftfahrzeug Schäden in vorweg unbekannter Höhe erleiden kann, die von der bestimmungsgemäßen Nutzung nicht verursacht werden und auch keiner anderen Person als schuldhaft verursacht zugeschrieben werden können, wird ausgeglichen, indem das Versicherungsunternehmen den vertraglich vereinbarten Anteil der Instandsetzungskosten zu zahlen verpflichtet ist. Sicherheit ist somit, Fall für Fall, genau quantifiziert, durch die bekannte Prämienhöhe auch nach der Aufwandseite hin. Spiegelbildlich dazu gleicht die Kraftfahrt-Haftpflichtversicherung eines Fahrzeughalters den Nachteil aus, der an einem anderen Fahrzeug durch Verschulden des Halters in Form eines Unfallschadens entsteht, wiederum in genauer Höhe der Instandsetzungskosten.

3.4.8 Subjektive Risikobeurteilung und Technikentwicklung

Dieser Gedankengang schließt, indem daran erinnert wird, daß die hinsichtlich Verfahren und Zahlenergebnis unanfechtbare Feststellung der Wahrscheinlichkeit einer Rechtsgutverletzung durch Technische Artefakte **der subjektiven Beurteilung hinsichtlich der Folgen** unterworfen ist: Genügt dieser Zahlenwert der lebensgeschichtlichen Beurteilung des Sollzustands; wird das Wagnis akzeptiert oder abgelehnt? Es ist geboten, hier festzuhalten, daß subjektive Risikoabschätzung sich ihrerseits danach fragen lassen muß, wie ernsthaft sie betrieben wurde: Handelt es sich nur um anstrengungslose Aneignung suggestiv vorgetragener Argumente; haben lebensgeschichtliche Umstände individuell und kollektiv die subjektive Risikoeinschätzung möglicherweise zu gegensätzlichen Urteilen innerhalb weniger Jahre geführt – kennzeichnend hierfür die energiepolitische Wende der Sozialdemokratischen Partei Deutschlands in der Frage der Kernenergie; und welche Schlüsse sind daraus hinsichtlich der Qualität subjektiver Risikobeurteilung zu ziehen?

Ablehnung des Wagnisses eröffnet die ethische Diskussion hinsichtlich der Folgerungen für künftiges Handeln. Die Entwicklungsgeschichte der betroffenen Klasse Technischer Artefakte in ihrem historischen, politischen, gesellschaftlichen, wirtschaftlichen Zusammenhang muß einbezogen werden. Der handlungsdeontologische Ansatz, also die Beurteilung des Wertes jeder Handlung für sich und ohne Rückgriff auf allgemeinverbindliche Regeln, legt es nahe, einen beliebigen Teil der Technosphäre daraufhin zu prüfen, ob er in seiner lebensgeschichtlichen Bedeutung für eine beliebige Zahl von Individuen die folgende Bedingung erfüllt: Er muß die höhere Werthaltigkeit für das Subjekt darstellen hinsichtlich der Handlungsorientierung, daß dieser Teil der Technosphäre sein soll oder nicht sein soll. Mindestens die technikschaffende und -erhaltende Teilmenge der Individuen kann sich darauf berufen, daß die individuelle und kollektive Unterwerfung unter das Paradigma der Entwicklung des Universums durch Selbstorganisation und der Technikentwicklung als eines zugehörigen Teilgeschehens dieser höheren Werthaltigkeit nicht widerspricht, /15/. Technische Artefakte entstehen und werden genutzt, weil dafür notwendige und hinreichende Bedingungen in einer bestimmten historischen Situation erfüllt sind, weil die Gesellschaft durch Dulden, Unterlassen oder Fördern zur Erfüllung dieser Bedingungen beiträgt.

Der lebensgeschichtliche Nachteil z.B., daß die Energienachfrage das Angebot übersteigt, führt zu dem Sollzustand der Nachfragedeckung mittels Erschließung neuer Energiequellen und neuer Wege rationeller Energienutzung. Die daraus resultierenden Technischen Artefakte bedürfen der Festlegung von Sollzuständen, die für Minimierung der Wahrscheinlichkeit von Rechtsgutverletzungen auf dem Weg der Vorsorge Gewähr bieten. Beurteilt man das Beispiel friedlicher Nutzung der Kernenergie nach dem regeldeontologischen Ansatz, daß nämlich die Handlungskompetenz nicht gefährdet werden darf, so gibt es zwei Positionen: Subjektive Risikoeinschätzung urteilt z.B., daß durch einen Großunfall die Handlungskompetenz ganzer Regionen gestört, zerstört werden kann. Eine wohlbegründete andere subjektive Risikoeinschätzung ergibt, daß bei der Abwägung der Gefährdung ganz verschiedener Handlungskompetenzen kein überzeugender Grund zu sehen ist, auf diese Energiequelle zu verzichten, /16/. Der gleiche Autor, v. WEIZSÄCKER, äußert freilich einige Jahre später voller Resignation:

„Eine Menschheit, die das Friedensproblem nicht zu lösen vermag, ist für so anspruchsvolle Techniken wie die Kernenergie noch nicht reif", /17/.

Man kann diese pauschale Aussage für zutreffend halten und dabei vollkommen außer Acht lassen, daß die zur Diskreditierung der friedlichen Kernenergienutzung Anlaß gebenden Ereignisse nicht in Zusammenhang standen mit kriegerischen Auseinandersetzungen; spiegelbildlich hierzu aber z.B. der erste Golfkrieg der USA durch eine politische Handlung, nämlich die Aggression des Irak mit dem Ziel, sich in den Besitz der Ölquellen Kuwaits zu setzen, ausgelöst wurde. Man kann v. WEIZSÄCKERs Argument überdies auf einzelne Regionen anwenden und die naheliegende Frage stellen, ob im Umkehrschluß für solche Regionen, in denen stabile überstaatliche Friedensordnungen vorliegen, die Reife für eine friedliche Kernenergienutzung erreicht ist. Es fehlt jedenfalls nicht an Quellenmaterial zur Sicherheit der Kernenergienutzung in der Bundesrepublik Deutschland, in der ausschließlich – und im Gegensatz zu anderen Staaten – inhärent sichere Reaktoren betrieben werden. Sich damit inhaltlich auseinanderzusetzen wäre geboten, wenn im Zusammenhang mit subjektiver Risikobeurteilung die Annahme eines Großunfalls begründet werden soll, /18/, /19/. Die Dokumentation der Gesellschaft für Anlagen- und Reaktorsicherheit, /20/, mit einer umfangreichen Bibliographie, darunter die „Deutsche Risikostudie Kernkraftwerke Phase B", erschienen 1989, und die GRS-Publikation „Tschernobyl-Zehn Jahre danach", liefert auch zahlreiche informative Beispiele dafür, wie durch systematische Schwachstellenforschung und durch Instandhaltung mit dem Ergebnis technischer Höherwertigkeit die Gefahr von Rechtsgutverletzungen ständig weiter vermindert wird.

3.4.9 Zusammenfassung des Abschnitts 3.4: Instandhaltung und technische Sicherheit

Sicherheit ist ein Wert, der in allen Lebensbereichen einen hohen Rang einnimmt. In erweiterter Begrifflichkeit der Instandhaltung läßt er sich beschreiben als Sollzustand, welcher die geringstmögliche Wahrscheinlichkeit der Verletzung von Rechtsgütern verbindet mit dem bestmöglichen Ausgleich lebensschichtlicher Nachteile. Technische Sicherheit ist dann derjenige Sollzustand des Technischen Artefakts, der gemäß dem Vorsorgeprinzip für den Schutz der Rechtsgüter und den Ausgleich lebensgeschichtlicher Nachteile erforderlich ist.

Gegenbegriff zur Sicherheit ist das Risiko; Gefahr erscheint dann als das Risiko, das wir nicht mehr akzeptieren wollen. Das Risiko läßt sich wiederum bestimmen als Produkt aus Schadensausmaß und Eintrittswahrscheinlichkeit des Schadens. Schadensereignisse mit geringem Ausmaß und hoher Eintrittswahrscheinlichkeit sind lebensgeschichtlich viel weniger bedeutungsvoll als solche mit hohem Ausmaß und geringer Eintrittswahrscheinlichkeit. Dieser Umstand ist entscheidend für die Bereitschaft, ein Wagnis einzugehen im Hinblick darauf, wie die Fähigkeit zur Bewältigung der Folgen eingeschätzt wird, falls der Schaden eintritt.

Reparaturethik ist eine Haltung, die bereit ist, Schäden hinzunehmen und den Ausgleich in einer Form zu leisten, die keinen Einfluß nimmt auf die Ursache der Schäden. Als Beispiel dient ein Trinkwassernetz, das mit starken Wasserverlusten durch Undichtigkeiten behaftet ist, die der Netzbetreiber aber hinnimmt, weil deren Kosten vermeintlich geringer sind als die Instandsetzung des Netzes. Die Trinkwasserabnehmer werden doppelt geschädigt, indem sie mit den Kosten der Wasserverluste und zusätzlich für die der nach langem Zögern endlich doch unvermeidlichen Instandsetzung belastet werden. Ähnliches gilt auch für Abwassernetze. Die VDI-Richtlinie „Technikbewertung" läßt sich mit dieser technisch-wirtschaftlichen Instandhaltungs-Vermeidungsstrategie nicht vereinbaren.

Das Verständnis von Sicherheit als Sollzustand, in dem Rechtsgüter geschützt sind und lebensgeschichtliche Nachteile ausgeglichen werden, führt zur Bestimmung von Gefahr als einem über Null liegenden Wahrscheinlichkeitswert einer Rechtsgutverletzung. Daraus ergibt sich ein neues Verständnis z.B. von Todesgefahr. Sicherheit als lebensgeschichtlicher Sollwert kann als Geborgenheit, Geschütztheit, Gewißheit in Erscheinung treten. Sollzustände menschlicher Persönlichkeitsstrukturen wie z.B. Verläßlichkeit sind, in der Ausdrucksweise antiker Ethik, Tugenden, die im Zusammenleben Gutes bewirken. Analoge Sollzustände Technischer Artefakte wie z.B. Verfügbarkeit, Berechenbarkeit, Haltbarkeit können, im übertragenen Sinn, auch menschliche Eigenschaften sein. Wechselwirkungen solcher Sollzustände zwischen der Persönlichkeitsstruktur des Instandhalters und dem Technischen Artefakt sind für die Instandhaltung von entscheidender Bedeutung. Auch im gewaltlosen Interessenausgleich der Staaten vermöge Sicherheitspolitik, in der sozialen Sicherheit, der Rechtssicherheit und in anderen Handlungsfeldern wird das Verständnis von Sicherheit als Sollzustand deutlich.

Die Störfallverordnung, basierend auf dem Immissionsschutzgesetz der Bundesrepublik Deutschland, wird vorgestellt als Beispiel der Vorsorge gegen Rechtsgutverletzungen vermöge gesetzlicher Vorschriften über die Beschaffenheit wie auch die Instandhaltung bestimmter Technischer Artefakte, die vom Gesetz so genannten „Anlagen". Besonders interessant ist die Bestimmung, daß in einer Sicherheitsanalyse die bei vernünftiger Betrachtung nicht auszuschließenden Ursachen für ein schwerwiegendes Umwelt-Schadensereignis behandelt werden müssen und daß für den Fall des Versagens aller vernunftgemäß getroffenen Maßnahmen die Auswirkungen des dennoch eingetretenen Schadensereignisses begrenzt werten müssen.

Am Beispiel der Störfallverordnung lassen sich auch die rechtlichen Anforderungen an den Sollzustand Technischer Artefakte in sehr verschiedenen Rechtsgebieten außerhalb des Umweltrechts verdeutlichen.

Sicherheit als Sollzustand läßt sich nicht nur definieren und qualitativ erläutern, sondern in bestimmten Fällen auch zahlenmäßig bestimmen.

Der Zusammenhang zwischen subjektiver Risikobeurteilung und Technikentwicklung wird abschließend behandelt. An die Ernsthaftigkeit subjektiver Risikobeurteilung müssen hohe Anforderungen gestellt werden. Denn Beispiele aus der Politik, vor allem die Beurteilung der Kernenergietechnik, belegen, daß sie weitreichende technische und damit gesellschaftliche Folgen haben können, wenn sie kollektiv in die politische Diskussion eingeführt und dann zum Inhalt neuer Rechtsregeln werden.

3.5 INSTANDHALTER IM SOZIALGEFÜGE DER GESELLSCHAFT

3.5.1 Gruppen und Gemeinschaften von Instandhaltern

3.5.1.1 Läßt sich eine Gruppe von Instandhaltern in der Gesellschaft soziologisch abgrenzen?

ROPOHL stellt in /1/ die Dimensionen und Erkenntnisperspektiven der Technik zusammen und kommentiert ihre Bedeutung bei der Entstehung und Verwendung von Sachsystemen. Neben die naturale Dimension, innerhalb derer den technikwissenschaftlichen, naturwissenschaftlichen und ökologischen Perspektiven ein besonderer Erklärungswert für technische Phänomene beigemessen wird, treten die humane und die soziale Dimension. HEIDEGGER faßt beide als die anthropologische Bestimmung der Technik zusammen; in der vorliegenden Untersuchung wird diese vielfach, aber bisher nur mittelbar angesprochen. Die hier vorgetragenen Überlegungen wären also unvollständig ohne den unmittelbaren Blick auf den Menschen, dem im arbeitsteiligen Sozialgefüge die Aufgabe der Instandhaltung zukommt. Diese Absicht stößt sofort auf die Schwierigkeit, in der Menge der handelnden Menschen eine Teilmenge abzugrenzen, der das kennzeichnende Merkmal zukommt, Instandhaltung zu leisten.

Der Abschnitt „Staat, Recht, Technik und Instandhaltung als Institutionen" stellt Instandhaltung als **Institution** vor, mit der **inhaltlichen** Komponente der geringstmöglichen Abweichung zwischen Soll und Ist am Technischen Artefakt und der **zeitlichen** Komponente seiner Erhaltung. Institutionen, als „objektivierte Träger von Wertideen" (HUBIG), unterliegen keiner Abgrenzung, weder regional noch zeitlich. Technisches Handeln, Erzeugung und Nutzung Technischer Artefakte, und die sie begleitende Instandhaltung, sind spätestens seit

Beginn der Altsteinzeit in allen bewohnten Erdregionen allgegenwärtig. Instandhaltung ist ein Geschehen, dessen Vielfalt von den einfachsten Handlungen bis zu hochkomplexen, stark verzweigten und über lange Zeiträume erstreckten Handlungsabfolgen reicht. Jeder Techniknutzer nimmt daran teil, mindestens in der Minimalform des dauerhaften Schutzes vor vermeidbaren schädigenden Einwirkungen. Instandhaltung geschieht überall und jederzeit. Daraus folgt als wesentliches **soziales Merkmal der Instandhalter ihre Unentbehrlichkeit.**

Eine technikphilosophische Untersuchung der Instandhaltung wäre insbesondere in bedauerlicher Weise unvollständig ohne den Hinweis auf den unscheinbaren und als selbstverständlich hingenommenen, unverzichtbaren, in seiner wirtschaftlichen und sozialen Bedeutung kaum hoch genug einzuschätzenden Beitrag der Frauen. Ihr Arbeitsfeld ist neben der Erziehung der Kinder der Haushalt. In den hoch entwickelten Industriestaaten trifft dies durch die zunehmende Zahl von Frauen mit Berufsausbildung und Berufstätigkeit nicht mehr durchgehend zu, aber immer noch in einem bedeutenden Anteil; in den wirtschaftlich wenig entwickelten Regionen dagegen besteht die altherkömmliche Arbeitsteilung nach wie vor in riesigem Umfang. Diese Millionen und Milliarden von Frauen erbringen eine in den volkswirtschaftlichen Statistiken, im Brutto-Sozialprodukt, überhaupt nicht in Erscheinung tretende **Wirtschaftsleistung in der Hauswirtschaft**: durch die Instandhaltung des gewaltigen Sachvermögens in Form der Haushaltsgüter wie auch der Wohnräume. Sie werden gepflegt, gereinigt, oft mit einfachen Mitteln ohne Unterstützung durch geschulte Techniker instandgesetzt und vor vermeidbaren Schäden geschützt. Zur Verdeutlichung des Sachverhalts mag der Hinweis dienen, daß die deutsche Sprache in dem Ausdruck „Wäsche" vermutlich das einzige Technische Artefakt kennt, dessen Bezeichnung von dem Merkmal der Instandhaltungsbedürftigkeit bzw. von der Instandhaltungs-Handlung abgeleitet ist. Zu den Hausfrauen treten außerdem mehr und mehr in technischen Berufen ausgebildete und in der Instandhaltung gewerblich tätige Frauen. Beide Gruppen zusammen bilden ein riesiges und an Zahl den in der Instandhaltung tätigen Männern vermutlich überlegenes Kollektiv von Instandhalterinnen; die Vermeidung dieses sperrigen Ausdrucks gelingt durch den geschlechtsneutralen hier bevorzugten Pluralbegriff „Instandhalter".

Jede Bemühung, idealtypisch weitere Merkmale der Instandhalter zu kennzeichnen, bleibt angesichts der Universalität des Instandhaltungsgeschehens unvollständig. Dies gilt selbstverständlich auch für die vorliegende Untersuchung. Welche soziale Gemeinsamkeit außer der obengenannten - Unentbehrlichkeit - verbindet den indischen Lastwagenfahrer in Bombay, der sein mit Getriebeschaden liegengebliebenes Fahrzeug auf der Straße mit Steinen umlegt, um die Pannensituation kenntlich zu machen und die an Ort und Stelle zu vollziehende Instandsetzung vorzubereiten, und den US-amerikanischen Flugzeugmechaniker, der das Triebwerk eines Kampfflugzeugs für einen Einsatz überprüft? Technik-, Wirtschafts- und Sozialgeschichte liefern Beispiele zur Genüge dafür, daß Instandhaltung der einzige Weg ist, den unermeßlich wertvollen und vielfältigen Fundus unserer technischen Ausstattung vor vermeidbaren Verlusten zu schützen.

3.5.1.2 Unmittelbares und mittelbares Handeln bei der Instandhaltung

Die Schwierigkeit, eine Gruppe von Individuen ausfindig zu machen, die sich in kennzeichnender Weise mit Instandhaltung befassen, läßt sich teilweise beheben, wenn man dem Begriff Instandhaltung eine erweiterte Bedeutung zubilligt. Instandhaltung in allen bisher dargelegten und kommentierten Zusammenhängen ist **unmittelbares** Handeln am Technischen Artefakt; es erkennt oder ändert eine technische Situation. Es nimmt Einfluß auf die Technische Dauer eines Technischen Artefakts und dadurch auf das Wachstum der Entropie; und es ermöglicht in Form Technischer Biografie die Dokumentation eines irreversiblen Geschehens. Dieses Geschehen ist die unmittelbare Teilhabe an der Institution Instandhaltung; die Anerkennung der ihr zugrundeliegenden Wertentscheidungen ist Voraussetzung hierfür. Es ist aber eine zweite Form dieser Teilhabe erkennbar; sie bedarf nicht des unmittelbaren Geschehens am Technischen Artefakt, leistet aber ihren Beitrag in der **mittelbaren** Weise, die **Institution Instandhaltung zu begründen, zu fördern und zu pflegen**. Dies geschieht in mehreren Formen: Forschung und Lehre, Schaffung Technischer Regelwerke, Werbung für die Belange der Instandhaltung vor allem in der Öffentlichkeit, Gesetzgebung zur Regelung und Förderung der Instandhaltung, Wahrnehmung der staatlichen Aufgaben im Denkmalschutz. Auch die Förderung von Projekten, die der Instandhaltung dienen, zählt dazu. Dagegen ist deren finanzielle Sicherung, auch ein mittelbares Instandhaltungs-Handeln, eine von Organisationen nach Maßgabe von Wertprioritäten wahrzunehmende Aufgabe; siehe hierzu den folgenden Abschnitt. Im Abschnitt „Institutionelle Verantwortung in der Instandhaltung" werden die Zusammenhänge erörtert, aus denen die institutionellen Aufgabenstellungen erwachsen.

Der Personenkreis, der sich diesen Aufgaben widmet, muß hohen Ansprüchen genügen. Fachliche Kompetenz muß mit Menschenkenntnis, Überzeugungskraft und Sprachgewandtheit einhergehen. Damit sind die Voraussetzungen für hohen Sozialrang gegeben. Hoch- und Fachschuldozenten, Technikforscher, führende Fachleute als Mitglieder und Leiter von technisch-wissenschaftlichen Vereinen und Berufsorganisationen sowie deren Fachgruppierungen, auch von Fachgremien für die Schaffung und Novellierung Technischer Regelwerke, Parlaments- und Regierungsmitglieder, Beamte in hohen Rängen der Denkmalschutzbehörden sind Mitglieder dieser Gruppe. Das prominenteste mögliche Beispiel ist wohl der römische Imperator Augustus, der große Instandsetzungsprojekte zu seinen wichtigsten Regierungsleistungen gezählt hat. Die gesellschaftspolitische Forderung, der Institution Instandhaltung den bisher vorenthaltenen angemessenen Rang zuzubilligen, wurde deutlich anläßlich der Verabschiedung des Leiters der bayerischen Denkmalschutzbehörde in den Ruhestand:

„In seiner Ära wurden Kunstdenkmäler restauriert, die zu den schönsten und bekanntesten in Deutschland gehören: Die Wieskirche, Vierzehnheiligen, Schloß Pommersfelden, dazu die Dome in Regensburg und Augsburg, berühmte Gotteshäuser in Rott und Ebrach, das Kurhaus in Göggingen. Dazu kamen die Rettungsaktionen für Stadtensembles wie Regensburg, Bamberg, Nördlingen. Doch wichtiger als diese spektakulären Einzelmaßnahmen war...die ‚flächendeckende Betreuung sämtlicher bayerischer Denkmäler'. Bayern hat als einziges Bundesland alle seine 110000 Denkmäler erfaßt. Sie reichen vom schlichten Feldkreuz bis zum Dom. Hinzu kommen dreißig- bis vierzigtausend registrierte Bodendenkmäler...Für ihn ist die heutige Denkmalpflege Ausdruck eines gewandelten Umweltverständnisses. Wenn sechzig Prozent aller Abfälle Bauschutt seien, müsse man lernen, mit dem Bestand zu arbeiten, diesen zu nutzen. Wir müßten lernen, von einer Wegwerf- wieder zu einer **Reparaturgesellschaft** zu werden. Seiner Meinung nach kommt in dem Wunsch, Denkmäler zu erhalten, nach den Katastrophen des zwanzigsten Jahrhunderts die Überlebenssehnsucht des Menschen zum Ausdruck", /2/.

3.5.1.3 Stiftung von Gemeinschaft durch Instandhaltung

Erzeugung und Instandhaltung Technischer Artefakte erweisen sich unter mehreren Aspekten als kategoriale Einheit. Dies trifft auch für die Stiftung von Gemeinschaft innerhalb der Gesellschaft zu. Verbände von Individuen, die in Organisationen jeder Art für die Erzeugung tätig sind, - in sehr großem Umfang vor allem in Industrieunternehmen sowie in den für die Errichtung großer Bauwerke oder Anlagen eigens gegründeten Arbeitsgemeinschaften -, entwickeln parallel zur Organisationsstruktur ein Gemeinschaftsbewußtsein. Dieses kommt z.B. in den Feiern anläßlich der Fertigstellung des Projekts, bei Jubiläums-Festlichkeiten und so fort zum Ausdruck. Es bedarf hier nicht der Belegung bzw. Ausarbeitung dieses industriesoziologischen Befunds. Wesentlich ist, daß dieses Gemeinschaftsbewußtsein in mindestens der gleichen Intensität entsteht, wenn eine umfangreiche Instandhaltungs/Instandsetzungsaufgabe vorliegt, etwa in Form des Wiederaufbaus eines im Krieg zerstörten Domes, somit im Bereich unmittelbaren Handelns. Viel deutlicher erkennbar wird aber die Gemeinschaftsstiftung im mittelbaren Handeln, insbesondere wenn es organisatorisch verfaßt ist. Dies trifft zu bei den vielen nach Stiftungs- oder Vereinsrecht konstituierten Fördergemeinschaften, deren Zielsetzung häufig in der Erhaltung eines Denkmals und somit vor allem in der Sammlung von Spendenmitteln liegt. Zu dieser Gemeinschaft zählen nicht nur die eingetragenen Vereinsmitglieder, sondern auch die Spender und die ehrenamtlichen Helfer in vielen weiteren damit verbundenen Aufgaben. Die Vielfalt dieser Gemeinschaften ist unüberschaubar. Sie reicht von Fördervereinigungen z.B. für eine einzige historische Orgel, wie sie sich gelegentlich in französischen Kirchen vorstellen, bis zu Stiftungen, die in gesamtstaatlichem Umfang tätig werden. (Bild 3.5.1.3 –1). Ein Beispiel hierfür ist die Deutsche Stiftung Denkmalschutz; sie berichtet für das Jahres 2001 von 526 Kulturdenkmalen (Kirchen, Klöstern, Synagogen, Friedhöfen,

Bild 3.5.1.3-1 Stiftung von Gemeinschaft durch Instandhaltung. Werbung des Fördervereins (l' Asociation des Amis de...) für die Erhaltung eines Baudenkmals. Kirche Saint Rémi, Chateau Gontier, F.

Ausstattungen, Schlössern, Bürgerhäusern, technischen Denkmalen, Parks und archäologischen Grabungen). Für deren Sicherung, Sanierung und Restaurierung wurden rund 55 Millionen DM aus privaten Spenden, Lotteriemitteln und Mitteln der Bundesanstalt für vereinigungsbedingte Sonderaufgaben bereitgestellt. Sechs Projekte werden in dem Bericht im Einzelnen mit Nennung der jeweiligen Fördergemeinschaft vorgestellt, /3/. Als Vorbild wirkte vielfach die Stiftung English Heritage, die über 350 historische Gebäude und Denkmale in England betreut und allein im Bereich des Hadrian-Walls an der Grenze zwischen England und Schottland 25 Anlagen unterhält, in denen dieses einzigartige Monument für die Gegenwart und Zukunft bewahrt ist, /4/.

Jedoch beschränkt sich Gemeinschaftsstiftung keinesfalls auf Instandhaltung im Bereich der Denkmalpflege. Ein in der Herstellung von Arzneimitteln bedeutendes Industrieunternehmen gibt unternehmensintern zu einem Projekt, das der Kosteneinsparung durch Verbesserung von Arbeitsabläufen bei der Instandhaltung der Produktionsanlagen dienen soll, folgenden Hinweis:

„Dieses Projekt wird uns unserem Ziel, einer partnerschaftlichen Zusammenarbeit von Instandhaltung und Produktion, ein großes Stück näher bringen. Es wird unsere Mitarbeiter motivieren, Wissen und Erfahrungen zu teilen und an der kontinuierlichen Verbesserung unserer IH-Prozesse mitzuarbeiten. All dies macht das ...-Projekt zu einem wesentlichen Baustein unseres globalen ‚Industrial Excellence Programmes'", /5/.

3.5.2 Erzeugung und Instandhaltung als komplementäres Handeln der Fachleute

3.5.2.1 Erzeugung und Instandhaltung in Handwerk und Industrie

Im Abschnitt „Handwerk und Industrie in Technik und Wirtschaft" wird der Nachweis geführt, daß sich bei der gewerblichen Form technischen Handelns der Gegenwart Handwerk und Industrie gegenseitig ergänzen, und daß sich diese Ergänzung auf die Handlungstypen Erzeugung und Instandhaltung gleichermaßen erstreckt. Auch die historische Kontinuität in der Entwicklung sowohl der Handwerks- wie der Industrietechnik ist hinsichtlich der Erzeugung Technischer Artefakte in diesem Abschnitt behandelt.

Die gewerbliche Form technischen Handelns, soweit sie dem Erwerb des Lebensunterhalts der Instandhalter im engeren Sinn dient, setzt als sozial bestimmende Qualifikation eine nach Umfang und Verläßlichkeit zieldienliche fachliche Ausbildung voraus. Alle möglichen Defizite im Wissen und Können gefährden die Erreichung dieses Ziels und führen damit möglicherweise zu einer schweren Beeinträchtigung der Handlungskompetenz. Dem muß begegnet werden durch die bestmögliche Aneignung der beruflichen Kenntnisse und Fähigkeiten, die im Idealfall zur vollkommenen Beherrschung des betreffenden

Arbeitsgebiets führt. Die Argumente des Abschnitts „Die kategoriale Einheit von Instandhaltung und Erzeugung Technischer Artefakte; komplexe Systeme" belegen, daß die Verbindung dieser beiden Handlungstypen für die Qualifikation zur Fachperson die beste Voraussetzung bietet: Die Verfügung über Wissen und Können für die Erzeugung erschließt auch den kürzesten Weg zur Verfügung über Möglichkeiten und Verfahren der Instandhaltung/Instandsetzung. Denn in beiden Fällen ist der Zugang zur artefakt-bezogenen Technischen Information, fallweise auch das zugeordnete strukturale Regelwissen oder sogar das technologische Gesetzeswissen, notwendige Bedingung des Erfolgs. Der Nachweis, daß dieser Zusammenhang in einer systematischen technischen Berufsausbildung auch in der Form des Zugangs zur Instandhaltung über den Zugang zur Erzeugung berücksichtigt wird, ließe sich unschwer führen; er übersteigt jedoch die Zielsetzung der vorliegenden Untersuchung. Als historischen Beleg dafür, daß die Verbindung von Erzeugung und Instandhaltung im Handwerk traditionell als Selbstverständlichkeit gewertet wurde, kann man z.B. die Aufschrift der Eckschranktür einer Schusterwerkstatt des 18. Jahrhunderts vorstellen:

„Ich leb' in Ruh' und laß Gott walten, mach' neue Schuh' und flick' die alten", /6/.

Der Terminus „Instandhalter" wird umgangssprachlich selten gebraucht; man spricht vom Monteur, vom Reparaturpersonal oder -team, vom Instandsetzungstechniker und so fort, ohne Rücksicht darauf, daß fallweise auch eine Frau diese Aufgaben wahrnimmt. Damit ist immer die Fachperson gemeint, Instandhalter im engeren Sinn, der Fachkompetenz einsetzt und angemessene finanzielle Vergütung erwartet. Selbstverständlich trifft dies in Analogie für Organisationen wie Handwerks- und Industrieunternehmen, für Fachwerkstätten des Handels, Betriebe der öffentlichen Hand und so fort ebenso zu wie für das Individuum als Instandhalter. Daraus folgt, daß die Arbeit im Berufsfeld „Instandhaltung" innerhalb der gesamten gewerblich betriebenen Technik einen Werdegang auch in hohe soziale Rangstufen etwa der Unternehmens-Hierarchie jedenfalls nicht systematisch verhindert. Als Beispiel möge ein aufwendiges Stellenangebot in einer sehr verbreiteten überregionalen Tageszeitung dienen, mit dessen Hilfe ein sich als Weltmarktführer vorstellendes Industrieunternehmen des Nutzfahrzeugbaus einen „Manager Kundendienst" sucht, /7/. Hohe soziale Rangstufen erreichen auch die Leiter großer Unternehmen, deren Geschäftsfeld ausschließlich in der Instandhaltung/Instandsetzung liegt. Daß Instandhaltung die Grundlage für das Erreichen einer anderen sozialen Zielsetzung bilden kann, nämlich unmittelbarer besonders starker Befriedigung durch die Berufsarbeit, zeigt das veröffentlichte Lebens- und Berufsbild eines promovierten Informationswissenschaftlers, der sich seinen Lebenstraum erfüllt hat und eine kleine Spielzeug-Werkstatt in Berlin betreibt, der „Spielzeug-Doktor", /8/. Ein krasses historisches Gegenbeispiel bietet eine lithographierte Zeichnung ADRIAEN OSTADEs; sie zeigt die winzige, im Keller an der Straße liegende Werkstatt eines „Schuhflickers", die unter dem Stichwort „Sozialproblematik" vorgestellt wird,

/9/. Man kann hier eine Verbindung herstellen zum immer noch umgangssprachlich gebräuchlichen „Flickschuster", zur „Flickschusterei", zum „Flickwerk", also zur abschätzigen Beurteilung eines Vorgehens, das die Behebung eines Mißstandes infolge Unzulänglichkeit der Maßnahmen verfehlt. Darin wird sozialgeschichtlich ein Defizit an handwerklichem Wissen oder Können sichtbar, möglicherweise auch an Betriebskapital. Der Zugang zur sozial höher geschätzten und sicherlich auch wirtschaftlich interessanteren Erzeugung neuer Schuhe (siehe oben: Die Erzeugung neuer Schuhe wird an erster Stelle genannt!) ist verschlossen, die Flickschusterei läßt sicherlich nur kümmerliche Einkünfte zu.

3.5.2.2 Das Persönlichkeitsprofil der Instandhalter im engeren Sinn

Gewerblich betriebene Instandhaltung ist Sache der Instandhaltungsfachperson; diese kann fallweise ebenso ein Maurer sein wie der hochqualifizierte Spezialist für einen Automaten zum Abarbeiten anspruchsvoller chemischer Feinanalysen. Berufsaufgabe, Arbeitsmethodik und persönliche Anforderungen sind in erheblichem Umfang unabhängig davon, ob diese Fachperson in einem Handwerksbetrieb, einem Industrieunternehmen oder im technischen Betrieb einer öffentlichen Körperschaft tätig ist. Sie legt das Verfahren zur Schadenserkennung fest und wendet es an, setzt fallweise die instrumentelle Schadenserkennung (Computer-Diagnose) ein und wertet die automatisch erhobenen Befunde aus. Sie beurteilt den Aufwand für die Instandsetzung und damit die Angemessenheit einer Instandsetzung im Vergleich zur Ausmusterung und Neubeschaffung, und sie setzt das Technische Artefakt gegebenenfalls instand. Der Eintritt des Schadens ist häufig nicht vorhersehbar. Dem entspricht die Tatsache, daß das Vorgehen bei der Schadensbehebung nur in begrenztem Umfang systematisiert werden kann. Von der Fachkompetenz, dem Verantwortungsbewußtsein und der „Tagesform" der Instandhalter kann es kaum abgekoppelt werden. Jeder, der für die Instandhaltung von Technik wirtschaftlich verantwortlich oder von ihr abhängig ist, kennt aus persönlicher Erfahrung die Spannweite von der fachgerechten, zügig abgewickelten und preiswerten Reparatur bis zur Instandsetzung, die alsbald selbst wieder der Reparatur bedarf.

Technik, im Spannungsfeld zwischen Anspruch und Erfüllung, steht und fällt mit dem Menschen als einem seinem Wesensanspruch nach Unwiederholbaren. Es ist sein Schicksal, der technischen Aufgabenstellung, wie sie auch aussehen mag, in hohem oder minderem Maß unterschiedlich persönlich gewachsen zu sein. Es ist auch sein Schicksal, sich mit der asketischen Prägung abzufinden, die der Arbeit des Instandhalters vielfach innewohnt, siehe dazu den Abschnitt „Askese und Entfremdung". Auch die Darlegungen des Abschnitts „Mißlingende Instandhaltung" sind hier als Ergänzung zu sehen. Nach Abschluß der Erzeugungsphase, habe sie nun Wochen gedauert wie ein handwerklich maßgerecht gefertigter Einbauschrank, Jahre wie ein Staudamm, oder Minuten wie ein

Kleingerät aus industrieller Massenfertigung, tritt das Technische Artefakt in der Regel in die Verfügung des Nutzers ein. Dies geschieht meisten zu einem gut umschreibbaren Zeitpunkt oder Zeitraum - mit dem Merkzeichen des Erstmaligen, des Anfangs. Nicht selten ist es aber schon anfangs mit einem Defizit hinsichtlich Funktion oder Struktur, mit einem Mangel, behaftet, der wirtschaftliche oder juristische Folgen in Form eingeforderter Gewährleistung zeitigt. Dann tritt schon sehr frühzeitig die Notwendigkeit der Instandsetzung ein; diese kann als Parallele zur Nachbearbeitung der im automatisierten Erzeugungsprozeß wegen Mängeln ausgeschleusten Exemplare gesehen werden. Mit allen Einschränkungen dahingehend, daß begrifflich scharfe Abgrenzungen nicht möglich sind, kann man zusammenfassend **das Gelingen der Instandhaltung** vielfach **in der Bedeutung der individuell technisch handelnden Fachperson mit ihrer Einzelleistung** begründet sehen. Damit rückt dieses in die Nähe der handwerklich orientierten Herstellung von Unikaten, allenfalls von Plurikaten. Die Darlegungen insbesondere in den Abschnitten „Instandhaltung als Betätigungsfeld von Handwerk und Industrie" sowie „Verantwortung in und durch Instandhaltung" bedürfen hier keiner Wiederholung. Sie zeigen Stellung und Bedeutung der Instandhaltungsfachperson innerhalb der Organisationen, die Instandhaltung leisten. Auch zeigen sie den geschichtlichen Wandel und die Suche nach neuen Handlungsformen, die sich dadurch rechtfertigen, daß die Erhaltung oder Wiederherstellung des Sollzustandes mit vertretbarem Aufwand gelingt.

3.5.2.3 Selbständigkeit und Unselbständigkeit von Auftraggeber und Auftragnehmer in der Instandhaltung

HUBIG erläutert HEGELs Analyse „SELBSTÄNDIGKEIT UND UNSELBSTÄNDIGKEIT DES SELBSTBEWUSSTSEINS; HERRSCHAFT UND KNECHTSCHAFT" als den philosophischen Text, in dem

„die Bedingungen der Bildung von Bewußtsein an und für sich oder Identität als reale, je meinige Handlungsmöglichkeit, die einen wesentlichen Aspekt von Handlungskompetenz ausmacht",

aufgewiesen werden.

„Hegel sieht also das transzendierende Moment, das die Unvollkommenheit beider Bewußtseinsformen überwindet, in der Arbeit des Knechtes, einem Tun mit Doppelcharakter: Verwirklichung einer ‚Begierde' (des Herrn) und Erfahrung der Negativität der Realisierung dieser Begierde in der Form des Dinges. ... Der Knecht sieht, daß seine Formung die defizitäre Bestimmtheit des Werkes hervorbringt, und er erkennt gleichzeitig die Revidierbarkeit von Bestimmung als Freiheit", /10/.

Die Termini „Herr" und „Knecht" werden bei HEGEL metaphorisch für die beiden Bewußtseinsformen des Selbstbewußtseins gebraucht und leiten bei

HUBIG zur Begründung von Handlungsmöglichkeit bzw. Handlungskompetenz über; sie beschreiben also nicht unmittelbar eine soziologische oder wirtschaftliche Situation. Dennoch modellieren vor allem die von HEGEL in der Kapitel-Überschrift gebrauchten Begriffe Selbständigkeit und Unselbständigkeit erstaunlich genau eine in der modernen Wirtschaft ganz allgemein vorfindliche Situation dialektischen Positionswechsels.

Wir sind gewohnt, die alltäglich immer wieder unentbehrliche Instandhaltungsperson als den in doppelter Hinsicht unselbständigen Partner zu werten: Der Auftraggeber der Instandhaltung setzt das technische Geschehen durch seine selbständige Entscheidung in Gang, und der technisch unmittelbar Tätige ist häufig unselbständiger Arbeitnehmer im Sinn des Arbeits- und Steuerrechts. Die Selbständigkeit des Auftraggebers erlischt aber in allen Fällen, in denen die Fachperson durch ihren Vorsprung an technischem Wissen und Können die Entscheidung hinsichtlich Umfang und Verfahren der Instandhaltungsmaßnahme treffen muß und damit auch über den wirtschaftlichen Aufwand, den der Auftraggeber hinzunehmen hat. Die Unselbständigkeit – die man auch Fremdbestimmtheit nennen könnte – des Auftraggebers erscheint nicht selten auch an der Unterwerfung unter das Arbeitsprogramm der Instandhalter, die keineswegs immer zum gewünschten Zeitpunkt die Arbeit aufnehmen können. Eine unter Umständen dramatische Zuspitzung erfährt das Verhältnis Auftraggeber – Auftragnehmer in der Instandhaltung dann, wenn Auftragnehmer, Unselbständige, sei es in gewerkschaftlicher Organisation oder individuell, das Auftragnehmerverhältnis zeitweilig dadurch aufheben, daß sie in den Streik treten. Die Unentbehrlichkeit der Instandhalter als ihr sozial kennzeichnendes Merkmal wird dann besonders deutlich in den wirtschaftlichen und finanziellen Auswirkungen für den betroffenen Arbeitgeber. Es wird über einen „Mechanikerstreik" (gemeint ist wohl der Streik des Wartungs- und Reparaturpersonals verschiedener Fachrichtungen) bei einer ungarischen Fluggesellschaft berichtet, der über ein Wochenende hinweg den Flugverkehr zum Erliegen brachte und dadurch unmittelbar einen Verlust von mehr als 500000 Dollar verursachte; überdies wurde die Fluggesellschaft zu beträchtlichen Lohnerhöhungen für die „Mechaniker" einer Tochtergesellschaft gezwungen, /11/.

3.5.3 Erzeugung und Instandhaltung als komplementäres Handeln der Laien

3.5.3.1 Erwerb technischen Wissens und Könnens durch den Laien

Der technische Laie unterscheidet sich von der Fachperson nicht dadurch, daß ihm Fachwissen und Können völlig fehlt, sondern durch deren Unvollständigkeit im Hinblick auf ein bestimmtes und im Idealfall durch eine Ausbildungsordnung festgelegtes Arbeitsfeld. Diese Unvollständigkeit ist eine Folge fehlender Systematik und Abgeschlossenheit technischer Ausbildung. Laien lernen in Wahrnehmung von Gelegenheiten, durch Nachahmung der Fachleute, die sich vielleicht unter Familienangehörigen, Freunden und Bekannten finden, durch Lektüre von Fachliteratur, durch Kurse an Volkshochschulen, durch Gelegenheitsarbeiten mit dem einzigen Ziel des Gelderwerbs, und so fort. Der Umfang und die Qualität des in einer Mischung aus Zufall und Absicht entstandenen technischen Wissens und Könnens kann erstaunlich sein. Im Bekanntenkreis des Autors befindet sich ein Angestellter einer mitteleuropäischen Staatseisenbahn, der ein schmuckes Einfamilienhaus fast vollständig allein, mit gelegentlicher Unterstützung durch fachkundige Bekannte, in jahrelanger Arbeit errichtet hat. So mancher Eigentümer eines Personenwagens rühmt sich, den Motor mindestens einmal vollständig zerlegt und wieder funktionsfähig zusammengebaut zu haben. Der technisch Hochbegabte und technisch Ausgebildete, der auch einen technischen Beruf ausübt, ist in gewissem Umfang unabhängig von Informationsträgern, die technisches Wissen in der Ausbildung vermitteln, also z.B. von Fachliteratur: Einfühlungsvermögen, „technischer Instinkt", Erfahrung, kann Bücherwissen ersetzen. Diese Unabhängigkeit kann in analoger Form auch beim Laien vorliegen, der mit bestimmten Fähigkeiten der Fachleute möglicherweise nicht nur auf einem, sondern auf mehreren Arbeitsgebieten aufwartet. Von diesen Ausnahme-Erscheinungen bis zum wirklich kenntnislosen Laien, der sich damit begnügen muß, Technische Artefakte nach Maßgabe der Technischen Nutzungsinformation seinen Zwecken zu unterwerfen, gibt es alle Grade der technischen Laienkompetenz.

Es bedarf keiner besonderen Beweisführung, daß die technische Kompetenz des Laien genau wie die des Fachmanns sich im Grundsatz bei der Erzeugung wie der Instandhaltung Technischer Artefakte zeigen kann. Freilich setzen sehr viele industriell hergestellte Technische Artefakte Einrichtungen für ihre Erzeugung voraus, die dem Laien nicht zur Verfügung stehen. Dieses Defizit wird jedoch teilweise dadurch ausgeglichen, daß ein umfangreiches Angebot von Einzelteilen, Baugruppen, Subsystemen aus industrieller Erzeugung dem „Laien-Fachmann" die Komplettierung zum System ermöglicht. Dieses kann fallweise nicht nur alle Merkmale des funktionsfähigen Industrieerzeugnisses besitzen, sondern darüber hinaus noch die des Plurikats oder Unikats. Ein Blick in die Sortimente der Bau- und Heimwerkermärkte, der Einzelhandelsgeschäfte für Elektronik-Bauteile, der Holz- und Gartenmärkte und so fort zeigt die Fülle der Möglichkeiten, unter denen der fertige Bausatz mit Bauanleitung dem wenig kundigen Laien noch am weitesten entgegenkommt. Der Ausdruck „Heimwerker" hat sich als zutreffend und griffig genug eingebürgert; er bezeichnet ein erst in der 2. Hälfte des 20. Jahrhunderts entfaltetes Wirtschaftsgeschehen von bedeutendem Umfang. Heimwerker-Märkte sind Orte gelebter Demokratie; hier trifft der Direktor den Hilfsarbeiter. Der Ausdruck „Heimwerker" umfaßt allerdings nicht alle Segmente, wofür die Instandhaltung einer unbekannten, aber sicher hohen Zahl von Haus- und Siedlungsgärten als Beispiel genannt werden kann. Der Umsatzanteil von Heimwerker- und Gartenmärkten, der nicht in die Erzeugung oder Erstanlage Technischer Artefakte, sondern in deren Instandhaltung fließt, ist unbekannt, aber vermutlich sehr bedeutend. Im angelsächsischen Sprachraum hat sich der Terminus „Do-it-yourselfing" ausgebildet. Auch in den USA werden die Möglichkeiten, bei der Instandhaltung von Wohnungen durch Verzicht auf Inanspruchnahme bezahlter Fachleute Kosten zu sparen, in großem Umfang wahrgenommen, und das Phänomen wurde zum Thema einer kulturwissenschaftlichen Untersuchung, /12/.

3.5.3.2 Wertentscheidungen bei der Laienarbeit in der Instandhaltung

Der wirtschaftliche Beweggrund für Erwerb und Betätigung von technischer Laienkompetenz in der Instandhaltung kann in zweifacher Form vorliegen: Es entstehen Möglichkeiten der Erhaltung wirtschaftlicher Werte in Fällen, die für den Fachmann den Einsatz seiner Qualifikation nicht rechtfertigen. Die fachmännische Redewendung „Die Reparatur lohnt sich nicht mehr" wird häufig zum Entscheidungsgrund für die Ausmusterung des Technischen Artefakts. Aber sie kann auch zur Herausforderung werden, es dennoch in Eigenleistung zu versuchen. Auch in den Fällen, in denen Fachleute eine Instandsetzung als wirtschaftlich sinnvoll beurteilen, reizt die Kostenersparnis, die der Laie mit dem Einsatz seiner eigenen Fähigkeiten und seiner Arbeitszeit erreichen kann.

Werterhaltung bei Technischen Artefakten durch Ausübung eigenen Wissens und Könnens ist nicht nur wirtschaftlich reizvoll. Sie liefert auch eine erwünschte Selbstbestätigung, denn sie macht die Verfügung über technisches Wissen und Können deutlich und damit die Unabhängigkeit von den Superstrukturen, deren Allgegenwärtigkeit unseren Alltag weitgehend beeinflußt. Jede Instandhaltungshandlung konstituiert einen Abschnitt Gemeinsamkeit von Mensch und Technik: Lebensgeschichtlich beim menschlichen Individuum, in der Technischen Biografie beim Artefakt. Einmalige, noch mehr aber wiederholte Instandhaltung insbesondere des Multiplikats bewirkt zunehmende Individuation, wie im Abschnitt „Unbeeinflußbare Individuation und Instandhaltung" dargelegt. Das ursprünglich anonyme Industrieerzeugnis nimmt immer deutlichere Züge der Einmaligkeit an, die, wie beim menschlichen Individuum, seine unwiederholbare Gestalt und Geschichte in den allgemeinen Strom des Entstehens und Vergehens einmünden lassen.

3.5.4 Zusammenfassung des Abschnitts 3.5: Instandhalter im Sozialgefüge der Gesellschaft

Bei den Darlegungen zur Askese bzw. zur Instandhaltung als asketisch bestimmbarer Handlungsform im Umgang mit Technischen Artefakten wurden auch die fallweise vorliegenden asketischen Elemente in der Arbeit der Instandhalter erwähnt. Die Ausweitung dieses Aspekts führt zur Frage nach der Position der Instandhalter im Sozialgefüge der Gesellschaft. Die Instandhaltung ist bereits als

Institution vorgestellt worden, die sich weder regional noch zeitlich noch gesellschaftlich abgrenzen läßt. Deshalb wird die Frage untersucht, ob aus der Menge technisch handelnder Menschen eine Teilmenge abgegrenzt werden kann, der das Merkmal zukommt, Instandhaltung im umfassenden Sinn des Begriffs zu leisten. Sie wird verneint mit folgender Begründung: Jeder Techniknutzer nimmt, mindestens in der Minimalform des Schutzes des Technischen Artefakts vor vermeidbaren schädigenden Einwirkungen, an Instandhaltung teil. Als wesentliches soziales Merkmal der Instandhalter kommt demnach ihre Unentbehrlichkeit in Betracht. Die Trennung des mittelbaren, durch Begründung, Förderung und Pflege der Institution Instandhaltung geschehenden Handelns, vom unmittelbaren Handeln am Technischen Artefakt ergibt sich als wietere Einsicht. Die Bildung von Gruppen und Gemeinschaften ist das grundlegende soziale Geschehen; sie ist auch im Instandhaltungsgeschehen zu finden, wobei die mehrfach erörterten Befunde zur kategorialen Einheit von Erzeugung und Instandhaltung Technischer Artefakte neuerlich deutlich werden. Es zeigt sich, daß Instandhaltung gemeinschaftsstiftend innerhalb und außerhalb des Bereichs gewerblicher Wirtschaft wirkt, vor allem aber in der Denkmalpflege. Eine weitere erhellende Unterscheidung ergibt sich hinsichtlich der in Erzeugung und Instandhaltung komplementär tätigen Fachleute, die gewerblich und somit in Erwerb ihres Lebensunterhalts tätig sind. Ihre durch zielführende Ausbildung erworbene fachliche Eignung – Wissen und Können – erweist sich als sozial bestimmend. Die Wirtschaftsbereiche, in denen sie tätig werden, sind vor allem Handwerk und Industrie, aber auch die technische Ausstattung des Handels- und Dienstleistungsbereichs, des Staates und der öffentlichen Körperschaften sowie der Hauswirtschaft erfordern zwingend Instandhaltungskompetenz. Es wird deutlich, daß in den privatwirtschaftlich tätigen Unternehmen und genau so in den öffentlichen Körperschaften auch leitende, gut dotierte Positionen mit hohem Sozialrang im Aufgabenbereich der Instandhaltung angeboten werden. Instandhalter mit kümmerlichsten Einkünften, aus der Sozialgeschichte bekannte „Flickschuster", stehen am unteren Ende dieser sozialen Rangleiter. Der weiten Auffächerung des Sozialrangs entspricht die erhebliche Spreizung in der fachlichen Qualifikation; sie wird deutlich in der Abstufung von erfolgreicher zur mittelmäßig oder gar nicht gelungener, ihrerseits instandsetzungsbedürftiger Instandhaltung. Erörtert wird auch die Frage nach der fachlichen Qualifikation des in der Instandhaltung tätigen Laien, die in der Regel nicht durch systematische Ausbildung erworben ist. Ihm kommt das Angebot verwendungsfertig vorbereiteter Bauelemente und Materialien einschließlich Verarbeitungs-Informationen in Heimwerkermärkten zugute. Schließlich erstreckt sich die Untersuchung auch auf die Wertentscheidung des Laien hinsichtlich der Angemessenheit der Instandsetzung. Sie ist von großer praktischer Bedeutung, denn sie kann sich von der rein wirtschaftlich bestimmten Sicht der Fachleute freimachen. Die in Eigenleistung und ohne Rücksicht auf das Urteil der Fachleute vollzogene, gelungene Instandsetzung verschafft dem Laien eine Selbstbestätigung eigener Art, denn sie zeigt eine sonst nicht leicht erreichbare Unabhängigkeit von den Superstrukturen, denen der Techniknutzer vielfach unterworfen ist. Jeder Instandhaltungsvorgang, insbesondere aber einer, der dem Laien möglicherweise im Widerspruch zum Urteil der Fachleute gelingt, schafft eine Gemeinsamkeit zwischen Mensch und Technik und verleiht dem Technischen Artefakt eine Form von Einmaligkeit, in der es, dem menschlichen Individuum hierin vergleichbar, in den Strom des Entstehens und Vergehens eintaucht.

TEIL 4 SCHLUSSBETRACHTUNG

Durch **Schaffung und Nutzung von Technik** gestaltet der Mensch die Technosphäre, seine Lebenswelt. Ihr verdankt er Nahrung und Kleidung, Schutz vor den Naturgewalten, die Einrichtungen für das Zusammenleben vieler auf kleinem Raum; aus ihr erwächst der Freiraum für die Wahrnehmung von Options- und Vermächtniswerten, also für identitätsstiftende, traditionsfähige Kultur.

Erhaltung von Technik insgesamt, vermöge **Instandhaltung der Technischen Artefakte** wie auch des **technischen Wissens und Könnens** als Voraussetzung hierfür, bietet den einzigen Weg, die unermeßlichen und vielfältigen mittels technischer Verfahren erzeugten Werte zu bewahren. Sie ist, neben der Schaffung und Nutzung der Technik, die **dritte grundlegende Form technischen Handelns**. Die Erhaltung von Technik zeigt sich in der Kontinuität von Struktur und Funktion Technischer Artefakte, als Voraussetzung dafür, daß die Zielsetzung in der Nutzung erreicht wird. Instandhaltung geschieht in individuellem und gesellschaftlichem Handlungsvollzug nach der Maßgabe von Wertentscheidungen. Instandhaltung verbindet die belebte und die unbelebte Natur mit der Technik in der **Kategorie der Geschichtlichkeit,** und sie verbindet Ethik und Technik in der **Kategorie der Verantwortung**.

Die umfassende Bedeutung der Instandhaltung läßt sich zeigen aus dem Blickwinkel der nachstehend, zusätzlich zur Technikphilosophie, genannten Wissensgebiete:

Anthropologie, Kulturwissenschaft: Der Beitrag der Technik zur Identitätsfindung der Gesellschaft vermöge Erhaltung vermächtnisstiftender Technischer Artefakte über Generationen hinweg.

Technikgeschichte, Technikevolution: Das „Atemholen" innerhalb der Technikentwicklung durch Beibehaltung einer erreichten technologischen Stufe vermöge Bewahrung des technischen Fundus.

Technikwissenschaft: Erschließung einer wichtigen Quelle neuen Wissens hinsichtlich technologischer Optimierung mit den Methoden der Schwachstellenforschung.

Physik: Technische Maßnahmen, um die Zunahme der Entropie sowohl bei der Nutzung wie auch bei der Unterbrechung der Nutzung Technischer Artefakte zurückzudrängen.

Politik-, Staatswissenschaft: Erschließung der Nutzungsreserven für den technischen Fundus im Fall von Krisen und Notlagen, die durch naturverursachte, soziale, wirtschaftliche und technikverursachte Extremereignisse sowie durch ineffiziente Lenkung des Staates, insbesondere der Wirtschaft, entstehen können.

Ökologie: Bereitstellung eines umfangreichen Beitrags zur Nachhaltigkeit des Wirtschaftens durch Schonung von Quellen und Senken für Energien und Abfälle.

Wirtschaftswissenschaft: Aufbau einer Gegenposition zur Nutzung Technischer Artefakte nach der ausschließlichen Maßgabe raschen Konsums. Dadurch bestmögliche Erfüllung der Forderung, Nachhaltigkeit in diesem Sektor des wirtschaftlichen Geschehens zu sichern:

- In der Arbeitsmarktpolitik bietet Instandhaltung ein umfängliches Beschäftigungspotential durch die Verschiebung von überwiegend repetitiv geprägtem Vorgehen bei der Erzeugung (Einsatz kapitalintensiver Verfahren in der Herstellung gleichförmiger Technischer Artefakte) zu überwiegend nichtrepetitivem Vorgehen bei der Instandhaltung;

- die mit Instandhaltung verbundene Wertschöpfung kann bei Technischen Artefakten mit besonders langer Erhaltungsdauer (z.B in Größenordnungen von Jahrzehnten bei Bauwerken, großen Schiffen usw.) insgesamt ein Mehrfaches des Aufwandes für die Erzeugung betragen;

Soziologie: Instandhaltung ist für die Existenzsicherung umso bedeutungsvoller, je weniger die Kapitalkraft des Einzelnen bzw. der einzelnen Gemeinschaft den Aufwand für neu erzeugte Technische Artefakte zu leisten vermag. Instandhaltung anstelle des Erwerbs von Neuerzeugtem ist die Strategie der Armen. Dieser Befund gilt sowohl hinsichtlich des Wohlstandgefälles innerhalb wie auch im internationalen Vergleich der Staaten. Daher sind effiziente Verfahren der Instandhaltung für solche Staaten bzw. Bevölkerungsteile von hoher wirtschaftlicher Bedeutung. Sie ist aber auch die Strategie derjenigen, die sich, in bewußter Wahrnehmung von Verantwortung oder unbewußt, die Handlungsform technischer Askese zu eigen machen. Damit gewinnen sie innere Distanz zum Phänomen „Technik". Aus dieser kritisch-wohlwollenden Distanz erwächst die Erfüllung einer Forderung, die in „TECHNIK UND KULTUR", dem großen Sammelwerk der Georg Agricola-Gesellschaft, formuliert ist:

Genau darum geht es: Einen verständigeren Gebrauch zu machen von der Technik.

Instandhaltung nimmt heute im Tagesgeschehen von Politik, Wirtschaft, Technik und Gesellschaft einen rechtlich gefestigten, durch fundiertes technisches Wissen und Können gesicherten und als wirtschaftlich unentbehrlich anerkannten Platz ein. Dennoch führt das Gewicht der vorstehenden Argumente zu dem

Schluß, daß der umfassenden Bedeutung der Instandhaltung für das gesamte technisch-wirtschaftliche Geschehen in den wohlhabenden bzw. den Industriestaaten noch keinesfalls im gebotenen Umfang Rechnung getragen wird. Instandhaltung kann Neuerzeugung nicht oder nur in geschichtlichen Ausnahme-Situationen (z.B. in Deutschland am Ende des Zweiten Weltkriegs) in entscheidendem Umfang verdrängen oder ersetzen. Ebensowenig kann Neuerzeugung umfassend an die Stelle von Instandhaltung treten. Dennoch ist eine allgemeine Gewichtsverlagerung zu Gunsten der Erhaltung von Technik durch Instandhaltung aus vielen Gründen hoch erwünscht.

TEIL 5 NACHWEISE

5.1 LITERATURNACHWEIS

5.1.0 Abkürzungen für mehrfach zitierte Quellen

BBG   Brecht, Bertolt: Gesammelte Werke. Werkausgabe edition suhrkamp, Suhrkamp Verlag, Frankfurt am Main; 1967.

BEZ   Brockhaus-Enzyklopädie in 24 Bänden. 19. völl. umgearb. Aufl., F.A. Brockhaus, Mannheim.

BGT   Brentjes, B.; Richter, S.; Sonnemann, R. (Hrsg.) : Geschichte der Technik. Aulis Verlag Deubner & Co., Leipzig; 1978.

BTW   BTW Buchheim, G.; Sonnemann, R. (Hrsg.).: Geschichte der Technikwissenschaften. Birkhäuser Verlag, Basel,...;1990.

CCO   Cramer, F.: Chaos und Ordnung. Die komplexe Struktur des Lebendigen. Deutsche Verlags-Anstalt, Stuttgart; 3. Aufl., 1989.

EHS   Einheitsübersetzung der Heiligen Schrift DIE BIBEL, Gesamtausgabe. Katholische Bibelanstalt, Stuttgart; Deutsche Bibelstiftung, Stuttgart; Österreichisches Katholisches Bibelwerk, Klosterneuburg; 3. Aufl., 1985.

FAZ   Frankfurter Allgemeine Zeitung, Frankfurt.

GGD   Grundgesetz, VerfassungsreformG, Menschenrechtskonvention, BundesverfassungsgerichtsG-Novelle 1998, Parteiengesetz. Beck-Texte im dtv Deutscher Taschenbuch-Verlag, verantwortlich C.H. Beck, München; 35. Aufl., 1998.

GOE   v. Goethe, Johann Wolfgang: Werke. Christian Wegner Verlag, Hamburg; 2. Aufl., 1952.

HDT   Heidegger, M.: Die Technik und die Kehre. Verlag Günther Neske, Stuttgart; 9. Aufl., 1996.

HGP   Helferich, Ch.: Geschichte der Philosophie. Von den Anfängen bis zur Gegenwart und östliches Denken. J.B. Metzlersche Verlagsbuchhandlung, Stuttgart; 1995.

HHR   Hubig, Ch.; Huning, A.; Ropohl, G.: Nachdenken über Technik. Die Klassiker der Technikphilosophie. Reihe Technik-Gesellschaft-Natur, hrsg. von der VDI-Hauptgruppe, Düsseldorf. Edition Sigma Rainer Bohn Verlag, Berlin; 2000.

HSE   Hubig, Ch.: Sachzwänge – Herausforderung oder Entlastung einer Technik- und Wirtschaftsethik? In: Kampits, P.; Weiberg, A.(Hrsg.): Angewandte Ethik. Akten des 21. Intern. Wittgenstein- Symposiums, Kirchberg am Wechsel/Österreich; 1998.

HTK   Hubig, Ch.: Technologische Kultur. Leipziger Schriften zur Philosophie 3. Hrsg. vom Institut für Philosophie der Universität Leipzig. Leipziger Universitätsverlag, Leipzig; 1997.

HTW	Hubig, Ch.: Technik- und Wissenschaftsethik. Ein Leitfaden. Springer Verlag, Berlin,...; 2. Aufl., 1995.
HUK	Heidegger, M.: Der Ursprung des Kunstwerkes. In: Holzwege. Vittorio Klostermann, Frankfurt am Main; 7. Aufl., 1994.
JSU	Jantsch, E.: Die Selbstorganisation des Universums. Vom Urknall zum menschlichen Geist. Carl Hanser Verlag, München,...; 1992.
KED	Kiesow, G.: Einführung in die Denkmalpflege. Wissenschaftliche Buchgesellschaft, Darmstadt; 3. Aufl., 1995.
KSW	Körner, M. (Hrsg.): Stadtzerstörung und Wiederaufbau. Zerstörung durch Erdbeben, Feuer und Wasser. Verlag Paul Haupt, Bern,...; 1999
KTG	König, W. (Hrsg.): Propyläen Technikgeschichte. Verlag Ullstein, Frankfurt am Main,...; Propyläen Verlag;
	Hägermann, D.; Schneider, H. (Hrsg.): Band 1, 750-1000, Landbau und Handwerk, 1991;
	Ludwig, K.H.; Schmidtchen, V. (Hrsg.): Band 2, 1000-1600, Metalle und Macht, 1992;
	Paulinyi, A.; Troitzsch, U. (Hrsg.): Band 3, 1600-1840, Mechanisierung und Maschinisierung, 1991;
	König, W.; Weber, W. (Hrsg.): Band 4, 1840-1914, Netzwerke, Stahl und Strom, 1990;
	Braun, H.J.; Kaiser, W. (Hrsg.): Band 5, seit 1914, Energiewirtschaft, Automatisierung, Information, 1992.
KWG	Kreibich, R.: Die Wissensgesellschaft. Von Galilei bis zur High-Tech-Revolution. Suhrkamp, Frankfurt am Main, 1. Aufl., 1986.
MMD	Monumente, Magazin für Denkmalkultur in Deutschland. Hrsg. von der Deutschen Stiftung Denkmalschutz, Bonn.
MMM	Mumford, L.: Mythos der Maschine. Kultur, Technik und Macht. Fischer alternativ, Fischer Taschenbuch Verlag, Frankfurt am Main; 1981.
MRT	Marburger, P.: Die Regeln der Technik im Recht. Heymann Verlag, Köln; 1979.
RAT	Ropohl, G.: Allgemeine Technologie. Eine Systemtheorie der Technik. Carl Hanser Verlag, München,...; 2. Aufl., 1999.
RDW	Rapp, F.: Die Dynamik der modernen Welt. Junius Verlag, Hamburg; 1994.
RST	Ropohl, G.: Eine Systemtheorie der Technik. Zur Grundlegung der Allgemeinen Technologie. Carl. Hanser Verlag, München,...; 1979.
RTP	Rapp, F.: Analytische Technikphilosophie. Verlag Karl Alber, Freiburg; 1. Aufl, 1978.
RTW	Rumpf, H.: Technik zwischen Wissenschaft und Praxis.Technikphilosophische Schriften aus dem Nachlaß von Hans Rumpf. Hrsg. von Lenk, H.; Moser, S.; Schönert, K.; Reihe Der Ingenieur in Beruf und Gesellschaft, hrsg. vom Verein Deutscher Ingenieure, VDI-Hauptgruppe. VDI-Verlag, Düsseldorf; 1981.

SCH	v. Schiller, Friedrich: Werke. Vollständige Ausgabe in fünfzehn Teilen, hrsg. von Arthur Kutscher; Deutsches Verlagshaus Bong & Co., Berlin,...; o.J.
TUE	Lenk, H.; Ropohl, G. (Hrsg.): Technik und Ethik. Verlag Philipp Reclam jun., Stuttgart; 2. Aufl., 1993.
TUK	Dettmering, W.; Hermann, A. (Hrsg.): Technik und Kultur. 10 Bände und 1 Registerband. Hrsg. im Auftrage der Georg Agricola-Gesellschaft. VDI-Verlag, Düsseldorf.
	Band I : Rapp, F. (Hrsg.): Technik und Philosophie; 1990.
	Band II: Stöcklein, A.; Rassem, M. (Hrsg,) : Technik und Religion, 1990.
	Band III: Hermann, A.; Schönbeck, Ch. (Hrsg.): Technik und Wissenschaft, 1991.
	Band V : Boehm, L.; Schönbeck, Ch.: (Hrsg.): Technik und Bildung, 1989.
	Band VII: Guderian, D. (Hrsg.) : Technik und Kunst; 1994.
	Band VIII: Wengenroth, U. (Hrsg): Technik und Wirtschaft; 1993.
	Registerband: Schönbeck, Ch. (Hrsg); 1995.
VDI	VDI- Nachrichten, Düsseldorf.
WBW	v. Weizsäcker, C.F.: Bewußtseinswandel. Carl Hanser Verlag, München,...; 1988.

5.1.1 Literatur zu Teil 1

/ 1/ HDT; S. 12, 13, 14-19, 21
/ 2/ TUK; Band 1; S. 57.
/ 3/ Huning, A.: In: Siehe /2/, S. 20-21
/ 4/ KTG
/ 5/ BEZ; 14. Band Mag-Mod, 1991; S. 510.
/ 6/ Rossman, A.: Kathedrale des Kalten Krieges. FAZ, 15.08.2001.
/ 7/ VDI; 29.06.2001.
/ 8/ TUK; Gesamtregister
/ 9/ BEZ; 18. Band Rad-Rüs, 1992; S. 301
/10/ The New Encyclopaedia Britannica; Encyclopaedia Britannica , Inc., Chicago,...; Fifteenth Edition, 1991.
/11/ National Society of Professional Engineers (NSPE): Ethik-Kodex für Ingenieure; 1990. In: Lenk, H.; Ropohl, G. (Hrsg.): Technik und Ethik. Philipp Reclam jun., Stuttgart 1993.
/12/ Verein Deutscher Ingenieure: VDI 3780. Technikbewertung - Begriffe und Grundlagen. Beuth Verlag, Berlin; 1991.
/13/ RAT; S. 97, 120.
/14/ RST; S. 219.
/15/ Herzog, R.: Für eine globale Verantwortungsgemeinschaft. FAZ; 20.1.1999.
/16/ BEZ; 21. Band Sr-Teo, 1993, S. 77.

/17/ Dänische Sehnsucht. FAZ; 22.11.2001.
/18/ Stadtreparatur im Schatten der Hochhäuser. FAZ; 10.03.2001.

5.1.2 Literatur zu Teil 2

5.1.2.1 Literatur zu Abschnitt 2.1

/ 1/ RAT; S. 31, 75-88, 117-118.
/ 2/ Huning, A.: Der Technikbegriff. In: TUK, Band I; S. 19-21.
/ 3/ HDT; S. 5-6.
/ 4/ Huning, A.: Deutungen vom 19. Jahrhundert bis zur Gegenwart. In: Siehe /2/, S. 42-43.
/ 5/ MRT; S. 17.
/ 6/ Ropohl, G.: Technisches Problemlösen und soziales Umfeld. In: Siehe /2/, S. 121.
/ 7/ Heidegger, M.: In: Siehe /3/, S. 7-9.
/ 8/ Hubig, Ch.: Historische Wurzeln der Technikphilosophie. In: HHR; S. 23.
/ 9/ Ropohl. G.: In: Siehe /1/, S. 208.
/10/ RST; S. 315-316.
/11/ Ropohl, G.: In: Siehe /10/, S. 90-91.
/12/ HTK; S. 171.
/13/ Ropohl, G.: In: Siehe /1/, S. 209-211.
/14/ Andronikos, M.; Chatzidakis, M.; Karageorgis, V.: Die Museen Griechenlands. Ektodike Athenon S.A., Athen; 1974; Bild 21, 22 S. 56; Bild 32 S. 60; Bild 15 S. 308; Bild 28, 29 S. 355; Bild 2 S. 374.
/15/ Diebener Handbuch des Goldschmieds. Ein Werkstattbuch für die Praxis, Band III. Rühle-Diebener Verlag, Stuttgart; 1959; S. 1-3.
/16/ Diebeners Goldschmiede-Jahrbuch 1964, 46. Jahrgang. Rühle-Diebener Verlag, Stuttgart; S. 20-51.
/17/ BTW; S. 29, 32.
/18/ EHS; 1. Chronik 28, 10-15, S. 428.
/19/ In: Siehe /18/, 2. Chronik 3, 3-7, S. 431.
/20/ In: Siehe /18/, Exodus 25,1 – 28, 42, S. 88-92; Exodus 30, 1-5, S. 93.
/21/ Huning, A.: Die philosophische Tradition. In: Siehe /2/, S. 38-39.
/22/ Ropohl, G.: In: Siehe /10/, S. 157-161.
/23/ Ropohl, G.: In: Siehe /1/, S. 49-70, 97, 120.
/24/ Die Software ist ein harter Brocken. VDI; 14.04.2000.
/25/ Hubig, Ch.: In: Siehe /12/, S. 183.
/26/ Frey, G.: Erkenntnis der Wirklichkeit. Philosophische Folgerungen der modernen Naturwissenschaften. W. Kohlhammer Verlag, Stuttgart,...; 1965; S. 164-168.
/27/ Ropohl, G.: In: Siehe /1/, S. 204, 214-215.
/28/ Vivendi übernimmt den Napster-Konkurrenten MP3.com. FAZ; 22.05.2001

/29/ Verein Deutscher Ingenieure: VDI 3780 Technikbewertung – Begriffe und Grundlagen. Beuth Verlag, Berlin; 1991.
/30/ HTW; S. 43, S. 133-146.
/31/ Europäischer Normenausschuß öffnet EU-Binnenmarkt. FAZ; 27.03.2001.
/32/ Hubig, Ch.: In: Siehe /12/, S. 111.
/33/ Ropohl, G.: In: Siehe /10/, S. 127
/34/ Ropohl, G.: In: Siehe /1/, S. 151-154, 275-277
/35/ Ropohl, G.: In: Siehe /1/, S. 84, 93.
/36/ Ropohl, G.: In: Siehe /1/, S. 122.
/37/ Ropohl, G.: In: Siehe /1/, S. 62.
/38/ Ropohl, G.: In: Siehe /1/, S. 117-134.
/39/ Ropohl, G.: In: Siehe /1/, S. 97, 120.
/40/ Brentjes, B.: Bergbau und Metallhandwerk. In: BGT; S. 93.
/41/ Schneider, H.: Die Gaben des Prometheus. Technik im antiken Mittelmeerraum zwischen 750 v. Chr. und 500 n. Chr. In: KTG Band 1; S. 200-201.
/42/ Gallas, K.: Rhodos. DuMont Kunst-Reiseführer. DuMont Buchverlag, Köln; 5.Aufl., 1990; S. 17, 27, 28, 86, 87, 159.
/43/ Ropohl, G.: In: Siehe /1/, S. 38, 121.
/44/ Duschek, K.: Graphik, Design und Technik – Die visuelle Kommunikation der Industrieunternehmen. In: TUK Band VII; S. 331-344..
/45/ Buderath, B.: Peter Behrens: Umbautes Licht. Das Verwaltungsgebäude der Hoechst AG. Prestel Verlag, Frankfurt am Main,...; 1990; S. 14-137.
/46/ Guderian, A.: Kunsthandwerk und Technik. In: Siehe /43/, S. 131-145.
/47/ TUK, Band VII, S. 21
/48/ Bense, M.: Zivilisation und Kunst. VDI-Magazin 10/90, S. 103
/49/ HUK, S. 20

5.1.2.2 Literatur zu Abschnitt 2.2

/ 1/ KSW; S. 9/10.
/ 2/ RAT; S. 258, 254, 255, 257.
/ 3/ Schilling, J.: Ein Testfeld für Schlammlawinen. VDI; 23.02.2001.
/ 4/ Hubig, Ch.: Historische Wurzeln der Technikphilosophie. In:.HHR; S. 20/21.
/ 5/ Hubig, Ch.: In: Siehe /4/, S. 23
/ 6/ Küster, H.: Atemlosigkeit im Umgang mit der Umwelt. FAZ; 10.08.1999.
/ 7/ HTK; S. 146.
/ 8/ Zuverlässigkeit elektrischer Geräte, Anlagen und Systeme – Begriffe. Vornorm DIN 40042. Beuth Vertrieb, Berlin,...; Juni 1970.
/ 9/ Instandhaltung- Begriffe und Maßnahmen. DIN 31051. Beuth-Verlag, Berlin Jan.1985; S. 2-5.
/10/ BEZ., 18. Band Rad-Rüs, 1992; S. 330.
/11/ Ropohl. G.: In: Siehe /2/, S. 203.

/12/ Meyers Großes Taschenlexikon in 25 Bänden, 7. neu bearb. Aufl., Band 24 Verb-Wel, B.I.-Taschenbuchverlag, Mannheim,...; 1999; S. 51.
/13/ Friedl. Ch.: Über die Wupper. VDI; 16.03.2001.
/14/ „Chaos, vollständiges Chaos". FAZ; 10.12.1998
/15/ Verein Deutscher Ingenieure: Zustandsorientierte Instandhaltung,VDI 2888. VDI-Handbuch Betriebstechnik, Teil 4. Beuth-Verlag, Berlin; Dezember 1999.
/16/ Ropohl, G.: In: Siehe /2/, S. 31-32.
/17/ Sesin, C.-P.: Reise in die strahlende Ruine. VDI; 20.05.1998.
/18/ Schilling, J.: Ultrakurzer Maschinenstopp am Fließband. VDI; 08.09.2000.
/19/ Die Montageschutzbrille präsentiert online wichtige Anlagedaten. VDI; 19.05.2000.
/20/ HAN: Fahrzeug testet Brücke. VDI; 20.04.2001.
/21/ Friedl, Ch.: Der Stein lebt. VDI; 22.11.1999.
/22/ Küffner, G.: Von der Zirkusnummer zur vollautomatischen Spalterei. FAZ; 22.05.2001.
/23/ Dell will künftig seine Computer über das Internet warten. FAZ; 23.09.1999
/24/ Schmidt, E.: Neustart des Rechners aus der Ferne. VDI; 27.08.1999.
/25/ Wachsende Umsätze mit Fernwartung. FAZ; 27.12.1999
/26/ Willen, C.: Autos sollen ein Menschenleben lang halten. Leserbrief. VDI 7, 2000.
/27/ Küffner, G.: Wuppertaler Schwebebahn – die große Erneuerung ist schon arg im Verzug. FAZ; 25.08.1998.
/28/ Von der Weiden, S.: Mehr Wettbewerb – größeres Risiko? VDI; 24.11.2000
/29/ Niehörster, K.: Reaktor-Umbau in Rekordzeit. VDI; 22.05.1998.
/30/ Niehörster, K.: Altkraftwerke erhalten neuen Glanz. VDI; 11.02.2000.
/31/ FAZ; 20.02.1998.
/32/ Küffner, G.: Abspannseile können Pisas Wahrzeichen zu Fall bringen. FAZ; 10.03.1998.
/33/ Küffner, G.: Aufgerichtet mit stabiler Neigung wie vor 300 Jahren. FAZ; 05.12.2000.
/34/ Jung, H.: Schiefer Turm gerettet. VDI; 25.05.2001.

5.1.2.3 Literatur zu Abschnitt 2.3

/ 1/ RAT; S. 75-78.
/ 2/ Ropohl,, G.: In: Siehe /1/, S. 315.
/ 3/ Peters, W.: Der flammneue Zeuge aus der Vergangenheit. FAZ; 27.06.2000.
/ 4/ Freilichtmuseum des Bezirks Oberbayern an der Glentleiten. Hrsg. i. Auftr. d. Bezirks Oberbayern, Großweil; 1985; MM Mertig Marktkommunikation, München.
/ 5/ Laukenmann, J.: Teilchen fahren Karussell im Fels. VDI; 27.04.2001.
/ 6/ Ropohl, G.: In: Siehe /1/, S. 178-179.

/ 7/ Der Große Brockhaus, 16. völl. neu bearb. Aufl. in zwölf Bänden, 7. Band L-Mij; F.A.Brockhaus, Wiesbaden; 1955; S. 707.
/ 8/ RTP; S. 183.
/ 9/ Ropohl. G.: In: Siehe /1/, S. 122.
/10/ Der numerierte Chip und die Privatsphäre. FAZ; 23.02.1999
/11/ Guide de Tourisme MICHELIN − PARIS Michelin & Cie., Propriétaires-Editeurs, Clermont-Ferrand (France), 1991, S. 58.

5.1.2.4 Literatur zu Abschnitt 2.4

/ 1/ Beitz, W.; Grote, K.-H. (Hrsg.): DUBBEL Taschenbuch für den Maschinenbau: Dubbel. Springer Verlag, Berlin,...; 19. völl. neubearb. Aufl., 1997; Abschnitt U 6. Zus.: DIN 15020 T 2.
/ 2/ Stern, H.: Das Gebirge der Seele. Naturschutz als Menschenschutz. FAZ; 08.12.1990.
/ 3/ Bartetzky, A.: Talfahrt der Ahnungslosen. Vom Stucke befreit: Die Angriffe auf die Denkmalpflege aus ostdeutscher Sicht. FAZ; 24.06.2000.
/ 4/ Mayer, H.: Kulturschöpfung, Kulturzerstörung. In den Ruinen des Jahrhunderts: Blicke und Ausblicke. FAZ; 08.03.1997.
/ 5/ HTK; S. 144-145, 198-202.
/ 6/ Die Atomstrom- Vereinbarung ist ein Geschäft auf Gegenseitigkeit. FAZ; 12.06.2001.
/ 7/ Burger, R.: Ohne überzeugendes Entsorgungskonzept. FAZ; 11.06.2001.
/ 8/ Trechow, P.: Atomkonsens kein Grund zum Jubeln. VDI; 15.06.2001.
/ 9/ Roman, R.R.: Selbst ist der Mann, heißt es in Sachen Wartung bei der Deutschen Bahn. VDI; 18.05.2001.
/10/ Im Osten Deutschlands wachsen Leerstand und Mietausfall. FAZ; 16.06.2001
/11/ Centre Culturel de l'Ouest/C.C.O.- Westfranzösisches Kulturzentrum: Die königliche Abtei von Fontevraud. Imprimerie BEAU'LIEU, Lyon; o.J.
/12/ Braun, H.J.: Technik der Verlierer: Fehlgeschlagene Innovationen. In: KTG; Band 5, S. 227-236.
/13/ Das Interesse an Gebrauchtmaschinen wächst. FAZ; 15.04.1998.
/14/ Der Handel mit Gebrauchtmaschinen legt zu. FAZ; 30.04.2001.
/15/ Gerstner, G.: Gebraucht-Loks ziehen den Wettbewerb in den Markt. VDI; 28.01.2000.
/16/ Gebrauchtmaschinen aus dem Ruhrgebiet. FAZ; 01.12.2000.
/17/ Franken, M.: Rundum versiegelt und fest verschweißt. VDI; 29.10.1999.
/18/ Iridium endet als Feuerwerk am Himmel. FAZ; 20.03.2000.
/19/ Paszkowsky, I.; Horn, Ch.: Iridium funkt wieder. VDI; 18.05.2001.
/20/ Olt, R.: Der Schrott der Lüfte. FAZ; 22.06.2001.
/21/ Franken, M.: Die lange Reise des rostigen Ofens. VDI; 23.04.1999.
/22/ Bittermann, H.J.: Der Recycler als Sekundärproduzent. PROCESS 5-1997, S. 74-76.

/23/ Hubig, Ch.: In: Siehe /5/, S. 144-145.
/24/ Recycling – bloß Fiktion ? VDI; 10.11.2000.
/25/ Roßmann, A.: Der Trümmerbaumeister. FAZ; 04.04.2001.
/26/ Schnäppchenjagd im Netz. VDI; 02.07.1999.
/27/ Vollrath, K.: Kampf mit der Schraube. VDI; 17.11.2000.
/28/ Friedl, C.: Demontage im Kernkraftwerk. VDI; 10.09.1994.
/29/ Tribun zerlegt Kernkraftwerke. VDI; 25.08.2000.
/30/ Schrottwirtschaft kämpft gegen die Abfall-Politik. VDI; 17.11.2000.
/31/ Junghanss, B.: Recycling - ergiebigste Kupfermine der Welt. VDI ; 17.11.2000.
/32/ Manufacture Francaise des Pneumatiques Michelin (Hrsg.): Guide Vert Provence. Clermont-Ferrand; 1971; S. 61-63.
/33/ Hönscheidt, W.: Schiffsreisen wie vor alter Zeit, doch mit moderner Technik. FAZ; 03.03.1998.
/34/ Heumer, W.: Ein Schiff im Baukasten. VDI; 03.02.1999.
/35/ Roßmann, A.: Es gibt ein zweites Leben. FAZ; 05.06.1999.
/36/ Ölfaßmauer im Gasometer. VDI; 30.07.1998.
/37/ Burazerovic, M.: Die Badesaison ist eröffnet. VDI; 08.06.2001.
/38/ Rothenberg, M.: Strom bewegt die Alltagswelt. VDI; 08.12.2000.
/39/ Ganser, K.: Alles stehen lassen! Die Denkmäler sind unsere Zukunft. FAZ; 04.07.2000.
/40/ FAZ; 19.06.2001.
/41/ Peine, S.: Der Hallenbau. Ein Ort für die Künste und die Medientechnologie. In: Klotz, H. (Hrsg.): Festivalmagazin: Multimediale 5 zur Eröffnung des ZKM, Zentrum für Kunst und Medientechnologie Karlsruhe, 18.10.-09.11.1997, S. 6–11.
/42/ Preiß, W.: Gelungene Konversion. VDI; 17.11.2000.
/43/ Alt und Jung verträgt sich gut in der Baukunst – oder auch nicht ? In: MMD 8.Jg., Nr. 7/8 August 1998; Titelbild und S. 60-64.
/44/ VDI; 24.04.1998.
/45/ Schwerter zu Pflugscharen: Adolf Hitler wird Konrad Adenauer. FAZ; 04.04.2001.
/46/ Schneider, H.: Die Gaben des Prometheus. Technik im antiken Mittelmeerraum zwischen 750 v. Chr. und 500 n. Chr. In: KTG Band 1; S. 200-201.
/47/ Heumer, W.: Wissen aus dem All. Antike Spuren im Sand. VDI 30.07.1999
/48/ Schumacher, A.: Der Jaguar unter der Mondpyramide. FAZ; 05.11.1999.
/49/ Kürten, L.: Strahlende Keramik verrät ihr biblisches Alter. VDI; 19.04.1991
/50/ Lichtkult hinter Palisaden. DER SPIEGEL 33/1998, S. 136-138.
/51/ Seegers, H.: Kein Hektar Boden ohne Zeugen der Vergangenheit. VDI; 14.08.1992.
/52/ Neues vom Homo erectus ausgegraben. Er hatte schon raffinierte Jagdwaffen. In: Siehe /43/, Nr. 1/2 Febr. 1998, S. 24.
/53/ BGT; S. 13-15.
/54/ Goertzel, B.: System Builders. Danny Hillis. FAZ; 22.06.2001.

5.1.2.5 Literatur zu Abschnitt 2.5

/ 1/ Neues Leben für alte Eisenbahnbrücke. VDI; 03.09.1999.
/ 2/ Mayer, H.W.: Reparaturfreundliche Konstruktion senkt die Betriebskosten. VDI; 20.04.2001
/ 3/ KED; S. 44/45.
/ 4/ Scheurmann, I.: Von jeder Generation neu gefragt: Was ist ein Denkmal? In: MMD; S. 26-27.
/ 4/ Ganser, K.: Alles stehen lassen! FAZ; 04.07.2001.
/ 6/ Beckmann, U.: Technische Kulturdenkmale als Objekte technischer Kultur bei deutschen Ingenieuren und Heimatschützern. In: Dietz, B.; Fessner, M.; Maier, H. (Hrsg.): Technische Intelligenz und „Kulturfaktor Technik". Cottbuser Studien zur Geschichte von Technik, Arbeit und Umwelt, hrsg. von Günter Bayerl, Band 2. Waxmann Münster,...; 1996; S. 177-188.
/ 7/ König, W.: Künstler und Strichezieher. Konstruktions- und Technikkulturen im deutschen, britischen, amerikanischen und französischen Maschinenbau zwischen 1850 und 1930. Suhrkamp Taschenbuch Wissenschaft 1287. Suhrkamp Verlag Frankfurt am Main; 1999; S. 75.
/ 8/ RAT , S. 144.
/ 9/ Bammé, A.; Feuerstein, G.; Genth, R.; Holling, E.; Kahle, R.; Kempin, P.: Maschinen-Menschen, Mensch-Maschinen; Grundrisse einer sozialen Beziehung. Rowohlt Taschenbuch-Verlag GmbH, Reinbek bei Hamburg, 1983.
/10/ Haubold,E.: Der nukleare Lärm; Die Väter der Atombomben in Indien und Pakistan. FAZ; 30.05.1998; 03.06.1998.
/11/ Das, R.P.: Das indische Kalkül scheint aufzugehen. FAZ; 05.06.1998.
/12/ Köhler, W.: Ein Katastrophen-Szenarium. FAZ; 09.07.1998.
/13/ Peters, W.: Das Auto passend zum Kult. FAZ; 17.02.1998.
/14/ Schmidt, B.: Faszination ist hier auch eine Frage der Abwesenheit von Anbetung. FAZ; 11.11.1997.
/15/ Mönninger, M.: Lauter strahlende Fixsterne am Autohimmel. FAZ; 13.06.1990.
/16/ Peters, W.: Wenn sich Liebe zur Ekstase verdichtet. FAZ; 09.06.1998.
/17/ A 6 denken- A 6 fahren. Werbeschrift der Audi AG, Ingolstadt.
/18/ Das Kraftfahrzeug als Kultobjekt. FAZ; 27.10.1999.
/19/ Wagner, T.: Mit dem Käfer nach Las Vegas. FAZ; 12.07.2000.
/20/ Schulz, B.: „Verstehen Sie nicht, warum wir hier so stolz auf Rolls-Royce sind?" FAZ; 08.06.1998.
/21/ FAZ; 07.12.1999.
/22/ Schümer, D.: Der Schwan ist gelandet. FAZ; 10.09.1997.
/23/ Hönscheidt, W.: Die Eisenbahn als Branchen - Lokomotive. FAZ; 11.11.1997.
/24/ Weidelich, F.: Wasser, Kohle, Dampf und ein bißchen Blech. VDI; 12.12.1997.
/25/ Jacobi, G.: Dampfmaschine überlebt als Spielzeug. VDI; 09.04.1999.

/26/ Schäfer, K.: Technische Welt im Kleinformat. VDI; 16.04.1999.
/27/ Gnam. St.: Aus dem Seelenleben der Gebrauchsgegenstände. FAZ; 09.02.2000.
/28/ Tunze, W.: Ein Hundeleben aus dem Mikrochip. FAZ; 02.11.1999.
/29/ Israel, A. : Roboter mit neuronalen Skills. VDI; 17.09.1999.

5.1.2.6 Literatur zu Abschnitt 2.6

/ 1/ Wefing, H.: Bei Humboldts unterm Teppich. Die Berliner Universität entdeckt ihre Schätze. FAZ; 08.03.1997.
/ 2/ Klaus, M.: Kult der Eigenhändigkeit. FAZ; 25.08.1999
/ 3/ Meijas, J.: Spaghetti in der Phiole. FAZ; 19.06.2001.
/ 4/ HUK; S. 26-27, 29-30.
/ 5/ HTK; S. 12.

5.1.2.7 Literatur zu Abschnitt 2.7

/ 1/ Hubig, Ch.: Arnold Gehlen: Die Seele im technischen Zeitalter. Sozialpsychologische Probleme der industriellen Gesellschaft. In: HHR; S. 140.
/ 2/ RTP; S. 98, 139, 142.
/ 3/ RDW; S. 103.
/ 4/ Rapp, F.: Möglichkeiten und Grenzen der Technikbewertung. In: TUK Band I, S. 247.
/ 5/ TUK; Registerband, S. 1-16, 67.
/ 6/ Deutsches Ledermuseum/Schuhmuseum, Offenbach a. M.; Exponat 6.17, Juni 2001.
/ 7/ Hubig, Ch.: Historische Wurzeln der Technikphilosophie. In: Siehe /1/, S. 21-22.
/ 8/ Buchheim, G., et al.: Technisches Wissen in der handwerklichen Produktion. In: BTW; S. 19-63.
/ 9/ Scriba, Ch.J.; Maurer, B.: Technik und Mathematik. In: TUK, Band III, S. 47.
/10/ Schneider, H.: Das Imperium Romanum. In: KTG Band 1; S. 267-277.
/11/ Schneider, H.: In: Siehe /10/, S. 262, 264, 266, 281-287.
/12/ Schneider, H.: In: Siehe /10/, S. 263-264, Abb. 118, 120, 122.
/13/ Brentjes, B.: Die Agrarrevolution. In: BGT; S. 45.
/14/ Schneider, H.: In: Siehe /10/, S. 231, 232, 234.
/15/ Brentjes, B.: In: Siehe /13/, S. 44.
/16/ Brentjes, B.: Zwei Jahrtausende „Eisenzeit". In: Siehe /13/, S. 82.
/17/ Schneider, H.: Die Grundlagen der antiken Technik. In: Siehe /10/, S. 44.
/18/ Schneider, H.: Siehe /17/.
/19/ Schneider, H.: In: Siehe /10/, S. 232.
/20/ Meier, Ch.: Athen. Ein Neubeginn der Weltgeschichte. Wolf Jobst Siedler Verlag GmbH, Berlin, 1993, S. 22 f.

/21/ Carnabucci, B.: Sizilien, Insel zwischen Orient und Okzident. Dumont-Kunst-Reiseführer. DuMont Buchverlag, Köln; 3. Aufl.1993; S. 165-166.
/22/ MMM; S. 222-230.
/23/ v.Weizsäcker, C.F.: Die Zukunft der Wissenschaft. DIE ZEIT, 12.12.1969.
/24/ Daimler-Chrysler organisiert seine Logistik weltweit. FAZ; 13.02.2001.
/25/ Hubig, Ch.; In: Siehe /1/, S. 165-169.
/26/ KWG; 1986; S. 11, 156, 231.
/27/ HSE; S. 221-234.
/28/ RST; S. 305, 311, 315.
/29/ HTK; S. 112.
/30/ Packard, V.: Die große Verschwendung. Fischer Bücherei, Frankfurt am Main,...; 1964; S. 59-72, 83-104, 129-135.

5.1.2.8 Literatur zu Abschnitt 2.8

/ 1/ Instandhaltung, Begriffe und Maßnahmen. DIN 31051, Jan.1985. Beuth Verlag GmbH, Berlin.
/ 2/ Hubig, Ch.: Expertendilemma und Abduktion: Zum Umgang mit Ungewißheit. Antrittsvorlesung Universität Stuttgart, 11.12.1997.
/ 3/ Wengenroth, U.: Die Herausbildung der industriellen Welt. In: TUK Band VIII; S. 15.
/ 4/ MRT; S. 121
/ 5/ Kuhlmann, A.: Alptraum Technik? Zur Bewertung der Technik unter humanitären und ökonomischen Gesichtspunkten. Verlag TÜV Rheinland, Köln; 1977, S. 106 f.
/ 6/ Appel, H.: Vier Monate Angst vor dem Airbag. FAZ; 20.03.2001.
/ 7/ Schäfke, W.: Die Normandie. Vom Seine - Tal zum Mont-Saint-Michel. DuMont Kunst - Reiseführer. DuMont Buchverlag, Köln; 6. Aufl., 1988; S. 54.
/ 8/ v. Felinau, J.P.: Titanic. Wilhelm Goldmann Verlag/Verlag Maindruck Dr. Walter Oppenheimer, Frankfurt am Main; 1978; S. 149.
/ 9/ Braun, H.-J.: Überwindung der Distanz: Beschleunigung und Intensivierung des Verkehrs. In: KTG Band 5; S. 139.
/10/ VDI; 03.07.1998; Leserforum ICE- Unfall.
/11/ FAZ; 09.07.1998.
/12/ Roßberg, R.R.: Schadhaftes Rad führte in den Tod. VDI; 28.01.2000.
/13/ Wie sich der Kölner Dom bei einem schweren Erdbeben verhält. FAZ; 24.11.1999.
/14/ Gottschalk, H.: Lexikon der Mythologie. Wilhelm Heyne Verlag, München, Heyne-Buch Nr. 7096; 1979; S. 145, S. 171.
/15/ v. Goethe, J.W.: Sämtliche Werke nach Epochen seines Schaffens. Münchener Ausgabe. Hrsg. von Richter, K.; Göpfert, H.G.; Miller, N.; Sauder, G.; Carl Hanser Verlag, München; 1987; Band 9, S. 125
/16/ RTW; S. 33-34.

/17/ JSU; 1992, S. 444.
/18/ KWG; S. 23-31.
/19/ Giersch, H.: Immer schneller, gefährlicher, ungleicher. Das Wirtschaftswachstum im Zeitalter der Globalisierung. FAZ; 15.01.2000.
/20/ Kornwachs, K.: Wissen für die Zukunft ? Über die Frage, wie man Wissen für die Zukunft stabilisieren kann. Eine Problemskizze. Brandenburgische Technische Universität Cottbus, Institut für Philosophie und Technikgeschichte, Lehrstuhl für Technikphilosophie; PT – 01/1995.
/21/ Memory-Reason-Imagination: American Treasures of the Library of Congreß, Washington, D.C., USA; o.J.; ausgegeben aus Anlaß der 200-Jahr-Feier der Bibliothek.
/22/ Palmer, N.F.: Zisterzienser und ihre Bücher. Hrsg. v. Freundeskreis Kloster Eberbach e.V., Verlag Schnell & Steiner, Regensburg; 1. Aufl., 1998; S. 27.
/23/ Hecker, J.: Auferstanden aus dem Netz. VDI; 21.07.2000.
/24/ Bartetzko, D.: Cave Computer. In Leipzig wird Pompejis Glanz wiederbelebt, in Italien verfällt er. FAZ; 23.06.2001.
/25/ Wacker-Chemie GmbH, München: Das Wunder von Sperlonga. Firmenschrift; 1999.
/26/ Staatliche Museen Preußischer Kulturbesitz, Ethnologisches Museum Berlin-Dahlem, Abteilung Südsee; Abbildungsblatt A 062, A 063, 2002.
/27/ Pardey, H.H.: Vom Birkenrinden - Kanu bis zum Kajak mit Intarsien. FAZ; 02.11.1999.
/28/ Sietz, H.: Matrosen steigen nur noch selten in die Takelage. FAZ; 19.06.2000.
/29/ Ell, R.: Eintauchen in die faszinierende Welt der Barockoper. VDI; 29.10.1999.
/30/ Zimmer, D.E.: Das große Datensterben. DIE ZEIT, 18.11.1999.

5.1.3 Literatur zu Teil 3

5.1.3.1 Literatur zu Abschnitt 3.1

/ 1/ Bayertz, K.: Verantwortung als Reflexion. In: Hubig, Ch. (Hrsg.): Verantwortung in Wissenschaft und Technik. Kolloquium an der Technischen Universität Berlin, WS 1987/88; Technische Universität/Universitätsbibliothek; S. 89-90
/ 2/ Arndt, U.: Auswahlbibliographie zum Begriff „Verantwortung". In: Bayertz, K. (Hrsg.): VERANTWORTUNG Prinzip oder Problem? Wissenschaftliche Buchgesellschaft, Darmstadt; 1995; S. 287-303
/ 3/ Bayertz, K.: Verantwortung als Reflexion. In: Siehe /1/, S. 90-92
/ 4/ Hubig, Ch.: Ethik institutionellen Handelns. Campus Verlag, Frankfurt; 1982; S. 59

/ 5/ Hubig, Ch.: Die Unmöglichkeit der Übertragung individualethischer Handlungskonzepte auf institutionelles Handeln und ihre Konsequenz für eine Ethik der Institution. In: Siehe /4/, S. 56-80.

/ 6/ Hubig, Ch.: Die Möglichkeit der Folgen. Zur Verantwortung institutioneller Subjektivität. In: Verantwortung in Wissenschaft und Technik. Kolloquium an der Technischen Universität Berlin, WS 1987/88. Technische Universität/Universitätsbibliothek; S. 127-141.

/ 7/ HTW; S. 61-63, 73, 106-112, 133-159.

/ 8/ Rifkin, J.: Entropie – ein neues Weltbild. Ullstein Sachbuch Nr. 34289. Verlag Ullstein, Berlin; 1989; S. 289.

/ 9/ RAT; S. 98.

/10/ JSU, S. 67.

/11/ Schmidt, E.: Einführung in die technische Thermodynamik und in die Grundlagen der chemischen Thermodynamik. 6. verb. Aufl.; Springer Verlag, Berlin,...; 1956; S. 52, 68, 71.

/12/ BEZ, 16. Band Nos-Per; 1991; S.109.

/13/ Siehe /11/, S. 68.

/14/ JSU, S. 66

/15/ CCO; S. 252-253.

/16/ Hubig, Ch.: Probleme einer Ethik institutionellen Handelns. Einige Thesen zur Aufgabenstellung. In: Siehe /4/, S. 11-27.

/17/ Hubig, Ch.: Verantwortung in Wissenschaft und Technik – Fragen und Probleme. In: Siehe /6/, S. 1.

/18/ Hubig, Ch.: In: Siehe /6/, S. 127.

/19/ Poser, H.: In: Siehe /6/, S. 11.

/20/ Verein Deutscher Ingenieure, VDI 3780. Technikbewertung – Begriffe und Grundlagen. Beuth Verlag, Berlin; 1991; S. 14-15.

/21/ Hubig, Ch.: In: Siehe /2/, S. 104.

/22/ Gerecke, U.; Suchanek, A.: Technikethik und Wirtschaftsethik: Zwei angewandte Ethiken? In: Technikethik und Wirtschaftsethik. Fragen der praktischen Philosophie. Leske + Budrich, Opladen; 1998; S. 75.

/23/ Zimmerli, W.; Palazzo, G.: Interne und externe Technikverantwortung des Individuums und der Unternehmen. In: Siehe /22/, S. 186, 190.

/24/ Hubig, Ch.: Dissensmanagement aus technik - und wirtschaftsethischer Sicht. In: Siehe /22/, S. 207, 213.

/25/ Hubig, Ch.: In: Siehe /2/, S. 113.

/26/ Hubig, Ch.: In: Siehe /2/, S. 98.

/27/ Hubig, Ch.: In: Siehe /2/, S. 121.

/28/ Frank, L.: Wozu brauchen sie Genmaisbrot? Sollen sie doch Kuchen essen! FAZ; 12.12.2000.

/29/ Lenk, H.; Maring, M.: Wer soll Verantwortung tragen? In: Siehe /2/, S. 248 -249.

/30/ National Society of Professional Engineers (NSPE). Ethikkodex für Ingenieure. 1990. In: TUE, S. 322-333.
/31/ Adam Opel AG, Rüsselsheim: Opel Serviceheft Corsa, Stand Jan. 2001.
/32/ Küffner, G.: Durch Klopfen den Rissen auf der Spur. FAZ; 27.02.2001.
/33/ Mehr als 20 defekte Höhenruder entdeckt, 14.02.2000; Keine Reparatur am Unglücksflugzeug, 15.02.2000; FAZ.
/34/ Hubig, Ch.: In: Siehe /2/, S. 99.
/35/ Hubig, Ch.: In: Siehe /6/, S. 22.
/36/ Sicherheitsskandal bei australischer Fluglinie. FAZ; 29.12.2000.
/37/ Kraftwerksbauer müssen ihre Anlagen zunehmend auch betreiben. FAZ; 14.02.2000.
/38/ Europäer bei Zugprojekt abgehängt. FAZ; 29.12.1999.
/39/ Siemens schafft den Durchbruch auf britischen Geleisen. FAZ; 25.04.2001.
/40/ Roßberg, R.R.: Selbst ist der Mann, heißt es in Sachen Wartung bei der Deutschen Bahn. VDI; 18.05.2001.

5.1.3.2 Literatur zu Abschnitt 3.2

/1/ HTK; S.111-114.
/2/ HSE; S. 221-234.
/3/ GGD; S. 14.
/4/ MRT.
/5/ Schadenverhütung. FAZ; 23.10.1999.
/6/ Praktische Anwendung Fehlanzeige. VDI; 24.11.2000.
/7/ Universität Stuttgart. Personal - und Vorlesungsverzeichnis Wintersemester 1999/2000; S. 496, 514.
/8/ MMD, S. 56.
/9/ Deutsches Zentrum für Handwerk und Denkmalpflege Propstei Johannesberg, Fulda, e.V. Persönliche Mitteilung an den Verfasser.
/10/ Deutsche Bahn schließt bis 2003 acht Werke. FAZ; 27.06.2001.
/11/ HTW, S. 139.
/12/ HTW, S. 140.
/13/ HTK, S. 38-39
/14/ FAZ, 27.11.2001
/14/ Schmoll, H.: Die Viertagewoche für Praxen wäre keine Lösung. FAZ; 21.09.2000.
/15/ Kremer, G.: Additive Ressourcen – Aufgabe oder Illusion. Chem.-Ing.-Tech. 57(1985), Nr. 2, A 45-A 46.
/16/ Allianz: Autoreparatur auch mit Gebrauchtteilen. FAZ; 29.12.2000.
/17/ Strauß-Kahn kündigt Steuersenkungen an. FAZ; 28.09.1999.
/18/ Die Mehrwertsteuer auf Dienstleistungen sinkt. FAZ; 21.12.1999.
/19/ Zahrndt, A.: Die doppelte Öko-Dividende. VDI; 26.06.1998.
/20/ Reparatur an Außenwand der Mir gescheitert. FAZ; 03.04.1998.

5.1.3.3 Literatur zu Abschnitt 3.3

/ 1/ v. Weizsäcker, C. F.: Gehen wir einer asketischen Weltkultur entgegen? In: Deutlichkeit. Beiträge zu politischen und religiösen Gegenwartsfragen. Deutscher Taschenbuch-Verlag, München; 1981, S. 53-59.

/ 2/ Kamphaus, F.: Eine asketische Kultur – Therapie für die Konsumgesellschaft? FAZ; 15.11.1984.

/ 3/ Gehlen, A.: Die Seele im technischen Zeitalter. Sozialpsychologische Probleme in der industriellen Gesellschaft. rowohlts deutsche enzyklopädie, Sachgebiet Soziologie. Rowohlt Taschenbuch Verlag, Hamburg; 1957; S. 78.

/ 4/ HTW; S. 156-159.

/ 5/ Gehlen, A.: Der Mensch. Seine Natur und seine Stellung in der Welt. Quelle & Meyer, Wiesbaden; 13.Aufl., 1997; S. 20, 32-33, 36-37.

/ 6/ Hubig, Ch.: Arnold Gehlen: Die Seele im technischen Zeitalter. Sozialpsychologische Probleme der industriellen Gesellschaft. In: HHR; S. 140-143.

/ 7/ Gehlen, A.: Urmensch und Spätkultur. Philosophische Ergebnisse und Aussagen. Aula-Verlag, Wesbaden; 5.Aufl., 1986; S. 17.

/ 8/ Gehlen, A.: In: Siehe /5/, S. 400f.

/ 9/ Hubig, Ch.: In: Siehe /4/, S. 118-119.

/10/ HTK; S. 75-76.

/11/ RAT; S. 144-145.

/12/ Sombart, W.: Liebe, Luxus und Kapitalismus. Über die Entstehung der modernen Welt aus dem Geist der Verschwendung. Verlag Klaus Wagenbach, Berlin, 1992.

/13/ Hubig, Ch.: In: Siehe /10/, S. 12.

/14/ Poser, H.: José Ortega y Gasset: Meditación de la tecnica, dt.:Betrachtungen über Technik. In: HHR; S. 289-292.

/15/ Blancpain: Werbung für das Armbanduhr-Modell „Concept 2000".

/16/ Roeck, B.: Dem Klosterhund gingen die Haare aus. Vom Teufelsbauwurm befallen: Diente der Bauluxus barocker Klöster der Arbeitsbeschaffung? FAZ; 02.02.2000.

5.1.3.4 Literatur zu Abschnitt 3.4

/ 1/ HTW; S. 95f.

/ 2/ Hubig, Ch.: In: Siehe /1/, S. 98.

/ 3/ England will Wasserverschwendung bekämpfen. FAZ; 20.05.1997.

/ 4/ „Jede Aufbereitung stellt nur eine Reparaturmaßnahme dar". VDI; 17.03.1989.

/ 5/ Viel zu tun im Untergrund. VDI; 07.04.2000.

/ 6/ Löchrige Kanäle gefährden den Wasserhaushalt. FAZ; 22.11.2000.

/ 7/ Hubig, Ch.: In: Siehe /1/, S. 98.

/ 8/ Hubig, Ch.: In: Siehe /1/, S. 99.
/ 9/ BEZ; Band.20 Sci-Sq, 1993, S. 227f.
/10/ Schäfer, H.; Jochum, Ch.: Sicherheit in der Chemie. Ein Leitfaden für die Praxis. Carl Hanser Verlag München,..., 1997, S. 14f.
/11/ Schäfer, H.; Jochum, Ch.: In: Siehe /10/, S. 16f.
/12/ Schäfer, H.; Jochum, Ch.: In: Siehe /10/, S. 13f.
/13/ Berufsgenossenschaft der Chemischen Industrie: Unfallverhütungsvorschrift 7z Zentrifugen (VGB 7z), in d. Fassung vom 1.04.1995. Jedermann-Verlag Dr. Otto Pfeffer, Heidelberg.
/14/ Sesin, C.-P.: „Hotmail" - Postfächer standen offen wie Scheunentore. VDI; 10.09.1999.
/15/ JSU; S. 44..
/16/ v. Weizsäcker, C.F.: Deutlichkeit. Beiträge zu politischen und religiösen Gegenwartsfragen. Deutscher Taschenbuch Verlag, München, 1981, S. 34f.
/!7/ v. Weizsäcker, C.F.: Technik und Natur. In: WBW; S. 459.
/18/ Deutsches Atomforum e.V., Bonn (Hrsg.): Kernthema Kernkraftwerke und Sicherheit. 7. Aufl., April 1999.
/19/ Deutsches Atomforum e.V., Bonn (Hrsg.): Kernthema Strahlung und Risiko. 3. Aufl., 1998.
/20/ GRS Gesellschaft für Anlagen- und Reaktorsicherheit: Zur Sicherheit des Betriebs der Kernkraftwerke in Deutschland. Köln, 1996.
/21/ Hubig, Ch.: In: Siehe /1/, S. 166f.

5.1.3.5 Literatur zu Abschnitt 3.5

/ 1/ RAT; S. 32-43.
/ 2/ Schostak, R.: Den Sonnenkönig im Herzen. FAZ; 27.10.1999.
/ 3/ MMD; 11.Jg. Nr. 11712, Dezember 2001.
/ 4/ Hadrian's Wall. A Souvenir Guide To The Roman Wall. Hrsg. English Heritage. Ohne Orts- und Jahresangabe.
/ 5/ Aventis Pharma Wirkstoffe. Das Maintenance Excellence Projekt (MAEX). Aventis Pharma AG, Frankfurt a. M., 2001. Als Manuskript vorliegend.
/ 6/ Deutsches Ledermuseum/Schuhmuseum, Offenbach am Main, Exponat ohne Nummer.
/ 7/ FAZ; 06.11.1999.
/ 8/ Wer? Siegfried Reichmann. FAZ; 05.06.2001.
/ 9/ Deutsches Ledermuseum/Schuhmuseum, Offenbach am Main, Exponat Nr. 6.41/04.
/10/ Hubig, Ch.: Handlung – Identität – Verstehen: Von der Handlungstheorie zur Geisteswissenschaft. Beltz Verlag, Weinheim,...; 1985; S. 166-167.
/11/ FAZ, 13.02.2001.
/12/ Klaus, M.: Die richtige Tapete. Kann sich der Heimwerker der Kulturkritik noch entziehen? FAZ; 13.10.1999.

5.2 BILDNACHWEIS

Bild Nr.	Urheber
2.1.2.5 – 1	Ellerwerk, Hamburg
2.1.2.5 – 2	Bauknecht, Schorndorf
2.1.2.5 – 3	Ellerwerk, Hamburg
2.1.2.5 - 4	Architekturbüro Mörschel, Büdingen
2.1.2.5 – 5	Verfasser
2.1.2.5 – 6	Friedrich Grohe, Hemer
2.1.2.7 – 7	Viessmann, Stadtallendorf
2.1.2.8 – 1	Verfasser
2.1.2.9 – 1	Brigon, Rodgau
2.1.4 – 1	Verfasser
2.1.4 – 2	Verfasser
2.2.3.3 – 1	Verfasser
2.4.3.2 – 1	Deutsche Stiftung Denkmalschutz, Bonn
2.4.3.2 – 2	Deutsche Stiftung Denkmalschutz, Bonn
2.4.3.2 – 3	Verfasser
2.4.4- 1	Verfasser
2.8.2.1 – 1	Verfasser
2.8.2.3 – 1	Wacker – Chemie, München
3.5.1.3 – 1	Verfasser

TEIL 6 REGISTER

TEIL 6.1 PERSONENREGISTER

Aristoteles	37, 38, 76, 283
Augustus	294, 314
Bach, C.	169
Bayertz, K.	239, 240
Behrens, P.	77
Bense, M.	77, 79
Bohr, N.	182
Diesel, R.	169
Ford, H.	120
Freyer, H.	28, 209
Gates, B.	116
Gehlen, A.	31, 32, 206, 266, 278, 279, 280, 281, 282, 283, 284, 286, 287, 297, 320, 321
v. Goethe, J.W.	226
Hegel, G.W.F.	32, 43, 64, 290, 292, 320, 321
Heidegger, M.	35, 36, 37, 38, 40, 41, 76, 77, 78, 79, 80, 82, 83, 113, 116, 156, 197, 198, 312
Hephaistos	226
v. Herder, J.G.	280
Hitler, A.	146
Hubig, Ch.	28, 29, 30, 31, 32, 38, 39, 54, 62, 64, 80, 85, 87, 88, 132, 141, 197, 199, 204, 208, 209, 213, 218, 240, 241, 251, 257, 258, 264, 266, 270, 271, 272, 277, 279, 280, 290, 295, 299, 312, 320, 321
Jefferson, Th.	231
Kamphaus, F.	282
Kant, I.	253
Lenk, H.	253
Lilienthal, O.	146, 222
Linde	28, 209, 210, 212
Maring, M.	253
Mumford, L.	208
Odysseus	85, 234
Ortega y Gasset, J.	295
Ostwald, W.	241, 262
Porsche, F.	116
Rifkin, J.	241
Ropohl, G.	23, 24, 35, 36, 37, 38, 39, 40, 41, 43, 44, 53, 54, 57, 58, 64, 65, 66, 67, 76, 77, 80,

v. Schiller, F.	82, 84, 90, 91, 99, 100, 102, 110, 111, 115, 118, 158, 163, 170, 192, 211, 227, 241, 243, 245, 262, 292, 293, 312 199, 280
v. Weizsäcker, C.F.	28, 31, 182, 207, 278, 282, 309, 310
Yeoh Ping Mei	116
Zuse, K.	116

TEIL 6.2 SACHREGISTER

abduktive Logik	237
Abnutzung – technische	21, 22, 109
aesthetische Qualität	76, 77, 160
Akkumulation von Mitteln	28, 207, 208, 209, 216
Analogie	65, 69, 75, 82, 90, 92, 98, 121, 128, 140, 158, 187, 209, 227, 228, 233, 291, 318
Arbeitszeit	123, 278, 323
Artenschutz	108
Askese, technische	31, 32, 279, 284, 295, 296
asketische Weltkultur	31, 77, 278
asketisches Handeln	31, 32, 282, 283, 284, 289, 298
Ausgangssituation	69, 101, 248
Ausmusterung	38, 43, 44, 70, 71, 82, 123, 124, 125, 129, 131, 135, 138, 139, 140, 142, 143, 155, 157, 164, 166, 181, 187, 216, 231, 245, 249, 268, 269, 270, 288, 289, 297, 298, 319, 323
Automat	58, 59, 81, 117, 119, 292, 319
Basiswerte	30, 63, 277
Bauwerk	36, 45, 66, 71, 77, 126, 134, 139, 146, 150, 155, 156, 161, 176, 197, 205, 233, 327
Beschaffenheit	23, 36, 40, 43, 161, 169, 222, 323, 306, 307, 311
Bewahrung	90, 95, 97, 109, 122, 199, 238, 245, 269, 270, 277, 307, 308, 326
Bibliothek	23, 188, 189, 191, 192, 199, 228, 231, 232, 238
Biografische Dauer	72, 94, 146, 150, 151, 155, 156
Bundesrepublik Deutschland	25, 45, 71, 92, 131, 132, 134, 142, 162, 188, 223, 228, 253, 267, 272, 273, 274, 283, 299, 300, 304, 306, 307

computer-aided-design (CAD)	233, 238
Datenbank	44, 192, 194, 195, 199, 233
Denkmalpflege	55, 90, 107, 115, 131, 145, 166, 167, 229, 267, 315, 317, 324
Denkmodell	242, 243, 248, 262, 263
Dienstleistungsbereich	324
Disparität	113, 114, 115, 116, 123, 126, 127, 165
Einheit von Erzeugung und Instandhaltung	324
Emotionalisierung	173, 175, 186
Endlichkeit der Mittel	30, 31, 151, 154, 155, 156, 218, 269, 273, 277, 284
Endlichkeit, geschichtsphilosophisch	27
Endsituation	241, 242, 248, 262
Energieanlagen	113, 114
Energieversorgung	75, 95
Entfremdung	32, 163, 209, 290, 291, 292, 293, 295, 298, 319
Entropie	30, 69, 124, 244, 245, 246, 247, 262, 314, 326
Erhaltungsdauer	26, 27, 32, 65, 69, 72, 78, 87, 92, 93, 94, 96, 106, 115, 127, 131, 143, 144, 146, 151, 154, 155, 156, 157, 158, 161, 180, 181, 183, 185, 186, 187, 201, 213, 214, 231, 246, 265, 268, 269, 272, 275, 288, 290, 294, 295, 296, 298, 327
Erkenntnisperspektiven der Technik	312
Ethik-Kodex	23, 263
Evolution, Evolutionsprinzip	88, 107, 198, 242
Extremereignis	83, 84, 85, 86, 87, 90, 93, 94, 109, 129, 151, 158, 201, 224, 232, 326
Forschung	29, 33, 44, 150, 193, 208, 209, 216, 267, 277, 314
Freiheit	239, 247, 267, 278, 282, 297, 320
Funktion	20, 23, 24, 36, 40, 41, 43, 45, 54, 68, 72, 79, 86, 87, 89, 91, 110, 114, 119, 139, 143, 163, 170, 171, 173, 179, 180, 191, 206, 209, 210, 211, 215, 221, 222, 229, 236, 241, 242, 245, 246, 260, 262, 265, 320, 326
Funktionsdarstellung	81
Funktionserfüllung	24, 55, 89, 128

Gefahr	45, 59, 71, 79, 85, 86, 92, 98, 138, 193, 258, 270, 278, 291, 299, 303, 304, 306, 310, 311
Geschichtlichkeit	19, 21, 22, 23, 24, 25, 26, 28, 69, 81, 82, 113, 125, 127, 128, 151, 265, 326
Geschichtsschreibung	22, 232
Gesellschaft, Sozialgefüge	24, 29, 33, 43, 62, 64, 108, 125, 159, 160, 171, 239, 266, 271, 272, 278, 282, 297, 299, 300, 302, 309, 310, 312, 315, 323, 326, 327
Gewissen, Gewissensentscheidung, Gewissensüberzeugung, Gewissenswissen	30, 93, 214, 247, 253, 254, 255, 256, 257, 258, 259, 263, 264
Götter	204
Handlung, Handlungsfolgen	21, 30, 35, 41, 53, 62, 65, 69, 84, 96, 171, 177, 187, 198, 210, 240, 241, 246, 247, 248, 249, 250, 252, 253, 254, 255, 257, 258, 262, 264, 266, 279, 280, 281, 282, 286, 290, 291, 293, 297, 309, 310, 313
Handlungsentscheidung	62, 69, 156, 185, 218, 231, 255, 268, 270, 283
Handlungsmöglichkeiten	157, 213, 240, 241, 247, 271, 273, 281, 308, 320, 321
Handlungsspielräume der Nutzer	210, 212, 216
Handwerk	28, 29, 33, 43, 78, 101, 115, 200, 201, 22, 203, 204, 205, 208, 209, 210, 213, 215, 229, 267, 269, 317, 318, 320, 324
Hemmung der Antriebsrichtung	298
Herrschaft	134, 209, 210, 279, 320
Hochkultur	43, 94, 164, 205, 207, 215
homomorphe Abbildung	80, 232
Industrie, Industriekonzerne	28, 29, 33, 43, 63, 77, 78, 84, 101, 132, 173, 177, 200, 201, 202, 203, 204, 207, 208, 209, 210, 212, 213, 215, 216, 229, 269, 274, 287, 292, 315, 317, 318, 319, 320, 324
Informationsbegriff	291
Informationsträger	29, 191, 229, 231, 233, 236, 237, 238, 272
Informationsverbund	45, 69, 82
Inspektion	90, 93, 97, 98, 101, 109, 128, 163, 256, 258, 260, 287, 288, 301, 306

Instandhalter, als Fachmann	29, 32, 33, 101, 103, 170, 183, 220, 226, 227, 260, 261, 275, 294, 298, 311, 312, 313, 317, 318, 319, 320, 321, 323, 324
Instandhalter, als Laie	29, 321, 322, 323, 324, 325
Instandhalter, Unentbehrlichkeit	313, 321
Instandhaltung, technikimmanent / techniktransient	26, 30, 107, 108, 109, 250, 263, 272
Instandhaltung, Teilmaßnahmen	26, 95, 97, 98, 109, 130, 163
Instandhaltungskapazität	22, 216
Instandhaltungstechniker	104
Institution	30, 31, 32, 33, 63, 64, 131, 190, 194, 195, 199, 200, 210, 229, 240, 253, 254, 257, 264, 265, 266, 267, 269, 270, 271, 276, 277, 289, 296, 298, 312, 314, 324
Internationale Zusammenarbeit	276, 278
Irreversibilität, irreversibel	30, 69, 244, 247, 248, 262
Katastrophe, technische	29, 84, 93, 224, 237
kognitive Repräsentation	38, 64, 80, 98, 245
Kommunikation	43, 81, 271
Krisensituation	31
Kultur	19, 24, 31, 43, 116, 173, 185, 199, 200, 204, 227, 232, 278, 295, 296, 326, 327
Künstlerisches Artefakt	75, 77, 109, 190
Kunstwerke	73, 83, 111, 134, 146, 184, 197, 296
Lebensbewältigung	73, 83, 199
Lebewesen	65, 72, 75, 82, 109, 122, 165, 250, 281, 297
Letztbegründung, moralische	254, 255, 257, 258, 263
Literatur	26, 54, 66, 70, 106, 108, 150, 173, 200, 202, 204, 226, 242, 244, 251, 322
Luxus	32, 76, 89, 145, 163, 173, 209, 276, 290, 295, 296, 298
Macht, Machtmittel	134, 160, 170, 209, 210, 213, 214, 279
Machtpotential in der Instandhaltung	209, 216
Maschinen	35, 81, 82, 93, 101, 133, 137, 171, 176, 210, 275
Mathematik	72, 207
Merkmal, Merkmalswert, Merkmalstoleranzen	26, 27, 28, 31, 32, 36, 56, 57, 59, 63, 65, 67, 68, 69, 71, 72, 75, 76, 77, 78, 79, 80, 82, 86, 89, 90, 91, 92, 95, 96, 98, 108, 109, 110, 111, 112, 113, 114, 115, 116, 117, 118, 119, 120, 121, 122, 123, 124, 126, 127, 142, 144, 153, 155, 156, 157,

	158, 160, 161, 164, 165, 170, 178, 180,
	182, 185, 186, 187, 188, 190, 196, 199,
	201, 203, 206, 207, 208, 209, 212, 216,
	221, 223, 225, 227, 240, 243, 248, 250,
	252, 253, 254, 258, 262, 263, 264, 276,
	277, 289, 291, 292, 295, 298, 299, 304,
	305, 306, 307, 312, 313, 321, 322, 324
Modell	22, 38, 39, 40, 42, 44, 64, 66, 80, 81, 85,
	89, 120,172, 173, 176, 177, 189, 190,
	220, 232, 233, 236, 237, 245, 261, 291
Möglichkeitsspielraum	277
Multifunktionalität, multifunktional	115, 116, 127
Multiplikat	32, 58, 117, 118, 119, 120, 121, 122,
	123, 125, 127, 163, 164, 165, 167, 169,
	180, 181, 182, 184, 186, 187, 188, 189,
	203, 205, 212, 219, 276, 288, 291, 292,
	293, 298, 323
Mythos	41, 226
Nachhaltigkeitsproblem	108
Natur, Naturbegriff, natura naturata, natura naturans	20, 21, 26, 30, 37, 38, 76, 80, 85, 86, 87, 88, 103, 107, 109, 113, 114, 116, 123, 126, 145, 155, 170, 190, 202, 209, 243, 265, 279, 283, 326
Naturgestaltung, naturräumliche Gestaltung	86, 88 ,107, 109, 126, 145
Naturgewalt	326
Neuerzeugung	249, 275, 278, 298, 328
Norm	29, 63, 88, 91, 95, 98, 118, 127, 191,
	217, 219, 221, 225, 237, 255, 257
Notwendige, das	38, 208
Nutzenbegriff	83
Nutzung, nicht bestimmungsgemäße	45, 92, 94, 96, 109, 129, 161, 255
Nutzungsdauer	129, 132, 133, 134, 135, 138, 151, 155,
	181, 183, 184, 218, 227, 228, 231, 25,
	268, 289
Ökosystem	26, 107, 108, 109
Optionswerte	270, 294, 295
Physik	72, 242, 262, 326
Plurikat	32, 119, 120, 122, 123, 125, 127, 144,
	161, 164, 169, 190, 181, 182, 183, 186,
	187, 206, 212, 219, 276, 291, 193, 295,
	298, 320, 322

Problem, Problemlösung	30, 119, 196, 208, 211, 222, 251, 252, 253, 257, 258, 260, 261, 269, 271, 278, 280, 290, 300
Quellen und Senken	271, 298, 327
Raumfahrt, Raumfahrttechnik	102, 179, 278
Rechtsgüter	33, 45, 71, 299, 302, 304, 305, 306, 307, 310, 311
Rechtsregelung	121, 166, 254, 257, 258, 267, 274, 277
Redundanz	232, 238
Rekuperation	30, 248, 250, 251, 263
Religion	41, 172, 173, 198
Religionsgeschichte	204
Reparaturethik	33, 300, 301, 302, 310
Reproduzierbarkeit	98, 126, 292
Restaurierung	23, 90, 123, 141, 181, 192, 236, 267, 317
Risiko	33, 299, 310
Risikoeinschätzung, subjektive	33, 299, 308, 309
Rohstoffe	108, 126, 153, 200, 271, 289
Sachsystem	24, 35, 38, 39, 40, 41, 43, 44, 43, 54, 55, 56, 58, 59, 63, 64, 66, 67, 70, 75, 77, 80, 81, 82, 83, 86, 90, 91, 95, 101, 104, 106, 111, 113, 118, 124, 128, 129, 130, 136, 138, 139, 140, 142, 144, 146, 150, 153, 155, 157, 167, 210, 220, 221, 232, 236, 245, 292, 293, 312
Sachsystem-Information	53, 81, 132, 250, 260
Sachzwang-Argument, -problematik	277
Sammlung als Technisches Artefakt	28, 187, 192, 195, 199
Schadenshäufung, Schadensumfang	123, 207, 217, 237
Schöpfer, Schöpfermacht	36
Schwachstelle, Schwachstellenforschung	29, 33, 93, 217, 218, 219, 220, 223, 224, 225, 226, 237, 265, 310, 326
Selbstentfaltung, Selbsterlösung	36, 285
Sicherheit, technische	32, 63, 223, 265, 298, 299, 310
Soll-Ist-Vergleich	94, 153, 302
Sollzustand des Technischen Artefakts	22, 69, 80, 89, 195, 196, 253, 310
Spannungsverhältnis zwischen Erzeugung und Instandhaltung	23, 186
Staat	20, 25, 30, 31, 32, 57, 65, 85, 131, 133, 134, 136, 140, 146, 159, 166, 171, 172, 188, 195, 198, 200, 208, 210, 212, 215,

	229, 231, 264, 265, 266, 267, 268, 269, 273, 276, 277, 288, 289, 298, 302, 311, 312, 324, 327
Stadtreparatur	25
Struktur, Strukturanalogie	24, 38, 39, 40, 43, 44, 45, 53, 54, 57, 59, 64, 65, 66, 67, 69, 72, 75, 81, 82, 83, 86, 87, 89, 98, 110, 113, 114, 116, 119, 123, 143, 156, 179, 189, 195, 200, 207, 210, 211, 218, 222, 229, 242, 245, 246, 260, 262, 280, 292, 320, 326
Strukturkomponente	65, 75, 82
Strukturwissenschaft	28, 207
Superstruktur	200, 206, 207, 2153 323, 325
Tauglichkeitsdauer	96, 104, 106, 118, 121, 124, 129, 130, 131, 132, 133, 134, 137, 139, 143, 144, 146, 150, 151, 154, 155, 157, 161, 162, 163, 164, 167, 182, 183, 185, 186, 193, 216, 218, 219, 237, 238, 245, 256, 268, 269, 286, 289
Technikaffirmation	144, 168, 169, 170, 171, 172, 173, 174, 175, 176, 177, 178, 179, 180, 185, 186, 226
Technikbewertung	23, 63, 141, 157, 186, 251, 301, 311
Technikkritik	19, 168, 251, 252
Techniksoziologie	19, 28
Technische Biografie	69, 70, 71, 95, 120, 127, 136, 144, 150, 158, 166, 167, 187, 259, 276
Technische Identität	26, 27, 68, 69, 106, 110, 111, 114, 115, 126, 143, 144, 150, 164, 165, 203, 291
Technische Individualität	26, 27, 110
Technische Information	38, 40, 41, 42, 43, 44, 53, 54, 55, 56, 63, 64, 68, 70, 77, 81, 82, 127, 136, 139, 143, 144, 228, 229, 245
Technische Instandhaltungs-Information	81
Technische Nutzungs-Information	45, 57, 81
Technisches Anthropoid	170, 186
Technisches Artefakt dritter Ordnung	81, 305
Technisches Artefakt erster Ordnung	44, 81
Technisches Artefakt zweiter Ordnung	64, 65, 66, 81
Technisches Wissen	33, 38, 40, 41, 64, 80, 98, 201, 227, 232, 245, 322, 323, 327
technologische Höherwertigkeit	104, 109
technologischer Rang	109

Überflüssige, das	295
Umgestaltung des Technischen Artefakts	82, 155
Umweltschutz	108, 132, 133, 267, 283
Unikat	32, 90, 112, 113, 114, 115, 116, 117, 118, 119, 120, 122, 123, 125, 126, 127, 134, 144, 161, 164, 165, 166, 167, 169, 176, 180, 181, 182, 183, 184, 185, 186, 187, 188, 191, 192, 212, 222, 229, 231, 260, 267, 272, 276, 290, 291, 293, 295, 298, 320, 322
Untergang des Technischen Artefakts	27, 38, 96, 129, 140, 151, 155, 246
Verantwortungswahrnehmung	257
Verantwortungszusammenhang	261
Verfall	86, 87, 88, 90, 94, 96, 103, 107, 109, 126, 129, 131, 143, 156, 161, 164, 165, 228, 236, 249, 300
Verkehrsanlagen	85, 259, 261
Verkehrstechnik	102
Vermächtniswerte	30, 192, 269, 271, 272, 277, 284, 289, 326
Vernunft	45, 71, 172, 253, 304, 305
Verrechtlichung	257, 258, 263, 264, 267, 299
Versagenskriterien	20
Verschleißfaktor	157, 286
Vorsorge, Vorsorgeprinzip	265, 298, 299, 301, 302, 304, 306, 309, 310, 311
Wartung	22, 54, 71, 90, 91, 97, 98, 103, 109, 138, 163, 223, 245, 256, 260, 262, 287, 305, 306, 307, 321
Welterschließung	125, 198, 209, 219
Weltkulturerbe	199
Werk	42, 76, 77, 78, 79, 83, 90, 173, 191, 197, 290, 291, 292, 320
Wertediskussion	82, 83
Wertentscheidung, Wertidee	29, 129, 131, 132, 135, 144, 153, 154, 157, 158, 165, 185, 194, 198, 231, 238, 252, 265, 266, 269, 284, 285, 289, 295, 312, 323, 324
Wertobjekt	81
Wirtschaft	41, 85, 111, 122, 133, 135, 141, 144, 200, 202, 203, 239, 251, 261, 264, 266, 274, 275, 277, 278, 317, 321, 324, 327
Wirtschaftsform	30, 264, 295

Wirtschaftssystem	25, 210, 216, 274, 277, 278
Wissenschaftliches Artefakt	83
Wissensvorrat	40, 42, 81, 229
Zerstörung	21, 22, 54, 70, 71, 82, 83, 84, 86, 87, 93, 96, 131, 162, 224, 245, 268, 272
Zeug	35, 76, 77, 78, 79, 80, 83,
Zwecktauglichkeit	129, 155

Stefan Poser / Karin Zachmann (Hrsg.)

Homo faber ludens

Geschichten zu Wechselbeziehungen von Technik und Spiel

Frankfurt am Main, Berlin, Bern, Bruxelles, New York, Oxford, Wien, 2003.
317 S., zahlr. Abb.
Technik interdisziplinär. Verantwortlicher Herausgeber: Wolfgang König. Bd. 4
ISBN 978-3-631-51938-7 · br. € 49.80*

Homo faber und homo ludens haben bisher kaum miteinander gearbeitet, geschweige denn gespielt. Das zu ändern ist Anliegen dieses Buches. Welche Bedeutung hat Technik für das Spiel? Wie prägt umgekehrt das Spiel die Technik und wie verändert sich das Verhalten von Menschen, die in unterschiedlichster Form mit Technik und mit Hilfe von Technik spielen? Welche Folgen hat das Spiel für die Technikakzeptanz und Prozesse der Technikaneignung? Diesen Fragen sind die Beiträge des disziplinübergreifenden Sammelbandes gewidmet. Das Thema *Technik und Spiel* wird aus der Sicht der Philosophie, Kulturwissenschaft, Soziologie, Sportwissenschaft und Geschichte analysiert, wobei der Schwerpunkt auf technikhistorischen Beiträgen liegt.

Aus dem Inhalt: Stefan Poser/Karin Zachmann: Homo faber ludens – einführende Überlegungen zum Verhältnis von Technik und Spiel · Stefan Poser: Die Maschinerie des Spiels. Technik und Spiel als Thema der Technikgeschichte · Christoph Hubig: Homo faber und homo ludens · Natascha Adamowsky: Homo ludens – whale enterprise: zur Verbindung von Spiel, Technik und den Künsten · Rainer Leng: Feuerwerk zu Ernst und Schimpf – Die spielerische Anwendung der Pyrotechnik im Lustfeuerwerk · Stefan Poser: Heiraten Sie auf der Achterbahn! Jahrmarktsvergnügen aus sozial- und technikhistorischer Perspektive · Dorothea Schmidt: "Das Klavier kann alles" – Klavierbau und Klavierspiel im 19. Jahrhundert · Wolfgang König: Mechanische Aufstiegshilfen und Skisport in den Schweizer Alpen 1900–1945 · Thomas Alkemeyer: Die 'Verflüssigung' des Gewohnten. Technik und Körperlichkeit im neuen Wagnissport · Karin Zachman: Homo faber ludens junior oder: Die Technisierung des Kinderzimmers · Alfred Kirpal: Ernst oder Spiel? Basteln, Konstruieren und Erfinden in der Radioentwicklung · Claus Pias: Wenn Computer spielen. Ping/Pong als Urszene des Computerspiels

Frankfurt am Main · Berlin · Bern · Bruxelles · New York · Oxford · Wien
Auslieferung: Verlag Peter Lang AG
Moosstr. 1, CH-2542 Pieterlen
Telefax 00 41 (0)32/376 17 27

*inklusive der in Deutschland gültigen Mehrwertsteuer
Preisänderungen vorbehalten
Homepage http://www.peterlang.de